新编护士用药手册

（第 4 版）

主编 王静芬　苏志成

编者 王静芬　王　涛　苏志成　苏利群　蔡　昀

北京大学医学出版社

XINBIAN HUSHI YONGYAO SHOUCE

图书在版编目（CIP）数据

新编护士用药手册 / 王静芬，苏志成主编. —4 版. —
北京：北京大学医学出版社，2021.6
　ISBN 978-7-5659-2401-9

　Ⅰ．①新…　Ⅱ．①王…②苏…　Ⅲ．①用药法 - 手册
Ⅳ．① R452-62

　中国版本图书馆 CIP 数据核字（2021）第 065321 号

新编护士用药手册（第 4 版）

主　　编：王静芬　苏志成
出版发行：北京大学医学出版社
地　　址：（100191）北京市海淀区学院路 38 号　北京大学医学部院内
电　　话：发行部 010-82802230；图书邮购 010-82802495
网　　址：http://www.pumpress.com.cn
E-mail：booksale@bjmu.edu.cn
印　　刷：中煤（北京）印务有限公司
经　　销：新华书店
责任编辑：许　立　　**责任校对：**靳新强　　**责任印制：**李　啸
开　　本：889 mm×1194 mm　1/64　　**印张：**14.125　　**字数：**460 千字
版　　次：2021 年 6 月第 4 版　　2021 年 6 月第 1 次印刷
书　　号：ISBN 978-7-5659-2401-9
定　　价：55.00 元
版权所有，违者必究
（凡属质量问题请与本社发行部联系退换）

第1版序

护理工作在医疗中，特别是在药物治疗中，对恢复患者的健康所起的作用举足轻重。因此，护理工作人员除了需具有对患者的爱心和责任心外，还必须熟悉药物与患者之间的密切而具体的关系，即需具备患者所患疾病的知识，了解患者的各种状态，掌握医师医嘱及处方中药物的知识，如药物的性质、用法、用量等，以便正确使用药物，并观察和告知患者药物的疗效和不良反应等，甚至在出现紧急情况时采取必要的措施，这样，才能使药物的治疗效果得以充分发挥。

由苏利群和王静芬等编著的《新编护士用药手册》，内容丰富，尤其是突出"用药护理注意"和"用法"，对护理工作者临床用药具有指导作用；手册采用小开本，便于携带查阅。本书的出版定能受到护理工作者的欢迎，并在提高护理质量方面起到积极的作用。

2001 年 1 月

第4版前言

本书自 2001 年初版发行后，承蒙读者厚爱，已连续出版第 2、第 3 版并多次重印，销量超过 5 万册。本版对全书的内容进行了较大幅度的修订和更新。

一是对药物的分类作了适当的调整和增加。二是增加新药 346 种，删除药物 77 种，使本版收载的药物超过 2000 种。三是自 2021 年 3 月 1 日起执行的《国家基本医疗保险、工伤保险和生育保险药品目录（2020 年）》收录在本书的品种，在该药品名称右上角标注"〔甲〕"或"〔乙〕"，谈judul纳入国家医保目录乙类的药品，标注为"（乙）"，如该药的不同剂型分属不同类别的，标注为"〔甲、乙〕"或"〔甲〕（乙）""〔乙〕（乙）"。四是进一步精选内容、精练文字。

书中药物剂量如未特殊标明均为成人剂量。

感谢北京大学医学出版社和责任编辑许立对本书再版的大力支持！

本书的不断完善离不开读者的支持和鼓励，期待您提出宝贵的意见和建议（E-mail:suliqun66@126.com）。

编　者

2021 年 1 月

目 录

（四）抗癫痫药 ·· 246

（五）镇痛药 ·· 253

一、抗微生物药

（一）青霉素类

青霉素钠（钾）[甲] Benzylpenicillin Sodium（Potassium）（青霉素、青霉素 G、苄青霉素、盘尼西林、Penicillin、Penicillin G）

【用途】革兰阳性球菌、杆菌和革兰阴性球菌、放线菌、螺旋体等感染。

【不良反应】1. 过敏反应。皮疹、过敏性休克（在皮试和连续用药过程中都可发生）、哮喘发作等。2. 毒性反应。青霉素脑病、肌注区周围神经炎等。3. 电解质紊乱。4. 赫氏反应和治疗矛盾。5. 二重感染。6. 钾盐肌注疼痛显著。

【用药护理注意】1. 预防过敏反应。(1) 详细询问药物过敏史，有青霉素类药过敏史者禁用；(2) 进行皮试。初次用药、停药 3 天以上或更换药物批号者，均需皮试，皮试阳性者禁用；(3) 青霉素注射器必须专用；(4) 应在使用前临时配制。青霉素水溶液极不稳定，放置时间越长和温度越高，药物分解和过敏原生成也越多；(5) 避免局部用药和在饥饿时用药；(6) 用药前应准备抢救过敏性休克的药物和器材，如肾上腺素、糖皮质激素、多巴胺、输液、氧气、气管切开包等。如发生过敏性休克，立即皮下注射或肌注 0.1% 肾上腺素 0.5~1ml，也可用 0.1~0.5ml（以生理盐水稀释到 10ml）缓慢静注；(7) 给药过程中应密切观察病人反应，注射后就地观察 30 分钟无反应才可离开。2. 本品在近中性（pH = 6~7）溶液中较稳定，宜用注射用水或生理盐水作溶媒。如需补充葡萄糖，应选用低浓度（5%）葡萄糖液稀释。3. 严禁与碱性或酸性药物（如氨茶碱或维生素 C 等）配伍。4. 肌内注射（肌注）时，宜臀肌深部注射，并经常更换注射部位。每 50 万 U 加灭菌注射用水 1ml 溶解，超过 50 万 U 需加 2ml；为减轻钾盐肌注引起的疼痛，可用 0.25% 利多卡因注射液作溶剂。5. 钠盐静滴浓度为 1 万~4 万 U/ml，一般每 6 小时 1 次快速滴入，速度不超过 50 万 U/min，以免发生中枢神经系统毒性反应；钾盐不宜快速静滴。6. 不宜静注或鞘内给药。

【制剂】粉针：钠盐，0.24g（40 万 U）、0.48g、0.6g、0.96g、2.4g、4.8g。钾盐，0.25g（40 万 U）、0.5g、0.625g。

【用法】肌注：80 万~200 万 U/d，分 3~4 次，小儿每次 2.5 万 U/kg，1 次 /12 小时。静脉滴注（静滴）：宜采用钠盐，200 万~2000 万 U/d，分 2~4 次加入少量（约 100ml）输液中快速（0.5~1 小时内）滴注，儿童 5 万~20 万 U/(kg·d)，分 2~4 次。如用钾盐，则应注意病人的血钾浓度和输液的钾含量（每 100 万 U 青霉素钾中含钾量为 65mg，与氯化钾 125mg 中的含钾量相近），同时滴速不宜太快。气雾吸入：20 万~40 万 U/2~4ml，2 次 / 日。

普鲁卡因青霉素[乙] Procaine Benzylpenicillin (Procaine Penicillin)。参阅青霉素钠 (钾)。用于轻、中度感染。用药前进行青霉素和普鲁卡因皮试。仅供肌注，严禁静脉给药。粉针 (有效期 2 年)：40 万 U、80 万 U。深部肌注：每次 40 万 ~80 万 U，儿童每次 20 万 ~40 万 U，1~2 次 / 日，临用前用灭菌注射用水适量制成混悬液。

苄星青霉素[甲] Benzathine Benzylpenicillin (长效青霉素、长效西林、Bicillin、Benzathine Penicillin G)

【用途】主要用于预防风湿热，治疗各期梅毒。

【不良反应】1. 药物误入静脉内可形成脑及肺栓塞。2. 长期应用会影响维生素 B 类合成。3. 因局部刺激性强，不用于婴儿。4. 参阅青霉素钠 (钾)。

【用药护理注意】1. 每次用药前都必须作皮试。2. 仅供肌注，严禁静脉和鞘内给药。3. 参阅青霉素钠 (钾)。

【制剂】粉针 (有效期 3 年)：120 万 U。

【用法】深部肌注：每次 60 万 ~120 万 U，小儿每次 30 万 ~60 万 U，临用前用灭菌注射用水适量制成混悬液，1 次 /2~4 周。

青霉素 V 钾[甲] Phenoxymethylpenicillin Potassium（青霉素 V、苯氧甲基青霉素、施德 V、美格西、维百斯、华依、Phenoxymethylpenicillin、Penicillin V）

【用途】同青霉素钠（钾）。

【不良反应】1. 恶心、呕吐、腹泻等胃肠道反应。2. 参阅青霉素钠（钾）。

【用药护理注意】1. 询问药物过敏史，对青霉素过敏者禁用。2. 开始服用前必须用青霉素皮试。3. 本药可空腹或餐后服。4. 参阅青霉素钠（钾）。

【制剂】片、胶囊、颗粒：0.125g（20 万 U）、0.236g。分散片：0.25g。

【用法】口服：链球菌感染，每次 125~250mg，1 次 /6~8 小时，疗程 10 天；肺炎球菌感染，每次 250~500mg，1 次 /6 小时，疗程至退热后至少 2 天。儿童每次 3.75~14mg/kg，1 次 /6 小时，或每次 5~18.7mg/kg，1 次 /8 小时。

苯唑西林钠[甲] Oxacillin Sodium（苯唑西林、苯唑青霉素、苯唑青霉素钠、新青霉素Ⅱ、安迪灵、Oxacillin）

【用途】耐青霉素金葡菌感染。

【不良反应】1. 过敏反应。可致过敏性休克，与青霉素有交叉过敏反应。2. 胃肠反应。3. 肝毒性。可致氨基转移酶升高。4. 大剂量静脉给药可出现抽搐、痉挛等神经系统毒性反应。5. 中性粒细胞减少、静脉炎等。

【用药护理注意】1. 使用前用青霉素或本品皮试。2. 本品在 5%~10% 葡萄糖液中不甚稳定，应在 2 小时内滴完，在生理盐水中较稳定。3. 口服宜空腹，因食物阻碍吸收，小儿服时可将药片或胶囊配成水溶液。4. 参阅青霉素 V 钾。

【制剂】片、胶囊：0.25g。粉针（有效期 2 年）：0.5g、1g。

【用法】口服：每次 0.5~1g，3~4 次 / 日。肌注：4~6g/d，分 4 次，每 0.5g 加灭菌注射用水 2.8ml。静滴：4~8g/d，分 2~4 次，配成浓度为 20~40mg/ml 溶液。

氯唑西林钠[甲] Cloxacillin Sodium（氯唑西林、氯苯西林、邻氯青霉素、邻氯青霉素钠、奥格林、Cloxacillin）

【用途、不良反应、用药护理注意】参阅苯唑西林钠。

【制剂】胶囊：0.125g、0.25g、0.5g。颗粒：0.05g、0.125g、0.25g。粉针（有效期 2 年）：0.25g、0.5g、1g、1.5g、2g。

【用法】口服、肌注：每次 0.5g，4 次 / 日，空腹服，肌注 0.5g 加灭菌注射用水 2.8ml，可加 0.5% 利多卡因 1ml 以减轻疼痛。静滴：4~6g/d，分 2~4 次，溶于 100ml 输液中，浓度 4~10mg/ml，滴注 0.5~1 小时。儿童 50~100mg/(kg·d)，分 2~4 次。

氟氯西林 Flucloxacillin （氟氯西林钠、氟氯青毒素、伊芬、昆特）

【用途、不良反应、用药护理注意】1. 参阅苯唑西林钠，作用较强。2. 对青霉素过敏禁用。3. 首次服药后应观察 30 分钟后方可离开。4. 食物影响本药吸收。

【制剂】胶囊：0.25g。颗粒：0.125g。粉针：0.5g、1g。

【用法】口服、肌注：每次 0.25~0.5g，3~4 次 / 日，口服制剂宜餐前至少 30 分钟服用。静滴：每次 0.25g~1g，溶于 100~250ml 生理盐水或葡萄糖液中缓慢滴注，滴注时间 30~60 分钟，4 次 / 日。不超过 8g/d。

氨苄西林钠[甲] Ampicillin Sodium （氨苄西林、氨苄青霉素、安比西林、安西林、安必仙、安必林、安必欣、安复平、Ampicillin）

【用途】广谱，主要用于革兰阴性杆菌感染。

【不良反应】1. 过敏反应。皮疹发生率较高，偶见过敏性休克。2. 口服致胃肠道反应。3. 肌注疼痛显著。4. 大剂量静脉给药可发生神经系统毒性症状。

【用药护理注意】1. 使用前用本药或青霉素皮试。2. 询问药物过敏史，青霉素过敏者禁用。3. 口服时不能用果汁、蔬菜汁和苏打水送服。4. 食物影响本药口服吸收。5. 肌注宜缓慢、深部注射，以减轻疼痛。6. 本药每 0.125g、0.5g 和 1g

分别溶于 0.9~1.2ml、1.2~1.8ml 和 2.4~7.4ml 灭菌注射用水中肌注。7. 药物溶解放置后致敏物质增多，应临用配制。8. 忌与碱性药液配伍，在酸性溶液中分解较快，宜用生理盐水作溶剂。9. 静滴浓度不超过 30mg/ml。10. 同青霉素钠（钾）。

【制剂】片、胶囊：0.25g。粉针：0.5g、1g、2g。干糖浆：0.25g、0.5g。

【用法】口服：每次 0.25~0.75g，4 次 / 日，空腹口服。深部肌注：2~4g/d，儿童 50~100mg/(kg·d)，分 4 次。静滴：4~8g/d，分 2~4 次，溶于 100ml 输液中滴注 0.5~1 小时，儿童 100~200mg/(kg·d)，分 2~4 次。

氨苄西林钠氯唑西林钠 Ampicillin Sodium and Cloxacillin Sodium(安洛欣、爱罗苏)

【用途】广谱，对耐青霉素金葡菌感染有效。

【不良反应、用药护理注意】参阅氨苄西林钠和氯唑西林钠。

【制剂】胶囊：0.5g。粉针：0.5g、1g。（含氨苄西林钠、氯唑西林钠各半）

【用法】口服：每次 0.5~1g，4 次 / 日，餐前 0.5~1 小时服。深部肌注：每次 0.5~1g，3~4 次 / 日，用灭菌注射用水 2~4ml 溶解。静滴：2~4g/d，分 2~4 次给药，溶于 100ml 生理盐水或复方氯化钠注射液中，如与含葡萄糖输液配伍，应以较快速度滴注（半小时内滴完），以免药效降低。

氨苄西林丙磺舒 Ampicillin and Probenecid（恩普洛）同氨苄西林钠。孕妇、哺乳妇和 2 岁以下禁用。胶囊、颗粒：0.25g。口服：每次 0.75g，3 次 / 日。

羧苄西林钠 Carbenicillin Sodium（羧苄西林）参阅青霉素钠（钾）。主要治疗全身性铜绿假单胞菌感染。粉针：1g、2g、5g。10℃以下冰箱保存。静注、静滴：严重感染，10~30g/d，分 2~4 次。局部湿敷或膀胱冲洗：用 0.2% 浓度。

阿莫西林[甲] Amoxicillin（羟氨苄青霉素、阿莫仙、阿莫新、阿莫灵、奥纳欣、再林、弗莱莫星、益萨林、强必林、广林、Amoxil）

【用途】广谱，敏感菌所致的呼吸道、泌尿生殖道、软组织等感染。

【不良反应、用药护理注意】1. 参阅氨苄西林钠。2. 在葡萄糖液中不稳定，最好用生理盐水作溶媒。3. 口服吸收不受食物影响，可空腹或与牛奶等食物同服，小儿可加果汁或饮料服用，片剂可压碎服，颗粒剂用温开水冲服或含服。

【制剂】片、分散片、胶囊、颗粒、干混悬剂：0.125g、0.25g。粉针：0.5g、1g、2g。

【用法】口服：每次 0.5~1g，1 次 /6~8 小时。儿童 20~40mg/(kg·d)，分

3~4 次。肌注、静滴：每次 0.5~1g，溶解后加入 100ml 生理盐水中，0.5~1 小时滴完，1 次 /6~8 小时。儿童 50~100 mg/(kg·d)，分 3~4 次。

阿莫西林钠氟氯西林钠 Amoxicillin Sodium and Flucloxacillin Sodium（新灭菌、弗威）参阅阿莫西林和氟氯西林。药粉溶解时出现一过性粉红色，但 5 分钟内变成淡黄色，属正常现象。胶囊：0.25g、0.5g。粉针：0.5g、1g（含阿莫西林和氟氯西林各半）。口服：每次 0.5g，3~4 次 / 日。静滴：每日 4~6g，分 2 次。

阿莫西林双氯西林钠 Amoxicillin and Dicloxacillin Sodium（凯力达、澳广、维净）参阅阿莫西林。食物减少双氯西林的吸收。胶囊、片：375mg（含阿莫西林 250mg，双氯西林 125mg）。口服：每次 375~750mg，3~4 次 / 日，空腹服。

哌拉西林钠[甲] Piperacillin Sodium（哌拉西林、氧哌嗪青霉素、哗哌西林、唯依旺、Piperacil、Piperacillin）

【用途】广谱，敏感菌（包括铜绿假单胞菌）所致呼吸道、肠道、尿路感染。

【不良反应】胃肠道反应、皮疹、药物热、头晕、血尿、血象改变等。

【用药护理注意】1. 用前用青霉素或本品皮试。2. 肌注疼痛，可用 0.5% 利多卡因溶解药物，以减轻疼痛，浓度为 1g/2.5ml。每部位每次肌注不超过 2g。3. 静滴每 1g 稀释于生理盐水或 5% 葡萄糖液 50~100ml 中。4. 同青霉素钠（钾）。

【制剂】粉针（有效期 2 年）：0.5g、1g、2g、4g。

【用法】肌注：4~8/d，分 2~4 次。静注、静滴：中度感染，8g/d，分 2 次；严重感染，每次 3~4g，1 次 /4~6 小时，不超过 24g/d。

美洛西林钠[乙] Mezlocillin Sodium（美洛西林、磺苯咪唑青霉素、天林、诺塞林、拜朋、力扬、Mezlocillin）

【用途】广谱，铜绿假单胞菌和厌氧菌等感染。

【不良反应、用药护理注意】1. 参阅青霉素钠。2. 用青霉素钠皮试。3. 婴幼儿不宜肌注。4. 本品溶液在冷处贮存可析出结晶，应将容器置于温水中溶解。

【制剂】粉针（有效期 2 年）：0.5g、1g、2g、3g、4g。

【用法】肌注、静注、静滴：2~6g/d，严重感染增至 8~12g/d，分 2~3 次，肌注不超过每次 2g。儿童 0.1~0.2g/（kg·d），分 2~4 次。肌注用注射用水溶解，静注、静滴临用前用 5% 葡萄糖氯化钠或 5%~10% 葡萄糖液溶解。

阿洛西林钠[乙] Azlocillin Sodium（阿洛西林、苯咪唑青霉素、阿乐欣、可乐欣）

【用途】广谱，铜绿假单胞菌及其他敏感菌感染。

【不良反应、用药护理注意】1. 参阅青霉素钠（钾）。2. 用青霉素钠或本品皮试。3. 肌注刺激性强，尽量不用。4. 静滴速度不宜太快，以减少反应。

【制剂】粉针：0.5g、1g、2g、3g。

【用法】静滴：6~12g/d，分 2~4 次，儿童每次 75mg/kg，2~4 次 / 日，临用前用 5% 葡萄糖氯化钠或 5%~10% 葡萄糖液溶解后滴入。

磺苄西林钠 Sulbenicillin Sodium（磺苄西林、美罗、Sulbenicillin）广谱，参阅青霉素钠（钾）。用青霉素钠皮试。粉针：1g、2g、4g。静注、静滴：4~8g/d，分 2~4 次，每 5g 药物用 5% 葡萄糖注射液或生理盐水 100~500ml 溶解静滴。

替卡西林 Ticarcillin（羧噻吩青霉素）用于铜绿假单胞菌和其他敏感菌感染。参阅羧苄西林钠，用前做青霉素皮试。粉针：1g、3g、6g。肌注：每次 1g，3~4 次 / 日，用 0.25%~0.5% 利多卡因注射液 2~3ml 溶解后深部肌注。静滴：0.2~0.3g/(kg·d)，分次给予，或每次 3g，1 次 /4~6 小时。

仑氨西林 Lenampicillin（珍欣）同氨苄西林钠。用前用青霉素钠皮试，孕妇、哺乳期妇女用药安全性未确立。片：0.25g。口服：每次 0.5g，3~4 次 / 日。

巴氨西林 Bacampicillin（巴卡西林、美洛平）同氨苄西林钠。用前用青霉素钠皮试，食物影响吸收，宜空腹吞服。片：0.4g。口服：每次 0.4g，2 次 / 日。

匹氨西林 Pivampicillin（匹氨青霉素）同氨苄西林钠，青霉素过敏者禁用。本品味苦，有异臭。片、胶囊应吞服，勿咬碎。与流质饮食同服可减轻胃肠道反应。片、胶囊：0.25g。口服：1.5~2g/d，分 3~4 次服。

呋布西林钠 Furbenicillin Sodium（呋苄青霉素）作用似氨苄西林钠。用前用青霉素皮试。溶解度小、刺激性大，不宜肌注、静注。静滴浓度不超过 2%，浓度过高或滴速过快致滴注静脉疼痛。粉针：0.5g，1g。静滴：4~8g/d，分 4 次。

替莫西林 Temocillin 用前须做青霉素皮试。粉针：0.5g，1g。肌注、静注：每次 0.5~2g，2 次 / 日，肌注用 0.25%~0.5% 利多卡因溶解，以减轻疼痛。

美西林 Mecillinam（氮䓬脒青霉素、Amdinocillin）参阅青霉素钠（钾）。用于革兰阴性菌引起的感染。致注射局部刺激症状等。临用配制。粉针：0.5g、1g。深部肌注、静注：每次0.5g，3~4次/日，肌注每0.5g加注射用水或生理盐水2ml溶解。静滴：60mg/(kg·d)，分4~6次给药。每0.5g或1g稀释到50ml。

（二）头孢菌素类
1. 第一代头孢菌素
头孢氨苄[甲] Cefalexin（先锋霉素Ⅳ、苯甘孢霉素、头孢力新、斯宝力克、赐福力欣、西保力、瑞恩克、舒美林、福林、申嘉、美丰、CEX）

【用途】革兰阳性菌引起的呼吸道、尿路、皮肤软组织感染等。

【不良反应】1. 胃肠道反应：恶心、呕吐和腹泻等。2. 过敏反应：皮疹、药物热等。3. 头晕、复视、耳鸣等神经系统反应。4. 长期或大量服用可致肾损害。

【用药护理注意】1. 对本药或其他头孢菌素类过敏禁用。2. 颗粒剂和泡腾片用40℃以下温开水溶化后服。3. 缓释胶囊应整粒服用。4. 食物延缓本品吸收。

【制剂】片、颗粒、胶囊：0.125g、0.25g。缓释胶囊（申嘉）：0.25g。干糖浆（舒美林）：1.5g（60ml），每5ml含125mg。泡腾片（福林）：0.125g。

【用法】口服：每次 0.25~0.5g，1 次 /6 小时，最高剂量：4g/d。空腹服用，儿童 25~50mg/(kg·d)，分 3~4 次。

头孢氨苄甲氧苄啶 (信普瑞、新达宝、福尔丁) 胶囊、片：含头孢氨苄 125mg、甲氧苄啶 25mg。口服：每次 1~2 粒，4 次 / 日，空腹服。

头孢唑林钠[甲] Cefazolin Sodium (头孢唑林、先锋霉素 V、赛福宁、使力安、西华乐林、先锋啉、Cefazolin、CEZ)

【用途】敏感菌所致的呼吸道、尿路、皮肤软组织和眼、耳、鼻、喉感染。

【不良反应】1. 皮疹、药物热等过敏反应。2. 转氨酶升高、白细胞或血小板减少、白色念珠菌的二重感染等。3. 肌注可引起局部疼痛，静注可致静脉炎。

【用药护理注意】1. 对本药或其他头孢菌素过敏者禁用。2. 不能与氨基糖苷类混合注射。3. 供肌注的粉针含有利多卡因，不可静注。4. 本品常温不溶时，可置 37℃热水加温药瓶使其溶解。5. 溶解成液体后室温存放不超过 7 小时。6. 存放后溶液颜色略变深，但不影响疗效。7. 用药期间饮酒可发生双硫仑样反应。

【制剂】粉针 (有效期 18 个月)：0.5g、1g、2g。

【用法】肌注、静注、静滴：每次 0.5~1g，1 次 /6~12 小时，最高剂量：

10g/d。儿童 50~100mg/(kg·d)，分 2~3 次给药。每 0.5g 或 1g 临用前溶于 10ml 灭菌注射用水缓慢静注，静滴时可再稀释于 100ml 生理盐水或葡萄糖注射液中。

头孢拉定[甲、乙] Cefradine（先锋霉素 VI、头孢雷定、泛捷复、赛福定、君必青、菌必清、克必力、新达德雷、CRD、Velosef）

【用途】同头孢氨苄。

【不良反应】1. 胃肠道反应多见。2. 过敏反应：皮疹、药物热等。3. 肝、肾毒性：血尿，暂时性血尿素氮，血清转氨酶升高。4. 菌群失调、维生素缺乏等。

【用药护理注意】1. 对头孢菌素过敏、有青霉素过敏性休克史禁用。2. 食物延迟本品吸收，但不影响吸收总量。3. 粉针含碳酸钠，禁与林格液等含钙溶液配伍，以免发生沉淀。4. 注射液须现配现用。5. 不宜与其他抗菌药混合给药。6. 配成的溶液可为淡黄色或黄色澄明液，如出现结晶，可振摇溶解，不可加热或冰冻。7. 静滴浓度为 10mg/ml。8. 本品刺激性较低，适宜于肌注。

【制剂】胶囊：0.125g、0.25g、0.5g。干混悬剂：每瓶 1.5g、3g（60ml）。粉针（添加碳酸钠）：0.25g、0.5g、1g。

【用法】口服：每次 0.25~0.5g，小儿每次 6.25~12.5mg/kg，1 次 /6 小时，

空腹服。肌注、静注、静滴：每次 0.5~1g，小儿每次 12.5~25mg/kg，1 次 /6 小时。每 0.5g 用注射用水、5% 葡萄糖注射液或生理盐水 10ml 溶解，缓慢静注。静滴时，先用注射用水溶解，再加入生理盐水或 5% 葡萄糖液中。

头孢羟氨苄[乙] Cefadroxil（羟氨苄头孢菌素、力欣奇、赛锋、欧意、恩可）
【用途、不良反应、用药护理注意】1. 参阅头孢氨苄。2. 对本药或其他头孢菌素过敏禁用。3. 食物对其吸收无明显影响。4. 颗粒剂用 40℃ 以下温开水溶化。
【制剂】胶囊（有效期 2 年）、片：0.125g、0.25g。颗粒：0.125g。
【用法】口服：每次 0.5~1g，儿童每次 15~20mg/kg，1 次 /12 小时，餐后服。

头孢羟氨苄甲氧苄啶（申诺欣、万舒美）询问药物过敏史。胶囊：150mg（含头孢羟氨苄 125mg，甲氧苄啶 25mg）、300mg。口服：每次 300mg，3 次 / 日。

头孢硫脒[乙] Cefathiamidine（先锋霉素 18、仙力素）用于敏感菌所致的心内膜炎，呼吸道、胆道、尿路、妇科等感染。偶见过敏反应，对头孢菌素过敏者禁用，药液现配现用。粉针：0.5g、1g。肌注：每次 0.5~1g，4 次 / 日。静滴：2~4g/d，儿童 50~150mg/(kg·d)，分 2~4 次。用生理盐水或 5% 葡萄糖液 250ml 稀释。

头孢替唑钠 Ceftezole Sodium（益替欣、特子社复）用药前询问药物过敏史并进行皮试。肌注可致硬结，不在同一部位反复注射。药液因温度原因出现混浊时可加温使其澄清。粉针：0.5g、0.75g、1g。肌注、静注、静滴：2~4g/d，分2次。肌注溶于0.5%利多卡因注射液，静滴溶于生理盐水或5%葡萄糖液。

2. 第二代头孢菌素

头孢孟多酯钠 Cefamandole Nafate（头孢孟多、头孢羟唑、卡安泰）

【用途】广谱，用于革兰阳性和革兰阴性菌引起的感染。

【不良反应】1. 过敏反应：皮疹、嗜酸性粒细胞增多等。2. 大剂量应用可致出血倾向。3. 可逆性肾损害。4. 肌注疼痛显著。5. 血栓性静脉炎。

【用药护理注意】1. 对头孢菌素类过敏、有青霉素过敏性休克史禁用。2. 本品含碳酸钠，溶解后产生CO_2使容器内压力升高，不能剧烈振摇，并禁与含钙或镁溶液配伍。3. 肌注每1g用3ml注射用水或生理盐水溶解，静注、静滴用生理盐水或5%葡萄糖液稀释。4. 用药期间和停药7天内勿饮酒，因可致双硫仑样反应。

【制剂、用法】粉针：0.5g、1g、2g。肌注、静注、静滴：每次0.5~1g，1次/4~8小时，不超过12g/d。儿童50~100mg/(kg·d)，分3~4次。

头孢呋辛钠[甲] Cefuroxime Sodium（头孢呋辛、头孢呋肟、西力欣、明可欣、安可欣、优乐新、舒贝乐、赐福乐信、Cefuroxime、Zinacef）

【用途】广谱，用于敏感菌所致的呼吸道、泌尿系、皮肤等感染和淋病。

【不良反应】过敏反应、胃肠道反应、肌注疼痛、肝功能异常、静脉炎等。

【用药护理注意】1. 对头孢菌素类过敏禁用，3 个月以下婴儿不推荐使用，对青霉素类过敏者慎用。2. 禁与氨基糖苷类配伍。3. 与强利尿剂合用可致肾损害。4. 不同浓度溶液可呈微黄色至琥珀色。5. 溶液浑浊或有沉淀时不能用。6. 本药可影响乙醇代谢，引起双硫仑样反应，用药期间和停药 7 天内勿饮酒。

【制剂】粉针（有效期 24 个月）：0.25g、0.5g、0.75g、1g、1.5g。

【用法】深部肌注、静注、静滴：每次 0.75~1.5g，1 次 /8 小时。肌注每 0.25g 用 1ml；静注每 0.25g 至少用 2ml 注射用水溶解并缓慢摇匀，静滴时每 0.25g、0.75g 和 1.5g 分别用 20ml、50ml 和 100ml 生理盐水或 5% 葡萄糖液稀释。

头孢呋辛酯[甲、乙] Cefuroxime Axetil（头孢呋肟酯、西力欣片、新菌灵、达力新）

【用途、不良反应、用药护理注意】1. 同头孢呋辛钠。2. 味苦涩，片剂应整片吞服，不可嚼碎，5 岁以下不会吞服不用。3. 餐后服药可提高生物利用度。

【制剂】片、胶囊：0.125g、0.25g。干混悬剂：0.125g。

【用法】口服：每次 0.25~0.5g，2 次 / 日，餐后吞服。淋病：单剂 1g。儿童每次 0.125~0.25g，2 次 / 日。干混悬剂可每包加入 10~15ml 温开水中搅匀后服。

头孢丙烯[乙] Cefprozil（施复捷、头孢罗齐、希能、亿代、凯可之、Cefzil）

【用途】广谱，急性中耳炎、扁桃体炎、呼吸道、尿路、皮肤等感染。

【不良反应】胃肠道反应、头痛、皮疹、血尿素氮升高、凝血酶原时间延长等。

【用药护理注意】1. 对头孢菌素类过敏、有青霉素过敏性休克史禁用。2. 干混悬剂 0.125g 加 20ml 温开水中摇匀后服用。3. 食物不影响吸收总量。

【制剂】片：0.25g、0.5g。胶囊：0.125g、0.25g。干混悬剂：0.125g。

【用法】口服：每次 0.5g，1~2 次 / 日。儿童 15~30mg/(kg·d)，分 2 次。

头孢克洛[乙] Cefaclor（头孢克罗、头孢氯氨苄、希刻劳、喜福来、可福乐、欣可诺、赐福乐素、新达罗、史达功）

【用途】敏感菌引起的呼吸道、泌尿系、耳鼻喉、皮肤、软组织等感染。

【不良反应】胃肠道反应和瘙痒、皮疹等过敏反应，肝、肾功能损害等。

【用药护理注意】1. 对头孢菌素类过敏禁用，与青霉素类有部分交叉过敏，青霉素过敏者慎用。2. 食物、抗酸药影响本品吸收，牛奶不影响本品吸收。

【制剂】片、胶囊：0.25g。缓释片：0.375g。干混悬剂：0.125g、0.25g。

【用法】口服：每次 0.25~0.5g，1 次 /8 小时，空腹服用，不超过 4g/d。儿童 20~40mg/(kg·d)，分 3 次服，不超过 1g/d。缓释片每次 0.375g，2 次 / 日。

头孢替安[乙] Cefotiam（头孢噻乙胺唑、泛司博林、复仙安、锋替新）

【用途】同头孢唑啉钠。

【不良反应】胃肠道反应、血象改变、血栓性静脉炎，偶见过敏性休克等。

【用药护理注意】1. 对头孢菌素类过敏禁用。2. 最好在注射前做皮试，皮试液浓度为 300μg/ml。3. 药液应临用配制。4. 本品含无水碳酸钠，溶解后产生 CO_2，故将瓶内制成负压。5. 本品可致局部皮疹，配药时注意防护。6. 不用于肌注。

【制剂】粉针：0.25g、0.5g、1g。

【用法】静注、静滴：0.5~2g/d，分 2~4 次。静注时每 1g 用生理盐水或 5% 葡萄糖液 20ml 溶解；静滴时每 1g 溶于生理盐水、5% 葡萄糖液或氨基酸输液 100ml 中。静滴时不可用注射用水稀释，因不能成等渗溶液。

头孢尼西钠　Cefonicid　Sodium（头孢尼西、铭乐希）参阅头孢孟多。对头孢菌素类过敏者禁用，药液应临用配制。肌注时将本品溶解于 1% 盐酸利多卡因溶液中，静滴时将本品 1g 溶于 50~100ml 生理盐水、5% 或 10% 葡萄糖液中。粉针：0.5g，1g，2g。肌注、静滴：每次 1g，1 次／日。

头孢雷特　Ceforanide（头孢雷特赖氨酸盐、Ceforanide Lysinate）对头孢菌素类过敏者禁用。粉针：0.5g，1g。肌注、静注：1~4g/d，分 2 次。

3. 第三代头孢菌素

头孢噻肟钠[甲]　Cefotaxime Sodium（头孢噻肟、治菌必妥、凯福隆）

【用途】广谱，敏感菌所致的下呼吸道、尿路感染等，尤其适用于儿科感染。

【不良反应】1. 皮疹，罕见过敏性休克。2. 胃肠道反应。3. 静脉炎，注射部位疼痛。4. 白细胞、血小板减少。5. 肝功能异常，血尿素氮升高。6. 二重感染。

【用药护理注意】1. 用前需进行皮试。2. 对头孢菌素类过敏、有青霉素过敏性休克史禁用。3. 禁与氨基糖苷类和碱性药物配伍。4. 药液应临用配制，若溶解后溶液变深黄或棕色即是变质，不能使用。5. 快速静注可致心律失常。6. 婴幼儿不能肌注。7. 疗程超过 10 天应监测血常规。8. 出现持续性严重腹泻应停药。

【制剂】粉针（有效期 2 年）：0.5g、1g、2g（附 4ml 注射用水）。

【用法】肌注、静注：每次 0.5~1g，2~3 次 / 日。儿童 50~100mg/（kg·d），分 2~3 次给药。肌注时，每 0.5g 或 1g 分别用 2ml 或 3ml 注射用水或利多卡因溶解；静注时，每 1g 加注射用水 10ml，于 5~10 分钟注入。静滴：每次 1~2g，2~3 次 / 日。每 2g 加生理盐水或葡萄糖液 100ml。淋病：单次肌注 1g 即可。

头孢曲松钠[甲]　Ceftriaxone Sodium（头孢曲松、头孢三嗪、菌必治、菌得治、罗氏芬、安迪芬、赛扶欣、安塞隆、凯塞欣、Rocephin）

【用途】广谱，下呼吸道、尿路、皮肤软组织、生殖系统感染和脑膜炎等。

【不良反应】1. 皮疹，过敏性休克。2. 胃肠道反应。3. 嗜酸性粒细胞增多、血小板减少。4. 呼吸系统损害。5. 二重感染。6. 偶见假性胆结石。7. 肌注疼痛。

【用药护理注意】1. 与含钙剂或含钙产品合并用药可能致死。如与含钙药品先后静脉给药，之间应有其他静脉输液间隔，新生儿应有 48 小时以上的时间间隔。2. 对头孢菌素类过敏、有青霉素过敏性休克史禁用。3. 药液应临用配制，在室温中保存不超过 6 小时，药液呈淡黄色不影响疗效。4. 静注应缓慢，以免发生静脉炎。5. 婴幼儿不能肌注。肌注时如不加利多卡因会导致疼痛。6. 本品配伍禁忌多，应单独给药。7. 用药期间和停药 7 天内禁酒，以免出现双硫仑样反应。

【制剂】粉针：0.25g、0.5g、1g、2g。在不超过 20℃干燥处保存。

【用法】深部肌注、静注、静滴：每次 1~2g，1 次 /24 小时。15 日至 12 岁患儿静滴，每次 20~80mg/kg，1 次 / 日。肌注时 1g 用 1% 利多卡因 3.5ml 溶解；静注时每 1g 用 10ml 灭菌注射用水溶解；静滴时将 1~2g 溶于生理盐水、5% 或 10% 葡萄糖液 100~250ml 中，0.5~1 小时内滴入。淋病：单次肌注 0.25g 即可。

头孢哌酮钠 Cefoperazone Sodium（头孢哌酮、头孢氧哌唑、先锋必、赛福必、赛必欣、达诺欣、派同、CPZ、Cefoperazone、Cefobid）

【用途】呼吸道、尿路、肝胆系统等感染及败血症、细菌性脑膜炎等。

【不良反应】1. 皮疹较多见，罕见过敏性休克。2. 胃肠道反应等。3. 长期或大剂量应用可干扰 Vit K 的代谢致出血倾向。4. 长期使用可致二重感染。

【用药护理注意】1. 对头孢菌素类过敏、有青霉素过敏性休克或即刻反应史禁用。2. 禁与氨基糖苷类配伍。3. 配成溶液室温下保存不超过 24 小时。4. 静注、静滴用生理盐水、5% 葡萄糖液或葡萄糖氯化钠注射液溶解。5. 用药期间和停药

7 天内禁酒，以免出现双硫仑样反应。6. 有不明原因的持续性出血，应立即停药。

【制剂】粉针（有效期 2 年）：0.5g、1g、1.5g、2g。冷处保存。

【用法】深部肌注、静注、静滴：每次 1~2g，1 次 /12 小时。小儿 50~200mg/（kg·d），分 2~3 次静滴。肌注时每 1g 用注射用水 2.8ml 和 2% 利多卡因 1ml 溶解；静注应稀释至 1g/40ml；静滴时每 1~2g 稀释于 100~200ml 溶液中。

头孢匹胺钠 Cefpiramide Sodium（头孢匹胺、头孢吡兰、先福吡兰、泰吡信）

【用途】广谱，下呼吸道、胆道、泌尿生殖系统感染，脑膜炎、腹膜炎等。

【不良反应】1. 过敏反应。2. 胃肠道反应。3. 偶见血液系统和肝、肾功能损害。4. 维生素 K 和 B 族维生素缺乏。5. 肌注引起局部疼痛、硬结。

【用药护理注意】1. 询问药物过敏史。2. 对头孢菌素类过敏禁用，严重肝、肾病和孕妇、新生儿慎用。3. 用药期间和停药 7 天内禁饮酒，以免出现双硫仑样反应。4. 不能用注射用水溶解静滴，因溶液不等渗。

【制剂】粉针（有效期 2 年）：0.5g、1g。

【用法】静注、静滴：1~2g/d，儿童 30~80mg/（kg·d），分 2 次。静滴时可加入葡萄糖液、电解质液、氨基酸液 100ml 中，30~60 分钟滴完。

头孢他啶[乙] Ceftazidime（头孢噻甲羧肟、复达欣、先达欣、凯复定、泰得欣、安塞定、新天欣、CTZ、Fortum）

【用途】广谱，呼吸道、泌尿生殖系、骨关节、胸腹腔感染，败血症等。

【不良反应】1. 皮疹等过敏反应。2. 胃肠道反应。3. 二重感染。4. 静脉炎，注射部位疼痛明显。5. 血清肌酐、血尿素氮升高、一过性白细胞减少。

【用药护理注意】1. 对头孢菌素类过敏、有青霉素过敏性休克史禁用。2. 溶解含碳酸钠制剂时，会产生 CO_2，不可剧烈振摇。3. 药液应临用配制。4. 6 岁以下幼儿不宜肌注。5. 用药期间和停药 7 天内禁饮酒，以免出现双硫仑样反应。

【制剂】粉针：0.5g、0.75g、1g、1.5g、2g、3g。（含碳酸钠或含精氨酸）。

【用法】肌注：1g/d，分 2 次，0.5g 加注射用水或 0.5%~1% 利多卡因 1.5ml 溶解。静注或快速静滴：每次 1~2g，2~3 次 / 日，小儿 30~100mg/(kg·d)。静注时 0.5g 用注射用水 5ml 溶解；静滴 1~2g 用 5% 葡萄糖液或生理盐水 100~250ml 稀释。

头孢磺啶钠 Cefsulodin Sodium（头孢磺啶、达克舒林）用于铜绿假单胞菌感染。粉针：0.5g（肌注用）、1g（静注用）。肌注、静注、静滴：1~4g/d，分 2~4 次。肌注用所附溶媒溶解，静注、静滴用生理盐水或葡萄糖液溶解。

头孢唑肟钠[乙] Ceftizoxime Sodium（头孢唑肟、益保世灵、安保速灵、施福泽）

【用途】广谱，敏感菌所致的下呼吸道、尿路、腹腔、颅内、皮肤等感染。

【不良反应】过敏反应、胃肠道反应、二重感染、注射局部疼痛、静脉炎等。

【用药护理注意】1. 对头孢菌素类过敏、有青霉素过敏性休克史禁用。2. 皮试液浓度为 300μg/ml。3. 可用注射用水、生理盐水或 5% 葡萄糖液溶解后静注，或加入 10% 葡萄糖液、电解质注射液、氨基酸注射液中静滴 0.5~2 小时。4. 药液应临用配制，室温下放置不超过 7 小时。5. 禁与氨基糖苷类配伍。6. 肌注已少用。

【制剂、用法】粉针：0.5g、0.75g、1g、1.5g、2g。缓慢静注、静滴：每次 1~2g，1 次 /8~12 小时，儿童每次 50mg/kg，1 次 /6~8 小时。

头孢克肟[乙] Cefixime（氨噻肟烯头孢菌素、世福素、严逸、Cefspan）

【用途】广谱，呼吸道、泌尿道、胆道、耳鼻咽喉等感染。

【不良反应】腹泻、恶心、皮疹、嗜酸性粒细胞增多，罕见过敏性休克。

【用药护理注意】对头孢菌素类过敏者禁用。用前应充分询问药物过敏史。

【制剂】片、分散片、胶囊、颗粒、干混悬剂：0.05g、0.1g。

【用法】口服：每次 0.05~0.1g，2 次 / 日。儿童每次 1.5~3mg/kg，2 次 / 日。

头孢甲肟 Cefmenoxime（头孢噻肟唑、倍司特克）

【用途】广谱。呼吸、泌尿、肝胆系统感染，烧伤、术后感染，败血症等。

【不良反应】消化道反应、过敏反应、血象改变、肝功能受损、出血倾向。

【用药护理注意】1. 对头孢菌素类过敏者禁用。2. 建议用药前用 300μg/ml 本品皮试。3. 药液应临用配制。4. 静注用粉针含有无水碳酸钠，溶解后产生 CO_2。5. 肌注时可用 0.5% 甲哌卡因作溶剂以减轻刺激，但切勿误注入静脉。6. 可加入葡萄糖、生理盐水或氨基酸等输液中。7. 用药期间及停药 7 天内禁酒。

【制剂】粉针：0.5g、1g（静注用），0.5g（肌注用，附溶媒）。

【用法】肌注、静注、静滴：1~2g/d，分 2 次，严重感染 4g/d，分 2~4 次。

头孢布烯 Ceftibuten（头孢布坦、头孢噻腾、先力腾、Cedax）

【用途】呼吸道，泌尿道、肠道等感染。

【不良反应】消化道反应、惊厥、皮疹，肝功能异常，血液学参数改变等。

【用药护理注意】1. 对头孢菌素类过敏禁用，孕妇、哺乳期妇女、6 个月以下婴儿慎用。2. 胶囊吸收不受饮食影响，混悬液受进食影响。

【制剂】胶囊：0.2g、0.4g。混悬剂：36mg/ml，18mg/ml，每瓶 30ml、60ml。

27

【用法】口服：胶囊，每次 0.4g，1 次 / 日；或每次 0.2g，2 次 / 日。儿童用混悬剂，每次 9mg/kg，1 次 / 日，饭前 1 小时或饭后 2 小时服。

头孢地秦钠 Cefodizime Sodium（头孢地秦、高德、莫敌、Modivid）用于下呼吸道、泌尿系感染、淋病。致胃肠道反应、过敏反应等，对头孢菌素类过敏禁用。粉针：0.5g、1g、2g。肌注、静注、静滴：每次 1~2g，1~2 次 / 日，溶于生理盐水或林格液 40ml 中静滴。肌注时可用 1% 利多卡因溶液作溶剂以减轻疼痛。

头孢地尼[乙] Cefdinir（全泽复、世扶尼）用于呼吸道、泌尿道、耳鼻喉科等感染。致胃肠道反应、皮疹等。含铁、铝、镁等金属离子制剂降低本品吸收。服本品后可能出现红色粪便，是本品及其分解产物与胃肠中的铁形成不吸收的复合物所致，不影响疗效。胶囊、片、分散片：0.05g、0.1g。口服：每次 0.1g，3 次 / 日。

头孢泊肟酯 Cefpodoxime Proxetil（头孢泊肟、头孢泊肟普塞酯、头孢丙肟酯、搏拿、普拿、施博、维洁信、纯迪、Banan）
【用途】呼吸道、泌尿生殖道、皮肤、耳鼻喉感染，乳腺炎等。

【不良反应】胃肠道反应、皮疹、头晕、二重感染，血小板、粒细胞减少。

【用药护理注意】1. 用药前询问药物过敏史。2. 小于 5 个月婴儿安全性未确立。3. 与食物同服吸收增加，不宜空腹服药。4. 粉末状干混悬剂用水适量调成混悬液并摇匀。5. 抗酸剂和 H_2 受体拮抗剂使本品吸收减少。

【制剂】片：0.1g、0.2g。胶囊：0.05g。干混悬剂：0.6g（10mg/ml）、0.05g。

【用法】口服：每次 0.1~0.2g，儿童每次 5mg/kg，1 次 /12 小时，餐后服。

头孢他美酯 Cefetamet Pivoxil（盐酸头孢他美酯、康迈欣、代宁、特普欣）

【用途】广谱，下呼吸道、泌尿道、耳鼻喉等感染。

【不良反应】胃肠道反应，偶见头痛、皮疹、焦虑、失眠，转氨酶升高等。

【用药护理注意】1. 对头孢菌素类过敏者禁用。2. 餐前或餐后 1 小时内服。

【制剂、用法】片、分散片、胶囊、混悬剂：0.125g（相当于头孢他美 90.65mg）、0.25g。口服：每次 0.5g，12 岁以下儿童每次 10mg/kg，2 次 / 日。

头孢特仑新戊酯 Cefteram Pivoxil（头孢特仑酯、托米伦、富山龙、Tomiron）

【用途】广谱，呼吸道、泌尿道、妇产科、耳鼻咽喉、皮肤等感染。

【不良反应】胃肠道反应、过敏反应，偶见肝、肾功能异常，粒细胞减少。

【用药护理注意】1. 有青霉素过敏性休克或即刻反应史者禁用，老人、孕妇慎用。2. 宜餐后服，以减轻胃肠道刺激。3. 本品有致过敏性休克的报道。

【制剂】片：50mg、100mg。

【用法】口服：每次 50~100mg，儿童每次 1~3mg/kg，3 次 / 日，餐后服。

头孢托仑匹酯 Cefditoren Pivoxil（头孢托仑酯、头孢妥仑匹酯、美爱克、Meiact）

【用途】呼吸道、胆道、泌尿生殖系统、皮肤、乳腺、眼耳鼻牙等感染。

【不良反应】胃肠道反应、皮疹、嗜酸性粒细胞增多，偶见过敏性休克等。

【用药护理注意】1. 对头孢菌素类过敏禁用，老人、孕妇、过敏体质慎用，12 岁以下用药安全性尚未确立。2. 餐后服有利于药物吸收。3. 不宜长期使用。

【制剂、用法】片：100mg。口服：每次 200mg，2 次 / 日，餐后服。

头孢卡品酯 Cefcapene Pivoxil（盐酸头孢卡品酯、恒洛）用于呼吸道、泌尿道、胆道、五官科、皮肤等感染。致胃肠道反应，皮疹等。对头孢菌素类过敏禁用。片：75mg、100mg。口服：每次 100~150mg，3 次 / 日，餐后服。

4. 第四代头孢菌素

硫酸头孢匹罗[乙] Cefpirome Sulfate（头孢匹罗、头孢吡隆、派新、CPR）

【用途】下呼吸道、泌尿生殖系、皮肤软组织、颅内等严重感染、败血症。

【不良反应】皮疹、胃肠道反应、静脉炎、血小板减少，肝、肾功能异常。

【用药护理注意】1. 对头孢菌素类过敏禁用。2. 不与碱性药物（如碳酸氢钠）或氨基糖苷类配伍。3. 疗程超 10 天应监测血象。4. 有白细胞减少应停药。

【制剂】粉针（有效期 2 年）：0.25g、0.5g、1g、2g。

【用法】静注、静滴：每次 1~2g，1 次 /12 小时。静注时 1g 溶于 10ml 注射用水中；静滴时 1g 或 2g 溶于生理盐水、葡萄糖溶液、复方氯化钠注射液 100ml 中。

盐酸头孢吡肟[乙] Cefepime Hydrochloride（头孢吡肟、马斯平、Maxipime）

【用途】广谱，敏感菌引起的感染，耐第三代头孢菌素革兰氏阴性杆菌感染。

【不良反应】皮疹、腹泻、恶心、头痛、烦躁不安、发热、静脉炎等。

【用药护理注意】1. 对头孢菌素类过敏、有青霉素过敏性休克史禁用。2. 肌注疼痛较轻，一般不必加利多卡因。3. 静滴药物浓度不超过 40mg/ml。

【制剂】粉针：0.5g、1g、2g。

31

【用法】深部肌注、静注、静滴：每次 0.5~2g，小儿每次 50mg/kg，1 次 / 12 小时。可加入 5% 或 10% 葡萄糖液、生理盐水、林格液中。

硫酸头孢噻利 Cefoselis Sulfate（头孢噻利、丰迪）用于呼吸、泌尿、消化道等感染。致过敏反应、维生素 K 缺乏等。用药期间及停药 7 天内禁酒。粉针：0.5g、1g。静滴：每次 0.5~1g，2 次 / 日。加入 5% 葡萄糖液或生理盐水中，静滴时间不少于 30~60 分钟，每次 2g 时静滴不少于 60 分钟，不得使用注射用水溶解。

头孢克定 Cefclidin（头孢立定）同头孢吡肟。对头孢菌素类过敏禁用。粉针：0.5g、1g。静滴：每次 1g，2 次 / 日。可加入 5% 葡萄糖液或生理盐水中。

5. 第五代头孢菌素

头孢洛林酯 Ceftaroline Fosamil（头孢洛林）对头孢菌素类过敏者禁用。粉针：0.4g、0.6g。静滴：每次 0.6g，1 次 /12 小时，滴注时间为 1 小时。

头孢吡普 Ceftobiprole 粉针：0.5g。肌注、静滴：每次 0.5g，1 次 /12 小时。

（三）其他 β- 内酰胺类

头孢美唑钠[乙] Cefmetazole Sodium（头孢美唑、先锋美他醇、悉畅、CMZ）

【用途】下呼吸道、胆道、腹腔、泌尿道、妇产科感染，败血症等。

【不良反应】过敏反应，肝、肾功能损害，粒细胞缺乏症、胃肠道反应。

【用药护理注意】1. 用药前宜做皮试，皮试液浓度为 300μg/ml。2. 对头孢菌素类过敏者禁用。3. 详细询问药物过敏史，做好发生过敏性休克的急救准备。4. 药液即配即用。5. 大剂量静脉给药可引起血管痛，应缓慢滴注。6. 可干扰乙醇正常代谢，用药期间及停药后 1 周内不得饮酒或含乙醇饮料。

【制剂】粉针（有效期 2 年）：0.25g、0.5g、1g、2g。

【用法】静注、静滴：每次 0.5~1g，2 次 / 日，儿童 25~100mg/（kg·d），分 2~4 次。静注时每 1g 溶于注射用水、葡萄糖液或生理盐水 10ml 中；静滴可用 5% 葡萄糖液或生理盐水溶解、稀释，但不得用注射用水，因渗透压过低。

头孢西丁钠[乙] Cefoxitin Sodium（头孢西丁、甲氧头霉噻吩、美福仙、达力叮）

【用途】呼吸道、泌尿道、腹腔、盆腔感染，适用需氧与厌氧菌混合感染。

【不良反应】皮疹、胃肠道反应、静脉炎、肌注疼痛显著，肝、肾功能异常。

【用药护理注意】1. 对头孢菌素类过敏禁用。2. 用药期间及停药后 1 周内禁饮酒。3. 对 6 岁以下小儿不宜肌注。4. 肌注局部可引起硬结、疼痛。

【制剂】粉针（有效期 2 年）：0.5g、1g、2g。

【用法】深部肌注、静注、静滴：每次 1~2g，1 次 /6~8 小时。3 个月以上儿童每次 13.3~26.7mg/kg，1 次 /6 小时。每 1g 溶于 0.5% 利多卡因 2ml 肌注，溶于注射用水 10ml 静注；静滴 1~2g 溶于生理盐水、5% 或 10% 葡萄糖液 50~100ml 中。

头孢替坦 Cefotetan（头孢替坦二钠）用于呼吸道、泌尿道、妇科感染。致过敏反应、肝肾功能异常等。用药前最好做皮试。粉针：0.5g、1g、2g。肌注、静注、静滴：每次 1~2g，1 次 /12 小时。肌注可用 0.5% 利多卡因溶解。

头孢米诺钠[乙] Cefminox Sodium（头孢米诺、美士灵、立健诺、Meicelin）

【用途】呼吸道、泌尿生殖道、腹腔、盆腔等感染，败血症等。

【不良反应】皮疹、恶心、呕吐、全血细胞减少、BUN 升高、转氨酶升高。

【用药护理注意】1. 用药前用本品 300μg/ml 皮试，并做好休克急救准备。2. 对本药或头孢烯类抗生素过敏禁用。3. 药液应临用配制。4. 不与维生素 B_6、氨茶碱混合。5. 用药期间及停药 1 周内不得饮酒或含乙醇饮料。6. 仅供静脉给药。

【制剂】粉针（有效期 2 年）：0.5g，1g，1.5g，2g。

【用法】静注、静滴：每次 1g，2 次／日。静注时，每 1g 用 20ml 注射用水、5%~10% 葡萄糖液或生理盐水溶解后慢注；静滴时每 1g 溶于 5%~10% 葡萄糖液或生理盐水 100~500ml 中，滴注 1~2 小时，不能溶于注射用水中，因溶液不等渗。

头孢咪唑钠　Cefpimizole Sodium（头孢咪唑）广谱。致过敏反应等。用药前应做皮试，仅供静脉给药，缓慢注射，药液临用配制。粉针：0.5g、1g。静注、静滴：1~2g/d，分 2 次。静滴时可溶于糖、电解质、氨基酸等补液。

拉氧头孢钠[乙]　Latamoxef　Sodium（拉氧头孢、拉他头孢、噻吗灵）

【用途】呼吸道、消化道、腹腔、中枢、泌尿生殖系统等感染，败血症等。

【不良反应】过敏反应、胃肠道反应，肝、肾损害，血象改变、出血倾向。

【用药护理注意】1. 对头孢菌素类过敏者禁用，有青霉素类过敏史、孕妇慎用。2. 注射速度宜缓慢。3. 用药期间及停药 1 周内避免饮酒。4. 药液应现配现用，室温下保存不超过 12 小时。

【制剂】粉针（有效期 2 年）：0.25g、0.5g、1g。

【用法】深部肌注：每次 0.5~1g，2 次 / 日，用 0.5% 利多卡因 2~3ml 溶解。静注、静滴：每次 1g，2 次 / 日，儿童 40~80mg/（kg·d），分 2~4 次。可用生理盐水、5%~10% 葡萄糖液、低分子右旋糖酐注射液或灭菌注射用水溶解。

氟氧头孢钠 Flomoxef Sodium（氟氧头孢、氟莫头孢、氟吗宁、Flumarin）

【用途】呼吸道、腹腔、胆道、泌尿生殖、盆腔感染，败血症、心内膜炎。

【不良反应】过敏反应、胃肠道反应，舌麻木，偶见粒细胞、血小板减少。

【用药护理注意】1. 对头孢菌素类、本品过敏禁用。2. 做好抢救休克的准备。3. 静脉给药可致血管痛、静脉炎，静注应缓慢。4. 加入 4ml 以上注射用水和 5% 葡萄糖液或生理盐水，充分振荡溶解。5. 药液现配现用，室温下保存不超过 6 小时。

【制剂】粉针（有效期 2 年）：0.5g、1g、2g。

【用法】静注、静滴：1~2g/d，分 2 次，儿童 60~80mg/（kg·d），分 3~4 次。

氯碳头孢 Loracarbef（罗拉碳头孢、乐君毕、Lorabid）

【用途】呼吸道、泌尿道、妇科、五官科和皮肤、软组织感染。

【不良反应】胃肠道反应（常见腹泻）、头痛、血小板减少、过敏反应等。

【用药护理注意】1. 对头孢菌素类过敏禁用，青霉素类过敏、孕妇、哺乳期妇女慎用。2. 食物延缓药物吸收，降低血药浓度峰值。3. 用药期间禁酒。

【制剂】胶囊：200mg、400mg。干糖浆：100mg（5ml）、200mg（5ml）。

【用法】口服：每次 200~400mg，儿童每次 7.5~15mg/kg，1 次 /12 小时，宜餐前 1 小时或餐后 2 小时服用。

头孢拉宗钠 Cefbuperazone Sodium（头孢拉宗、头孢布宗）同头孢美唑。用药前应做皮试，用药期间及停药 1 周内避免饮酒。粉针：0.5g、1g。静注、静滴：1~2g/d，重症 4g/d，分 2 次。可溶于 5% 葡萄糖液或生理盐水中静滴。

氨曲南[乙] Aztreonam（噻肟单酰胺菌素、君刻单、Azactam）

【用途】敏感需氧革兰阴性菌引起的感染，如尿路、下呼吸道、腹腔感染。

【不良反应】1. 皮疹、紫癜、瘙痒。2. 胃肠道反应。3. 局部硬结、静脉炎。

【用药护理注意】1. 与青霉素无交叉过敏，但过敏体质仍需慎用。2. 药液应现配现用。3. 可用生理盐水、林格液、5% 或 10% 葡萄糖液、葡萄糖氯化钠注射液稀释。粉针加入注射用水后应立即振摇至完全溶解。4. 静滴浓度不超过 2%。

【制剂】粉针 (有效期 2 年): 0.5g、1g、2g。

【用法】深部肌注、缓慢静注、静滴: 每次 0.5~2g, 1 次 /8~12 小时。肌注时 1g 药物用注射用水或生理盐水 3~4ml 溶解; 静注时 1g 药物加液 10ml 溶解; 静滴时 1g 药物先用至少 3ml 注射用水溶解, 再加液 100ml 稀释, 滴注 30~60 分钟。

亚胺培南西司他丁钠[乙] Imipenem and Cilastatin Sodium (亚胺培南 - 西拉司丁钠、亚胺培南 - 西拉司丁、伊米配能 - 西司他丁钠、泰能、泰宁、齐佩能、Tienam)

【用途】广谱。腹腔、下呼吸道、泌尿道感染, 需氧与厌氧菌混合感染等。

【不良反应】皮疹、胃肠道反应、静脉炎、局部疼痛、嗜酸性粒细胞增多、白细胞减少、听觉部分或全部暂时性丧失, 肝、肾功能异常。

【用药护理注意】1. 对青霉素类、头孢菌素类有过敏性休克史禁用。2. 不与其他抗菌药和含乳酸钠输液配伍。3. 药液现配现用, 溶解后室温保存不超过 4 小时。4. 禁止静注。5. 肌内注射剂不能用于静滴。6. 静滴用生理盐水、葡萄糖液作溶剂, 浓度为亚胺培南 5mg /ml。7. 静滴速度 0.5g/30min 为宜, 滴速过快可出现头昏、出汗、呕吐等。8. 儿童可出现非血尿性红色尿, 是药物使尿着色所致。

【制剂】粉针（肌注或静滴用）：0.5g、1g（亚胺培南、西拉司丁各 0.5g）。

【用法】用量是以亚胺培南计。静滴：每次 0.25~1g，1 次 /6~12 小时，不超过 4g/d。儿童每次 15mg/kg，1 次 /6 小时，不超过 2g/d。肌注：每次 0.5~0.75g，1 次 /12 小时，本品 0.5g 用 1% 利多卡因 2ml 稀释。

美罗培南[乙] Meropenem（美洛培南、美平、倍能、海正美特、Mepem）

【用途】广谱，呼吸道、腹部、泌尿生殖系统等感染，败血症、脑膜炎等。

【不良反应】胃肠道反应、皮疹、肾功能损害、静脉炎、粒细胞减少等。

【用药护理注意】1. 对本品或其他碳青霉烯类抗生素过敏禁用，对青霉素类、β- 内酰胺类过敏，老人、孕妇、新生儿慎用。2. 与丙戊酸钠并用使后者血药浓度降低。3. 药物需临用配制。4. 不与其他药物配伍。5. 连续用药 7 天应检查肝、肾功能和血常规，用药时间不超过 14 天。

【制剂】粉针（有效期 3 年）：0.25g、0.5g。

【用法】静滴：每次 0.5~1g，儿童每次 10~20mg/kg，1 次 /8 小时。静滴时 0.25~0.5g 用生理盐水、5% 或 10% 葡萄糖液 100ml 溶解。

法罗培南钠[乙][乙] Faropenem Sodium（君迪、优得克）用于皮肤软组织、呼吸、泌尿、耳、鼻、喉、口腔感染。致腹泻、便秘、皮疹等，可能发生休克。过敏体质者慎用。颗粒：0.1g。片：0.15g、0.2g。口服：每次 0.15~0.3g，3 次 / 日。

厄他培南[乙] Ertapenem（厄他培南钠、怡万之、中诺厄他、Invanz）

【用途】敏感菌引起的中重度感染、继发性腹腔感染、社区获得性肺炎等。

【不良反应】胃肠道反应、静脉炎、发热、过敏、皮疹、注射部位疼痛等。

【用药护理注意】1. 用前询问药物过敏史。2. 不与其他药物混合，禁用含葡萄糖稀释液。3. 静滴最长用 14 日。4. 肌注用 1% 利多卡因溶解。5. 药物临用配制。

【制剂、用法】粉针：1g。静滴、肌注：每次 1g，1 次 / 日，每 1g 药物先用 10ml 注射用水或生理盐水震摇溶解，再将小瓶中的溶液移至 50ml 生理盐水中。

比阿培南[乙] Biapenem（必安培南、安信、天册、诺加南）

【用途】下呼吸道、腹腔、盆腔中重度感染，败血症、难治性肾盂肾炎等。

【不良反应】皮疹、胃肠道反应、休克、间质性肺炎、肝、肾功能损害等。

【用药护理注意】1. 对本品过敏、正在服用丙戊酸钠类药者禁用。2. 可致丙戊酸钠血药浓度降低。3. 不与其他抗菌药和含乳酸钠输液配伍。

【制剂、用法】粉针：0.3g。静滴：每次 0.3g，2 次 / 日，溶于生理盐水或葡萄糖注射液 100ml 中，滴注 30~60 分钟，不超过 1.2g/d。

多尼培南 Doripenem 用于复杂性腹腔内、泌尿道感染。对本药或其他 β-内酰胺类过敏禁用。致皮疹、腹泻、静脉炎等。粉针：250mg、500mg。静滴：每次 500mg，1 次 /8 小时。先用 10ml 注射用水或生理盐水配成浓度为 50mg/ml 的混悬液，再将混悬液加入 100ml 生理盐水或 5% 葡萄糖输液中，轻轻振摇至澄清。

替比培南酯 Tebipenem Pivoxil（替比培南）用于呼吸道、耳鼻喉感染。颗粒：500mg/ 袋，含替比培南 50mg。口服：儿童每次 4mg/kg，2 次 / 日，饭后服。

帕尼培南 - 倍他米隆 Panipenem-Betamipron（克倍宁、Carbenin）
【用途】呼吸道、腹腔、泌尿生殖系统、眼科、骨关节等感染，脑膜炎。
【不良反应】腹泻、呕吐、口腔炎、皮疹、肝功能损害、嗜酸性粒细胞增多。
【用药护理注意】1. 用药前应做皮试。2. 做好抢救过敏性休克的准备。3. 对头孢菌素类过敏慎用。4.不用注射用水溶解药物，因溶液不等渗。5.严禁与丙戊酸钠合用。6.用药后因帕尼培南（PAPM）分解，可使尿液呈茶色。

【制剂】粉针，含帕尼培南（PAPM）和倍他米隆（BP）：0.25g（PAPM和BP各0.25g）、0.5g（PAPM和BP各0.5g）。

【用法】静滴：每次0.5~1g，2次/日，儿童30~60mg/(kg·d)，分3次。每0.5g用生理盐水、5%葡萄糖注射液100ml以上溶解。每1g静滴1小时以上。

（四）β-内酰胺酶抑制剂及其复方制剂

克拉维酸钾 Clavulanate Potassium（棒酸钾）抗菌谱广，抗菌作用不强，一般不单独使用。有强力而广谱的抑制β-内酰胺酶作用，可使氨苄西林、阿莫西林、替卡西林、头孢哌酮等不耐酶抗生素的抗菌谱增广、抗菌作用增强。

舒巴坦钠[乙] Sulbactam Sodium（舒巴坦、青霉烷砜）对β-内酰胺酶有很强的不可逆抑制作用。可致过敏反应，对青霉素过敏者禁用。不单独使用，与青霉素类、头孢菌素类合用有协同抗菌作用。

他唑巴坦　Tazobactam（三唑巴坦）是舒巴坦钠的衍生物。不可逆性 β- 内酰胺酶抑制剂，作用强于舒巴坦钠。用前做青霉素皮试，阳性禁用。

阿莫西林克拉维酸钾[甲、乙]Amoxicillin and Clavulanate Potassium（阿莫西林 - 克拉维酸钾、奥格门汀、安灭菌、力百汀、艾克儿、安克、安奇、Augmentin）

【用途】呼吸道、泌尿生殖系统、皮肤软组织、骨关节等感染和败血症。

【不良反应】过敏反应、胃肠道反应、静脉炎，偶见肝功能异常、BUN 升高。

【用药护理注意】1. 用药前用青霉素钠或本品皮试。2. 注射剂含钾，不宜肌注。3. 不宜与含有葡萄糖或酸性碳酸盐的溶液配伍。4. 儿童宜用混悬液。5. 与食物同服可减少胃肠道反应。6. 本品两种药物的配比有 2∶1、4∶1、7∶1、14∶1 等。

【制剂】片：375mg（阿莫西林 250mg、克拉维酸钾 125mg）、625mg（阿莫西林 500mg、克拉维酸钾 125mg）。分散片：228.5mg。胶囊：250mg。干混悬剂：156.25mg、228.5mg。混悬液：228.5mg（5ml）。粉针：0.6g、1.2g。

【用法】口服：每次 375~625mg，1 次 /8 小时。静滴：每次 1.2g，3~4 次 /日。小儿每次 30mg/kg，小于 3 个月龄 2~3 次 / 日，3 个月至 12 岁 3~4 次 / 日。每 1.2g 用 50~100ml 生理盐水稀释，滴注 0.5 小时。

替卡西林钠克拉维酸钾[乙] Ticarcillin Disodium and Clavulanate Potassium（替卡西林克拉维酸钾、羧噻吩青霉素钠 - 棒酸、替门汀、特美汀、泰门汀、Timentin）

【用途】广谱。呼吸道、泌尿道、骨关节、皮肤软组织感染，败血症等。

【不良反应】皮疹、荨麻疹、腹泻、局部疼痛、静脉炎等，罕见过敏性休克。

【用药护理注意】1. 用前用青霉素或本品皮试。2. 不与碱性溶液、血液、血浆制品配伍。3. 刺激性大，不宜肌注。4. 本品应临用配制，溶解时会产生热量。

【制剂】粉针：1.6g（替卡西林钠 1.5g、克拉维酸钾 0.1g）、3.2g。

【用法】静滴：每次 1.6~3.2g，儿童每次 80mg/kg，1 次 /6~8 小时。先用注射用溶剂 10ml 将瓶内（1.6g 或 3.2g 本品）干粉溶解，再移至输注容器中用生理盐水或 5% 葡萄糖液 100ml（1.6g）或 100~150ml（3.2g）稀释，滴注 30~40 分钟。

氨苄西林钠舒巴坦钠[乙] Ampicillin Sodium and Sulbactam Sodium（舒氨西林、氨苄西林 - 舒巴坦、氨苄青霉素 - 青霉烷砜、强力安必仙、优立新、舒氨新、施坦宁、凯兰欣、普舒、丽泰）

【用途】泌尿道、呼吸道、肝胆系统、皮肤软组织、中耳、鼻窦等感染。

【不良反应】皮疹、SGPT 增高、胃肠道反应等，偶见贫血、过敏性休克。

【用药护理注意】1. 与青霉素有交叉过敏反应，用药前用青霉素钠作皮试。2. 本品可透过胎盘，孕妇、哺乳期妇女慎用。3. 药液应现配现用。4. 在弱酸性葡萄糖注射液中分解较快，宜用中性液体作溶剂。5. 肌注疼痛明显，已少用。

【制剂】粉针（含氨苄西林钠、舒巴坦钠比例 2 ：1）：0.75g、1.5g、2.25g。

【用法】静注、静滴：每次 1.5~3g，1 次 /6~8 小时，不超过 12g/d。临用前用注射用水或生理盐水溶解后加入 100ml 生理盐水中滴注，0.5~1 小时滴完。小儿 150mg/（kg·d），分 3~4 次静滴。

舒他西林 Sultamicillin（托西酸舒他西林、优立新、舒氨新、孚麦欣、博德、苏克、Unasyn）本品为氨苄西林与舒巴坦钠的复合制剂。致胃肠道反应、皮疹等，用药前用青霉素钠皮试。颗粒剂、胶囊：0.125g、0.375g。片：0.25g、0.375g。干混悬剂：0.25g。口服：每次 0.375~0.75g，2 次 / 日，空腹服。

阿莫西林舒巴坦钠 Amoxicillin and Sulbactam Sodium（舒萨林、威奇达、来切利、悉林）

【用途】广谱，呼吸道、泌尿生殖系统、盆腔、皮肤软组织、腹腔等感染。

【不良反应】腹泻、面部潮红、皮疹、转氨酶升高，注射部位疼痛、静脉炎。

【用药护理注意】1. 使用前（包括口服）用青霉素皮试。2. 对青霉素、头孢菌素类、舒巴坦过敏禁用。3. 药液应临用配制。4. 别嘌醇治疗期间不宜用本品。

【制剂】粉针：0.375g、0.75g、1.5g。片：0.25g、0.5g。

【用法】静滴：每次 1.5~3g，3 次 / 日。用生理盐水（最大浓度 45mg/ml）或 5% 葡萄糖液（最大浓度 30mg/ml）100ml 稀释。口服：每次 0.5~1g，3 次 / 日。

美洛西林钠舒巴坦钠 Mezlocillin Sodium and Sulbactam Sodium（凯韦可、汉光、开林）用于呼吸道、泌尿道、腹腔、皮肤、盆腔等感染。使用前做青霉素皮试。粉针：1.25g、2.5g、3.75g。静滴：每次 2.5~5g，1 次 /8~12 小时。用生理盐水溶解后，加入生理盐水、5% 葡萄糖氯化钠或 5%~10% 葡萄糖液 100ml 中滴注。

哌拉西林钠舒巴坦钠[乙] Piperacillin Sodium and Sulbactam Sodium（哌拉西林 - 舒巴坦、特灭菌、舒哌、百定、益坦、Sulperacillin）

【用途】广谱，呼吸道、泌尿道生殖系统、妇科感染，败血症等。

【不良反应】过敏反应、胃肠道反应、静脉炎、谷丙转氨酶一过性升高等。

【用药护理注意】1. 用前做青霉素皮试。2. 对青霉素、头孢菌素过敏禁用。2. 每 2.5g 用生理盐水或 5%~10% 葡萄糖液 50~100ml 稀释，最大浓度为 250mg/ml。

【制剂】粉针：1.25g（含哌拉西林 1g、舒巴坦钠 0.25g）、2.5g。

【用法】肌注、静滴、静注：每次 2.5~5g，1 次 /12 小时，不超过 20g/d。

头孢哌酮钠舒巴坦钠[乙] Cefoperazone Sodium and Sulbactam Sodium（头孢哌酮-舒巴坦、舒普深、海舒必、瑞普欣、优普同、利君派舒、锋派新、威特神、新瑞普欣、Sulperazome）

【用途】广谱，呼吸道、泌尿生殖、腹腔、骨等感染和败血症、脑膜炎等。

【不良反应】胃肠道反应、过敏反应，偶见中性粒细胞、血小板减少等。

【用药护理注意】1. 对青霉素和头孢菌素类过敏禁用。2. 有不明原因的持续性出血，应立即停药。3. 禁与氨基糖苷类配伍。4. 不宜与乳酸钠林格液或高浓度利多卡因直接混合，否则效价下降。5. 肌注时可先用注射用水溶解后，再用 2% 利多卡因稀释，使利多卡因最终浓度为 0.5%。6. 用药期间和停药 7 天内禁酒。

【制剂】粉针：1g、1.5g、2g、3g。（头孢哌酮、舒巴坦钠为 2：1 或 1：1）

【用法】静滴、肌注：每次 1~2g，1 次 /12 小时，儿童 40~80mg/(kg·d)，

分 2~4 次。静滴时每 1g 先用 5% 葡萄糖注射液或生理盐水 4ml 溶解，再用同一溶媒稀释至 50~100ml，滴注 0.5~1 小时。

头孢噻肟钠舒巴坦钠 Cefotaxime Sodium and Sulbactam Sodium（新治君、卓立佳）对青霉素类、头孢菌素类过敏禁用。致皮疹、白细胞减少等。粉针：1.5g（含头孢噻肟 1g、舒巴坦 0.5g）。肌注、静注、静滴：3~9g/d，分 2~3 次，舒巴坦不超 4g/d。可与注射用水、生理盐水、5% 葡萄糖液、葡萄糖生理盐水配伍。

头孢曲松钠舒巴坦钠 Ceftriaxone Sodium and Sulbactam Sodium（新菌必治）参阅头孢曲松钠。用药期间和停药 7 天内禁酒。粉针：0.75g、1.5g（含头孢曲松钠 1g、舒巴坦钠 0.5g）。静滴：每次 1.5~3g，1 次 / 日。

哌拉西林钠他唑巴坦钠[乙] Peperacillin Sodium and Tazobactam Sodium（哌拉西林钠三唑巴坦钠、联邦他唑仙、特治星、海他欣、凯伦、邦达、他唑西林）
【用途】下呼吸道、泌尿、腹腔、妇科、骨关节、皮肤软组织感染等。
【不良反应】腹泻、便秘、发热、皮疹、静脉炎、头痛、血小板减少等。

【用药护理注意】1. 用药前做青霉素皮试。2. 对青霉素类、头孢菌素类过敏禁用，孕妇、哺乳期妇女、12 岁以下儿童慎用。3. 不与其他药物和含碳酸氢钠溶液混合。4. 静滴时间不能少于 30 分钟，以免引起血栓性静脉炎。

【制剂】粉针：2.25g（含哌拉西林 2g、他唑巴坦 0.25g）、3.375g、4.5g。

【用法】静滴：每次 4.5g，1 次 /8 小时，或每次 3.375g，1 次 /6 小时。用 20ml 生理盐水或注射用水充分溶解后，立即加入 250ml 生理盐水或 5% 葡萄糖液中，滴注 30 分钟以上。

头孢哌酮钠他唑巴坦钠 Cefoperazone Sodium and Tazobactam Sodium（凯斯、凯舒特）用于下呼吸道、泌尿、腹腔及生殖系统感染。用药期间禁酒。粉针：1g、2g（含头孢哌酮钠 1.6g、他唑巴坦 0.4g）。静滴：每次 2g，1 次 /8~12 小时。先用注射用水或生理盐水 5~10ml 溶解，再加入生理盐水或 5% 葡萄糖液 150~250ml 稀释，滴注 30~60 分钟。

匹氨西林 - 溴巴坦 Pivampicillin-Brobactam 用于泌尿、呼吸道、皮肤感染。片：0.25g（含匹氨西林 0.117g、溴巴坦 0.133g）。口服：每次 0.5g，2 次 / 日。

（五）氨基糖苷类

硫酸庆大霉素[甲、乙]　Gentamycin Sulfate(庆大霉素、正泰霉素、瑞贝克、威得)

【用途】革兰阴性菌引起的感染，口服适用于肠道感染。

【不良反应】1. 耳毒性。耳鸣、听力减退、眩晕。2. 肾毒性。致管型尿、蛋白尿、血尿素氮增高等。3. 皮疹，偶见过敏性休克。4. 偶见神经肌肉阻滞作用。

【用药护理注意】1. 有本品过敏史者禁用。2. 嘱病人多饮水，以减少肾小管损害。3. 不宜与其他肾、耳毒性药物合用。4. 不宜皮下注射；不宜耳部滴用；静注易致呼吸抑制，禁止静注。5. 静滴速度应缓慢。6. 口服吸收很少，长期或大剂量服用应注意肾、耳毒性。7. 药液有变色、结晶、浑浊、异物应禁用。8. 注射后观察 15 分钟无反应才可离开注射室，以确保安全。9. 疗程不超过 14 天。

【制剂】注射液：20mg（2 万 U）、40mg（4 万 U）、80mg（8 万 U）。片：20mg（2 万 U）、40mg。缓释片（瑞贝克）：40mg（4 万 U）。颗粒：10mg（1 万 U）。口服液（威得）：10 万 U（10ml）。滴眼液：40mg（8ml）。

【用法】肌注、静滴：每次 80mg（8 万 U），1 次 /8 小时，加入生理盐水或 5% 葡萄糖液 100ml 中静滴，浓度不超过 1mg/ml。儿童每次 2.5mg/kg，1 次 /12 小时。口服：每次 80~160mg，3~4 次 / 日。缓释片每次 80mg，2 次 / 日。

硫酸阿米卡星[甲] Amikacin Sulfate （阿米卡星、丁胺卡那霉素、安卡星）
【用途】对庆大霉素和妥布霉素耐药的革兰阴性杆菌感染，抗结核。
【不良反应、用药护理注意】参阅庆大霉素。禁止静注。
【制剂】注射液：1ml：0.1g（10万U）、0.2g。粉针：0.1g、0.2g、0.4g。
阿米卡星氯化钠注射液：200ml（阿米卡星0.4g、氯化钠1.7g），250ml。
【用法】肌注、静滴：每次0.2g，小儿首剂10mg/kg，以后7.5mg/kg，1次/12小时，疗程不超过10日，每0.5g加生理盐水或5%葡萄糖液100~200ml。

硫酸卡那霉素 Kanamycin Sulfate （卡那霉素、卡那辛、康得舒）用于革兰阴性菌引起的感染（不作首选），抗结核，口服防肝性脑病。参阅庆大霉素。对耳、肾毒性较大。粉针：0.5g、1g。注射液：0.5g(2ml)。片剂、胶囊：0.25g。肌注、静滴：每次0.5g，1次/12小时。口服：每次1g，4次/日。

阿贝卡星 Arbekacin 对金葡菌的作用较强，致注射部位疼痛。粉针：50mg、100mg。注射液：75mg（1.5ml）、100mg（2ml）。肌注、静滴：0.15~0.2g/d，分2次，溶于5%葡萄糖注射液中滴注。

地贝卡星　Dibekacin（双去氧卡那霉素）参阅庆大霉素。致肌注部位疼痛。粉针、注射液：50mg、100mg。肌注、静滴：0.1~0.2g/d，分2次。

妥布霉素[乙]　Tobramycin（乃柏欣、托百士、泰星、托素、妥欣、Nebcin）
【用途】革兰阴性杆菌（包括铜绿假单胞菌等）引起的严重感染。
【不良反应】与庆大霉素相似，但较轻。
【用药护理注意】参阅庆大霉素，对氨基糖苷类或本品过敏者禁用。
【制剂】粉针：80mg。注射液：40mg（1ml）、80mg（2ml）。滴眼液：5ml（0.3%）。妥布霉素地塞米松滴眼液：5ml（妥布霉素15mg、地塞米松5mg）。
【用法】肌注、静滴：每次1~1.7mg/kg，1次/8小时，不超过5mg/（kg·d），疗程7~14日，静滴加入5%葡萄糖液或生理盐水50~200ml中，浓度为1mg/ml。

硫酸奈替米星[乙]　Netilmicin Sulfate（奈替米星、立克菌星、乙基西梭霉素、奈替霉素、力确兴、尼泰欣、安特新、奈特、诺达、Netromycin）
【用途】革兰阴性菌引起的复杂性尿路、下呼吸道、腹腔感染，败血症等。
【不良反应、用药护理注意】同庆大霉素。耳、肾毒性较同类药低。静滴时用 2ml 注射用水或生理盐水溶解，再以 5% 葡萄糖液或生理盐水 50~200ml 稀释。

【制剂】注射液：0.05g（1ml）、0.1g（2ml）、0.2g（4ml）。粉针：0.1g。

【用法】肌注、静滴：每次 1.3~2.2mg/kg，1 次 /8 小时，不超过 7.5mg/（kg·d）。

硫酸依替米星[乙] Etimicin Sulfate（依替米星、爱大霉素、爱大、悉能、爱益）

【用途】广谱，呼吸道、泌尿生殖道、皮肤、软组织感染。

【不良反应、用药护理注意】参阅庆大霉素。耳、肾毒性与奈替米星相似。

【制剂】粉针：50mg（5 万单位），100mg。注射液：50mg（1ml）、100mg。依替米星氯化钠注射液：100ml（依替米星 0.1g、0.15g 或 0.3g，氯化钠 0.9g）。

【用法】静滴：每次 0.1~0.15g，1 次 /12 小时；或每次 0.2~0.3g，1 次 / 日，稀释于生理盐水或 5% 葡萄糖液 100ml 或 250ml 中，滴注 1 小时，疗程 5~10 日。

硫酸小诺霉素 Micronomicin Sulfate（小诺霉素、小诺米星、美诺）参阅庆大霉素。禁止静注，因可致呼吸抑制。注射液：60mg（2ml）。粉针：30mg、60mg。滴眼液：24mg（8ml）。肌注：每次 60~120mg，2 次 / 日，疗程不超过 14日。静滴：每次 60mg，用生理盐水 100ml 稀释。滴眼：1~2 滴 / 次，3~4 次 / 日。

硫酸异帕米星[乙] Isepamicin Sulfate（异帕米星、异帕霉素、依克沙、伊美雅）

【用途】下呼吸道、泌尿道、皮肤、外科伤口、烧伤感染，败血症等。

【不良反应】发热、皮疹、胃肠道反应，听力减退、耳鸣，肾毒性（血尿）。

【用药护理注意】1. 参阅庆大霉素。2. 用药超过 14 天，应检查肝、肾功能和听力。3. 静滴不能太快，用 5% 葡萄糖液、生理盐水、复方氯化钠注射液稀释。

【制剂】注射液：200mg（2ml）、400mg（2ml）。

【用法】肌注、静滴：400mg/d，分 2 次。静滴时间通常为 30~60 分钟。

盐酸大观霉素[乙] Spectinomycin Hydrochloride（大观霉素、壮观霉素、曲必星、淋必治、奇霉素、治淋炎、高巴斯、克利宁、卓青、史百定、林克欣）

【用途】治淋病，对青霉素、四环素等耐药菌株引起的感染。

【不良反应】无明显耳毒性，偶见眩晕、恶心、发热、头痛、肝肾功能改变。

【用药护理注意】1. 有本品过敏史、肾病、新生儿、孕妇禁用，儿童慎用。2. 只能肌注给药。3. 每 2g 用 3.2ml 稀释液（0.9% 苯甲醇注射液）溶解，猛力振摇使其成混悬液，用粗针头深部肌注。4. 嘱病人多饮水，以减少肾小管损害。

【制剂】粉针：2g，附 3.2ml 稀释液（0.9% 苯甲醇注射液）。

【用法】仅供深部肌注：每次 2g，轻症单剂量给药，重症 1 次 /12 小时，共 3 日；或 1 次给药 4g，分注于两侧臀部（每侧不能超过 2g）。

硫酸西索米星 Sisomicin Sulfate（西索米星、西索霉素、得希）参阅庆大霉素，毒性比庆大霉素大 2 倍。注射液：50mg（1ml）、100mg（2ml）。肌注、静滴：0.1~0.15g/d，分 2~3 次，稀释于生理盐水或 5% 葡萄糖注射液 100ml 中。

阿司米星 Astromicin（阿司霉素、福提霉素、强壮霉素）参阅庆大霉素。耳、肾毒性较低，偶见注射部位疼痛和硬结。粉针：200mg（含适量碳酸氢钠）。肌注：400mg/d，分 2 次，用注射用水或生理盐水溶解。

硫酸核糖霉素 Ribostamycin Sulfate（核糖霉素、力克、Vistamycin）同卡那霉素，作用较弱、毒性较低。用灭菌注射用水或生理盐水溶解，不与右旋糖酐等血浆代用品合用。粉针：0.25g、0.5g、1g。肌注：每次 0.5~0.75g，2 次 / 日。

链霉素（见抗结核药，P86）

硫酸巴龙霉素 Paromomycin Sulfate（巴龙霉素、巴母霉素）治菌痢、阿米巴痢疾和肠炎。对耳、肾毒性大，一般不作全身应用，口服吸收很少。片：0.1g（10万 U）、0.25g（25万 U）。口服：每次 0.5~0.75g，3 次 / 日。

（六）四环素类

四环素[乙] Tetracycline（盐酸四环素、金晶康）

【用途】广谱，立克次体、支原体、衣原体，革兰阳性、革兰阴性菌感染。

【不良反应】1. 胃肠道反应。2. 牙黄染、龋齿、牙釉质和骨发育不良。3. 二重感染。4. 肝、肾损害。5. 良性颅内压增高。6. 过敏反应。7. 维生素缺乏等。

【用药护理注意】1. 孕妇、哺乳期妇女和 8 岁以下禁用。2. 与药物中的钙、镁、铁、铝等金属离子形成不溶性络合物，不能合用。3. 食物和牛奶、豆制品影响吸收，宜空腹服用。4. 用足量（约 240ml）水送服，勿卧位服药，避免药物滞留食管形成溃疡。5. 受光、热、湿等影响产生有毒物质。

【制剂】片：0.125g、0.25g。胶囊：0.25g。软膏：3%。眼膏：0.5%，4g。

【用法】口服：每次 0.25~0.5g，1 次 /6 小时，空腹服。8 岁以上儿童：25~50mg/（kg·d），分 4 次。粉针用于静滴已少用。

土霉素 Oxytetracycline (盐酸土霉素) 参阅四环素。片: 0.125g、0.25g。胶囊: 0.25g。眼膏: 4g (0.5%)。口服时用足量 (约240ml) 水送服。口服: 每次0.25~0.5g, 1次/8小时, 空腹服。8岁以上, 30~40mg/(kg·d), 分3~4次服。

多西环素[甲、乙] Doxycycline (盐酸多西环素、强力霉素、伟霸霉素、福多力)

【用途、不良反应】 参阅四环素, 无明显肾毒性, 易致光感性皮炎。

【用药护理注意】 1. 同四环素。2. 与食物、牛奶或含碳酸盐饮料同服不影响吸收, 反可减少对胃的刺激。3. 不与青霉素合用。4. 用药期间不暴露于阳光下。

【制剂、用法】 片: 0.05g、0.1g。胶囊: 0.1g。口服: 第1日每次0.1g, 1次/12小时, 以后每次0.1~0.2g, 1次/日, 餐后服。8岁以上体重<45kg, 第1日每次2.2mg/kg, 1次/12小时, 以后每次2.2~4.4mg/kg, 1次/日。

替加环素[乙] Tigecycline (泰阁、Tygacil) 用于18岁以上复杂性腹腔感染。粉针: 50mg。本药可使全因死亡率增加, 原因未明。静滴: 首剂100mg, 随后每次50mg, 1次/12小时。本药50mg用生理盐水、5%葡萄糖液、乳酸林格氏液5.3ml溶解, 抽取其中5ml加入含100ml液体的输液袋中 (最高浓度1mg/ml)。

盐酸米诺环素[乙] Minocycline Hydrochloride（米诺环素、美满霉素、玫满、派丽奥）参阅四环素。用于尿路、皮肤、耳、鼻等感染，软膏用于牙周炎。致头晕、光感性皮炎等。服药后避免驾车，服药时多饮水，与食物同服可减少胃肠道反应。片、胶囊：0.05g、0.1g。软膏：0.5g。口服：首剂 0.2g，维持量 0.1g/12h 或 24h。局部给药：将软膏注满患部牙周袋内，1 次 / 周，连用 4 次。

盐酸美他环素 Metacycline Hydrochloride（美他环素、甲烯土霉素、佐本能）同四环素。片、胶囊：0.1g。口服：每次 0.3g，1 次 /12 小时，空腹服。

（七）氯霉素类

氯霉素[甲] Chloramphenicol（左霉素、清润）

【用途】伤寒、副伤寒和沙门菌引起的感染。滴眼液用于结膜炎、沙眼等。

【不良反应】1. 骨髓抑制、再生障碍性贫血。2. 灰婴综合征。3. 视神经炎、共济失调。4. 维生素缺乏、二重感染。5. 消化道反应。6. 皮疹、日光性皮炎。

【用药护理注意】1. 妊娠末期、哺乳期妇女、新生儿、早产儿和精神病人禁用。2. 肌注致剧痛、坐骨神经麻痹，已少用。3. 静滴时每 250mg 至少用 100ml

输液稀释，边稀释边振摇，以防析出结晶。4.空腹口服并饮用足量水分。5.定期检查周围血象。6.儿童不能长期反复使用本品滴眼或滴耳液。7.注射液含乙醇。

【制剂】片、胶囊：0.25g。注射液：0.25g（2ml）。粉针：0.5g、1g。滴眼液：8ml（20mg）。滴耳液：10ml。眼膏：1%、3%。

【用法】口服：每次0.25~0.5g，4次/日。静滴：每次0.5~1g，2次/日。

棕榈氯霉素 Chloramphenicol Palmitate（无味氯霉素、棕氯）同氯霉素。口服无氯霉素的苦味。片（B型）：50mg。颗粒（B型）：100mg。混悬液：25mg（1ml）。以上剂量均以氯霉素计。口服：1.5~3g/d，分3~4次，空腹服。

琥珀氯霉素 Chloramphenicol Succinate 同氯霉素。粉针：0.125g、0.25g、0.5g。肌注、静滴：1.5~3g/d，分3~4次。临用前加灭菌注射用水使溶解。稀释后静滴。

甲砜霉素 Thiamphenicol（硫霉素、赛美欣、将克）参阅氯霉素，也可用于呼吸道等感染。口服时应大量饮水，以减轻肾损害，避免重复疗程，以防骨髓抑制的发生。片、肠溶片、胶囊：0.25g。口服：1.5~3g/d，分3~4次，空腹服。

（八）大环内酯类

红霉素[甲] Erythromycin（艾狄密新、福爱力、新红康、美红）

【用途】链球菌等引起的感染，可作为军团菌肺炎和支原体肺炎的首选药。

【不良反应】1. 胃肠道反应。2. 肝毒性。3. 过敏反应。4. 心律不齐。5. 静脉炎。

【用药护理注意】1. 孕妇、哺乳期妇女和肝功能受损者慎用。2. 因易受胃酸破坏，应整片以水吞服。3. 应按一定时间间隔给药，以保持体内有效血药浓度。4. 易产生耐药性，但停药数月后，细菌又恢复敏感性。5. 片剂有吸湿性。

【制剂、用法】片、肠溶片、肠溶胶囊：0.125g、0.25g。栓剂：0.1g。软膏：1%。眼膏：0.5%。口服：每次 0.25g，1 次 /6 小时；或每次 0.5g，1 次 /12 小时，空腹服。直肠给药：栓剂，用送药器或戴指套用手指将药塞入肛门 2 cm。

乳糖酸红霉素 Erythromycin Lactobionate（威霉素）参阅红霉素。不宜肌注，因可引起剧痛。不用酸性溶液配制。粉针：0.25g、0.3g。静滴：每次 0.5~1g，2~3 次 / 日。每 0.5g 本药先用 10ml 注射用水溶解，再加入生理盐水或其他电解质溶液中稀释，缓慢滴入，红霉素浓度以 1~2mg/ml 为宜。也可用含葡萄糖的溶液稀释，因葡萄糖溶液偏酸性，必须每 100ml 溶液中加入 4% 碳酸氢钠 1ml。

环酯红霉素[乙] Erythromycin Cyclocarbonate（达发新、冠沙）参阅红霉素。片：0.125、0.25g。口服：首剂0.5g，以后每次0.25~0.5g，1次/12小时，空腹服。

硬脂酸红霉素 Erythromycin Stearate 参阅红霉素。片、胶囊：0.125g。颗粒：50mg。口服：0.75~2g/d，儿童20~40mg/(kg·d)，分3~4次，空腹服。

依托红霉素 Erythromycin Estolate（无味红霉素）同红霉素。肝毒性较其他红霉素类制剂多见。口服吸收较其他红霉素迅速、完全，耐酸，可餐前或餐后服用，油脂性食物可促进本品吸收。片：0.125g。胶囊：0.05g、0.125g。颗粒：0.075g。口服：0.75~2g/d，儿童20~30mg/(kg·d)，分3~4次服。

琥乙红霉素[乙] Erythromycin Ethylsuccinate（琥珀酸乙酯红霉素、乙琥红霉素、利君沙、莱特新、赛能莎、三九君必沙、科特加、治君能）

【用途、不良反应、用药护理注意】同红霉素。肝毒性反应较同类药多见。

【制剂】片（有效期3年）、胶囊：0.1g、0.125g。颗粒：0.125g、0.25g。分散片：0.1g（三九君必沙）、0.125g（科特加）。

【用法】口服：每次 0.25~0.5g，3 次 / 日。小儿 30~40mg/(kg·d)，分 3~4 次，餐前或餐后服。分散片可吞服，也可放入适量水中搅拌至混悬状态后服。

罗红霉素[乙] Roxithromycin（罗力得、罗利宁、罗迈新、罗福新、乐喜清、赛乐林、消历得、欣美罗、严迪、朗素、浦虹、仁苏、迈克罗德、Rulide）

【用途】呼吸道、泌尿道、皮肤软组织、五官科、儿科等感染。

【不良反应】消化道反应、过敏反应、头痛、眩晕，偶见肝功能异常。

【用药护理注意】1. 肝、肾功能不全、孕妇、哺乳期妇女慎用。2. 食物影响吸收，但与牛奶同服可提高生物利用度。3. 服药后可影响驾驶和机械操作能力。

【制剂】片、胶囊、分散片、颗粒：50mg、75mg、150mg，片：300 mg。

【用法】口服：每次 150mg，2 次 / 日；或每次 300mg，1 次 / 日。儿童每次 2.5~5mg/kg，2 次 / 日。均空腹用足量的液体送服。

阿奇霉素[甲、乙] Azithromycin（阿红霉素、阿齐红霉素、维宏、希舒美、舒美特、泰力特、欣匹特、开奇、瑞奇、齐宏、AZM）

【用途】革兰阳性菌、支原体、衣原体、淋球菌、厌氧菌等引起的感染。

【不良反应】消化道反应、皮疹、厌食、白细胞减少，偶见肝功能异常。

【用药护理注意】1. 对大环内酯类过敏禁用，肝肾功能不全慎用。2. 若与抗酸剂合用，间隔时间至少 2 小时。3. 注射剂不能肌注或静注。4. 注射液含乙醇。

【制剂】片：0.125g、0.25g、0.5g。胶囊：0.25g、0.5g。干混悬剂：0.1g。儿科用颗粒剂：0.25g。粉针：0.125g、0.25g、0.5g。注射液：0.25g (2ml)。

【用法】口服：每次 0.25g，首次加倍，1 次 / 日，空腹服，用 5 日；或每次0.5g，儿童每次 10mg/kg，1 次 / 日，用 3 日。静滴：每次 0.5g，1 次 / 日。加生理盐水或 5% 葡萄糖液 250~500ml，浓度 1~2mg/ml。粉针先用注射用水 4.8ml 溶解。

克拉霉素[乙] Clarithromycin（甲基红霉素、甲红霉素、克红霉素、卡斯迈欣、卡碧士、克拉仙、利迈先、圣诺得、诺邦、甲力、劲克）

【用途、不良反应】同红霉素。

【用药护理注意】1. 孕妇、对大环内酯类过敏禁用，肝功能不全慎用，哺乳期应暂停哺乳。2. 可空腹或与食物、牛奶同服。3. 缓释片应餐中服且不可压碎。

【制剂、用法】片、胶囊、颗粒：0.125g、0.25g。缓释片：0.5g。混悬液：0.125g (5ml)。口服：每次 0.25g，1 次 /12 小时。缓释片每次 0.5g，1 次 / 日。

麦迪霉素 Midecamycin（美地霉素、Medemycin）可作为红霉素的替代品，与其他大环内酯类有较密切的交叉耐药性。片、胶囊：0.1g，0.2g。口服：0.8~1.2g/d，儿童 30~40mg/(kg·d)，分 3~4 次服，片剂不宜嚼碎。

乙酰麦迪霉素 Acetylmidecamycin（美欧卡、美力泰、美加欣、Miocamycin）同麦迪霉素。无麦迪霉素的苦味，更适合儿童服用。干混悬剂用前摇匀，用温开水冲溶后服。肠溶片、干混悬剂：0.1g，0.2g。口服：0.6~1.2g/d，儿童 30~40mg/(kg·d)，分 3~4 次服。

麦白霉素 Meleumycin（司奇乐）同麦迪霉素。片、胶囊、颗粒：0.1g。口服：0.8~1.2g/d，儿童 30mg/(kg·d)，分 3~4 次空腹服，片剂不宜嚼碎。

乙酰螺旋霉素 Acetylspiramycin（醋酰螺旋霉素、法罗）用于扁桃体炎、急性支气管炎、中耳炎、牙科、眼科等感染。本品受胃酸影响较轻，可餐后服。片、胶囊：0.1g、0.2g。口服：每次 0.2~0.3g，4 次/日，首次加倍。儿童 20~30mg/(kg·d)，分 4 次服。

交沙霉素 Josamycin (角沙霉素、交沙咪、Josaxin) 参阅红霉素。不良反应少而轻。片、胶囊：0.1g、0.2g。颗粒、散剂：0.1g。口服：0.8~1.2g/d，空腹整片吞服，儿童 30mg/(kg·d)，分 3~4 次。儿童用颗粒剂，每 0.1g 加热水 3ml。

吉他霉素 Kitasamycin (柱晶白霉素、白霉素、Leucomycin) 可作为红霉素的替代品，与红霉素有较密切的交叉耐药性。片：0.1g。粉针：0.2g、0.4g。口服：每次 0.3~0.4g，3~4 次/日，餐前服。缓慢静注、静滴：每次 0.2~0.4g，2~3 次/日，溶于生理盐水或 5% 葡萄糖液 20ml 中静注，浓度 < 2%。

地红霉素 Dirithromycin (迪迈欣、域大) 参阅红霉素，胃肠道反应较多见。肠溶片、肠溶胶囊：125mg、250mg。口服：每次 500mg，1 次/日，可餐时或餐后 1 小时内服。药物为肠溶，不得掰开、压碎服。

泰利霉素 Telithromycin (替利霉素、肯立克、Ketek) 用于社区获得性肺炎等。患重症肌无力、肝功能不全者禁用。曾有发生严重肝毒性的报告。片：800mg。口服：每次 800mg，1 次/日。

（九）多肽类

盐酸万古霉素[乙] Vancomycin Hydrochloride（万古霉素、稳可信、方刻林）

【用途】革兰阳性菌严重感染，不能使用青霉素、头孢菌素类等抗生素者。

【不良反应】1. 耳毒性，耳鸣、耳聋等。2. 肾毒性。3. 过敏反应，皮疹等。4. 可引起"红颈综合征"。5. 静脉炎。6. 快速静滴可致低血压、心跳停止。

【用药护理注意】1. 新生儿、孕妇、哺乳期妇女、肾功能不全禁用。2. 通常不作为第一线药物应用，也不用于轻度感染。3. 避免与有耳、肾毒性药物合用。4. 监测耳、肾毒性，有耳鸣者应停药。5. 刺激性强，药液外漏可致剧烈疼痛、组织坏死，严禁肌注，不宜静注。6. 输液中不得添加其他药物，以免发生沉淀。

【制剂】胶囊、片：0.25g（25万U）、0.5g。粉针：0.5g（50万U）、1g。

【用法】口服：治伪膜性肠炎，每次0.25~0.5g，4次/日。静滴：1~2g/d，儿童20~40mg/（kg·d），分2次。0.5g用注射用水10ml溶解，再加入5%葡萄糖液或生理盐水100ml中，浓度不超过10mg/ml。滴注1h以上，滴注部位经常变换。

盐酸去甲万古霉素[乙] Norvancomycin Hydrochloride（去甲万古霉素、万迅）

【用途、不良反应、用药护理注意】同万古霉素。

【制剂】粉针：0.4g（40万U）、0.8g（80万U），0.5g（进口药）。

【用法】静滴：0.8~1.6g/d，分2~3次，每0.4~0.8g至少用5%葡萄糖液或生理盐水200ml溶解，滴注1小时以上。

替考拉宁[乙] Teicoplanin（壁霉素、他格适、加立信）

【用途】革兰阳性菌严重感染。

【不良反应】皮疹、胃肠道反应、肌注区疼痛、静脉炎，耳、肾毒性。

【用药护理注意】1. 与万古霉素有交叉过敏反应。2. 临床配制，用3ml注射用水缓慢注入药瓶，轻轻滚动药瓶使药粉溶解，不可振摇，再加入输液稀释。

【制剂】粉针：200mg（20万U）、400mg。（附灭菌注射用水1安瓿）

【用法】肌注、静注、静滴：首剂400mg，次日起每次200mg，1次/日。可用生理盐水、5%葡萄糖液、复方乳酸钠溶液稀释，滴注30分钟以上。

杆菌肽 Bacitracin（枯草菌肽）眼膏用于睑腺类等，软膏用于皮肤感染。灭菌粉剂：供外用。眼膏：2g（1000U）。软膏：8g（4000U）。外用：粉剂溶于生理盐水中配成500~1000U/ml。干粉撒布患处。眼膏、软膏涂于患处。

硫酸黏菌素[乙] Colistin Sulfate（黏菌素、多黏菌素 E、多黏菌素、抗敌素、可立斯丁、可利迈仙、Polymyxin E）

【用途】其他药物耐药的菌痢，外用于烧伤或外伤引起的铜绿假单胞菌感染。

【不良反应】1. 肾毒性：最突出和最常见。2. 神经毒性：头晕、周围神经炎、共济失调等。3. 皮疹、药物热。4. 口服可出现恶心、呕吐、食欲减退等。

【用药护理注意】1. 孕妇慎用。2. 不宜与其他有肾毒性的药物和肌松剂、麻醉剂合用。3. 口服吸收很少，皮肤创面也不易吸收。4. 注射剂已少用。

【制剂】片：50 万 U、100 万 U、300 万 U。灭菌粉剂：100 万 U（外用）。

【用法】口服：片，每次 50 万 ~100 万 U，3 次 / 日，空腹服。外用：用生理盐水将灭菌粉剂配成 1 万 ~5 万 U/ml，搽患处。

多黏菌素 B Polymyxin B（阿罗多黏、阿如多粘）同硫酸黏菌素。毒性较大，已很少全身应用。治疗中应补充足量水分以减轻肾损害。粉针：50mg（50 万 U）。静滴：成人及儿童 1.5~2.5mg/(kg·d)，分 2 次，每 12 小时 1 次。每 50mg 用 5% 葡萄糖液 300~500ml 稀释后慢滴。静注可致呼吸抑制，故不用。

复方多黏菌素 B 软膏 含多黏菌素 B、新霉素、杆菌肽等。外用：涂患处。

达巴万星 Dalbavancin 用于急性细菌性皮肤和皮肤结构感染。致过敏、恶心等。粉针：500mg。静滴：第 1 天 1000mg，第 8 天 500mg，滴注 30 分钟以上。用注射用水溶解后，加入 5% 葡萄糖液稀释，最终浓度为 1~5mg/ml。

奥利万星 Oritavancin 用于急性细菌性皮肤和皮肤结构感染。给药后 48 小时禁忌静注普通肝素钠。粉针：400mg。静滴：单次剂量 1200mg，滴注 3 小时。用注射用水溶解后，加入 5% 葡萄糖液稀释至 1000ml，浓度为 1.2mg/ml。

特拉万星 Telavancin（替拉万星、泰拉万星） 粉针：250mg、750mg。静滴：10mg/kg，1 次 /24 小时，滴注 1 小时以上。用 5% 葡萄糖液或生理盐水稀释。

（十）其他抗生素
盐酸林可霉素[甲、乙] Lincomycin Hydrochloride（林可霉素、洁霉素、丽可胜）
【用途】呼吸道、腹腔、骨关节和软组织感染，骨髓炎、败血症等。
【不良反应】1. 消化道反应。2. 皮疹、荨麻疹。3. 假膜性肠炎。4. 耳鸣、眩晕等。5. 白细胞、血小板减少。6. 肝功能异常。7. 静脉给药可致静脉炎。

【用药护理注意】1. 新生儿禁用。2. 不可静注，因进药速度过快可致低血压甚至心跳、呼吸停止。3. 食物减少本药吸收。4. 用药期间出现腹泻应立即停药。

【制剂】片、胶囊：0.25g、0.5g。注射液：0.6g（2ml）。粉针：0.6g。滴眼液：8ml（0.2g）。口服液：0.5g（10ml），5g（100ml）。

【用法】口服：每次 0.25~0.5g，3~4 次 / 日，空腹服。儿童 30~50mg/(kg·d)，分 3~4 次服。肌注：每次 0.6g，2~3 次 / 日。静滴：每次 0.6g，1 次 /8~12 小时，溶于生理盐水或 5% 葡萄糖液 100~200ml 中，滴注 1~2 小时。滴眼：治结膜炎。

盐酸克林霉素[甲、乙] Clindamycin Hydrochloride（克林霉素、氯林可霉素、氯洁霉素、特丽仙、克林美、力派、达拉辛、万可宁、可欣林、健奇、Dalacin）

【用途、不良反应、用药护理注意】1. 同林可霉素。2. 作用较强。3. 可致急性肾功能损害和血尿。4. 不加入组成复杂的输液中。5. 口服吸收不受食物影响。

【制剂】片、胶囊：75mg，150mg。注射液、粉针：0.15g、0.3g、0.6g。

【用法】口服：每次 0.15~0.3g，4 次 / 日。肌注、静滴：0.6~1.2g/d，分 2~4 次，每 6、8 或 12 小时 1 次。肌注每次不超过 0.6g，超过应静滴。静滴时每 0.6g 用生理盐水或 5% 葡萄糖液 100~200ml 稀释（浓度＜ 6mg/ml），滴速＜ 20mg/min。

磷霉素 [甲、乙] Fosfomycin（福赐美仙、复美欣、利扬新）

【用途】革兰阴性菌引起的尿路、呼吸、皮肤、肠道等感染，骨髓炎等。

【不良反应】胃肠道反应、皮疹、皮肤瘙痒，静滴速度过快致静脉炎、心悸。

【用药护理注意】1. 孕妇、5 岁以下禁用注射剂。2. 加水溶解时产生溶解热，可使溶液温度升高，但不影响疗效。3. 禁与钙、镁盐配伍。4. 肌注致局部疼痛和硬结，不宜肌注。5. 易致静脉炎，不推荐静注。

【制剂】**磷霉素钙胶囊**：0.125g、0.2g。**磷霉素钠粉针**：1g、2g、3g、4g。

【用法】口服：2~4g/d，儿童 50~100mg/(kg·d)，分 3~4 次。静滴：4~12g/d，儿童 100~300mg/(kg·d)，均分 2~3 次，用灭菌注射用水溶解后，每 4g 用生理盐水或 5% 葡萄糖液 250ml 以上稀释（浓度为 4~16mg/ml），滴注 1~2 小时以上。

磷霉素氨丁三醇 [甲、乙]（复安欣、美乐力）同磷霉素。散剂、颗粒：3g。颗粒含 2.2g 糖。口服：每次 3g，1 次 / 日，用 50~70ml 温开水溶解后立即空腹服。

达托霉素 [乙] Daptomycin（克必信、库比星、Cubicin）

【用途】复杂性皮肤和皮肤软组织感染、金黄色葡萄球菌菌血症等。

【不良反应】恶心、呕吐、腹泻、便秘、发热、眩晕、头痛、失眠、过敏。

【用药护理注意】1.18 岁以下安全性未确定。2. 本品可致二重感染，如出现腹泻，应特别注意，并立即给予治疗。3. 不宜用葡萄糖注射液稀释。

【制剂、用法】粉针：250mg、500mg。静滴、静注：每次 4~6mg/kg，1 次 / 日。每 500mg 用生理盐水 10ml 溶解，再用生理盐水 50ml 稀释，滴注 30 分钟。

利奈唑胺[乙] Linezolid（利奈唑烷、斯沃、Zyvox）

【用途】耐万古霉素屎肠球菌感染、复杂性皮肤和皮肤软组织感染等。

【不良反应】1. 腹泻、恶心、呕吐。2. 头痛、眩晕、皮疹、血小板减少等。

【用药护理注意】1. 高脂饮食降低本品血药浓度。2. 避免食用富含酪胺的食物（如腌鱼、扁豆、牛奶、肉干等）和含醇饮料。3. 片剂可空腹或餐后服。

【制剂、用法】片：0.6g。注射液：0.2g(100ml)、0.6g(300ml)。口服、静滴：每次 0.6g，1 次 /12 小时，可与 5% 葡萄糖液、生理盐水、乳酸林格液配伍。

夫西地酸钠[乙] Fusidate Sodium(立思丁) 用于葡萄球菌等感染。混悬液：4.5g(90ml)。粉针：0.5g。附 10ml 缓冲液。静滴：每次 0.5g，3 次 / 日。用缓冲液溶解，再加入 5% 葡萄糖液或生理盐水稀释至 250~500ml。口服：每次 15ml，3 次 / 日。

利福昔明[乙] Rifaximin（欧克双、昔服申、希捷、弗皆亭、威利宁）

【用途】肠道感染，术前、术后肠道预防用药，高氨血症辅助治疗。

【不良反应】胃肠道反应，荨麻疹，肝性脑病可有体重下降、血清钾升高。

【用药护理注意】1. 建议 6 岁以下儿童不服用。2. 疗程不超过 7 天。3. 长期大量用药或肠黏膜受损时，因极少量药物吸收导致尿液呈粉红色，属正常现象。

【制剂、用法】片、胶囊、干混悬剂：0.1g、0.2g。口服：每次 0.2g，4 次 / 日。

（十一）磺胺类和甲氧苄啶

磺胺嘧啶[甲、乙] Sulfadiazine（磺胺哒嗪、大安净、SD）

【用途】治疗流脑的首选药。软膏用于葡萄球菌感染、疮疖。

【不良反应】1. 肾损害，致结晶尿、血尿、少尿。2. 皮疹、药物热。3. 胃肠道反应。4. 粒细胞、血小板减少，再障、溶血性贫血。5. 偶见肝损害。

【用药护理注意】1. 用药前询问过敏史，与其他磺胺类有交叉过敏。2. 服药期间多饮水，每天至少 1500ml，宜同服等量碳酸氢钠以碱化尿液。3. 注射液遇酸类析出不溶白色结晶，故不用葡萄糖液稀释。4. 注射液与碳酸氢钠配伍禁忌。5. 禁止肌注，因可致局部疼痛明显、组织坏死。6. 定期查血象、尿常规、肾功能。

【制剂】片：0.5g。注射液、粉针：0.4g、1g。软膏：5%、10%。

【用法】口服：首次 2g，维持量每次 1g，2 次 / 日。儿童 30~50mg/(kg·d)，分 2 次，首剂加倍。静注、静滴：每次 1~1.5g，3 次 / 日。用灭菌注射用水或生理盐水稀释，静注浓度应低于 5%，静滴浓度 ≤ 1%。外用：软膏涂患处。

磺胺嘧啶银[甲] Sulfadiazine Silver 防治烧伤创面感染。软膏：1%（10g）。乳膏：1%（25g、40g、500g）。局部应用前将创面清洗干净，药物有轻微刺激性。药物污染衣物不易洗去。外用：涂于创面或制成油纱布敷用，1 次 / 日。

磺胺甲噁唑 Sulfamethoxazole（磺胺甲基异噁唑、新诺明、SMZ）用于呼吸道、尿路感染。可致过敏反应，肝、肾损害，较易出现结晶尿。服药期间多饮水。片：0.5g。口服：首剂 2g，以后每次 1g，2 次 / 日。

复方磺胺甲噁唑[甲、乙] SMZ-TMP（复方新诺明、百炎净、SMZco）参阅磺胺嘧啶。片：含 SMZ 0.4g，TMP 0.08g。儿童片：含 SMZ 0.1g，TMP 0.02g。口服：2 片 / 次，小儿每次 SMZ 20mg/kg，TMP 4mg/kg，1 次 /12 小时，餐后服。

甲氧苄啶[乙] Trimethoprim（甲氧苄氨嘧啶、抗菌增效剂、TMP）易引起耐药，不宜单独使用，与磺胺药合用具有协同作用。严重肝、肾疾病，血液病、孕妇、新生儿、早产儿禁用。片：0.1g。口服：每次 0.1g，1 次/12 小时。

柳氮磺吡啶[乙] Sulfasalazine 用于炎症性肠病、类风湿性关节炎。服本药时，尿液呈橘红色。应多饮水以防结晶尿。片、肠溶片：0.25g。栓：0.5g。口服：每次 0.5~1g，3~4 次/日。直肠给药：栓剂，每次 1 枚，早、晚排便后各 1 次。

（十二）喹诺酮类

诺氟沙星[甲、乙] Norfloxacin（氟哌酸、力醇罗、淋克星、哌克利、灭菌乐尔）

【用途】泌尿生殖道、肠道、呼吸道、五官科、妇科、外科、皮肤等感染。

【不良反应】1. 胃肠道反应。2. 皮疹、瘙痒、光敏性皮炎等。3. 头晕、头痛等。4. 癫痫发作。5. 血肌酐升高。6. 氨基转移酶升高。7. 肌腱炎、肌腱断裂。

【用药护理注意】1. 对喹诺酮类过敏、糖尿病禁用，因影响软骨发育，故 18 岁以下禁用。2. 宜空腹服并多饮水，避免发生结晶尿。3. 不与抗酸药、抗胆碱药和碱性药物同服，因影响本药吸收。4. 不宜静注。5. 用药后避免过度日晒。

【制剂】片、胶囊：0.1g。粉针、注射液：0.2g。诺氟沙星葡萄糖注射液：0.1g（100ml）、0.2g（100ml）。滴眼液：8ml（24mg）。软膏、乳膏：1%。

【用法】口服：每次 0.3~0.4g，2 次 / 日。静滴：每次 0.2~0.4g，1 次 /12 小时，0.2g 用 5% 葡萄糖液或生理盐水 250ml 稀释。外用：用软膏涂患处，2 次 / 日。

环丙沙星[甲、乙] Ciprofloxacin（环丙氟哌酸、丙氟哌酸、希普欣、悉普欣、悉复欢、悉普拉、特美力、环福星、西普乐、曼舒林、适谱灵、瑞康）

【用途、不良反应、用药护理注意】1. 同诺氟沙星。2. 可空腹或与食物同服。3. 滴眼液含苯扎氯铵，可被角膜接触镜吸收，用药期间不戴角膜接触镜。

【制剂】片、胶囊：0.25g。缓释片：0.5g。注射液：0.1g（10ml）。乳酸环丙沙星氯化钠注射液：0.2g（100ml）、0.4g（200ml）。粉针：0.2g。凝胶：0.3%。软膏（瑞康）：0.3%（10g）。滴耳剂：0.3%。滴眼液：5ml（15mg）。

【用法】口服：每次 0.25g，2 次 / 日，重症加倍。缓释片每次 0.5~1g，整片吞服，1 次 / 日。静滴：每次 0.1~0.2g，1 次 /12 小时。每 0.2g 用生理盐水或葡萄糖液 200ml 稀释，滴注 30 分钟以上。外用：治化脓性皮肤感染，软膏、凝胶涂于患处，2~3 次 / 日。滴眼液用于外眼部感染。

氟罗沙星[乙] Fleroxacin（多氟哌酸、多氟沙星、多米特定、辰龙罗欣、天方罗欣、麦佳乐杏、喹诺敌、沃尔得、洛菲、芙璐星、福路新、FLX）

【用途、不良反应、用药护理注意】1.同诺氟沙星。不良反应较多见，其发生率与剂量呈相关性。2.禁与生理盐水和葡萄糖盐水合用。3.不与其他药物混合使用。4.含镁、铝抗酸药使本品口服吸收减少。5.用药期间多饮水。

【制剂】片：0.1g、0.2g。胶囊：0.1g。粉针：50mg、100mg。注射液：0.1g（10ml）、0.2g（10ml）、0.4g（10ml、100ml）。氟罗沙星葡萄糖注射液：100ml，含氟罗沙星0.2g，葡萄糖5g；100ml，含氟罗沙星0.4g，葡萄糖5g。

【用法】口服：每次0.2~0.4g，1次/日。静滴：每次0.2~0.4g，1次/日，用5%葡萄糖液250~500ml稀释后避光缓慢滴注。氟罗沙星葡萄糖液直接慢滴。

氧氟沙星[甲、乙] Ofloxacin（氟嗪酸、奥复欣、泰利必妥、康泰必妥、赞诺欣、盖洛仙、竹安新、昂迪尔、奥卫特、福达生、信得妥、氧威、安利、OFLX）

【用途】同诺氟沙星，也可治疗结核病、中耳炎、外耳道炎（用滴耳液）。

【不良反应、用药护理注意】同诺氟沙星。滴耳液可用于儿童，不用于幼儿。

【制剂】片、胶囊：0.1g、0.2g。注射液：0.2g/100ml、0.4g/100ml（可直接

输注），0.2g/2ml。粉针：0.2g、0.4g。滴耳液、滴眼液：0.3%（5ml）。栓剂：0.1g。

【用法】口服：每次 0.2~0.3g，2 次 / 日。抗结核 0.3g/d，顿服。静滴：每次 0.2~0.3g，2 次 / 日。用生理盐水、5% 葡萄糖溶液或林格液稀释成 2mg/ml。

左氧氟沙星[甲、乙] Levofloxacin（左旋氧氟沙星、左旋氟嗪酸、左氟沙星、可乐必妥、希普克定、丽珠强派、来立信、左福星、利复星、正康、左克）

【用途、不良反应、用药护理注意】1. 同氧氟沙星。2. 作用较强，不良反应较氧氟沙星少。3. 每 100ml 滴注时间不少于 60 分钟，过快可致中枢系统反应。

【制剂】片、胶囊：0.1g。粉针：0.1g、0.2g。注射液：0.1g（1ml、2ml）、0.2g（2ml）。滴眼液：0.5%（5ml），0.3%（5ml）。滴耳液：0.5%（5ml）。

【用法】口服：每次 0.1~0.2g，2~3 次 / 日。抗结核 0.2~0.3g/d，顿服。静滴：每次 0.1~0.2g，2 次 / 日，每 0.2g 用生理盐水或 5% 葡萄糖液 100ml 稀释。

培氟沙星 Pefloxacin（甲磺酸培氟沙星、甲氟哌酸、培福新、维宁佳、威力克、丽科服、达英明、培洛克、倍宁、倍泰）

【用途】参阅诺氟沙星。可用于脑膜炎、心内膜炎、骨关节感染。

【不良反应】同诺氟沙星。胃肠道反应较多见，可诱发精神分裂症和癫痫。

【用药护理注意】1. 同诺氟沙星。2. G-6-PD 缺乏、孕妇、哺乳期妇女和 18 岁以下禁用。3. 不与氯化钠或其他含氯离子的溶液配伍，以免产生沉淀。4. 胃肠道反应较大，宜与食物同服。5. 可致光敏性皮炎，避免日晒。6. 药液变色时不宜用。

【制剂】片：0.2g、0.4g。粉针：0.2g、0.4g。注射液：0.2g（2ml）、0.4g（5ml）。

【用法】口服：每次 0.2~0.4g，2 次 / 日，早晚进餐时服。静滴：每次 0.4g，1 次 /12 小时，用 5% 葡萄糖液 250ml 稀释后避光缓慢滴注 1 小时以上。

洛美沙星 Lomefloxacin（盐酸洛美沙星、罗美沙星、罗氟沙星、洛美灵、美西肯、丽珠美欣、洛美巴特、力多星、洛威、多能、普立特、Lomebact）

【用途、不良反应、用药护理注意】1. 同诺氟沙星，光敏性皮炎较多见。2. 作用较强。3. 孕妇、哺乳期妇女和 18 岁以下禁用。4. 可空腹或与食物同服。

【制剂】片、胶囊：0.1g、0.2g。粉针：0.1g、0.2g。注射液：0.1g（2ml）、0.2g（5ml）。洛美沙星葡萄糖注射液：0.2g（100ml）。滴耳液：15mg（5ml）。

【用法】口服：每次 0.3g，2 次 / 日，或每次 0.4g，1 次 / 日。静滴：0.2g，2 次 / 日，用 5% 葡萄糖液或生理盐水 250ml 稀释后慢滴。

依诺沙星 Enoxacin （氟哌酸、福禄马、克尔林、复克、诺佳）同诺氟沙星。滴眼液用于结膜炎、角膜炎。片、胶囊：0.1g、0.2g。乳膏、软膏：10g：0.1g。滴眼液：0.3%（5ml）。注射液、粉针：0.1g、0.2g。口服：每次 0.2~0.4g，2 次 / 日，空腹服。静滴：每次 0.2g，2 次 / 日，加入 5% 葡萄糖液 100ml 中。

芦氟沙星 Rufloxacin （卡力、赛孚、Qari）参阅诺氟沙星。用于下呼吸道、尿路等感染。致胃肠道反应，偶见皮疹、肌肉炎、腿踝水肿，宜多饮水。胶囊、片：0.1g、0.2g。口服：首次 0.4g，以后每次 0.2g，1 次 / 日，早餐后服。

妥舒沙星 Tosufloxacin （甲苯磺酸妥舒沙星、托氟沙星、多氟哌酸、三氟沙星、赐尔泰、诺力思）参阅诺氟沙星。广谱，作用较强，孕妇、哺乳期妇女和 18 岁以下禁用。片、胶囊：150mg。口服：每次 150mg，2~3 次 / 日。

帕珠沙星 Pazufloxacin （诺加欣、诺君欣、法多琳、派斯欣）参阅诺氟沙星。可致静脉炎。注射液：0.3g（5ml、10ml、100ml）。粉针：0.3g。静滴：每次 0.3g，2 次 / 日，用生理盐水或 5% 葡萄糖液 100ml 稀释，滴注 30~60 分钟。

莫西沙星[乙] Moxifloxacin (莫昔沙星、拜复乐) 参阅诺氟沙星。作用较强，可致肌腱炎或肌腱断裂，吸收不受食物影响，不可静注或快速静滴。片：0.4g。莫西沙星氯化钠注射液：0.4g(250ml)。注射液：0.4g(20ml)。口服、静滴：每次 0.4g，1 次 / 日，滴注 90 分钟。注射液用 5% 葡萄糖液或生理盐水稀释。

吉米沙星[乙] Gemifloxacin (吉速星) 参阅诺氟沙星。作用较强，吸收不受食物影响。片：320mg。口服：每次 320mg，1 次 / 日，整片吞服，疗程 5~7 天。

司帕沙星 Sparfloxacin (司氟沙星、司巴沙星、海正立特、司巴乐、巴沙) 参阅诺氟沙星。长效、广谱。致 Q-T 间期延长、光毒性较其他品种多见。吸收不受食物影响，多饮水。片、胶囊：0.1g、0.2g。口服：每次 0.1~0.3g，1 次 / 日。

加替沙星[乙] Gatifloxacin (替昆、利欧) 参阅诺氟沙星。可引起低血糖或高血糖症。糖尿病禁用。口服吸收不受食物影响，含铁、铝、镁制剂降低本品生物利用度。片、胶囊：0.1g、0.2g。注射液、粉针：0.2g、0.4g。口服：0.2~0.4g/d，1 次 / 日。静滴：每次 0.2g，2 次 / 日，用 5% 葡萄糖液或生理盐水稀释至 2mg/ml。

普卢利沙星 Prulifloxacin（天赞、永妥、易启迪、加欣）参阅诺氟沙星。孕妇、哺乳期和 18 岁以下禁用，含铝、镁、铁、钙制剂和牛奶会减少本品吸收。片、分散片、胶囊：0.1g。口服：每次 0.2g，2 次 / 日。分散片可溶于水中服。

巴洛沙星 Balofloxacin（巴罗沙星、天统）参阅诺氟沙星。受进食影响较小，含铝、镁的制剂会减少本品吸收。片、胶囊：0.1g。每次 0.1g，2 次 / 日。

安妥沙星 Antofloxacin（优朋）用于呼吸道、泌尿道、皮肤软组织感染。癫痫、有潜在的心律失常、孕妇、哺乳期、18 岁以下禁用。吸收不受食物影响。不增加单次剂量和改变用法。片：0.1g。口服：首剂 0.4g，以后 0.2g，1 次 / 日。

奈诺沙星[乙] Nemonoxacin（苹果酸奈诺沙星、太捷信）用于社区获得性肺炎。宜空腹服，应补充足够水分。胶囊：0.25g。口服：每次 0.5g，1 次 / 日。

那氟沙星 Nadifloxacin（纳地沙星、依尤宁、欣可菲）治痤疮、毛囊炎、脓疱疮。致瘙痒、发红。软膏、乳膏：10g：0.1g。外用：清洁患处后涂抹，2 次 / 日。

加雷沙星　Garenoxacin（甲磺酸加雷沙星）用于呼吸道、耳鼻喉感染。口服吸收不受食物影响。片：200mg。口服：每次 400mg，1 次 / 日。

（十三）其他抗菌药

呋喃妥因[甲]　Nitrofurantoin（呋喃坦啶、硝呋妥因、Furadantin）

【用途】敏感菌所致的急性单纯性下尿路感染，尿路感染的预防。

【不良反应】1. 胃肠道反应较常见。2. 过敏反应。3. 周围神经炎、咳嗽。

【用药护理注意】1. 孕妇、新生儿禁用。2. 不与碱性药物同用。3. 与食物同服有利于吸收并减轻胃肠刺激。4. 与牙齿接触可致其染色，不宜嚼碎。5. 应多饮水，以防尿路结晶。6. 用药期间忌饮酒。7. 用药后尿液可呈深黄色或褐色。

【制剂、用法】片、肠溶片：50mg。口服：每次 50~100mg，3~4 次 / 日。

呋喃唑酮[甲]　Furazolidone（痢特灵）用于菌痢、肠炎、霍乱、伤寒、副伤寒、滴虫病。14 岁以下禁用。致胃肠道反应、过敏反应、头痛、多发性神经炎等。服药后尿液呈深黄色，忌食富含酪胺的食物（如腌鱼、扁豆、牛奶、肉干），用药中和停药 7 日内禁饮酒。片：0.05g、0.1g。口服：每次 0.1g，3~4 次 / 日。

小檗碱^{〔甲〕} Berberine（盐酸小檗碱、黄连素）用于肠道感染。偶致恶心、呕吐、皮疹。用药后尿液可呈深黄色。片：0.1g。口服：每次 0.1~0.3g，3 次 / 日。

（十四）抗结核药

异烟肼^{〔甲〕} Isoniazid（雷米封、INH、Rimifon）

【用途】治疗结核病的首选药。

【不良反应】1. 胃肠道反应：恶心、呕吐、腹痛、便秘等。2. 肝损害，可导致严重肝炎。3. 周围神经炎。4. 中枢神经系统紊乱：头痛、失眠等。5. 血液系统症状：贫血，白细胞，血小板减少。6. 内分泌失调。7. 皮疹、药物热等。

【用药护理注意】1. 肝功能不良、精神病、癫痫患者禁用。2. 用药期间定期查肝功能。3. 大剂量用药时可口服维生素 B_6 防治神经系统反应。4. 不与抗酸药同时服。5. 用药后饮酒、吸烟会加强肝毒性，应避免。6. 勿食富含酪胺食物。

【制剂】片：0.05g、0.1g、0.2g。注射液：0.1g（2ml）。粉针：0.1g。

【用法】口服：0.3g/d，或每次 0.6~0.8g，2 次 / 周。儿童 10~20mg/(kg·d)，不超过 0.3g/d，空腹顿服。静滴：每次 0.3~0.6g，1 次 / 日，用 5% 葡萄糖液或生理盐水 250~500ml 稀释。雾化吸入：每次 0.1~0.2g 溶于 10~20ml 生理盐水中，2 次 / 日。

对氨基水杨酸钠[甲] Sodium Aminosalicylate（对氨柳酸钠、派斯钠、PAS-Na）

【用途】二线抗结核药，与其他药物联用。

【不良反应】胃肠道反应、发热、皮疹、瘙痒、嗜酸性粒细胞增多、肝功损害。

【用药护理注意】1. 能干扰利福平的吸收，合用时给药时间应间隔 6~8 小时。2. 药液遇光易变色，滴瓶外面用黑纸遮光，如药液变色则不宜用。

【制剂】片：0.5g。粉针：2g、4g、6g。

【用法】口服：每次 2~3g，4 次/日，餐后服，小儿 200~300mg/(kg·d)，分 4 次。静滴：现已少用。

帕司烟肼[乙] Pasiniazid（对氨基水杨酸异烟肼、力克菲蒺、力排肺疾、结核清）

【用途】各型肺结核病和肺外结核。

【不良反应】头晕、头痛、视神经炎、精神错乱、肝功能损害、皮疹。

【用药护理注意】1. 严重肝功能障碍、精神病、癫痫禁用。2. 定期查肝功能。3. 用药期间不宜饮酒或驾车。4. 不宜与抗酸药同服。5. 适当补充 VitB$_6$。

【制剂】片：0.1g（本品为异烟肼与对氨基水杨酸的化学合成物）。

【用法】口服：10~20mg/(kg·d)，餐后顿服，至少连用 3 个月。

利福平[甲] Rifampicin（甲哌利福霉素、力复平、威福仙、利米定、舒兰新）

【用途】结核病，无症状脑膜炎奈瑟菌带菌者，麻风病，外用治沙眼等。

【不良反应】1. 胃肠道反应。2. 肝功能损害。3. 过敏反应，皮疹、血小板减少、嗜酸粒细胞增多。4. 头痛、畏寒、脱发、蛋白尿、心律失常、低血钙等。

【用药护理注意】1. 肝功能不全、胆道阻塞、孕期3个月内禁用。2. 饮酒可增加本药肝毒性。3. 可降低避孕药作用。4. 用药后尿、粪、痰、汗、泪液可呈橘红色。5. 进食影响本品吸收。6. 配制后的溶液应4h内滴完。7. 定期检查肝功能。

【制剂】片、胶囊（有效期2年）：0.1g、0.15g、0.3g、0.45g、0.6g。注射液：0.3g（5ml）。滴眼液：0.1%（10ml ∶ 10mg）。

【用法】口服：每次0.45~0.6g，1次/日，早餐前服，疗程半年左右。儿童每次10~20mg/kg，1次/日，空腹服，不超过0.6g/d。静滴：每次0.6g，1次/日，用5%葡萄糖液或生理盐水500ml稀释，滴注2~3小时。滴眼：治沙眼、结膜炎。

链霉素[甲] Streptomycin（硫酸链霉素、SM）

【用途】结核病，土拉菌病、鼠疫、布氏杆菌病及其他敏感菌所致的感染。

【不良反应】1. 损害第八对脑神经，出现眩晕、耳聋等。2. 肾毒性。3. 神经肌肉阻滞作用，引起面部、四肢麻木等。4. 过敏反应，皮疹、嗜酸性粒细胞增多症，过敏性休克发生率较青霉素低，但死亡率较高。5. 呼吸困难。6. 视力减退。

【用药护理注意】1. 用药前进行皮试。皮试阳性率低，与发生过敏反应的符合率不高。应做好抢救过敏性休克的准备。2. 孕妇禁用。3. 给予充足的水分，以减轻肾小管损害程度。4. 不宜静注。5. 定期查尿常规、肾功能、听力、听电图。

【制剂】粉针（有效期 3 年）：0.75g、1g、2g。注射液：0.5g（2ml）。

【用法】肌注：治疗结核，每次 0.5g，1 次 /12 小时，或每次 0.75g，1 次 /日；60 岁以上每次 0.5~0.75g，1 次 / 日，临用前用灭菌注射用水溶解药物，浓度为 0.2~0.25g/ml，不超过 0.5g/ml。

乙胺丁醇[甲] Ethambutol（盐酸乙胺丁醇、肺敌平、EMB）

【用途】常与其他抗结核药联用治结核病。

【不良反应】消化道反应、视神经损害、肝功能损害、关节痛、痛风、过敏。

【用药护理注意】1. 乙醇中毒、糖尿病、13 岁以下禁用。2. 用药期间每日检查视力，告知病人有视力或色觉改变立即就诊。3. 氢氧化铝能减少本品吸收。

【制剂、用法】片、胶囊：0.25g。口服：15mg/(kg·d)，顿服，可与食物同服。

吡嗪酰胺[甲] Pyrazinamide (异烟酰胺、PZA) 与其他抗结核药联用。致关节炎、胃肠道反应、肝功能损害、光敏反应等。肝功能不全、急性痛风、孕妇、儿童禁用。用药期间多饮水。片、胶囊：0.25g。口服：15~30mg/(kg·d)，顿服。

利福定 Rifandin (异丁哌利福霉素) 同利福平。治结核病、麻风病。用药期间定期查血、尿常规和肝、肾功能，服药后有尿液黄染现象。胶囊：75mg、150mg。滴眼剂：0.05%。口服：150~200mg/d，儿童 3~4mg/kg，早晨空腹顿服。

利福霉素钠[乙] Rifamycin Sodium (利福霉素 SV、星索宁) 用于结核病和难治性军团菌感染的联合治疗。有肝病或肝损害者禁用，用药后排泄物被染成红色，滴注过快可出现暂时性巩膜或皮肤黄染，肌注局部疼痛或硬结。粉针：0.25g、0.5g。注射液：0.125g (2ml)、0.25g (5ml)、0.5g (10ml)。缓慢静滴：每次 0.5g，用 5% 葡萄糖液 250ml 稀释，2 次 / 日。肌注：每次 0.25g，2~3 次 / 日。

利福布汀[乙] Rifabutin (明希欣) 参阅利福平。服药后排泄物可呈棕黄色或橙红色。胶囊：0.15g。口服：每次 0.15~0.3g，1 次 / 日。饭后服可减轻胃肠道反应。

利福喷汀 Rifapentine (利福喷丁、迪克菲) 同利福平。严重肝功能不全、孕妇禁用，服药后排泄物被染成橙红色。饮酒致肝毒性增加，服药期间禁饮酒。片、胶囊：0.15g、0.2g、0.3g。口服：每次 0.6g，1~2 次/周，早晨空腹服。

卷曲霉素[乙] Capreomycin (硫酸卷曲霉素、卷须霉素) 作用和不良反应与链霉素相似。用于链霉素、异烟肼等治疗无效的病例。肌注部位可出现痛性硬结，孕妇、儿童禁用。粉针：0.5g、0.75g、1g。深部肌注：0.75~1g/d，分 2 次给药。用灭菌注射用水或生理盐水 2ml 溶解药物，振摇 2~3 分钟至完全溶解后应用。

氨硫脲 Thioacetazone (氨苯硫脲、替比昂、TB$_1$) 二线抗结核药，也可治麻风病。胃肠道反应、肝损害等不良反应较多，只适用于住院病人，贫血、肝肾功能不全、糖尿病禁用。片：25mg。口服：每次 25mg，2~3 次/日。

丙硫异烟胺[乙] Protionamide 用于经一线抗结核药治疗无效者。每日剂量于睡前顿服可增加疗效，也加重胃肠刺激作用；对胃肠道反应不能耐受者，可分次服、餐后服或从小量开始。肠溶片：0.1g。口服：0.6~1g/d，分 2~3 次或一次顿服。

贝达喹啉[乙] Bedaquiline（富马酸贝达喹啉、斯耐瑞）用于成人耐多药肺结核。在直接面视督导下治疗。避免饮酒。片：0.1g。口服：每次 0.4g，1 次 / 日，用 2 周，然后 0.2g，3 次 / 周（用药间隔至少 48 小时），用 22 周。整片与食物同服。

异福酰胺[乙]（利福平 - 异烟肼 - 吡嗪酰胺、卫非特、菲苏、Rifampicin Isoniazid and Pyrazinamide）用于结核病短程化疗强化期，规则用药 2~3 个月。片：复方糖衣片，含利福平 120mg，异烟肼 80mg，吡嗪酰胺 250mg。体重 30~39kg 者：3 片 / 日，体重 40~49kg 者：4 片 / 日，体重 50kg 以上者：5 片 / 日。早餐前 1~2 小时顿服。

异福片[乙]（利福平 - 异烟肼、卫非宁、菲亭、Rifampicin and Isoniazid）用于结核病短程化疗继续期。片：卫非宁 150（含利福平 150mg，异烟肼 100mg）、卫非宁 300（含利福平 300mg，异烟肼 150mg）。体重小于 50kg 者：用卫非宁 150，3 片 / 日；体重 50kg 及以上者：用卫非宁 300，2 片 / 日。早晨空腹顿服。

环丝氨酸[乙] Cycloserine（赛来星）用于经一线抗结核药治疗无效者。乙醇可增加癫痫发作的可能性和危险性，禁酒。胶囊：0.25g。口服：0.5~1g/d，分 2 次服。

硫酸阿米卡星、硫酸卡那霉素（见氨基糖苷类 P51）
氧氟沙星、左氧氟沙星（见喹诺酮类 P77、78）

（十五）抗麻风病药

氨苯砜[甲] Dapsone（二氨二苯砜、DDS）

【用途】治麻风病首选药，也可治疗扁平疣、痤疮等。

【不良反应】1. 常见食欲减退、呕吐、背痛、腿痛、溶血性贫血。2. 偶见头痛、头晕，白细胞、粒细胞减少，心动过速、中毒性精神病、周围神经炎。3. 砜类综合征：表现为发热、丘疹、剥脱疹、肝变大、淋巴结肿胀、单核细胞增多。

【用药护理注意】1. 严重肝功能损害、精神障碍者禁用，孕妇、G-6-PD 缺乏、贫血、溃疡病等慎用。2. 宜与铁剂、维生素 C 同服。3. 治疗从小剂量开始逐渐增量。4. 有严重反应立即停药。5. 定期查肝、肾功能及血象。

【制剂】片：50mg、100mg。

【用法】口服：治麻风病，开始 12.5~25mg/d，以后逐渐加量到 100mg/d，顿服，因有蓄积作用，故服药 6 日停药 1 日，每服药 10 周停药 2 周。

醋氨苯砜　Acedapsone（二乙酰氨苯砜、DADDS）用于各型麻风病。初次注射疼痛明显，连续用药可减轻。油注射液：0.225g(1.5ml)、0.3g(2ml)。肌注：每次 0.225g，每 60~75 天一次，疗程数年，用前振摇均匀，用粗针头注射。

氯法齐明[乙]　Clofazimine（克风敏）用于瘤型麻风。进食时服药可减轻胃肠道反应，使皮肤、尿、痰等红染。胶囊：50mg、100mg。口服：每次 100mg，1 次 / 日。

（十六）抗真菌药

两性霉素 B[甲、乙]　Amphotericin B（庐山霉素、欧泊、锋克松、安浮特克）

【用途】深部真菌感染。

【不良反应】毒性较大。1. 几乎所有患者均有肾毒性。2. 静滴可致寒战、高热、血栓性静脉炎等，滴速过快可引起心律失常、心搏骤停。3. 低钾血症。4. 白细胞减少、贫血等。5. 视物模糊。6. 肝毒性。7. 局部刺激作用。8. 过敏反应。

【用药护理注意】1. 严重肝病、孕妇禁用。2. 药液现配现用，不用氯化钠溶液配制，因可产生沉淀。3. 普通两性霉素 B、脂质体都只能用 5% 葡萄糖液稀释。4. 静滴应缓慢，滴速不超过每分 30 滴。5. 静滴液漏出血管外引起局部炎症时，用

5% 葡萄糖液抽吸冲洗，也可加少量肝素注射液于冲洗液中。6. 输液器用黑纸遮光。7. 定期查血、尿常规和肾功能、电解质、心电图。8. 避光 2~10℃ 保存。

【制剂】粉针：5mg（5000U）、25mg、50mg。注射用两性霉素 B 脂质体：2mg、10mg（锋克松）、50mg（安浮特克）。栓剂：25mg。眼膏：1%。

【用法】静滴：粉针，开始剂量 1~5mg，逐日递增至 0.6~0.7mg/(kg·d)，每日或隔日 1 次。每 50mg 用灭菌注射 10ml 溶解，再加入 5% 葡萄糖液 500ml 中，浓度不超过 0.1mg/ml，滴速为 1~1.5ml/min。脂质体，起始剂量 0.1mg/(kg·d)，逐日递增至 1~3mg/(kg·d)，浓度小于 0.15mg/ml。阴道用药：栓剂 25mg。

酮康唑[乙] Ketoconazole（酮基咪唑、显克欣、采乐、金达克宁）乳膏用于体癣，手、足癣，花斑癣和皮肤念珠菌病，洗剂用于头皮糠疹、花斑癣、脂溢性皮炎。致用药局部烧灼感、瘙痒。口服制剂因严重肝毒性已退市。乳膏：13g、15g、20g（2%）。洗剂：50ml（2%）。外用：涂患处，1~2 次 / 日。避免接触眼睛。

复方酮康唑软膏（皮康王）含酮康唑 1%、丙酸氯倍他索 0.05%。用于体癣，手、足癣，股癣。外用：涂患处，2 次 / 日。避免接触眼睛。

克霉唑[甲、乙] Clotrimazole（氯三苯甲咪唑、三苯甲咪唑、氯曲马唑、凯妮汀）

【用途】体癣、股癣、手足癣、花斑癣，阴道片用于念珠菌性外阴阴道病。

【不良反应】偶见局部刺激、瘙痒或烧灼感，过敏反应、局部炎症。

【用药护理注意】1. 阴道片禁止口服。2. 月经期禁止阴道给药。

【制剂、用法】乳膏：1%、3%。溶液：1.5%。栓剂、阴道泡腾片：0.15g。阴道片：0.5g。外用药膜：50mg。外用：涂患处。阴道给药：阴道片、栓剂。

咪康唑[甲] Miconazole（硝酸咪康唑、双氯苯咪唑、霉可唑、达克宁、Monistat）

【用途】体股癣、手足癣、花斑癣，肠道念珠菌感染，念珠菌性外阴阴道病。

【不良反应】1. 口服可致胃肠道反应，粒细胞和血小板减少，氨基转移酶一过性升高。2. 局部用药可出现烧灼感、水疱、瘙痒、皮疹等。3. 偶见过敏反应。

【用药护理注意】1. 孕妇、1 岁以下儿童禁用。2. 栓剂应除去白色裹膜，取出栓剂，放入阴道深处。3. 溶液、栓剂等外用制剂切忌口服，且避免接触眼睛。

【制剂】胶囊：0.25g。乳膏：2%。溶液：15ml、20ml（2%）。栓剂：0.2g。

【用法】口服：每次 0.25~0.5g，饭后服，2 次 / 日。阴道给药：阴道栓每晚 1 枚。外用：乳膏、溶液涂患处。

氟康唑[甲、乙] Fluconazole（大扶康、三维康、麦道氟康、麦尼芬、Diflucan）

【用途】广谱，念珠菌病、隐球菌病、球孢子菌病和皮肤真菌病等。

【不良反应】恶心、呕吐、腹痛、皮疹、头痛，偶见肝功能损害。

【用药护理注意】1. 对其他吡咯类过敏禁用。2. 规格为5ml的注射液先用5%葡萄糖液、生理盐水或林格注射液100ml稀释。3. 不与其他药物混合静滴。

【制剂】片、胶囊：0.05g、0.1g。注射液：0.1g、0.2g（5ml、100ml）。

【用法】口服、静滴：50~400mg/d，1次/日，静滴速度不超过200mg/h。

依曲康唑 Itraconazole（依他康唑、依康唑、斯皮仁诺、美扶、易启康）

【用途】广谱，全身性和浅部真菌感染。

【不良反应】胃肠道反应、头痛、白细胞减少、低血钾，偶致严重肝毒性。

【用药护理注意】1. 孕妇禁用。2. 胶囊餐时服可增加吸收，口服液则宜空腹服。3. 将25ml药物加50ml生理盐水后滴入60ml即用药0.2g，滴速1ml/min。

【制剂】胶囊、分散片：0.1g。注射液：0.25g（25ml），附生理盐水50ml。

【用法】口服：0.1~0.2g/d，顿服，连用1周~1个月；或每次0.2g，2次/日，连服7日，停药21日。静滴：每次0.2g，2次/日，第3起改为1次/日。

伏立康唑[乙] Voriconazole (活力康唑、威凡) 用于侵袭性曲霉病、严重真菌感染。致可逆性视觉障碍等。片：0.05g、0.2g。粉针：0.1g、0.2g。口服：首日每次0.4g，随后每次0.2g，1次/12小时，空腹服。静滴：首日每次6mg/kg，1次/12小时，以后每次4mg/kg，2次/日，用生理盐水或5%葡萄糖液稀释至2~5mg/ml。

泊沙康唑[乙] Posaconazole (诺科飞) 口咽念珠菌病，预防侵袭性曲霉菌和念珠菌感染。用前将药液充分振摇。口服混悬液：40mg/ml。口服：每次200mg，3次/日；或每次100mg，第1日2次，之后1次/日，连用13天。餐时或餐后即服。

益康唑[乙] Econazol (唯达宁) 用于浅表和阴道念珠菌感染，体癣、股癣、手足癣、花斑癣。有刺激性皮炎应停药。乳膏、霜剂、喷雾剂：1%。栓剂：50mg、150mg。外用：涂患处。阴道给药：栓剂每次50mg用15日，每次150mg用3日。

硝酸异康唑 Isoconazole Nitrate (澳可修) 用于阴道念珠菌病，体癣、股癣、足癣、花斑癣。阴道片：0.3g。乳膏：20g (1%)。阴道给药：睡前采取仰卧姿势，戴上附带指套，将2片放入阴道深处，避开月经期。外用：乳膏涂患处。

硝酸布康唑 Butoconazole Nitrate（布康唑、芙斯达）用于外阴阴道念珠菌病。致局部刺激症状。阴道乳膏：5g（2%）。阴道给药：睡前洗净双手、清洗外阴，给药器缓慢插入阴道深处，将乳膏挤入阴道，每次1支，1次/日，连用3天。

特康唑 Terconazole（贝蕾）用于外阴阴道念珠菌病。乳膏：5g（0.8%）。阴道栓：80mg。阴道给药：每晚睡前将1枚栓剂置入阴道深处，连用3日；每晚睡前用给药器将乳膏置入阴道深处，每次一管，连用3天。

舍他康唑 Sertaconazole（硝酸舍他康唑、立灵奇、立灵爽、卓兰）用于外阴阴道念珠菌病，足癣、体癣、股癣、须癣、花斑癣。致瘙痒、灼烧感。乳膏：5g、10g（2%）。栓：0.3g。外用：乳膏涂患处，2次/日。阴道给药：睡前将栓一枚缓慢推入阴道深部，疗程通常一枚，可在七天后用第二枚。月经期可使用。

硝酸奥昔康唑 Oxiconazole Nitrate（奥昔康唑、替呋康）用于红色毛癣菌、须癣毛癣菌或絮状表皮癣菌感染所致的足癣、股癣、体癣，糠秕孢子菌所致的糠疹。12岁以下禁用。乳膏：5g、15g（1%）。外用。1~2次/日。用前清洁患处。

硝酸硫康唑 Sulconazole Nitrate (硫康唑、革选) 用于皮肤念珠菌病、体癣、股癣、足癣、花斑癣。仅供外用，避免接触眼睛。首次使用需连续按压几次排空喷泵中空气，不可倒置喷射。喷雾剂：10ml (1%)。外用：喷于患处，1~2 次 / 日。

氟胞嘧啶[乙] Flucytosine (5- 氟胞嘧啶、安确治、5-FC)

【用途】深部真菌感染。

【不良反应】1. 胃肠道反应。2. 肝毒性。3. 肾损害。4. 血小板减少。

【用药护理注意】1. 孕妇、肾功能不全、严重肝病者禁用。2. 尿量少时可致药物积聚，应嘱病人多饮水。3. 定期查肝、肾功能和血常规。

【制剂、用法】片、胶囊：0.25g、0.5g。注射液：2.5g (250ml)。口服：每次 1~1.5g，4 次 / 日。静滴：100~150mg/(kg·d)，分 2~3 次，滴速 4~10ml/min。

联苯苄唑[乙] Bifonazole (苯苄咪唑、美克、孚琪、孚康、孚宁、白肤唑)

【用途】体癣、股癣、手足癣、花斑癣、念珠菌阴道炎、皮肤念珠菌感染。

【不良反应】皮肤发红、灼烧感、脱屑、皲裂、过敏等。

【用药护理注意】1. 对本品过敏禁用，哺乳期慎用。2. 禁口服，勿接触眼睛。

【制剂】溶液、霜剂、乳膏：1%。栓（孚康）：150mg。阴道片：100mg。

【用法】外用：涂患处，1~2次/日，共2~4周，用前清洁感染部位皮肤。念珠菌阴道炎：栓或阴道片，1粒（片）/每晚，临睡前塞入阴道深处，疗程10日。

特比萘芬[乙] Terbinafine（三并萘芬、兰美抒、疗霉舒、丁克）

【用途】甲癣、手足癣、体癣、头癣，外阴阴道念珠菌病。

【不良反应】胃肠道反应、皮疹、关节痛，罕见味觉改变、肝胆功能损害。

【用药护理注意】1. 孕妇、哺乳期妇女、2岁以下禁用。2. 出现厌食、尿色变深、粪便脱色或黄疸等肝功能不良症状时立即停药。3. 外用药避免接触眼睛。

【制剂】片：125mg、250mg。乳膏：1%（5g、10g）。阴道泡腾片：50mg。

【用法】口服：每次250mg，1次/日，疗程2~6周。外用：涂患处，2次/日。阴道给药：临睡前将阴道泡腾片50mg送入阴道后穹窿，疗程1周。

米卡芬净[乙] Micafungin（米卡芬净钠、米开民）用于曲霉菌和念珠菌病。粉针：50mg。静滴：曲霉病50~150mg/d，念珠菌病50mg/d，1次/日。用生理盐水或5%葡萄糖液100ml溶解，禁用注射用水溶解。溶解时勿用力振摇，因易起泡沫。

卡泊芬净[乙] Caspofungin（醋酸卡泊芬净、科赛斯）用于其他治疗无效或不能耐受的侵袭性曲霉菌病。致发热、呕吐、皮疹等。须临用配制，不能静注，禁用葡萄糖液稀释。粉针：50mg、70mg。2～8℃储存。静滴：第1日70mg，随后50mg/d，用生理盐水或乳酸林格氏液250ml稀释后慢滴。浓度不超过0.5mg/ml。

阿尼芬净 Anidulafungin（Eraxis）用于念珠菌败血症及其他念珠菌感染。粉针：50mg、100mg。静滴：首日200mg，随后100mg/d；或首日100mg，随后50mg/d。疗程至少14天。用生理盐水或5%葡萄糖液稀释，滴速不超过1.1mg/min。

氟曲马唑 Flutrimazole用于足癣、体股癣、花斑癣。仅限皮肤使用，不用于眼部或黏膜。乳膏：10g、20g（1%）。外用：涂患处，1次/日。

灰黄霉素 Griseofulvin（护维辛、Fulvicin）用于头癣、严重体股癣、手足癣等。致头痛、胃肠道反应、过敏反应等，毒性较大，不宜长期使用，卟啉症、肝功能衰竭、孕妇禁用，用药期间禁酒。片：0.1g、0.125g、0.25g。胶囊：0.25g。口服：每次0.25～0.5g，1次/12小时，餐时或餐后服，高脂肪餐有助吸收。

美帕曲星 Mepartricin（甲帕霉素、克霉灵、美帕欣）阴道或肠道念珠菌感染或滴虫病，也可用于良性前列腺肿大。致胃肠道反应，孕妇、儿童禁用。片：5万U。阴道片：2.5万U。口服：每次10万U，2次/日，餐后服，3天1疗程。

制霉菌素 Nystatin（米可定、一天半）用于念珠菌感染。阴道局部应用可致白带增多。片：50万U。软膏、栓剂、阴道泡腾片：10万U。口服：治消化道念珠菌病，每次50万~100万U，3次/日，连用7~10日。阴道给药：阴道泡腾片、栓剂，每次10万U，1~2次/日。局部涂软膏：治皮肤念珠菌病。

阿莫罗芬[乙] Amorolfine（罗每乐）用于体癣、手足甲癣等浅表真菌感染。致轻度皮肤红斑、瘙痒等。乳膏：5g、20g（0.25%）。搽剂：125mg（2.5ml）。外用：皮肤真菌感染，用乳膏涂抹患处，1次/每晚，疗程2~6周。甲真菌病，用搽剂涂抹，1~2次/周，第2次使用前用药签去除残留的搽剂，连用6个月。

曲安奈德益康唑、复方曲安奈德，环吡酮胺、间苯二酚、复方间苯二酚，二硫化硒（见皮肤科用药，P709，P710，P712）

101

（十七）抗病毒药

1. 抗疱疹病毒药

阿昔洛韦[甲、乙] Aciclovir（无环鸟苷、舒维疗、爱尔新、甘泰、丽珠克毒星）

【用途】单纯疱疹病毒感染，带状疱疹病毒感染、免疫缺陷者水痘的治疗。

【不良反应】1. 胃肠道反应。2. 发热、头痛、皮疹。3. 急性肾衰竭，肾损害者可造成死亡。4. 贫血、血小板减少。5. 肝损害。6. 注射部位炎症或静脉炎。

【用药护理注意】1. 静滴时忌药物外漏，以免致局部疼痛和静脉炎。2. 用生理盐水或 5% 葡萄糖液稀释后缓慢静滴，浓度不超过 7mg/ml。3. 不可肌注、皮下注射或快速静注。4. 必须给予充足水分，以减少对肾脏的影响。5. 乳膏、软膏仅用于皮肤黏膜，不能用于眼部。6. 缓释片不可掰、压或嚼碎。7. 定期查肾功能。

【制剂】片：0.1g、0.2g。胶囊、缓释胶囊、缓释片：0.2g。粉针：0.25g、0.5g。注射液：0.25g（10ml）。滴眼液：0.1%。眼膏、乳膏、软膏：3%。

【用法】口服：每次 0.2g，5 次／日，疗程 5~10 日；缓释胶囊、缓释片每次 0.4~1.6g，1 次／8 小时。静滴：每次 5mg/kg，粉针 0.5g 用注射用水 10ml 溶解，再加入输液中滴注，1 次／8 小时，连用 5~7 日。12 岁以下每次 250mg/m²。外用：乳膏涂患处，4~6 次／日，连用 7 天。

更昔洛韦[乙] Ganciclovir（甘昔洛伟、丙氧鸟苷、赛美维、丽科伟、GCV）

【用途】免疫损伤引起巨细胞病毒感染者，滴眼液治疗单纯疱疹性角膜炎。

【不良反应】1. 骨髓抑制。2. 影响精子形成。3. 腹泻、发热、皮疹、静脉炎。

【用药护理注意】1. 孕妇、哺乳妇禁用。2. 用药期间和用药后 90 天内男女均应避孕。3. 避免药液与皮肤黏膜接触或吸入。4. 禁止肌注。5. 静滴用生理盐水或 5% 葡萄糖液稀释，浓度 < 10mg/ml。6. 给予充足水分，以减少对肾脏的影响。

【制剂】胶囊、分散片：0.25g。注射液、粉针：0.25g、0.5g。滴眼液：0.1%。

【用法】静滴：每次 5mg/kg，稀释后滴注 1 小时以上，1 次 /12 小时。口服：每次 1g，3 次 / 日，餐后或与食物同服可增加吸收。分散片可投入水中溶解后服。

缬更昔洛韦 Valganciclovir（万赛维）用于获得性免疫缺陷综合征（AIDS）合并巨细胞病毒（CMV）性视网膜炎。致腹泻、发热，潜在的致畸、致癌作用。片：450mg。口服：每次 900mg，2 次 / 日，用 21 天。与食物同服，片剂不能掰开。

喷昔洛韦[乙] Penciclovir（丽科爽、夫坦、可由、恒奥普康）

【用途】口唇、面部单纯疱疹，生殖器疱疹，粉针用于严重带状疱疹。

【不良反应】局部灼热感、刺痛、瘙痒，快速静滴可致肾功能损害。

【用药护理注意】1. 肾功能异常、儿童慎用粉针。2. 乳膏有刺激性，勿用于黏膜和眼周。3. 稀释后有浑浊不可用；配制后的溶液不可冷藏，因会析出结晶。

【制剂、用法】乳膏：1%（10g）。粉针：0.25g。静滴：每次 5mg/kg，1 次/12 小时，用注射用水溶解，氯化钠注射液 100ml 稀释。外用：涂患处，4~5 次/日。

伐昔洛韦[乙] Valaciclovir（万乃洛韦、明竹欣、丽珠威）用于带状疱疹及生殖器疱疹病毒感染。参阅阿昔洛韦。孕妇禁用。片：0.15g、0.3g。胶囊：0.15g。口服：每次 0.3g，2 次/日，餐前空腹服，带状疱疹连服 10 日，服药期间多饮水。

泛昔洛韦[乙] Famciclovir（法昔洛韦、凡乐、丽珠风、泛维尔、海正韦克）用于带状疱疹、原发性生殖器疱疹。孕妇、18 岁以下禁用，食物不影响吸收。片：0.125g、0.25g。胶囊：0.125g。口服：每次 0.25g，1 次/8 小时，连服 10 日。

曲金刚胺 Tromantadine（威怡芝）用于皮肤和黏膜单纯疱疹。凝胶：5g、10g（1%）。外用：将凝胶覆盖整个疱疹区域，3~5 次/日。疱疹水疱已破不宜用。

阿糖腺苷　Vidarabine（单磷酸阿糖腺苷、Vira-A）

【用途】疱疹病毒感染所致的口炎、皮炎、脑炎及巨细胞病毒感染。

【不良反应】胃肠道反应，偶见肌肉疼痛、骨髓抑制、神经损害、过敏等。

【用药护理注意】1. 不可静注和快速静滴。2. 静滴浓度低于 0.45mg/ml。因溶解度低，可预温至 35~40℃，不可冷藏以免析出结晶。3. 禁与含钙输液配伍。

【制剂、用法】粉针：0.1g、0.2g。缓慢静滴：每次 5~10mg/kg，1 次 / 日，用生理盐水或 5% 葡萄糖液稀释，滴注 12 小时以上，每 2 小时振摇一次。

膦甲酸钠[乙]　Foscarnet Sodium（可耐、易可亚、扶适灵）

【用途】艾滋病并发巨细胞病毒性视网膜炎，单纯疱疹病毒性皮肤感染。

【不良反应】较多，肾毒性、电解质紊乱、胃肠道反应、静脉炎、贫血等。

【用药护理注意】1. 避免与皮肤、眼接触，若不慎接触，应立即用清水洗净。2. 不能快速静注，须用输液泵恒速静滴，速度小于每分钟 1mg/kg。3. 中央静脉插管滴注用 24mg/ml 注射液可不需稀释，周围静脉滴注用 5% 葡萄糖液或生理盐水稀释至浓度为 12mg/ml（以 $CNa_3O_5P \cdot 6H_2O$ 计，1 支含 $CNa_3O_5P \cdot 6H_2O$ 1g，粉针 3 支加溶剂至 250ml，1 支 0.64g 是以 CNa_3O_5P 计）后使用。4. 多饮水。

【制剂】注射液：2.4g（100ml）、3g（250ml）。粉针：0.64g。乳膏：3%。

【用法】静滴：初始剂量60mg/kg，1次/8小时，滴注1小时以上，用2~3周，维持量90~120mg/(kg·d)，滴注2小时。外用：乳膏涂患处，3~4次/日，用5日。

溴夫定 Brivudine（左代）用于免疫功能正常的成年急性带状疱疹患者的早期治疗。片：125mg。每次125mg，1次/日，每日在相同时间服药，连用7天。

2. 抗流感病毒药

磷酸奥司他韦[乙] Oseltamivir Phosphate（奥司他韦、达菲、奥尔菲、可威）

【用途】用于预防（13岁以上）和治疗（1岁以上）甲型和乙型流感。

【不良反应、用药护理注意】1.致腹泻、咳嗽、恶心、呕吐、头痛、鼻出血等。2.应在出现流感症状后48h内服用，早期使用疗效较好。3.与食物同服可减少胃肠道反应。4.颗粒用温开水溶解后服；不能吞服胶囊者，可打开胶囊并将其内容物与少量（1茶匙）甜味食品（掩盖苦味）混合后即服。

【制剂、用法】胶囊：75mg。颗粒：15mg、25mg。口服：治疗每次75mg，2次/日，连用5日。预防每次75mg，1次/日，连用10日。与食物同服或分开服。

扎那米韦 Zanamivir（乐感清、依乐韦、Relenza）治疗成人和7岁及7岁以上儿童甲型和乙型流感。不应晚于感染初始症状出现后48h内服用。致头痛、腹泻、恶心、眩晕、过敏等。吸入粉雾剂：5mg。经口吸入：每次10mg（分两次吸入），将泡囊放入产品附带碟式吸入器经口吸入肺部，2次/日，间隔12h，连用5天。

帕拉米韦[乙] Peramivir（力纬）治疗甲型和乙型流感。致腹泻、血糖升高、蛋白尿、皮疹、休克等。在出现流感症状48h内开始治疗。帕拉米韦氯化钠注射液100ml（含帕拉米韦300mg、氯化钠0.9g）。静滴：单次300mg，滴30分钟以上。

金刚乙胺[乙] Rimantadine（津彤、立安、太之奥）预防（成人和儿童）和治疗（成人）甲型流感病毒感染。致心悸、高血压、心动过速等。应在出现流感症状48h内服用。口服液：60ml：0.6g，100ml：1g。糖浆：50ml：0.5g，100ml：1g。片：100mg。颗粒：50mg。口服：预防和治疗，每次100mg，2次/日，治疗用7天。

阿比多尔[乙][乙] Arbidol（玛诺苏）治疗甲、乙型流感。致恶心、腹泻、头晕、血清转氨酶增高等。片、颗粒：0.1g。口服：每次0.2g，3次/日，用5天。

3. 抗肝炎病毒药

索磷布韦 Sofosbuvir（索非布韦、索华迪、吉一代、Sovaldi）与其他药物联合，治疗成人与 12 至 <18 岁青少年的慢性丙型肝炎病毒（HCV）感染。不推荐单药治疗。致疲劳、头痛等。片：400mg。口服：每次 400mg，1 次 / 日，随食物服用。

来迪派韦索磷布韦[乙] Ledipasvir and Sofosbuvir（雷迪帕韦索非布韦、夏帆宁、哈瓦尼、吉二代、Harvoni）治疗成人和 12 至 < 18 岁青少年的慢性丙型肝炎病毒感染。致头痛、疲劳、恶心、失眠等。片：含来迪派韦 90mg、索磷布韦 400mg。口服：每次 1 片，1 次 / 日，随食物或不随食物服用，用药 12 周，必要时 24 周。

索磷布韦维帕他韦[乙] Sofosbuvir and Velpatasvir（索非布韦维帕他韦、丙通沙、伊柯鲁沙、吉三代、Epclusa）

【用途】成人慢性丙型肝炎病毒（HCV）感染。

【不良反应、用药护理注意】1. 致头痛、疲劳、恶心、失眠等。2. HCV 和 HBV 合并感染者具有 HBV 再激活的风险。3. 味苦，不要咀嚼或碾碎服。4. 每天在同一时间服用。5. 漏服 18 小时内应补服，超 18 小时不补服。6. 忌饮酒。

【制剂、用法】片：含索磷布韦 400mg、维帕他韦 100mg。口服：每次 1 片，1 次 / 日。随食物或不随食物服用，用药 12 周。必要时与利巴韦林合用。

索磷布韦维帕他韦伏西瑞韦 Sofosbuvir, Velpatasvir, and Voxilaprevir（吉四代、Vosevi）治疗成人慢性丙型肝炎病毒感染。片：含索磷布韦 400mg、维帕他韦 100mg、伏西瑞韦 100mg。口服：每次 1 片，1 次 / 日，随餐服用，治 8~12 周。

阿舒瑞韦 Asunaprevir（速维普）与达拉他韦联合，治疗成人基因 1b 型慢性丙型肝炎（非肝硬化或代偿期肝硬化）。有潜在的肝毒性。胶囊：100mg。口服：每次 100mg，2 次 / 日，餐前或餐后服。与达拉他韦联合用药 24 周。不建议调整剂量，避免暂停给药。如漏服，在计划给药 8 小时内应尽快补服，超 8 小时不补服。

盐酸达拉他韦 Daclatasvir Hydrochloride（达拉他韦、达卡他韦、百立泽）
【用途】与其他药物联合，治疗成人慢性丙型肝炎病毒感染。不单药治疗。
【不良反应、用药护理注意】1. 致头痛、疲劳、恶心等。2. 如漏服，在计划给药 20 小时内应尽快补服，超 20 小时不补服。3. 味道不佳，不要咀嚼或碾碎服。

【制剂、用法】片：60mg。口服：每次 60mg，1 次 / 日，餐前或餐后整片
吞服。治基因 1b 型慢性丙型肝炎，与阿舒瑞韦联合用药 24 周。治基因 1-6 型
慢性丙型肝炎，与索磷布韦联合用药 12 周。不建议调整剂量，避免暂停给药。

达塞布韦钠 Dasabuvir Sodium（易奇瑞）与其他药物联合，治成人慢性丙
型肝炎。HCV 合并 HBV 感染者具有 HBV 再激活的风险。片：250mg。口服：每
次 250mg，2 次 / 日，整片吞服，随餐服用，避免漏服。与奥比帕利联合用药 12 周。

奥比帕利 Ombitasvir，Paritaprevir and Ritonavir（维建乐、Viekirax）其他药
物联合，治疗成人慢性丙型肝炎。HCV 合并 HBV 感染者具有 HBV 再激活的风
险。片：含奥比他韦 12.5mg、帕立瑞韦 75mg、利托那韦 50mg。口服：每次 2 片，
1 次 / 日，整片吞服，随餐服用，避免漏服。与达塞布韦钠或利巴韦林联用 12 周。

艾尔巴韦格拉瑞韦[乙] Elbasvir and Grazoprevir（择必达、Zepatier）
【用途】基因 1、4 型成人慢性丙型肝炎病毒（HCV）感染。
【不良反应、用药护理注意】1. 致头痛、疲乏、失眠等。2. HCV 合并 HBV

感染者具有 HBV 再激活的风险。3. 漏服 16 小时内应补服，超 16 小时不补服。

【制剂、用法】片：含艾尔巴韦 50mg、格拉瑞韦 100mg。口服：每次 1 片，1 次 / 日，空腹或与食物同服，连用 12 周。必要时与利巴韦林合用。

达诺瑞韦钠 Danoprevir Sodium （达诺瑞韦、丹诺瑞韦钠、戈诺卫、Ganovo）与利托那韦、聚乙二醇干扰素 α 和利巴韦林联合，用于初治的非肝硬化的基因 1b 型成人慢性丙型肝炎。片：100mg。口服：每次 100mg，2 次 / 日，可空腹或与食物同服，连用 12 周。

恩替卡韦[乙] Entecavir（博路定、维力青、润众、ETV）

【用途】ALT 持续升高或肝组织学显示有活动性病变的慢性成人乙肝。

【不良反应、用药护理注意】1. 头痛、疲劳、眩晕等。2. 乳酸性酸中毒、重度脂肪性肝大。3. 治疗前检测 HIV 抗体。4. 随意停药会出现病情加重，应在医生指导下用药。用药期间和停药后几个月密切监测肝功能。5. 食物降低本药吸收。

【制剂、用法】片、分散片：0.5mg、1mg。胶囊：0.5mg。口服：每次 0.5mg，1 次 / 日，空腹服（餐前或餐后至少 2 小时）。分散片可加水分散后服。

富马酸替诺福韦二吡呋酯[乙] Tenofovir Disoproxil Fumarate（替诺福韦二吡呋酯、富马酸替诺福韦酯、替诺福韦酯、泰诺福韦酯、韦瑞德、倍信、Viread、TDF）

【用途】成人 HIV-1 感染，成人和 ≥ 12 岁（体重 ≥ 35kg）慢性乙型肝炎。

【不良反应、用药护理注意】1. 头痛、抑郁、腹泻、皮疹，低磷血症等。2. 乳酸性酸中毒、严重脂肪性肝大、肾损害、骨矿物质密度下降、免疫重建综合征。3. 停药后可引起乙肝恶化，用药期间和停药后几个月应密切监测肝功能。

【制剂】片、胶囊：300mg。

【用法】口服：每次 300mg，1 次 / 日，空腹或与食物同服。

富马酸丙酚替诺福韦[乙] Tenofovir Alafenamide Fumarate（丙酚替诺福韦、富马酸替诺福韦艾拉酚胺、韦立得、Vemlidy、TAF）

【用途】成人和 ≥ 12 岁（体重 ≥ 35kg）慢性乙型肝炎。

【不良反应、用药护理注意】1. 参阅富马酸替诺福韦二吡呋酯，对肾和骨骼毒性较小。2. 漏服 18 小时内应补服，超 18 小时不补服。3. 服药后 1 小时内呕吐，应再服 1 片；超过 1 小时呕吐，则无需再服。4. 停药后至少监测肝功能 6 个月。

【制剂、用法】片：25mg。口服：每次 25mg，1 次 / 日，需随食物服用。

阿德福韦酯[乙] Adefovir Dipivoxil（阿德福韦、代丁、贺维力）用于慢性乙型肝炎。致头痛、腹痛、肝区痛、肾毒性等，停药后肝炎可能加重，停药后应监测肝功能数月。片、胶囊：10mg。口服：每次10mg，1次/日，餐前或餐后服均可。

重组细胞因子基因衍生蛋白[乙] Recombinant Cytokine Gene Derived Protein（乐复能）治疗HBeAg阳性的慢性乙型肝炎。致发热、头痛、乏力、肌肉酸痛、轻度骨髓抑制等。药液出现浑浊则不能用。注射液：10μg：1.0ml。2~8℃避光保存。肌注：每次10μg，1次/日。连用12周后改为隔日1次，3次/周，连用24周。

拉米夫定[乙] Lamivudine（贺普丁）
【用途】ALT升高和病毒活动复制的、肝功能代偿的成年慢性乙型肝炎。
【不良反应、用药护理注意】1.高血糖、腹痛、皮疹、贫血、严重肝大、乳酸性酸中毒等。2.致未治疗HIV-1感染者HIV-1耐药风险。3.停药后肝炎病情可能加重，停药后至少4个月内定期监测ALT、胆红素、HBV-DNA、HBeAg。
【制剂】片、胶囊：0.1g。口服液：240ml：1.2g，240ml：2.4g。
【用法】口服：每次0.1g，1次/日。餐前或餐后服用均可。

替比夫定[乙] Telbivudine（素比伏）用于慢性乙型肝炎。致头痛、腹泻、疲劳、皮疹等。停止治疗可能发生肝炎急性加重，停药后数月内应密切监测肝功能。16 岁以下不用。片：0.6g。口服：每次 0.6g，1 次 / 日，服药不受进食影响。

4. 抗 HIV 药

阿巴卡韦 Abacavir（硫酸阿巴卡韦、赛进、Ziagen）用于人类免疫缺陷病毒（HIV）感染。致恶心、腹泻、乏力、头痛、皮疹。严重不良反应有：心肌梗死、乳酸性酸中毒、肝毒性、肝大、严重超敏反应等。乙醇使本品血药浓度升高。片：300mg。口服液：20mg/ml，24ml。口服：600mg/d，分 1~2 次。体重 14~21kg 的儿童，每次 150mg，2 次 / 日，可在进食或不进食时服。

阿巴卡韦拉米夫定（克韦滋、Kivexa）用于人类免疫缺陷病毒（HIV）感染。片：含阿巴卡韦 600mg、拉米夫定 300mg。口服：每次 1 片，1 次 / 日。

阿巴卡韦双夫定（三协唯）用于人类免疫缺陷病毒（HIV）感染。片：含阿巴卡韦 300mg、拉米夫定 150mg、齐多夫定 300mg。口服：每次 1 片，2 次 / 日。

齐多夫定[乙] Zidovudine（叠氮胸苷、克度、奇洛克、AZT）

【用途】人类免疫缺陷病毒（HIV）感染，预防 HIV 母婴传播。

【不良反应】骨髓抑制、头痛、失眠、肌肉痛、咳嗽、肝功能异常等。

【用药护理注意】1. 对本品过敏，中性粒细胞、血红蛋白异常低下者禁用。2. 禁止肌注。3. 药物用 5% 葡萄糖液稀释，浓度 < 4mg/ml，恒速滴注 1 小时以上。4. 长期应用可产生耐药性。6. 高脂食物降低口服生物利用度。7. 定期查血象。

【制剂、用法】片、胶囊：0.1g、0.3g。注射液：0.2g（10ml）。粉针：0.1g。口服：0.5~0.6g/d，分 2~3 次。静滴：每次 1mg/kg，5~6 次/日。

齐多拉米双夫定[乙] Zidovudine and Lamivudine（双汰芝、贝拉齐）用于成人及 12 岁以上儿童人类免疫缺陷病毒（HIV）感染。片：含齐多夫定 300mg、拉米夫定 150mg。口服：成人及 12 岁以上儿童，每次 1 片，2 次/日。

司他夫定 Stavudine（司坦夫定、赛瑞特、沙之）人类免疫缺陷病毒（HIV）感染的联合用药。致皮疹、手足麻木、大红细胞症、头痛、肝衰竭、胰腺炎等。胶囊：15mg、20mg。散：100mg。口服：体重 ≥ 60kg 者，每次 40mg，2 次/日；体重 < 60kg 者，每次 30mg，2 次/日。用药间隔 12h，服药与进餐无关。

依非韦伦 Efavirenz（施多宁、Stocrin）治 I 型人类免疫缺陷病毒（HIV-1）感染。致皮疹、恶心、眩晕、失眠、抑郁、肝损害等。片：50mg、200mg、600mg。口服：每次 600mg，1 次 / 日，可与或不与食物同服，推荐临睡前服用。

奈韦拉平 Nevirapine（维乐命、伟乐司）

【用途】I 型人类免疫缺陷病毒（HIV-1）感染，预防 HIV-1 的母婴传播。

【不良反应】恶心、疲劳、头痛、嗜睡，致命的肝毒性和皮肤反应等。

【用药护理注意】1. 若红斑严重或伴发热、全身不适等症状，应立即停药。2. 如果漏服应尽快服下一次药，但不要加倍服用。3. 严密监测患者情况和肝功能。

【制剂、用法】片、分散片、胶囊：200mg。缓释片：100mg、400mg。口服：每次 200mg，1 次 / 日，连用 14 日后改为 2 次 / 日，服药不受进食影响。

茚地那韦 Indinavir（硫酸茚地那韦、佳息患、艾好、又欣）

【用途】成人及儿童 I 型人类免疫缺陷病毒（HIV-1）感染。

【不良反应】过敏、头痛、肾结石、溶血性贫血、血糖升高、肝功能异常等。

【用药护理注意】1. 哺乳期妇女用药应中断哺乳。2. 用药期间每天至少饮用 1500ml 液体。3. 注意本药与多种药物有相互作用。

【制剂】胶囊：0.1g、0.2g、0.4g。片：0.2g。

【用法】口服：每次 0.8g，3 次／日，必须间隔 8 小时服 1 次，餐前 1 小时或餐后 2 小时用水或饮料（如脱脂奶、茶、果汁）送服。

利托那韦[乙] Ritonavir（爱治威、迈可欣）用于人类免疫缺陷病毒（HIV）感染。致疲乏、胃肠道反应、肝毒性等。进食可提高本品的生物利用度。用药期间监测血常规、肝功能、血脂等指标。胶囊：100mg，2~8℃保存。口服液：600mg/7.5ml（80mg/ml）。口服：初始剂量每次 300mg，2 次／日，每隔 2~3 天每次用量增加 100mg，直至每次 600mg，2 次／日。宜与食物同服。

洛匹那韦利托那韦[乙] Lopinavir and Ritonavir（克力芝、Aluvia）联合用药，治疗人类免疫缺陷病毒（HIV）感染。致腹泻、恶心、肝功能异常、高血糖、胰腺炎等。片：含洛匹那韦 200mg、利托那韦 50mg。口服液：160ml（1ml 含洛匹那韦 80mg、利托那韦 20mg）。口服：每次 2 片，口服液每次 5ml，2 次／日。口服液应与食物同服；片剂可与食物或不与食物同服，整片咽下，不能咀嚼或掰开。

沙奎那韦 Saquinavir（甲磺酸沙奎那韦、因服雷、Invirase）联合用药，治疗人类免疫缺陷病毒（HIV）感染。致恶心、腹泻、高血糖、血脂异常、肝毒性等，有引起心律失常的危险。胶囊：200mg。口服：每次600mg，3次/日，饭后服。

阿扎那韦 Atazanavir（硫酸阿扎那韦、锐艾妥、Reyataz）

【用途】联合用药，治疗Ⅰ型人类免疫缺陷病毒（HIV-1）感染。

【不良反应】恶心、呕吐、头痛、皮疹、血糖升高、乳酸性酸中毒等。

【用药护理注意】1.注意不能与本药同服的药物。2.食物增加本药生物利用度，但不与大蒜同服。3.无利托那韦时，本药不与富马酸替诺福韦二吡呋酯合用。

【制剂、用法】胶囊：100mg、150mg、200mg、300mg。口服：初治，每次400mg，1次/日，进餐时服。经治者，阿扎那韦300mg与利托那韦100mg合用，或再加富马酸替诺福韦二吡呋酯300mg共3药合用，均为每日1次，进餐时服。

达芦那韦 Darunavir（辈力、Prezista）治疗成人人类免疫缺陷病毒（HIV）感染。致头痛、腹泻、高血糖、低血糖、高血脂、皮疹、肝毒性等。片：150mg、300mg。口服：每次600mg与利托那韦100mg合用，均为2次/日，与食物同服。

达芦那韦考比司他 Darunavir and Cobicistat（普泽力、Prezcobix）治疗人类免疫缺陷病毒（HIV）感染。致皮疹、糖尿病、超敏反应、急性肾衰竭、肝毒性、骨坏死等。片：含达芦那韦 800mg、考比司他 150mg。口服：每日 1 片，随餐同服，整片吞服，不可掰碎或压碎。漏服 12 小时内应补服，超 12 小时不补服。

利匹韦林[乙] Rilpivirine（恩临、Edurant）联合用药，治疗Ⅰ型人类免疫缺陷病毒（HIV-1）感染的初治患者。致头痛、皮疹、抑郁、失眠、肝毒性、脂肪重新分布、免疫重建综合征等。片：25mg。口服：每次 25mg，1 次 / 日，随餐口服。

依曲韦林 Etravirine（英特莱、Intelence）用于初步治疗后有耐药的成年HIV-1 感染。片：100mg。口服：每次 200mg，2 次 / 日，餐后服。不可压碎或咀嚼，可溶于水中（水温＜40℃），搅拌至乳状液后服，用水冲洗杯中残留药物服下。

拉替拉韦钾 Raltegravir Potassium（艾生特、Isentress）联合用药，治疗Ⅰ型人类免疫缺陷病毒（HIV-1）感染。致腹泻、恶心、抑郁、过敏、室性早搏、糖尿病、肾炎、肝炎等。片：400mg。口服：每次 400mg，2 次 / 日，餐前或餐后服。

多替拉韦钠 Dolutegravir（特威凯、度鲁特韦、Tivicay、DTG）

【用途】联合用药，感染人类免疫缺陷病毒（HIV）的成人和年满 12 岁者。

【不良反应】头痛、头晕、抑郁、失眠、皮疹、胃肠道反应、疲乏、肝炎等。

【用药护理注意】1.漏服且离下次服药 4 小时以上应补服，不到 4 小时不补服。2.服药首选餐后也可餐前。3.应由具有治疗 HIV 感染经验的医生进行处方。

【制剂、用法】片：50mg。口服：每次 50mg，1~2 次 / 日。

多替阿巴拉米（绥美凯、Triumeq）用于感染人类免疫缺陷病毒（HIV）的成人和 12 岁以上者。片：含多替拉韦钠 50mg、阿巴卡韦 600mg 和拉米夫定 300mg。口服：每次 1 片，1 次 / 日，可与或不与食物同服。漏服且离下次服药 4 小时以上应补服，不到 4 小时不补服。

恩曲他滨[乙] Emtricitabine（惠尔丁、新罗舒）联合用药，用于人类免疫缺陷病毒（HIV）感染、慢性乙型肝炎。致头痛、恶心、呕吐、腹泻、皮疹、疲乏、鼻炎、皮肤色素沉着、重度肝大等。胶囊、片：200mg。口服：每次 200mg，1 次 / 日，空腹或餐后服。

恩曲他滨替诺福韦[乙] Emtricitabine and Tenofovir Disoproxil Fumarate（舒发泰、Truvada）用于成人和 12 岁（含）以上儿童的 HIV-1 感染。可致抑郁、乳酸性酸中毒、严重脂肪性肝大、肾损害等。片：含恩曲他滨 200mg、富马酸替诺福韦二吡呋酯 300mg。口服：每次 1 片，1 次 / 日，随食物或单独服用均可。

恩曲他滨丙酚替诺福韦 Emtricitabine and Tenofovir Alafenamide Fumarate（达可挥、Descovy）联合用药，用于成人和 12 岁以上且体重至少 35kg 的 HIV-1 感染。片：（Ⅰ）含恩曲他滨 200mg、丙酚替诺福韦 10mg。（Ⅱ）含恩曲他滨 200mg、丙酚替诺福韦 25mg。口服：每次 1 片，1 次 / 日。

艾考恩丙替[乙] （捷扶康、Genvoya）
【用途】成人和 12 岁以上且体重至少 35kg 的 HIV-1 感染。
【不良反应】恶心、腹泻、皮疹、骨坏死、肾损害、免疫重建炎性综合征等。
【用药护理注意】1. 不可咀嚼、碾碎或掰开服。2. 漏服 18 小时内应补服。
【制剂、用法】片：含艾维雷韦 150mg、考比司他 150mg、恩曲他滨 200mg、丙酚替诺福韦 10mg。口服：每次 1 片，1 次 / 日，随食物服用。

恩曲他滨利匹韦林丙酚替诺福韦 Emtricitabine, Rilpivirine, and Tenofovir Alafenamide（Odefsey）用于成人和 12 岁以上且体重至少 35kg 的 HIV-1 感染。致恶心、抑郁，头痛等，警惕出现乳酸性酸中毒和重度肝大。片：含恩曲他滨 200mg，利匹韦林、丙酚替诺福韦各 25mg。口服：每次 1 片，1 次 / 日，随餐服。

马拉韦罗 Maraviroc（善瑞、Celsentri）联合用药，用于曾接受过治疗的成人 R5 型 HIV-1 感染者。致肝毒性、腹痛、头晕、皮肤和过敏反应，发生感染、发生恶性肿瘤的潜在风险等。片：150mg、300mg。口服：每次 150mg，2 次 / 日。

去羟肌苷 Didanosine（惠妥滋、哈特、天方正元、艾略）

【用途】I 型人类免疫缺陷病毒（HIV-1）感染。

【不良反应】胰腺炎、周围神经炎、头痛、呕吐、药疹、高血糖、肝坏死。

【用药护理注意】1. 咀嚼片应充分咀嚼或溶解在至少 30ml 水中，搅拌均匀后服；颗粒剂溶于少量水中服；散剂用约 120ml 温开水溶解。2. 用药期间禁酒。

【制剂】片、咀嚼片、分散片、胶囊：100g。散剂：167mg、250mg。

【用法】口服：体重 ≥ 60kg 者，片剂每次 0.2g，散剂每次 0.25g，2 次 / 日；

胶囊每次 0.4g，1 次 / 日。体重 < 60kg 者，片剂每次 0.125g，散剂每次 0.167g，2 次 / 日；胶囊每次 0.25g，1 次 / 日。餐前 30 分钟或餐后 2 小时服，用药间隔 12 小时。

恩夫韦肽[乙] Enfuvirtide（福泽昂、Fuzeon）联合用药，治疗 HIV-1 感染。粉针：108mg。皮下注射：每次 90mg，2 次 / 日。注射于上臂、前股或腹部皮下，每次选择不同部位。用无菌注射用水溶解成每 1ml 含 90mg 本品，如溶解后不能立即使用，应于 2~8℃保存，并在 24 小时内使用。冷藏后的溶液注射前须加热至室温（如握在手中 5 分钟），并确保溶液完全溶解，无颗粒物。

艾博韦泰[乙] Albuvirtide（艾可宁）用于已接受过抗病毒治疗的 HIV-1 感染者。粉针：160mg。冷藏保存。静滴：每次 320mg，1 次 / 周。用生理盐水配制。

5. 其他抗病毒药

利巴韦林[甲][乙] Ribavirin（三氮唑核苷、病毒唑、威乐星、威力宁、威利宁、康立多、奥得清、华乐沙、同欣、新博林、Virazole）

【用途】呼吸道合胞病毒性肺炎与支气管炎，丙型肝炎、流感。

【不良反应】1. 溶血性贫血。2. 胃肠道反应。3. 低血压。4. 心肌损害（包括滴鼻）。5. 致畸、致突变作用。6. 影响肝功能。7. 脱发、皮疹。

【用药护理注意】1. 孕妇禁用。2. 用药期间至停药 6 个月，男女方均应避孕。

【制剂】片、颗粒：0.05g、0.1g。含片：0.05g。注射液：0.1g（1ml）。滴眼液：8mg（8ml）。滴鼻液：0.5%（8ml）。口服液：0.15g（5ml）、0.3g（10ml）。

【用法】口服：每次 0.15~0.3g，3 次 / 日，小儿 10mg/(kg·d)，分 4 次服。颗粒用温开水溶解后服。静滴：每次 0.5g，2 次 / 日，用生理盐水或 5% 葡萄糖液稀释成 1mg/ml，不超过 5mg/ml。滴鼻：防治流感，滴鼻液 1~2 滴 / 次，1 次 /1~2 小时。

帕利佐单抗 Palivizumab（帕利珠单抗、西那吉斯、Synagis）预防高危儿童呼吸道合胞病毒（RSV）感染。致鼻炎、喘息、咳嗽、皮疹、肝功能异常等。对本品严重过敏者禁用。注射液：50mg（0.5ml）、100mg。2~8℃保存。肌注：每次 15mg/kg，1 个月 1 次，最多可给药 5 次。肌注用量大于 1ml 时应分次给药。

二、抗寄生虫病药

（一）抗疟药

磷酸氯喹[甲] Chloroquine Phosphate（氯喹、氯喹啉、氯化喹啉、止疟片）

【用途】疟疾急性发作，控制疟疾症状，治肝阿米巴病、光敏性疾病等。

【不良反应】1. 胃肠道反应。2. 皮肤瘙痒、头晕、头痛、耳鸣、白细胞减少。3. 药物性精神病。4. 心律失常。5. 损害角膜和视网膜。6. 肝酶升高。

【用药护理注意】1. 孕妇禁用，肝肾功能不全、心脏病禁用注射液。2. 禁止静注或肌注，因易致心肌抑制。3. 滴速 12~20 滴 / 分。4. 禁饮酒。5. 定期查眼部。

【制剂】片：0.075g、0.25g。注射液：129mg（2ml）、322mg（5ml）。

【用法】口服：控制疟疾发作，首剂 1g，6 小时后 0.5g，第 2、3 日各 0.5g。极量：每次 1g，2g/d。缓慢静滴：恶性疟，第 1 日 1.5g，第 2、3 日各 0.5g，每 0.5~0.75g 用 5% 葡萄糖液或生理盐水 500ml 稀释。预防疟疾：每次 0.5g，1 次 / 周。

羟氯喹[乙] Hydroxychloroquine（硫酸羟氯喹、纷乐）预防和治疗疟疾，治红斑狼疮、类风湿性关节炎。与食物或牛奶同服可增加胃肠耐受性。片：0.1g、0.2g。口服：治疟疾，首次 0.8g，6 小时后 0.4g，第 2~3 日，每次 0.4g，1 次 / 日。

磷酸哌喹[乙] Piperaquine Phosphate（哌喹、抗矽-14）预防和治疗疟疾，防治矽肺。致头昏、嗜睡、胃部不适、面部和唇麻木感等，有严重心、肝、肾疾病禁用，孕妇慎用。片：0.25g、0.5g。口服：预防疟疾，每次0.6g，1次/月，睡前服，连服4~6个月。治疟疾，首次0.6g，第2、3日分别服0.6g、0.3g。

磷酸咯萘啶[乙] Malaridine Phosphate（咯萘啶、疟乃停、Pyronaridine）

【用途】治疗各种疟疾。

【不良反应、用药护理注意】1.致胃肠道反应、头晕、头痛等。2.肌注每次更换部位，以防硬结，严禁静注，片剂不可嚼服。3.用药后尿液呈现红色。

【制剂、用法】肠溶片：0.1g。注射液：80mg（2ml）。口服：每次0.3g，第1日2次，2、3日各1次，小儿日总剂量为24mg/kg，分3次。静滴：每次3~6mg/kg，加入5%葡萄糖液200~500ml中，共2次。肌注：每次2~3mg/kg，共2次。

本芴醇 Benflumetol 治恶性疟。心、肾脏病者慎用。与食物，尤其是富含脂肪食物同服可增加吸收。胶丸：0.1g。口服：第1日0.8g顿服，第2~4日各0.4g顿服。儿童8mg/(kg·d)，顿服，连服4日，首剂加倍，但不超过0.6g。

青蒿素[甲] Artemisinin （黄蒿素、Arteannuin）

【用途】间日疟、恶性疟，特别对脑型疟有良效，系统性红斑狼疮。

【不良反应】恶心、呕吐、里急后重、腹痛、腹泻等，很快可以自行消失。

【用药护理注意】孕妇慎用，肌注部位较浅时，易引起局部硬块和疼痛。

【制剂】油注射液：0.05g、0.1g、0.2g、0.3g（2ml）。水混悬注射液：0.3g（2ml）。片：0.05g、0.1g。

【用法】口服：先服 1g，6~8 小时后和第 2、3 日各服 0.5g，疗程 3 日，总量为 2.5g；小儿总量 15mg/kg，按上述方法 3 日内服完。深部肌注：第 1 次 0.2g，6~8 小时后和第 2、3 日各给 0.1g，总剂量 0.5g；小儿总量 15mg/kg，按上述方法 3 日内注完。

青蒿素哌喹 Artemisinin and Piperaquine 用于各型疟疾。片：含青蒿素 62.5mg、哌喹 375mg。口服：每次 2 片，早晚各 1 次，总剂量 8 片。

双氢青蒿素 Dihydroartemisinin （科泰新）用于各型疟疾。致网织红细胞一过性减少。孕妇慎用。片：20mg。口服：每次 60mg，1 次 / 日，首剂加倍，用 5~7 日。

双氢青蒿素哌喹 Dihydroartemisinin and Piperaquine Phosphate (科泰复、阿特健、粤特快、Artekin) 治疗恶性疟、间日疟。片：含双氢青蒿素 40mg、磷酸哌喹 0.32g。口服：第 0、6~8、24、32 小时各服 2 片，总剂量 8 片。

复方双氢青蒿素 Compound Dihydroartemisinin (安立康、Artecom) 治疗恶性疟、间日疟。片：含双氢青蒿素 32mg、磷酸哌喹 0.32g、甲氧苄啶 90mg。口服：第 0、6、24、32 小时各服 2 片，总量 8 片。

青蒿琥酯 Artesunate
【用途】脑型疟疾及各种危重疟疾的抢救，治恶性疟、间日疟。
【不良反应】网织红细胞一过性降低，常用量一般无明显不良反应。
【用药护理注意】1. 本品不得静滴。2. 药物溶解后如出现混浊时不可使用。
【制剂】片：50mg。粉针：60mg (附 5% 碳酸氢钠溶注射液)。
【用法】口服：首剂 0.1g，第 2 日起每次 50mg，2 次 / 日，连服 5 日。缓慢静注：每次 60mg，首剂后 4、24、48 小时各注射 1 次，严重者首剂加倍，3 日为 1 疗程。临用前加入所附 5% 碳酸氢钠注射液 0.6ml 振摇溶解后，加 5% 葡萄糖液或葡萄糖氯化钠液 5.4ml 稀释，使每 1ml 溶液中含本品 10mg，静注速度 3~4ml/min。

青蒿琥酯阿莫地喹 Artesunate and Amodiaquine Hydrochloride 用于恶性疟。可引起粒细胞缺乏和严重肝损害。片：含青蒿琥酯 100mg、盐酸阿莫地喹270mg。口服：每次 2 片，1 次 / 日，连服 3 天。药片可碾碎或溶于水中服。

蒿甲醚[甲] Artemether 治各型疟疾，凶险型疟疾的抢救。注射液遇冷有凝固现象，可微温溶解后用。片、胶囊：40mg。注射液：40mg（0.5ml）、80mg（1ml）。肌注：首剂 160mg，第 2~5 日各 80mg。口服：首剂 160mg，第 2~7 日各 80mg。

复方蒿甲醚 治疗各型疟疾。片：含蒿甲醚 20mg、本芴醇 120mg。口服：首次 4 片，以后第 8、24、48 小时各服 4 片，总量 16 片。与食物同服。

奎宁[甲、乙] Quinine 治严重恶性疟。致金鸡纳反应、血压骤降等，静注易致休克，严禁静注。片：0.3g。注射液：0.25g、0.5g。静滴：5~10mg/kg（最高量 0.5g），加入氯化钠注射液 500ml 中，12 小时后重复 1 次，应严密监测血压。

乙胺嘧啶[甲] Pyrimethamine (息疟定、达拉匹林)

【用途】预防疟疾,治弓形虫病。

【不良反应】胃肠道反应、粒细胞减少等,G-6-PD 缺乏者可致溶血性贫血。

【用药护理注意】1. 孕妇、哺乳期妇女禁用,本品排泄极慢,肾功能不良慎用。2. 用药前询问有无 G-6-PD 缺乏。3. 本品有香甜味,应防止儿童误服。4. 防止过量服药。5. 用药期间多食用麦片、豆类、家禽肉、牛肉、奶、绿叶蔬菜、柑橘等富含叶酸的食物,以避免叶酸缺乏。6. 每周检查白细胞和血小板 2 次。

【制剂】片:6.25mg、25mg。膜剂:每格 6.25mg。

【用法】口服:预防疟疾,每次 25mg,1 次 / 周。治弓形虫病,50mg/d,顿服,共 1~3 日,然后 25mg/d,疗程 4~6 周。极量:100mg/d,200mg/ 周。

磷酸伯氨喹[甲] Primaquine Phosphate (伯氨喹、伯喹、伯氨喹啉) 根治间日疟和控制疟疾传播。毒性较其他抗疟药大,G-6-PD 缺乏者可致溶血性贫血,用药前询问相应病史、G-6-PD 缺乏、系统性红斑狼疮、类风湿性关节炎、孕妇禁用。片:13.2mg、26.4mg。口服:根治间日疟,每次 13.2mg,3 次 / 日,连服 7 日。控制疟疾传播,26.4mg/d,连服 3 日。剂量不超过 52.8mg/d。

复方磷酸萘酚喹　Compound Naphthoquine Phosphate（ARCO）治恶性疟、间日疟。致恶心、胃部不适，个别有谷丙氨基转移酶或谷草氨基转移酶一过性轻度升高。片：含青蒿素 0.125g、磷酸萘酚喹碱基 50mg。口服：只需服 1 次，每次 8 片（总量含青蒿素 1g、萘酚喹 0.4g）。

（二）抗阿米巴病和抗滴虫病药

甲硝唑[甲、乙]　Metronidazole（甲硝达唑、灭滴灵、弗来格、阴康宁、Flagyl）

【用途】阿米巴病、阴道滴虫病，小袋虫病和皮肤利什曼病，厌氧菌感染。

【不良反应】1. 胃肠道反应，口内有金属味。2. 偶见头痛、失眠、肢体麻木、膀胱炎等。3. 白细胞减少。4. 过敏反应、皮疹。5. 有致畸、致癌的可能性。

【用药护理注意】1. 孕妇、哺乳期妇女、中枢神经系统疾病和血液病禁用。2. 栓剂如软化可放入冰箱中冷却后使用。3. 用药期间减少钠盐摄入量。4. 用药期间和停药 1 周内禁酒，以免出现双硫仑样反应。5. 治阴道滴虫期间，每天更换内裤，须男女同治。6. 代谢产物可使尿液呈深红色。7. 出现运动失调立即停药。

【制剂】片、胶囊、阴道泡腾片：0.2g。口颊片：3mg。栓剂：0.2g、0.5g。注射液：50mg（10ml）、0.1g（20ml）、0.5g（100ml）、0.5g（250ml）。

【用法】口服：滴虫病每次 0.2g，4 次 / 日，另每晚阴道泡腾片 0.2g，或栓剂 0.5g 放入阴道。阿米巴病每次 0.4~0.6g，3 次 / 日，疗程 7 日。厌氧菌感染每次 0.2~0.4g，3 次 / 日。静滴：厌氧菌感染首次 15mg/kg，维持 7.5mg/kg，1 次 /8 小时。

甲硝唑呋喃唑酮 Metronidazole and Furazolidone 用于宫颈炎、宫颈糜烂、滴虫性、细菌性或霉菌性阴道炎。栓剂：含甲硝唑、呋喃唑酮各 5.2mg。阴道用药：每次 1 枚，1 次 / 隔日。睡前用药，月经后用药，5 次一疗程。

替硝唑[甲、乙] Tinidazole（甲硝咪唑、快服净、服净、济得、希普宁、普洛施、康多利、迪克新、华尔复、乐净、佳丽康、替尼津）

【用途】厌氧菌感染、阴道滴虫病、阿米巴病、结肠、妇产科预防术后感染。

【不良反应】消化道反应，口内金属味，头痛、疲乏、皮疹，肝功能异常。

【用药护理注意】1. 孕妇、哺乳期妇女、血液病、器质性神经系统疾病禁用。2. 用药期间及后 3 天禁酒。3. 尿液可呈深红色。4. 片剂应于餐间或餐后服。

【制剂】片、胶囊：0.5g。注射液：0.4g（100ml、200ml）、0.8g（200ml）。阴道泡腾片（佳丽康）：0.2g。栓剂：0.2g。

【用法】厌氧菌感染：口服，每次 1g，1 次 / 日，首剂加倍，用 5~6 日，口腔感染疗程 3 日。缓慢静滴，每次 0.8g，1 次 / 日，用 5~6 日。阴道滴虫病：2g 顿服，必要时 3~5 日可重复 1 次，配偶同治。阴道给药，泡腾片或栓剂放入阴道后穹隆，每晚 0.2g，用 7 日。肠外阿米巴病：口服，每次 1.5~2g，1 次 / 日，用 3 日。

奥硝唑[乙] Ornidazole （潇然、滴比露、固特、普立司、优伦）

【用途】厌氧菌感染、阿米巴病、阴道滴虫病，术前术后预防厌氧菌感染。

【不良反应、用药护理注意】1. 参阅甲硝唑。2. 静滴时间不少于 30 分钟。

【制剂】片、胶囊：0.25g。栓剂：0.5g。注射液：0.5g（100ml）、0.25g。

【用法】口服：每次 0.5g，2 次 / 日。阴道滴虫病：1.5g 顿服；或 1g 顿服，同时栓剂 0.5g 阴道给药。静滴：首次 0.5~1g，随后 0.5g/12h，用 3~6 天。小容量注射液、粉针用 5%、10% 葡萄糖液或生理盐水溶解稀释，浓度为 2~5mg/ml。

塞克硝唑 Secnidazole（可立赛克、可尼、明捷）治阴道滴虫病、阿米巴病。参阅甲硝唑。禁饮酒。分散片可放入 100ml 水中溶解后服。片：0.25g、0.5g。胶囊、分散片：0.25g。口服：有症状阿米巴病、阴道滴虫，单次服 2g，餐前服。

哌硝噻唑 Piperanitrozole 治阴道、肠道滴虫病，急、慢性阿米巴痢疾，阿米巴肝脓肿。致全身性紫癜，白细胞、血小板减少等，有肝毒性。滴虫病宜男女同治。片：0.1g。口服：每次 0.1g，3 次 / 日，用 7~10 日。也可阴道给药。

依米丁 Emetine（盐酸依米丁、吐根碱）

【用途】急性阿米巴痢疾急需控制症状者，也可用于蝎子蜇伤。

【不良反应】恶心、呕吐、腹痛、腹泻、心肌损害，偶见周围神经炎。

【用药护理注意】1. 注射前、后 2 小时应卧床休息，检查心脏和血压有无变化。2. 仅供深部皮下注射，禁止静脉给药、口服、肌注（可引起肌肉疼痛和坏死）。3. 禁饮酒及刺激性食品。4. 注射液变色则不能用。

【制剂、用法】注射液：30mg（1ml）、60mg（1ml）。治阿米巴痢：深部皮下注射，1mg/(kg·d)（60kg 以上者，剂量按 60kg 计）。分 1~2 次，6~10 日一疗程。不超过 60mg/d。治蝎子蜇伤：将本品 3%~6% 注射液少许注入蜇孔内。

去氢依米丁 Dehydroemetine 同依米丁。毒性较低。注射液：30mg（1ml）。皮下注射：1~1.5mg/(kg·d)，一般 60mg/d，分 2 次，用 6~10 日。极量：90mg/d。

乙酰胂胺 Acetarsol 复方乙酰胂胺（**滴维净**）片：含乙酰胂胺 0.25g、硼酸 0.03g。外用治阴道滴虫病。不可内服，月经期禁用，用药期间禁止性交。阴道给药：每晚 1~2 片放入阴道后穹窿，次晨坐浴，用 10~14 天。

卡巴胂 Carbarsone 用于慢性阿米巴痢疾、阴道滴虫病、丝虫病。致胃肠道反应、皮疹、多尿、剥脱性皮炎、肝炎等。片：0.1g、0.2g、0.25g。口服：阿米巴痢，每次 0.1~0.2g，3 次 / 日。丝虫病，0.25~0.5g/d，分 2 次，用 10 天。

喹碘方 Chiniofon（**药特灵、安痢生**）治无症状或慢性阿米巴痢疾，急性阿米巴痢疾。大剂量可致胃肠道反应，对碘过敏、甲状腺肿大、严重肝肾功能不全慎用。遇光游离出碘，应避光保存。肠溶片 0.25g。口服：每次 0.5g，3 次 / 日，3 日后，每次 1g，3 次 / 日，小儿每次 5~10 mg/kg，3 次 / 日，连用 7~10 天。

双碘喹啉 Diiodohydroxyquinoline（**双碘羟喹、双碘方、Diodoquin**）同喹碘方。致腹泻等，不良反应较轻。片：0.2g。口服：每次 0.4~0.6g，3 次 / 日，儿童每次 5~10mg/kg，3 次 / 日，成人和儿童都连用 14~21 天。

二氯尼特 Diloxanide（安特酰胺、二氯散）无症状带阿米巴包囊者的首选药，也可治阿米巴痢疾、阿米巴肝脓肿。有胃肠道轻微不良反应，孕妇、2岁以下禁用。片：0.5g。口服：每次0.5g，3次/日，疗程10日。

硫酸巴龙霉素（见氨基糖苷类，P56），**磷酸氯喹**（见抗疟药，P125）

（三）抗血吸虫病和抗丝虫病药

吡喹酮[甲] Praziquantel（环吡异喹酮）

【用途】各种人体血吸虫病和绦虫、华支睾吸虫、姜片虫、囊虫病。

【不良反应】恶心、呕吐、腹泻、头晕、头痛、关节酸痛，偶见发热、过敏、心律失常、转氨酶升高、诱发精神失常、消化道出血等。

【用药护理注意】1. 眼囊虫病禁用，严重心、肝、肾病和精神病慎用。2. 用药期间和停药72小时内暂停哺乳。3. 弥漫型脑囊虫病须住院治疗。4. 本药应吞服，不宜嚼碎或掰开服。5. 用药期间和停药24小时内勿驾驶或操作机器。

【制剂、用法】片、缓释片：0.2g。口服：慢性血吸虫病总剂量60mg/kg，急性血吸虫病总剂量120mg/kg，每日量分2~3次，慢性用1~2日，急性用4日；囊虫病：30mg/(kg·d)，用 4 天。绦虫病：每次 10mg/kg，清晨顿服，1h 后服硫酸镁。

乙胺嗪　Diethylcarbamazine（枸橼酸乙胺嗪、海群生、益群生、Hetrazan）

【用途】班氏丝虫、马来丝虫和罗阿丝虫病，也用于盘尾丝虫病。

【不良反应】1. 恶心、呕吐、头痛、失眠等。2. 丝虫被杀灭后释放出异性蛋白可致畏寒、发热、头痛、皮疹等。3. 成虫死亡可致局部反应，如淋巴管炎。

【用药护理注意】1. 如出现喉头水肿、支气管痉挛时，应及时抢救。2. 用药前应先驱蛔，以免引起胆道蛔虫病。3. 活动性肺结核、严重心、肝、肾疾病和孕妇、哺乳期妇女均暂缓治疗。4. 日间宜于餐后服药。

【制剂】片：50mg，100mg。

【用法】口服：每次 0.1~0.2g，3 次／日，服 7~14 日。大剂量短程疗法：治马来丝虫病，每次 1~1.5g，晚餐后顿服。预防：5~6mg/(kg·d)，服 6~7 日。

伊维菌素　Ivermectin（异阿凡曼菌素、海正麦克丁）治盘尾丝虫病首选药，钩虫、蛔虫、鞭虫、蛲虫感染。致皮疹、瘙痒等，用药期间停止哺乳。片：6mg。口服：丝虫病，单剂量 0.15~0.2mg/kg，餐前 1 小时顿服，治疗间隔 3~12 个月。

(四)抗利什曼原虫药

葡萄糖酸锑钠[甲] Sodium Stibogluconate 治疗黑热病。致恶心、呕吐、咳嗽、腹痛、腹泻、肌注局部痛等，罕见休克和突然死亡。用药过程中，出现体温突然升高或呼吸加速应暂停注射。注射液：6ml（含五价锑0.6g，葡萄糖酸锑钠1.9g）。肌注、静注：每次6ml，1次/日，连用6~10日。

喷他脒 Pentamidine 用于对锑剂耐药或不能用锑剂的黑热病，早期非洲锥虫病。粉针：0.2g、0.3g。肌注：每次3~5mg/kg，临用配成10%溶液，1次/日，用10~15次。静滴：每次3~5mg/kg，加入5%葡萄糖液100ml，1次/日，用15~20次。

(五)驱肠虫药

甲苯咪唑[甲] Mebendazole（甲苯达唑、安乐士、威乐治、一片灵）

【用途】蛔虫、钩虫、鞭虫、蛲虫、粪类圆线虫等各种肠道线虫病。

【不良反应】恶心、腹痛、腹泻、头痛、皮疹、脑炎综合征，吐蛔虫现象。

【用药护理注意】1.有过敏史、孕妇和2岁以下儿童禁用，肝、肾功能不全者慎用。2.除习惯性便秘外，不需服泻药。3.腹泻者应在腹泻停止后再服药。

【制剂】片、胶囊：50mg、100mg。口服混悬液：20mg/ml，每瓶 30ml。

【用法】驱钩虫、鞭虫：每次 200mg，2 次/日，连服 3 日。驱蛔虫、蛲虫：200mg 顿服。4 岁以上剂量同成人，4 岁以下减半量。食物促进本药吸收。

复方甲苯咪唑（速效肠虫净片）片：含甲苯咪唑 100mg、左旋咪唑 25mg。服药期间不忌饮食、不服泻药，孕妇禁用。驱蛲虫：1 片顿服，用药 2 周和 4 周后，各重复用药 1 次。驱蛔虫：2 片顿服。驱钩虫或蛔、钩、鞭虫混合感染：1 片/次，2 次/日，连服 3 日。4 岁以下用量减半。

阿苯达唑[甲] Albendazole（丙硫达唑、丙硫咪唑、史克肠虫清、抗蠕敏）

【用途】驱钩虫、蛔虫、蛲虫、鞭虫、绦虫，治血吸虫、囊虫和旋毛虫病。

【不良反应】1. 乏力、嗜睡、头晕、头痛和胃肠道反应。2. 治囊虫病时可出现头痛、发热、皮疹、癫痫发作等。3. 脑炎综合征。

【用药护理注意】1. 严重肝、肾、心功能不全，有癫痫史、孕妇、哺乳期妇女和 2 岁以下禁用。2. 少数人服药后 3~10 天才出现驱虫效果。3. 治疗囊虫病应住院。4. 用药前不需空腹或清肠，可嚼服、吞服或研碎后与食物同服。

【制剂】片、胶囊：0.1g、0.2g。干糖浆：0.2g。颗粒：0.1g、0.2g。

【用法】口服：驱蛔虫、蛲虫，0.4g 顿服；驱钩虫、鞭虫，每次 0.4g，2 次 / 日，连服 3 日。治囊虫病：15~20mg/(kg·d)，分 2 次服，10 日为 1 疗程。其他寄生虫：0.4g/d，顿服，连服 6 天。2~12 岁儿童用量减半。

氟苯达唑 Flubendazole（氟苯咪唑）驱蛔虫、钩虫、蛲虫、鞭虫、绦虫、华支睾吸虫，脑囊虫病。偶见胃肠道反应、嗜睡。片：0.1g、0.2g。混悬液：100mg/5ml（小儿口服用）。口服：驱蛔虫、钩虫、蛲虫、鞭虫，每次 0.1g，2 次 / 日，共 4 日。治囊虫病，每次 40~50mg/kg，2 次 / 日，连服 10 日。

奥苯达唑 Oxibendazole（丙氧咪唑）驱蛔虫、钩虫、鞭虫。偶见轻度乏力、头晕等。片、胶囊：0.1g。口服：10mg/(kg·d)，半空腹顿服，连服 3 天。

左旋咪唑 Levamisole（盐酸左旋咪唑、左咪唑、驱钩蛔）

【用途】驱蛔虫、钩虫、蛲虫，丝虫感染、自身免疫性疾病、肿瘤辅助治疗。

【不良反应】胃肠道反应、脉管炎、皮疹、白细胞减少和肝功能损害。

【用药护理注意】肝功能不全、肝炎活动期、妊娠早期禁用。不忌油脂。

【制剂】片、肠溶片：25mg、50mg。栓剂：50mg。糖浆：0.8g（100ml）。

【用法】口服：1.5~2.5mg/kg，儿童2~3mg/kg，空腹或睡前顿服，驱蛔虫用药1次，驱钩虫用2~3日。治丝虫病，4~6mg/kg，分2~3次，连服3日。类风湿性关节炎，每次50mg，2~3次/日。直肠给药：栓剂，5~12岁50mg/d，用3日。

噻嘧啶[乙] Pyrantel（双羟萘酸噻嘧啶、抗虫灵、疳痹痊、抗蛲灵、Antiminth）

【用途】驱蛔虫、蛲虫、钩虫、鞭虫。

【不良反应】恶心、呕吐、腹痛等消化道症状，偶见头痛、嗜睡、皮疹等。

【用药护理注意】1.肝功能不全、孕妇、1岁以下小儿禁用，冠心病、严重溃疡病、肾病慎用。2.服药无需空腹、不必服泻药。3.发热者暂慢给药。

【制剂】双羟萘酸噻嘧啶片：0.3g。颗粒剂：每1g含双羟萘酸噻嘧啶0.15g。软膏（抗蛲灵）：3%。栓剂：0.2g。

【用法】口服：每次10mg/kg（一般为0.5g），小儿每次10mg/kg，睡前顿服，连服2日。局部用药：睡前以温水洗净肛门周围，软膏管拧上塑料注入管，先将软膏少许涂于肛门周围，再轻插入肛内挤出软膏1~1.5g，连用7日。

哌嗪[乙] Piperazine(哌哔嗪、驱蛔灵)

【用途】驱蛔虫、蛲虫。

【不良反应】偶有恶心、呕吐、腹痛、腹泻、头痛、皮疹,神经肌肉毒性。

【用药护理注意】有肝、肾功能不全,神经系统疾病和癫痫史禁用。

【制剂】枸橼酸哌嗪片:0.25g、0.5g。枸橼酸哌嗪糖浆:16g(100ml)。

【用法】口服:驱蛔虫,枸橼酸哌嗪,3~3.5g/d,极量4g/d,小儿100mg/(kg·d),不超过2.5g/d,睡前顿服,或分2次,连服2日。

磷酸哌嗪宝塔糖 每粒含磷酸哌嗪0.2g。性状改变时禁止使用。小儿每岁1粒,睡前1次服,蛔虫连服2日,蛲虫连服7~10日。每日不超过12粒。

氯硝柳胺 Niclosamide(灭绦灵、育末生)驱牛绦虫、猪绦虫、短膜壳绦虫,防急性血吸虫感染。为防止服药后呕吐,服药前加服甲氧氯普胺等镇吐药,服药前晚宜进软食。片、胶囊:0.5g。口服:治牛绦虫、猪绦虫,每次1g,隔1小时后再服1g,早晨空腹服,将药片充分嚼碎,尽量少喝水,使药物在十二指肠达到较高浓度,第2次服药后2小时服硫酸镁导泻,然后再进食。

恩波吡维铵 Pyrvinium Embonate（恩波维铵、扑蛲灵）治蛲虫病。胃肠道有炎症不宜用，应整片吞服，以免染红牙齿，可使粪便染成红色。片：50mg。口服：成人、儿童均为 5mg/kg，睡前 1 次服，不超过 350mg。儿童不超过 250mg。

三、抗恶性肿瘤药
（一）细胞毒类抗肿瘤药
1. 影响核酸生物合成的药物
甲氨蝶呤[甲] Methotrexate（氨甲蝶呤、氨甲叶酸、美素生、密都锭、MTX）

【用途】急性白血病、恶性淋巴瘤、绒毛膜上皮癌、恶性葡萄胎、乳腺癌、子宫颈癌、头颈部癌、胃癌、骨肉瘤等，自身免疫性疾病，银屑病。

【不良反应】骨髓抑制、肝肾肺毒性、消化道反应、脱发、皮炎、畸胎。

【用药护理注意】1. 配制药时应戴手套。2. 应大量补给水分并碱化尿液，避免摄入含酸性成分食物。3. 食物减少本药肠道吸收。4. 每次滴注时间不超过 6 小时，滴注时间过长可增加肾毒性。5. 服亚叶酸钙可减少本品毒性。6. 维 A 酸、乙醇使本品肝毒性增大。7. 密切监测骨髓、肝、肺、肾毒性。

【制剂】片：2.5mg、5mg、10mg。粉针：5mg、10mg、25mg、50mg、100mg（附

10ml 溶剂）。注射液：500mg（5ml）、1000mg（10ml）。

【用法】口服：每次 0.1mg/kg，通常 5~10mg，1~2 次 / 周，1 疗程 50~100mg。肌注、静注：急性白血病，每次 10~30mg，1~2 次 / 周，儿童每次 20~30mg/m²，1 次 / 周。静滴：绒毛膜上皮癌，10~30mg/d，溶于 5% 或 10% 葡萄糖液 500ml 中，1 次 / 日，总量 80~100mg。鞘内注射：每次 5~10mg，用生理盐水稀释至 1mg/ml，缓慢注射，1 次 / 日，5 日 1 疗程。含防腐剂的剂型禁止鞘内注射。

培美曲塞[乙] Pemetrexed（培美曲塞二钠、力比泰、普来乐、捷佰立、赛珍）

【用途】（与顺铂联合）非鳞状细胞型非小细胞肺癌、恶性胸膜间皮瘤。

【不良反应】骨髓抑制、发热、结膜炎、胃肠道反应、疲劳、皮疹、脱发。

【用药护理注意】1. 配制药时应戴手套。2. 每 0.5g 用 20ml 生理盐水溶解，再用生理盐水稀释至 100ml。药液澄清呈无色至黄色或黄绿色，如有沉淀或颜色异常时不能使用。3. 为减轻毒性反应，须补充叶酸和维生素 B_{12}，预服用地塞米松。

【制剂】粉针：0.1g、0.2g、0.5g。

【用法】仅供静脉滴注：与顺铂联用，每次 0.5g/m²，1 次 /21 天，滴注 10 分钟以上，用药结束后 30 分钟，给予顺铂 75mg/m²，滴注超过 2 小时。

雷替曲塞[乙] Raltitrexed（赛维健）用于不适合 5-Fu/亚叶酸钙的晚期结直肠癌。有骨髓抑制、胃肠道、肝、肾、肺毒性等。不与其他药物混合。叶酸、亚叶酸降低本品药效。粉针：2mg。静滴：每次 3mg/m²，1 次/21 天，用 50~250ml 生理盐水或 5% 葡萄糖液溶解稀释，药液应避光，滴注 15 分钟。极量为 3.5mg/m²。

氟尿嘧啶[甲] Fluorouracil（5-氟尿嘧啶、氟优、弗米特、5-FU）
【用途】消化道癌、绒毛膜上皮癌、乳腺癌、卵巢癌、宫颈癌、肺癌等。
【不良反应】消化道反应、骨髓抑制、脱发、皮炎、色素沉着、静脉炎等。
【用药护理注意】1. 密切监测血象。2. 出现腹泻、白细胞或血小板明显减少、共济失调、色素沉着明显等应停药并予对症治疗。3. 禁止鞘内给药。
【制剂】片：50mg。注射液：0.125g（5ml）、0.25g（10ml）。粉针：0.25g。软膏：0.5%、2.5%。氟尿嘧啶葡萄糖液：250ml（氟尿嘧啶 0.25g）、500ml。
【用法】口服：0.15~0.3g/d，分 3 次服，疗程总量 10~15g。静注：每次 0.25~0.5g，每日或隔日 1 次，5~10g 为 1 疗程。静滴：每次 0.5~1g，溶于 5% 葡萄糖液或生理盐水 500~1000ml 中慢滴，每 3~4 周连用 5 日。

复方氟尿嘧啶口服液 每 10 ml 含氟尿嘧啶 40mg、人参多糖 40mg。用前摇匀。

巯嘌呤[甲] Mercaptopurine（6-巯基嘌呤、乐疾宁、6-MP）

【用途】急性白血病、绒毛膜上皮癌、恶性葡萄胎等。

【不良反应】骨髓抑制、胃肠道反应、皮疹、脱发和肝、肾功能损害等。

【用药护理注意】1. 密切监测血象和肝肾功能。2. 适当增加液体摄入量。

【制剂】片：25mg、50mg、100mg。

【用法】口服：白血病，初始量 2.5mg/（kg·d），维持量 1.5~2.5mg/（kg·d），1 次或分 2~3 次服。绒毛膜上皮癌，6mg/（kg·d），分早晚 2 次空腹服，连用 10 日。

阿糖胞苷[甲] Cytarabine（盐酸阿糖胞苷、爱力生、赛德萨、Ara-C）

【用途】急性白血病、恶性淋巴瘤等，眼部带状疱疹、单纯疱疹性结膜炎。

【不良反应】骨髓抑制、消化道反应、肝功能损害、发热、脱发、皮疹等。

【用药护理注意】1. 鞘内注射时，用生理盐水配制，稀释液不能含防腐剂、苯甲醇。2. 定期查血象、体温和肝、肾功能。3. 适当增加液体摄入量。

【制剂】粉针：50mg、100mg、500mg。注射液：0.1g（5ml）。滴眼剂：0.1%。

【用法】静注、静滴：急性白血病诱导治疗，每次 1~3mg/kg，1 次 / 日，10 日为 1 疗程。用生理盐水或 5%~10% 葡萄糖液稀释，静滴浓度 0.5mg/ml。

羟基脲[甲] Hydroxycarbamide（氨甲酰羟基脲、羟脲、HU）

【用途】慢性粒细胞白血病、真性红细胞增多症、多发性骨髓瘤，银屑病。

【不良反应】骨髓抑制、胃肠道反应、脱发等，有致突变、致畸和致癌性。

【用药护理注意】1. 应增加水的摄入量。2. 因本品抑制免疫机能，用药期间及停药3个月内避免接种死或活病毒疫苗。3. 有明显的骨髓抑制应暂停服用。

【制剂、用法】片、胶囊：0.5g。口服：慢粒，20~60mg/(kg·d)，2次/周，6周为1疗程；真性红细胞增多症，10~20mg/(kg·d)，1次/日，或分2次。

吉西他滨[乙] Gemcitabine（盐酸吉西他滨、健择、泽菲、誉捷、Gemzar）

【用途】非小细胞肺癌、胰腺癌、膀胱癌、乳腺癌等。

【不良反应】骨髓抑制、转氨酶异常、胃肠道反应、蛋白尿、血尿、过敏。

【用药护理注意】1. 对本品过敏、孕妇、哺乳期妇女禁用。2. 每0.2g至少加入生理盐水5ml（只能用生理盐水溶解，最大浓度40mg/ml），振摇使溶解，每1g再用生理盐水或5%葡萄糖液250ml稀释后静滴。3. 不得冷藏，以防结晶。

【制剂、用法】粉针：0.2g、1g。静滴：每次1g/m²，静滴30分钟，延长滴注时间可加重不良反应，1次/周，连用3周，休息1周。可有多种给药方案。

卡培他滨[乙] Capecitabine（希罗达、卓仑、Xeloda）

【用途】乳腺癌、结直肠癌、胃癌等。

【不良反应】手足综合征、腹泻、恶心、口炎、心脏毒性、骨髓抑制等。

【用药护理注意】1. 与香豆素类抗凝剂合用可出现出血甚至致死。2. 可致胎儿损伤或致畸，育龄妇女用药时应避孕。3. 药片应用 200ml 左右的水吞服。

【制剂、用法】片：0.15g（浅桃红色片）、0.5g（桃红色片）。口服：2.5g/（m²·d），分 2 次，早、晚餐后 30 分钟用水吞服，连用 2 周，停药 1 周。

安西他滨 Ancitabine（盐酸安西他滨、环胞苷、Cyclo-C）同阿糖胞苷，滴眼用于单纯疱疹病毒性角膜炎、虹膜炎。片：0.1g。粉针：0.05g、0.1g。滴眼剂：0.05%。口服：每次 0.1~0.2g，2~3 次 / 日。肌注、静注、静滴：0.1~0.4g/d，分 1~2 次，溶于生理盐水或 5% 葡萄糖液 500ml 中静滴，1 疗程 5~14 日。

地西他滨[乙] Decitabine（康达莱、达珂）用于骨髓增生异常综合征、慢性粒 - 单核细胞白血病。配药须戴手套。粉针：50mg。静滴：每次 15mg/m²，滴 3 小时，1 次 /8 小时，连用 3 天。用注射用水重溶，再用生理盐水或 5% 葡萄糖液稀释。

磷酸氟达拉滨[乙]Fludarabine Phosphate （氟达拉滨、福达华、依达福、Fludara）
【用途】B 细胞性慢性淋巴细胞白血病 （CLL）。
【不良反应】骨髓抑制、发热、肺炎、恶心、呕吐、疼痛、水肿、皮疹等。
【用药护理注意】1. 配药时使用乳胶手套和防护眼镜，以防止药液接触皮肤或黏膜，避免吸入药物。2. 每 50mg 用 2ml 注射用水溶解，再用生理盐水 10ml 稀释后静注，或用 100ml 稀释后静滴 30 分钟以上。3. 配制后应 8 小时内使用。
【制剂、用法】粉针：50mg。静滴、静注：25mg/(m²·d)，连用 5 日停药 23 日。

替加氟[乙] Tegafur （喃氟啶、呋氟尿嘧啶、呋喃氟尿嘧啶、氟利乐）参阅氟尿嘧啶，不良反应较轻。片：50mg，100mg。注射液：200mg （5ml）。粉针：400mg。栓剂：500mg。口服：0.8~1.2g/d，分 4 次，餐后服可减轻对胃肠刺激。静滴：15~20mg/kg，溶于 5% 葡萄糖液或生理盐水 500ml 中，1 次 / 日。直肠给药：栓剂每次 500mg，1 次 / 日。各种给药 1 疗程总量均为 20~40g。

替吉奥[乙]（爱斯万、臻奥）用于晚期胃癌。片、胶囊：含替加氟 20mg、吉美嘧啶 5.8mg、奥替拉西钾 19.6mg。口服：体表面积 < 1.25m²，初始剂量按替加

149

氟计 40mg；体表面积 1.25~1.5m²，每次 50mg。2 次 / 日，早晚餐后服，用 28 天，停药 14 天为 1 周期。根据情况增减药量，每次按 40mg、50mg、60mg、75mg 四个等级顺序增或减，上限为每次 75mg。每一周期内增量不超过一个剂量级。

尿嘧啶替加氟 Compound Tegafur（复方替加氟、优福定、UFT）同替加氟。片、胶囊：含替加氟 50mg，尿嘧啶 112mg。口服：每次 2~3 片（胶囊），3~4 次 / 日，餐后服，6~8 周 1 疗程。

卡莫氟[乙] Carmofur（己胺氟尿嘧啶、嘧福禄、卡莫福、孚贝、HCFU）用于消化道癌、乳腺癌等。不良反应同氟尿嘧啶，用药期间禁饮酒精类饮料。片：50mg。口服：每次 200mg，3 次 / 日，4~6 周 1 疗程。

去氧氟尿苷[乙] Doxifluridine（氟铁龙、艾丰、可弗、枢绮、5-DFUR）用于消化道癌、乳腺癌、鼻咽癌等。不良反应同氟尿嘧啶，但略轻。正接受抗病毒药索立夫定（Sorivudine）治疗者禁用。片、胶囊：0.2g。口服：0.8~1.2g/d，分 3~4 次，餐后服，6~8 周 1 疗程。

硫鸟嘌呤[乙] Tioguanine（6-硫鸟嘌呤、兰快舒、6-TG）

【用途】急性白血病、慢性粒细胞白血病。

【不良反应】骨髓抑制、胃肠道反应，偶见肝肾功能损害、皮炎、脱发等。

【用药护理注意】1. 避免吸入或用手接触本品，以免引起毒性反应。2. 应增加水的摄入量。3. 出现黄疸、出血应立即停药。4. 监测血象、骨髓象。

【制剂】片：25mg、50mg。

【用法】口服：开始 2mg/(kg·d)，1 次或分次服，5~7 日 1 疗程。

六甲蜜胺[乙] Altretamine（六甲三聚氰胺、克瘤灵、艾宁、HMM）用于卵巢癌、肺癌、子宫内膜癌、恶性淋巴瘤。严重恶心、呕吐为剂量限制性毒性，致骨髓抑制等，有共济失调应停药。片、胶囊：50mg、100mg。口服：10~16mg/(kg·d)，分 4 次，21 日 1 疗程，餐后 1~1.5 小时服或服止吐药可减轻胃肠道反应。

甲异靛[乙] Meisoindigo（异靛甲）用于慢性粒细胞白血病。致胃肠道反应、骨髓抑制、关节疼痛等，应监测血象，出现骨髓抑制或严重肢体疼痛应停药。片：25mg。口服：每次 50mg，2~3 次/日，餐后服，治疗量不超过 150mg/d。

2. 影响 DNA 结构与功能的药物

　　环磷酰胺[甲]　Cyclophosphamide（环磷氮芥、癌得星、安道生、CTX）

　　【用途】恶性淋巴瘤、急性或慢性淋巴细胞白血病、多发性骨髓瘤、乳腺癌、卵巢癌、小细胞肺癌、鼻咽癌等，自身免疫性疾病。

　　【不良反应】1. 骨髓抑制。2. 胃肠道反应。3. 出血性膀胱炎等肾、肝、心、肺毒性。4. 常见脱发，停药后可再生。5. 久用致闭经或精子减少。6. 继发性肿瘤。

　　【用药护理注意】1. 孕妇、哺乳期妇女禁用。2. 一般空腹口服，如有胃部不适，可分次或进食时服。3. 多饮水，以减轻肾毒性。4. 药物稀释后不稳定，应于 2~3 小时内输入体内，药液勿漏出血管外。5. 定期查血、尿常规和肝、肾功能。

　　【制剂】片：50mg。粉针：100mg、200mg、500mg。

　　【用法】静注：抗肿瘤，每次 500mg/m²，用生理盐水 20ml 稀释，1 次 / 周，2~4 周 1 疗程。口服：2~4mg(kg·d)，连用 10~14 日，休息 1~2 周后重复给药。

　　异环磷酰胺[乙]　Ifosfamide（异磷酰胺、和乐生、匹服平、乐沙定、IFO）

　　【用途】骨及软组织肉瘤、恶性淋巴瘤、肺癌、卵巢癌、乳腺癌、睾丸癌。

　　【不良反应、用药护理注意】1. 参阅环磷酰胺。2. 应同时给予美司钠，以减轻泌尿系毒性。3. 配药时应戴手套，并避免接触本品。4. 药物应现配现用。

【制剂、用法】粉针：0.5g、1g、2g。静注、静滴：每次 1.2~2.5g/m²，1 次/日，连用 5 天，间隔 3 周可重复使用。药物溶于林格液、生理盐水或 5% 葡萄糖液 500ml 中滴注 3~4 小时；静注时每 0.2g 溶于生理盐水 5ml 中（浓度 < 4%）。

盐酸氮芥[甲]　Chlormethine Hydrochloride（氮芥、恩比兴、HN₂）

【用途】恶性淋巴瘤，腔内给药用于癌性胸、心包和腹腔积液等。

【不良反应】高毒性。1. 骨髓抑制常见。2. 胃肠道反应。3. 局部刺激性大，可引起静脉炎、局部肿胀和疼痛。4. 头晕、脱发、闭经、睾丸萎缩等。5. 致癌。

【用药护理注意】1. 药物刺激性强，禁止口服、肌注、皮下注射、静滴，腹腔注射可引起严重疼痛。2. 如药液漏出血管外，应立即局部注射 0.25% 硫代硫酸钠或 1% 普鲁卡因，并冷敷 6~12 小时。3. 药物从配制至注完应在 10~15 分钟内完成。4. 皮肤、黏膜接触到药物可引起发疱、破溃，应立即用水反复冲洗。

【制剂、用法】注射液：5mg（1ml）、10mg（2ml）。小壶内静脉冲入：每次 4~6mg（或 0.1mg/kg），加生理盐水 10ml，于近针端输液皮管中冲入，再滴注适量生理盐水或 5% 葡萄糖液，1 次/周，连用 2 次，休息 1~2 周重复。

苯丁酸氮芥[乙] Chlorambucil（瘤可宁、瘤可然、流克伦、CLB）

【用途】慢性淋巴细胞白血病、恶性淋巴瘤、卵巢癌等，自身免疫性疾病。

【不良反应】1. 胃肠道反应和骨髓抑制较盐酸氮芥轻。2. 肝损害、尿酸升高。

【用药护理注意】1. 为防止用药期间出现尿酸性肾病或高尿酸血症，可大量补液、碱化尿液。2. 白细胞突然减少，应减量给药。3. 定期查血象，肝、肾功能。

【制剂、用法】片：1mg、2mg。纸型片：2mg。口服：0.1~0.2mg/（kg·d）或 6~10mg/d，1 次 / 日，连服 3~6 周，疗程总量 300~500mg。

氮甲 Formylmerphalan（甲酰溶肉瘤素、NF）用于睾丸精原细胞瘤、多发性骨髓瘤等。致胃肠道反应、骨髓抑制等，用药期间监测血象。片：50mg、100mg。口服：3~4mg/（kg·d），分 3~4 次或睡前 1 次服，总量 6~8g 为 1 疗程。

塞替派[甲] Thiotepa（三胺硫磷、息安的宝、TSPA）

【用途】以膀胱灌注治疗膀胱癌，治卵巢癌、乳腺癌、胃癌等。

【不良反应】1. 骨髓抑制为剂量限制性毒性。2. 胃肠道反应、无精子、闭经等。3. 膀胱内灌注可有下腹不适、膀胱刺激症状等。4. 致突变、致畸作用。

【用药护理注意】1. 药液色泽变黄或稀释后有混浊时不能使用。2. 可给予大量补液以防高尿酸血症。3. 定期查血象和肝、肾功能。

【制剂】注射液：10mg（1ml）。2~10℃保存。

【用法】肌注、静注：每次 10mg，溶于生理盐水 10ml 静注，1 次 / 日，连用5 日，以后改为 3 次 / 周。总量 200~300mg 为 1 疗程。膀胱内灌注：每次 60mg，溶于生理盐水或注射用水 60ml，尿排空后经导尿管注入，1 次 / 周，共用 10 次。

白消安[甲、乙] Busulfan（马利兰、麦里浪、白舒非）

【用途】慢性粒细胞白血病，原发性血小板增多症，真性红细胞增多症。

【不良反应】骨髓抑制、胃肠道反应、脱发、闭经、头痛、焦虑、过敏等。

【用药护理注意】1. 配药时戴手套，避免接触药物。2. 应增加液体摄入量。

【制剂】片：0.5mg，2mg。注射液：60mg（10ml），2~8℃保存。

【用法】口服：慢粒，每次 4~6mg/m^2，1 次 / 日，维持量每次 0.5~2mg，2 次 /周。小儿 0.05mg/（kg·d）。中心静脉导管给药：用输液泵输注，每次 0.8mg/kg，将本品加入生理盐水或 D5W 输液袋中，浓度 0.5mg/ml，输注 2 小时，1 次 /6 小时，连续 4 天，共 16 次。输药前后用 5ml 生理盐水或 5% 葡萄糖液冲洗输液管。

司莫司汀[甲] Semustine（西氮芥、甲环亚硝脲、me-CCNU）

【用途】脑原发肿瘤及转移瘤，恶性淋巴瘤，胃癌，大肠癌，黑色素瘤。

【不良反应】迟发性骨髓抑制、胃肠道反应、皮疹，肝肾功能损害等。

【用药护理注意】预先使用止吐剂或空腹、睡前服药可减轻胃肠道反应。

【制剂、用法】胶囊：10mg、50mg。8℃以下保存。口服：每次 100~200mg/m²，1 次 /6~8 周，睡前与止吐剂、安眠药同服。

卡莫司汀[乙] Carmustine（卡氮芥、氯乙亚硝脲、BCNU）

【用途】脑瘤及脑转移瘤、恶性淋巴瘤、多发性骨髓瘤、黑色素瘤。

【不良反应】骨髓抑制、胃肠道反应、肝肾功能损害、肺毒性、静脉炎等。

【用药护理注意】1. 药物对热极不稳定。2. 若皮肤或黏膜接触本品，立即用肥皂水冲洗。3. 滴速过快可致皮肤呈红色，太慢则影响疗效，滴注时局部疼痛可减慢滴速。4. 预防感染，注意口腔卫生。5. 监测血常规、肝肾功能和肺功能。

【制剂】注射液：125mg（2ml）。5℃以下保存。

【用法】静滴：125mg/d 或 100mg/（m²·d），用 5% 葡萄糖液或生理盐水 150ml 稀释，滴注 1~2 小时，连用 2 日为 1 疗程。疗程间隔 6~8 周。

尼莫司汀[乙] Nimustine (尼氮芥、宁得朗、ACNU) 同卡莫司汀。粉针：25mg、50mg。静注、静滴：每次 2~3mg/kg，用注射用水或生理盐水溶解 (5mg/ml) 静注，溶于生理盐水或 5% 葡萄糖液 250ml 中静滴，1 次 /6 周。可胸腹腔或动脉注射。

洛莫司汀[乙] Lomustine (罗氮芥、罗莫司汀、CCNU) 治原发和继发性脑部肿瘤，联合用药治胃癌、直肠癌、恶性淋巴瘤等。致骨髓抑制等。先用镇静药或甲氧氯普胺并空腹、睡前服，可减轻胃肠道反应。胶囊：40mg、50mg、100mg，2~10℃ 保存。口服：每次 100~130mg/m²，顿服，1 次 /6~8 周，3 次 1 疗程。

福莫司汀[乙] Fotemustine (福提氮芥、武活龙、FCNU)
【用途】恶性黑色素瘤、恶性脑肿瘤。
【不良反应、用药护理注意】参阅卡莫司汀。避免药液接触皮肤和黏膜，配制药液时应戴口罩和手套。如意外溅出，用水彻底冲洗。
【制剂、用法】粉针：208mg (附 4ml 专用溶剂)。2~8℃ 保存。静滴：每次 100mg/m²。诱导治疗 1 次 /1 周，连用 3 次，停药 4~5 周。维持治疗 1 次 /3 周。每 208mg 用所附乙醇 4ml 溶解，用 5% 葡萄糖液 250ml 稀释，滴注 1 小时以上。

雌莫司汀[乙] Estramustine（磷酸雌莫司汀、磷雌莫司汀、雌氮芥、艾去适、依立适）治晚期前列腺癌。致轻微女性化、呕吐、血栓栓塞、高血压、贫血、肝损害等。不与牛奶或含钙、镁、铝药物同服。胶囊：140mg。口服：每次280mg，2次/日，餐前1小时或餐后2小时用温开水吞服。用4~6周无效，应停止治疗。

雷莫司汀 Ranimustine（雷诺氮芥、雷尼司汀、MCNU）用于胶原细胞瘤、骨髓瘤、恶性淋巴瘤等。致骨髓抑制、消化道反应和肝、肾功能损害等。粉针：50mg、100mg。静滴、静注：每次50~90mg/m²，6~8周后用第2次，用生理盐水20ml溶解静注，用生理盐水或5%葡萄糖液100~250ml溶解静滴。

丙卡巴肼 Procarbazine（盐酸丙卡巴肼、甲基苄肼、纳治良、PCB）
【用途】主要治恶性淋巴瘤，也可用于多发性骨髓瘤、肺癌、脑肿瘤。
【不良反应】骨髓抑制、胃肠道反应、神经系统反应、脱发、肝功能损害。
【用药护理注意】1. 不宜饮酒。2. 避免进食含高酪胺的食物（如香蕉等）。
【制剂】片、胶囊：50mg。
【用法】口服：每次50mg，3次/日，也可睡前顿服，连用2周，停药2周。

达卡巴嗪[乙] Dacarbazine（氮烯咪胺、甲嗪咪唑胺、抗黑瘤素、DTIC）

【用途】黑色素瘤、软组织肉瘤、淋巴瘤等。

【不良反应】骨髓抑制、胃肠道反应、发热、肌痛，偶见肝、肾功能损害。

【用药护理注意】1. 孕妇禁用。2. 用药期间停止哺乳。3. 防止药液漏出血管外。4. 在水中不稳定，需临用配制。5. 本品对光和热不稳定，遇光或热易变红。

【制剂】粉针：100mg、200mg。避光并 2~8℃保存。

【用法】静注、静滴：2.5~6mg/(kg·d)，用生理盐水 10~15ml 溶解后再用 5% 葡萄糖液 250ml 稀释滴注 30 分钟以上，连用 5 日。可动脉注射。

顺铂[甲] Cisplatin（顺氯氨铂、施伯锭、锡铂、科鼎、诺欣、DDP）

【用途】睾丸癌、卵巢癌、膀胱癌、乳腺癌、肺癌、头颈部癌、食管癌。

【不良反应】消化道、耳、肾、神经毒性、骨髓抑制、过敏反应。

【用药护理注意】1. 孕妇、肾功能不全禁用。2. 恶心、呕吐明显者可用止吐药，严重呕吐应停药。3. 应多饮水、用药前后（给药前 2~16 小时和给药后 6 小时内）进行水化治疗，以防止肾毒性。4. 配药时应戴手套。5. 临用配制，配好的药液不宜冷藏，否则产生沉淀。6. 监测血象、尿常规、听力和肝、肾功能。

【制剂】粉针：10mg、20mg、30mg。注射液：10mg、20mg、30mg、50mg。专供动脉灌注化疗用（威力顺铂 IA）：20mg（20ml）、100mg（100ml）。

【用法】静注、静滴：每次 20mg/m², 溶于生理盐水 30ml 中（可振摇助溶）静注，溶于生理盐水 250~500ml 中静滴，输液瓶应避光，1 次 / 日，连用 5 日，隔 3~4 周可再用。也可动脉插管注射和胸腹腔内注射。

卡铂[甲] Carboplatin（碳铂、卡波铂、伯尔定、波贝、CBP）

【用途】卵巢癌、肺癌、睾丸肿瘤、头颈部肿瘤等。

【不良反应、用药护理注意】1. 参阅顺铂。2. 本药仅限静脉给药。3. 对铂制剂及甘露醇过敏禁用。4. 静滴时输液瓶用布或纸遮光。5. 避免药液漏出血管外。

【制剂、用法】注射液：50mg（10ml）、100mg（10ml）、150mg（15ml）。粉针：50mg、100mg。静滴：每次 300~400mg/m², 先用 5% 葡萄糖液溶解，浓度为 10mg/ml, 再加入 5% 葡萄糖液 250~500ml 慢速滴注，1 次 /4 周。

奥沙利铂[乙] Oxaliplatin（奥克赛铂、乐沙定、奥铂、艾克博康、艾恒）

【用途】转移性结直肠癌、晚期和转移的肝细胞癌，乳腺癌、胃癌等。

【不良反应】消化道反应、神经毒性、骨髓抑制、过敏，对肾毒性较小。

【用药护理注意】1. 配药时应戴手套、防护眼镜。2. 不能静注。3. 禁与生理盐水或氯化物配伍。4. 本药与铝接触后可降解，故药液不与铝制品接触。5. 低温可致喉痉挛，使用本药时要避免受冷水等冷刺激。6. 有过敏反应及腹泻应停药。

【制剂】粉针：50mg、100mg。注射液：40mg（20ml）、100mg（100ml）。

【用法】静滴：每次 130mg/m²，每 50mg 加注射用水或 5% 葡萄糖液10ml，立即用 5% 葡萄糖液 250~500ml 稀释（浓度 0.2mg/ml 以上），1 次 /3 周。

奈达铂[乙] Nadaplatin（鲁贝、奥先达、捷佰舒、NDP）用于头颈部癌、食管癌、肺癌、卵巢癌等。致骨髓抑制、肾功能损害、消化道反应、过敏等。不与氨基酸输液、葡萄糖液配伍。粉针：10mg、50mg。静滴：80~100mg/(m²·d)，溶于生理盐水 500ml，滴注 1 小时以上，随后补液 1000ml 以上，1 次 /4 周。

洛铂[乙] Lobaplatin（乐铂）用于乳腺癌、小细胞肺癌、慢性粒细胞白血病。致血小板减少、消化道反应等。禁与氯化钠注射液配伍。粉针：10mg、50mg。静注：每次 50mg/m²，溶于注射用水 5ml 中，1 次 /3 周，最少使用 2 个疗程。

美法仑[乙] Melphalan （左旋苯丙氨酸氮芥、米尔法兰、爱克兰、马法兰、Alkeran）用于多发性骨髓瘤、卵巢癌、乳腺癌等。骨髓抑制为剂量限制性毒性，长期使用有致癌作用。食物显著降低本药的生物利用度。片：2mg。口服：多发性骨髓瘤，0.15mg/(kg·d)，分次空腹服，连用 4 日，隔 6 周重复下一疗程。

丝裂霉素[甲] Mitomycin （自力霉素、丝裂霉素 C、MMC）

【用途】胃癌、肺癌、乳腺癌，也可用于肝癌、食管癌、癌性腔内积液等。

【不良反应】骨髓抑制显著，胃肠道反应、脱发、静脉炎，肝肾功能损害。

【用药护理注意】1. 药液漏出血管外可致组织坏死，如有外漏应立即停药，并以 1% 普鲁卡因注射液局部封闭。2. 禁止肌注。3. 本品在酸性溶液中易降解，故不宜用葡萄糖液稀释。4. 不与维生素 C、B_1、B_6 混合，因可使本品疗效显著下降。5. 嘱病人多饮水。6. 药物遇光不稳定。7. 监测血象和肝功能。

【制剂】粉针（有效期 2 年）：2mg、4mg、8mg、10mg。

【用法】静注：每次 6~8mg，用注射用水或生理盐水 20ml 溶解，1 次 / 周，连用 2 周，每 3~4 周重复。动脉注射剂量同静注。腔内注射：每次 6~8mg，用 10~30ml 生理盐水稀释后注入，1 次 /5~7 日，4~6 次为 1 疗程。

平阳霉素[甲] Bleomycin A$_5$ (博来霉素 A$_5$、争光霉素 A$_5$、PYM)

【用途】舌癌、鼻咽癌等头颈部鳞癌，皮肤癌、食管癌、乳腺癌、阴茎癌。

【不良反应】发热、消化道反应、皮肤反应、脱发、肺毒性、肝肾功能损害。

【用药护理注意】1. 药液临用配制。2. 出现皮疹等过敏症状应停药。

【制剂、用法】粉针：4mg, 8mg。肌注、静注、肿瘤内注射、动脉插管给药：每次 8mg，静注用生理盐水或 5% 葡萄糖液 5~20ml 溶解 (浓度为 0.4~1.6mg/ml)，1 次/隔日，一疗程总量 240mg。

博来霉素[乙] Bleomycin (盐酸博来霉素、争光霉素、BLM)

【用途】食管、宫颈、外阴、阴茎等的鳞癌，恶性淋巴瘤、睾丸癌等。

【不良反应】最严重是肺纤维化，发热、脱发、皮肤色素沉着、过敏等。

【用药护理注意】1. 白细胞计数低于 2.5×10^9/L 者禁用。2. 用药期间避免日晒。3. 避免吸入高浓度氧气，以防加重肺纤维化。4. 出现肺毒性症状应立即停药。5. 定期作胸部 X 线检查和肺、肝、肾功能检查。

【制剂】粉针：10mg, 15mg。

【用法】深部肌注、静注、动脉注射：每次 15~30mg，用注射用水或生理盐水 2~3ml 溶解后肌注，用生理盐水或 5% 葡萄糖液 10~20ml 溶解后缓慢静注，2 次 / 周，总量 < 0.3g。首次肌注，应先注射 1/3 量，若无反应再注射其余剂量。

培洛霉素 Peplomycin（硫酸培洛霉素、丙胺博来霉素、培普利欧霉素、匹来霉素、派来霉素、PLM）同博来霉素。作用较强，肺毒性较小，肌注应常更换注射部位。粉针（有效期 2 年）：5mg、10mg。肌注、静注：初次 5mg，以后每次 10mg，用生理盐水或葡萄糖液溶解，2~3 次 / 周，总量 < 0.2g。

羟喜树碱[甲] Hydroxycamptothecin（10- 羟基喜树碱、喜得欣、拓僖、OPT）
【用途】肝癌、胃癌、膀胱癌、直肠癌、头颈部癌、白血病等。
【不良反应】骨髓抑制、胃肠道反应、尿道刺激症状、脱发、皮疹等。
【用药护理注意】1. 仅限于用生理盐水稀释药物，禁用葡萄糖等酸性药液配制。2. 稀释后立即使用。3. 药液外溢会引起局部疼痛和炎症。4. 药物污染皮肤、黏膜时，立即用清水彻底冲洗。5. 监测血象、尿常规和肝肾功能。
【制剂、用法】注射液：2mg（2ml）、5mg（5ml）。粉针：2mg、5mg。静注：每次 4~8mg，用生理盐水 20ml 溶解后缓慢静注，1 次 / 日，15~30 天 1 疗程。

拓扑替康[乙] Topotecan（盐酸拓扑替康、托泊替康、艾妥、金喜素、欣泽）

【用途】小细胞肺癌、转移性卵巢癌。

【不良反应】骨髓抑制、胃肠道反应常见，脱发、疲劳、发热、呼吸困难。

【用药护理注意】1. 配药时须戴手套和口罩，如本品污染皮肤、黏膜，立即用水和肥皂彻底冲洗。2. 先用注射用水溶解本品（浓度为 1mg/ml），再用生理盐水或 5% 葡萄糖液稀释。3. 密切观察有无感染、出血倾向，必要时减量或停药。

【制剂、用法】粉针：2mg、4mg。胶囊：0.25mg、1mg。口服：1.4mg/m²，1次/日，连服 5 日，在第 5 日静滴顺铂 75mg/m²，每 21 日 1 疗程。静滴：每次 1.2mg/m²，1 次/日，滴注 30 分钟，连用 5 日，21 日 1 疗程，至少用 4 个疗程。

伊立替康[乙] Irinotecan（盐酸伊立替康、开普拓、艾力、CPT-11）

【用途】转移性结肠、直肠癌。

【不良反应】迟发性腹泻、恶心、呕吐、中性粒细胞减少、脱发、肺炎等。

【用药护理注意】1. 临用配制，不能静注。2. 避免接触药物。3. 监测血象。

【制剂、用法】注射液：40mg（2ml）、100mg（5ml）。粉针：40mg、100mg。静滴：350mg/m²，加入生理盐水或 5% 葡萄糖液 250ml，滴注 30-90 分钟，1 次/3 周。

依托泊苷[甲、乙]**Etoposide**（鬼臼乙叉苷、足叶乙苷、拉司太特、泰尔定、威克、凡毕士、泛必治、VP-16）

【用途】小细胞肺癌、睾丸恶性肿瘤、恶性淋巴瘤、急性粒细胞白血病等。

【不良反应、用药护理注意】1. 同替尼泊苷。2. 在葡萄糖液中不稳定，可形成微粒沉淀，故不能配伍。3. 不宜静注，静滴不能过快，否则易引起低血压。不得胸腔、腹腔和鞘内注射。4. 药液有沉淀时禁用。5. 药液浓度越低，稳定性越大。

【制剂】注射液：40mg、100mg（5ml）。胶囊：25mg、50mg、100mg。

【用法】静滴：60~100mg/m²，用生理盐水稀释，浓度不超过 0.25mg/ml，静滴时间不少于 30 分钟，1 次 / 日，连用 3~5 日，间隔 3~4 周可再用。口服：每次 100mg，1 次 / 日，宜空腹服，连用 10 日，间隔 3~4 周可再用。

替尼泊苷[乙]**Teniposide**（鬼臼噻吩苷、邦莱、卫萌、威猛、VM26）

【用途】恶性淋巴瘤、急性淋巴细胞白血病、中枢神经系统恶性肿瘤等。

【不良反应】骨髓抑制、胃肠道反应、脱发、过敏样反应、体位性低血压。

【用药护理注意】1. 避免药液接触皮肤。2. 配药时摇动应轻，剧烈搅动可引起沉淀，如有沉淀则禁用。3. 稀释后 4 小时内用完。4. 不可静注或快速静滴，以免引起低血压。5. 药液漏出血管外可致局部溃烂、血栓性静脉炎。6. 出现过敏样反应立即停药。7. 严密观察血压应列为常规。8. 监测血象和肝、肾功能。

【制剂】注射液：50mg（5ml）。

【用法】静滴：每次 50~100mg，用生理盐水稀释，浓度为 0.1~1mg/ml，滴注不少于 30 分钟，1 次／日，3~5 日为 1 疗程，间隔 3 周可再用。

　　去水卫矛醇 Dianhydrodulcitol（卫康醇、二去水卫矛醇、DAG）用于慢粒白血病、肺癌、骨髓瘤、鼻咽癌等。致骨髓抑制、胃肠道反应等，严禁药液漏出血管外。粉针：25mg、40mg。静注、静滴：每次 40mg，1 次／日，连用 5~7 日。静注用生理盐水 10~20ml 溶解；静滴用生理盐水 5ml 溶解后，加入 5% 葡萄糖液或 5% 葡萄糖氯化钠注射液 250~500ml 中。

　　去甲斑蝥素 Norcantharidin（依尔康、尤斯洛、利佳）用于肝癌、食管癌、胃癌，可治乙肝。致恶心、呕吐等。静注宜缓慢，防止药液漏出血管外。片：5mg。注射液：10mg（2ml）。口服：每次 5~15mg，3 次／日，空腹服。静注、静滴：10~20mg/d，加入葡萄糖液中慢注或加入葡萄糖液 250~500ml 中慢滴。

安吖啶[乙] Amsacrine（安沙吖啶、安苯吖啶、AMSA）

【用途】急性白血病、恶性淋巴瘤。

【不良反应】骨髓抑制、胃肠道反应、脱发、静脉炎、心、肝、神经毒性。

【用药护理注意】1. 用 L- 乳酸液 13.5ml 稀释后，再用 5% 葡萄糖液 500ml 稀释。2. 不与生理盐水等含氯溶液配伍，因可发生沉淀。3. 勿用塑料注射器吸取药物，最好用玻璃注射器。4. 避免接触药液。5. 监测血象、肝功能、心电图。

【制剂】注射液：75mg（1.5ml，附 L- 乳酸溶液 13.5ml）。

【用法】静滴：$75\sim100mg/m^2$，1 次 / 日，连用 5~7 日，隔 3~4 周可重复。

3. 干扰转录过程和阻止 RNA 合成的药物

放线菌素 D[甲] Dactinomycin（更生霉素、可美净、ACTD）

【用途】霍奇金病、神经母细胞瘤、肾母细胞瘤、绒毛膜上皮癌等。

【不良反应】骨髓抑制、胃肠道反应、脱发、静脉炎、肝功能损害、致癌。

【用药护理注意】1. 水痘、带状疱疹患者、孕妇禁用。2. 本药对光敏感，配备和使用时应避光。3. 避免药物吸入或接触皮肤。4. 药液漏出血管外时，用 1% 普鲁卡因局部封闭。5. 有明显出血倾向应暂停药。6. 监测血象和肝、肾功能。

【制剂】粉针：0.2mg、0.5mg。

【用法】静注、静滴：0.3~0.4mg/d，溶于生理盐水 20~40ml 中静注，溶于 5% 葡萄糖液 500ml 中静滴，1 次 / 日，10 日为 1 疗程。

多柔比星[甲]Doxorubicin（盐酸多柔比星、阿霉素、法唯实、楷莱、ADM）

【用途】急性白血病、淋巴瘤、乳腺癌、肺癌、骨肉瘤及多种其他实体瘤。

【不良反应】1. 骨髓抑制、消化道反应、肝功能损害。2. 心脏毒性，严重者可出现心力衰竭。3. 脱发、色素沉着、发热、静脉炎、出血性红斑。

【用药护理注意】1. 孕妇、心脏病禁用。2. 禁止肌注。3. 配药需戴手套、面罩，药瓶内负压，避免吸入气雾。4. 如接触本药应立即用大量清水、肥皂或碳酸氢钠液冲洗。5. 防止药液漏出血管外。6. 嘱患者多饮水。7. 用药后尿色红染。

【制剂】粉针：10mg、20mg、50mg。脂质体注射液（楷莱）：20mg（10ml）

【用法】缓慢静注：单药治疗，每次 60~75mg/m^2，或每次 1.2~2.4mg/kg，1 次 /3 周，总量不超过 400mg/m^2，以免发生严重的心脏毒性。每 10mg 加注射用水或生理盐水 5ml（浓度 2mg/ml）溶解。静滴：脂质体，每次 20mg/m^2，加 5% 葡萄糖液 250ml 稀释，滴 30 分钟以上，1 次 /2~3 周，给药间隔不少于 10 天。

吡柔比星[乙] Pirarubicin（盐酸吡柔比星、吡喃阿霉素、依比路、THP-ADM）

【用途】恶性淋巴瘤、急性白血病、头颈部癌、乳腺癌、泌尿生殖系肿瘤。

【不良反应】主要为骨髓抑制，肝肾功能损害等，心脏毒性较多柔比星低。

【用药护理注意】1. 难溶于生理盐水，故不能作溶剂。可溶于 5% 葡萄糖液或注射用水。2. 静注时药液勿外漏。3. 监测血象、心电图、肝肾功能。

【制剂】粉针：10mg、20mg。

【用法】静注：每次 25~40mg/m²，或每次 40~60mg，溶于 10~20ml 溶液，小壶内静脉冲入，1 次/3 周。膀胱内注入：每次 15~30mg，溶于 15~30ml 溶液，经导管注入，保留 1~2 小时，3 次/周。可动脉注射给药。

表柔比星[乙] Epirubicin（盐酸表柔比星、表阿霉素、法玛新、艾达生、E-ADM）

【用途、不良反应、用药护理注意】同多柔比星。心脏毒性等不良反应较轻。

【制剂、用法】粉针：10mg、50mg。静注：每疗程 60~120mg/m²，溶于灭菌注射用水或生理盐水中静注（浓度＜2mg/ml），加生理盐水 100~250ml 静滴，3~4 周后重复，每疗程剂量可一次给予，也可等分于 2~3 日内分次给药。建议先注入生理盐水检查输液管通畅性及注射针头确实在静脉内。

阿柔比星[乙]　Aclarubicin（盐酸阿柔比星、阿克拉霉素 A、阿拉霉素、ACM-A、Aclacinomycin A）用于急性粒细胞、淋巴细胞白血病，恶性淋巴瘤、消化道癌等。心脏毒性较多柔比星轻，防止药液漏出血管外，避免与 pH 7 以上溶液配伍。粉针：10mg、20mg。静注、静滴：急性白血病，15~20mg/d，溶于生理盐水或 5% 葡萄糖液中，连用 7~10 日，间隔 2~3 周可重复，累积总量不超过 600mg。

伊达比星[乙]　Idarubicin（盐酸伊达比星、善唯达、艾诺宁、IDA）

【用途】急性髓性白血病、难治性急性髓性白血病，急性淋巴细胞白血病。

【不良反应】骨髓抑制明显、心脏毒性、肝损害、胃肠道反应、脱发等。

【用药护理注意】1. 心脏病、孕妇、哺乳期妇女禁用。2. 药液外漏可引起严重局部组织坏死，小静脉或同一静脉重复注射可能致静脉硬化。3. 安瓿内为负压，针头插入时要小心，避免吸入粉尘。4. 用药后尿液呈红色。5. 不与其他药物混合。6. 怀孕医护人员避免接触本品。7. 监测血象、心电图、肝肾功能。

【制剂】胶囊：5mg、10mg。粉针：5mg、10mg。

【用法】静注：12mg/（m²·d），1 次 / 日，疗程 3 天。每 5mg 溶于 5ml 注射用水中，通过滴注生理盐水的输液管注入。口服：15~30mg/（m²·d），疗程 3 天。

柔红霉素[甲] Daunorubicin（盐酸柔红霉素、正定霉素、柔毛霉素、DNR）

【用途】急性粒细胞、急性淋巴细胞白血病、神经母细胞瘤、横纹肌肉瘤。

【不良反应】骨髓抑制较严重，胃肠道反应、心脏毒性、静脉炎、脱发等。

【用药护理注意】1. 防止药液漏出血管外和接触皮肤。2. 禁止肌注和皮下注射。3. 不与酸性、碱性药物配伍。4. 用药后尿色红染。5. 出现口腔溃疡（多在骨髓毒性之前出现）应停药。6. 监测血象、骨髓象、心电图、尿酸和肝肾功能。

【制剂、用法】粉针：10mg、20mg。静注：每次 0.5~1mg/kg，重复注射须间隔 1 日或以上，先用生理盐水 5~10ml 溶解，再加入生理盐水稀释，配成浓度 2~5mg/ml。应先点滴生理盐水，以确保针头在静脉内再用药。有多种给药方案。

米托蒽醌[乙] Mitoxantrone（二羟蒽二酮、米西宁、诺消灵、能减瘤）

【用途】乳腺癌、恶性淋巴瘤、急性白血病等。

【不良反应】骨髓抑制、胃肠道反应、心脏毒性、脱发、肝肾功能损害等。

【用药护理注意】1. 禁止动脉、肌内、鞘内注射。2. 避免药物与皮肤、黏膜接触。3. 防止药液外渗。4. 不与其他药物混合。5. 遇低温析出晶体时，可将安瓿置热水中加温，晶体溶解后使用。6. 稀释后 24 小时内用完。7. 用药后巩膜呈蓝色，尿液呈蓝绿色，粪便为黄至绿色。8. 监测血象、心电图、肝肾功能。

【制剂】注射液：2mg（2ml）、5mg、10mg、20mg。粉针：5mg、10mg。

【用法】静滴：实体瘤、白血病每次 12~14mg/m²，1 次 /3~4 周。用生理盐水或 5% 葡萄糖液 50~100ml 稀释，滴注 30 分钟以上。

4. 抑制蛋白质合成与功能的药物

长春碱　Vinblastine（硫酸长春碱、长春花碱、威保啶、癌备、VLB）

【用途】恶性淋巴瘤、绒毛膜上皮癌、睾丸肿瘤和肺癌、乳腺癌等。

【不良反应】骨髓抑制、胃肠道反应、肢体麻木、脱发、闭经、静脉炎。

【用药护理注意】1. 孕妇、哺乳期妇女禁用。2. 禁止肌内、皮下、鞘内注射。3. 防止药物漏出血管外，以免发生局部组织坏死，如发生外漏，应更换注射部位，立即局部冷敷或用 1% 普鲁卡因局部封闭。

【制剂】粉针：10mg、15mg。注射液：10mg（10ml）。2~8℃ 避光保存。

【用法】静注：每次 10mg（或 6mg/m²），用生理盐水或 5% 葡萄糖液 20~30ml 稀释后静脉冲入，1 次 / 周，总量 60~80mg。儿童每次 0.1~0.15mg/kg，1 次 / 周。

长春新碱[甲] Vincristine （硫酸长春新碱、醛基长春碱、安可平、**VCR**）

【用途】急性白血病、恶性淋巴瘤、生殖细胞肿瘤、肺癌、乳腺癌等。

【不良反应】同长春碱，骨髓抑制、消化道反应较轻，神经系统毒性较大。

【用药护理注意】1. 仅供静脉注射。鞘内给药可导致死亡。2. 如有药物外渗，应立即停止输液，剩余药液从其他静脉输入。用生理盐水冲洗，或用1%普鲁卡因局部封闭。并给予局部温湿敷或冷敷。3. 孕妇禁用。4. 监测血象。

【制剂】粉针：1mg。10℃以下避光保存。

【用法】静注：每次1~2mg，溶于生理盐水或5%葡萄糖液20ml中静注或静脉冲入，1次/周，10~20mg为1疗程。儿童每次75μg/kg，1次/周。

长春地辛[乙] Vindesine （癌的散、西艾克、托马克、艾得新、闻得星、VDS）

【用途】肺癌、恶性淋巴瘤、乳腺癌、食管癌、恶性黑色素瘤等。

【不良反应、用药护理注意】同长春碱和长春新碱。药物溶解后立即使用。

【制剂】粉针（有效期2年）：1mg、4mg。2~10℃保存。

【用法】静注、静滴：3mg/m²，溶于生理盐水40ml中静注，溶于5%葡萄糖液或生理盐水500~1000ml中慢滴（滴6~12小时），1次/周，4~6次为1疗程。

长春瑞滨[乙] Vinorelbine (重酒石酸长春瑞滨、去甲长春花碱、诺维本、盖诺、NVB) 同长春碱。注射液：10mg (1ml)、50mg (5ml)，2~8℃保存。静滴：每次 25~30mg/m²，用生理盐水或 5% 葡萄糖液 125ml 稀释，快速静滴 15~20min，随后输入生理盐水 250ml 冲洗静脉，1 次/周，连用 2 次，21 日 1 周期，2~3 周期 1 疗程。

紫杉醇[甲] Paclitaxel (红豆杉醇、安素泰、泰素、紫素、特素、Taxol、PTX)

【用途】卵巢癌、乳腺癌、肺癌、食管癌、头颈部癌、淋巴瘤等。

【不良反应】骨髓抑制是剂量限制性毒性，过敏反应、胃肠道反应、神经毒性、心血管毒性、肝毒性、肾毒性、脱发、关节和肌肉痛、静脉炎。

【用药护理注意】1. 预先给地塞米松、苯海拉明和 H_2 受体拮抗剂防止发生过敏反应。2. 处理本品时带防护手套。3. 如皮肤接触到本品，立即用肥皂和清水彻底清洗。4. 药液不可剧烈搅动、震动或摇晃，因可能会产生沉淀。5. 静滴前尽量混匀，只能用玻璃瓶或聚丙烯输液器盛装药液。6. 注射前备好抗过敏药和相应抢救器械。7. 滴注后第 1 小时内，每 15 分钟测血压、心率、呼吸 1 次。8. 每周查血象 2 次。9. 注射液含无水乙醇。

【制剂】注射液：30mg (5ml)、100mg (16.7ml)、150mg (25ml)。胶囊：0.3g。

【用法】静滴：135~175mg/m², 用生理盐水、5% 葡萄糖液或 5% 葡萄糖氯化钠注射液稀释药物，浓度为 0.3~1.2mg/ml，用特制胶管及 0.22μm 的微孔膜滤过，1 次 /3 周。口服：每次 0.6g，3 次 / 日，21 日为 1 个疗程。

紫杉醇 (白蛋白结合型)[乙] Paclitaxel（Albumin Bound）（凯素、克艾力、艾越、Abraxane）参阅紫杉醇，更强效低毒。用于乳腺癌。给药前不需给予抗过敏预处理。粉针：100mg。静滴：260mg/m²，滴注 30 分钟，1 次 /3 周。将生理盐水 20ml 沿瓶内壁缓慢注入，勿注射到冻干粉上，静置 5 分钟后轻轻摇动使药粉完全溶解，如有沉淀则应将药液丢弃。给药容积（ml）= 总剂量（mg）÷5（mg/ml）。

紫杉醇脂质体[乙] Paclitaxel Liposome（力扑素）参阅紫杉醇。2~8℃避光保存。粉针：30mg。静滴：135~175mg/m²，用 5% 葡萄糖液 10ml 溶解、250~500ml 稀释。

多西他赛[乙] Docetaxel（多西紫杉醇、紫杉特尔、泰索帝、希存、Taxotere）
【用途】晚期乳腺癌、非小细胞肺癌、卵巢癌等。
【不良反应】骨髓抑制、过敏反应、体液潴留、胃肠道反应、脱发、皮疹。

【用药护理注意】1. 孕妇、哺乳期妇女、儿童禁用。2. 用药前 1 天给地塞米松、苯海拉明可减轻不良反应。3. 配药时戴手套，怀孕者不宜处置本品。4. 如皮肤接触到本品，用肥皂和清水彻底清洗。5. 静滴浓度为 0.3~0.9mg/ml。6. 密切注意生命体征。7. 实装药物量略多于标示量。8. 监测血象。9. 注射液含乙醇。

【制剂】注射液：20mg（0.5ml）、80mg（2ml），附溶剂 1 瓶。2~8℃ 避光保存。

【用法】静滴：每次 75mg/m², 用生理盐水或 5% 葡萄糖液 250ml 稀释，滴注 1 小时，开始 10 分钟内滴速宜慢（20 滴 / 分），如无反应再加快滴速，1 次 /3 周。

卡巴他赛 Cabazitaxel（Jevtana）用于前列腺癌。致骨髓抑制等。注射液：60mg（1.5ml），溶媒 4.5ml。静滴：每次 25mg/m², 1 次 /3 周，同时口服泼尼松 10mg/d。与配套溶媒混合后用生理盐水或 5% 葡萄糖液 250ml 稀释，浓度不超 0.26mg/ml。

高三尖杉酯碱[甲] Homoharringtonine（高哈林通碱、赛兰、HHRT）

【用途】急性非淋巴细胞白血病、真红细胞增多症。

【不良反应】骨髓抑制、胃肠道反应、心脏毒性、低血压、脱发、皮疹等。

【用药护理注意】1. 严重或频发心律失常、器质性心血管疾病禁用。2. 告知病人, 如有心前区不适, 应立即报告医师。3. 禁止静注, 因可致呼吸抑制甚至死亡, 静滴应缓慢。4. 监测血象、骨髓象和肝肾功能、心电图。

【制剂、用法】注射液: 1mg (1ml)、2mg。静滴: 1~4mg/d (通常 2mg), 加 5% 或 10% 葡萄糖液 250~500ml 滴注 3 小时, 4~6 日 1 疗程, 隔 1~2 周可再用。

门冬酰胺酶[甲] Asparaginase (左旋门冬酰胺酶、爱施巴、优适宝、ASP)

【用途】急性淋巴细胞白血病、急性粒细胞白血病、恶性淋巴瘤等。

【不良反应】胃肠道反应、过敏、胰腺炎、糖尿病、发热反应、肝损害。

【用药护理注意】1. 初次给药、停药 1 周或以上, 应取 0.1ml 皮试液 (2U) 皮试, 至少观察 1 小时。2. 妊娠早期禁用。3. 备好肾上腺素等急救药。4. 药物稀释后 8h 内应用。5. 不同药厂、不同批号药物纯度和过敏反应有差异。6. 不同治疗方案的用药差异较大。7. 清淡、低脂饮食。8. 监测血象、血糖, 肝、肾功能。

【制剂】粉针: 1000U、2000U、5000U、10000U。2~10℃ 避光保存。

【用法】静注、静滴、肌注: 每日 500U/m² 或 1000U/m², 连用 10~20 日 1 疗程。每 1 万 U 用 5ml 注射用水或生理盐水稀释, 经正在输注氯化钠或葡萄糖液的侧管注入, 时间不少于半小时。静滴加入生理盐水或 5% 葡萄糖液 500ml 中。

（二）非细胞毒类抗肿瘤药

1. 调节体内激素平衡的药物

他莫昔芬[甲] Tamoxifen（枸橼酸他莫昔芬、特茉芬、护佑、德孚伶、TAM）

【用途】女性复发转移乳腺癌、卵巢癌、子宫内膜癌。

【不良反应】消化道反应、月经失调、阴道出血、停经、脱发、视力障碍。

【用药护理注意】1. 有眼底疾病禁用。2. 阴道大量出血应停药。3. 如与雷尼替丁等合用，需相隔 1~2 小时。4. 定期查血常规、血钙，作眼科检查。

【制剂】片：10mg。口服液：20mg（10ml）。

【用法】口服：每次 10~20mg，2 次 / 日，早晚各 1 次。

来曲唑[乙] Letrozole（来倔唑、芙瑞、弗隆）

【用途】乳腺癌。

【不良反应】热潮红、关节痛、肌痛、头痛、恶心、高血压、血栓栓塞等。

【用药护理注意】绝经前、孕妇、哺乳期禁用。含雌激素药会抵消本药作用。

【制剂】片：2.5mg。

【用法】口服：每次 2.5mg，1 次 / 日。可餐前、后或进餐同时服。

阿那曲唑[乙] Anastrozole（瑞宁得、瑞斯意、艾达、瑞婷）

【用途】绝经后晚期乳腺癌。

【不良反应】皮肤潮红、阴道干涩、皮疹、肝功能异常、胃肠道反应、嗜睡。

【用药护理注意】1. 孕妇、哺乳期和绝经前妇女、对本品过敏，严重肝、肾功能损害禁用。2. 忌与雌激素同用，以免降低本药疗效。3. 服药不受进食影响。

【制剂、用法】片：1mg。口服：每次 1mg，1 次 / 日。早期乳腺癌疗程 5 年。

氨鲁米特 Aminoglutethimide（氨基导眠能、氨苯哌酮、奥美定、AG）

【用途】晚期乳腺癌、卵巢癌、前列腺癌，皮质醇增多症（库欣综合征）。

【不良反应】胃肠道反应、神经系统毒性（嗜睡、共济失调）、骨髓抑制、甲状腺功能减退和肾上腺皮质功能不足、体位性低血压，发热、皮疹等过敏反应。

【用药护理注意】1. 妊娠、哺乳期妇女和儿童禁用。2. 用药后宜卧床静养，勿久立。3. 不宜与他莫昔芬合用，因致副作用增加。4. 监测血象和血浆电解质。

【制剂、用法】片：125mg、250mg。口服：每次 250mg，2 次 / 日，两周后改为 3~4 次 / 日，不超过 1g/d。使用本品期间应同时口服氢化可的松，40mg/d，早晨和下午 5 时各服 10mg，睡前服 20mg。

尼鲁米特 Nilutamide（安得乐）用于晚期前列腺癌。致黑暗中视力调节及色觉障碍（可配戴有色眼镜以减轻症状）、恶心、呕吐、肺间质综合征等，肝功能不全禁用。片：50mg。口服：诱导剂量 300mg/d，连用 4 周；维持量 150mg/d，可 1 次或分多次服。

福美坦 Formestane（福美司坦、兰他隆、兰特隆、Lentaron、FMT）
【用途】他莫昔芬及其他抗雌激素治疗无效的自然或人工绝经后乳腺癌。
【不良反应】皮肤红、痒、痛，无痛或痛性肿块、恶心、呕吐，偶见嗜睡。
【用药护理注意】1. 孕妇、哺乳期和绝经前妇女、儿童禁用。2. 臀部深肌注射应避开以前进针点或已有硬结的部位。3. 不与其他注射液混合。
【制剂】粉针：250mg，附 2ml 生理盐水。
【用法】深部肌注：每次 250mg，用生理盐水 2ml 稀释，1 次 /2 周。

依西美坦[乙] Exemestane（阿诺新、可怡、尤尼坦）用于经他莫昔芬治疗无效的绝经后乳腺癌。致恶心、面部潮红、眩晕、盗汗、皮疹、水肿、雄激素样症状等。片、胶囊：25mg。口服：每次 25mg，1 次 / 日，餐后服。

甲羟孕酮[甲] Medroxyprogesterone（醋酸甲羟孕酮、羟甲孕酮、甲孕酮、安宫黄体酮、法禄达、麦普安、倍恩、MPA）

【用途】乳腺癌、子宫内膜癌、肾癌（其他用途见雌激素及避孕药，P606）。

【不良反应】乳房胀痛、阴道出血、闭经、肾上腺皮质功能亢进的表现、凝血功能异常、关节痛、心肌梗死等。

【用药护理注意】1.口服应坐或站着，并需饮足量的水，可将药片分成两半服用。2.发生血栓栓塞、眼疾病或偏头痛时停止用药。3.注射剂用前应摇匀。

【制剂】片：0.2g、0.5g。分散片：0.25g。胶囊：0.1g。注射液：0.15g。

【用法】口服：乳腺癌 0.5g~1.5g/d，分 2~3 次。子宫内膜癌每次 0.1g，3 次 / 日；或每次 0.5g，1 次 / 日。肌注：起始剂量为每周 0.4~1g，数周或数月内病情稳定后改为每月 0.4g。

甲地孕酮[甲] Megestrol（醋酸甲地孕酮、梅格施、艾诺克、佳迪、Megace）晚期乳腺癌、子宫内膜癌的姑息性治疗（其他用途见 P608）。致体重增加、水肿、恶心、呕吐、头晕、皮疹、阴道出血。片、分散片：40mg、160mg。胶囊：80mg、160mg。口服：乳腺癌，160mg/d，分 1~4 次，至少连用 2 个月。

氟他胺[乙]　Flutamide（氟他米特、氟硝丁酰胺、福至尔）治晚期前列腺癌。致男性乳腺发育、精子数减少、胃肠道反应、中枢神经系统反应、肝功能损害。不宜长期应用，定期查肝功能。片：250mg。口服：每次250mg，3次／日，餐后服。

托瑞米芬[乙]　Toremifene（枸橼酸托瑞米芬、法乐通、枢瑞）用于绝经后乳腺癌。致面部潮红、多汗、恶心、子宫出血、白带、皮疹、眩晕、头痛等，孕妇、哺乳妇、子宫内膜增生症禁用。片：40mg、60mg。口服：每次60mg，1次／日。

氟维司群[乙]　Fulvestrant（芙仕得）用于绝经后妇女经抗雌激素治疗后病情恶化的激素受体（ER/PR）阳性转移性乳腺癌。致胃肠道反应、肝酶升高、血栓栓塞等。先目测检查药液，确保无微粒或变色。注射液：0.25g（5ml）。2~8℃保存。肌注：每次0.5g（每侧臀部注0.25g），第1、15、29日给药，随后1次／4周。

阿帕鲁胺　Apalutamide（Erleada）用于非转移性去势抵抗性前列腺癌（NM-CRPC）。致高胆固醇血症、贫血、高血糖、高血压、皮疹、骨折等。片：60mg。口服：每次240mg（4片），1次／日，餐前或餐后整片吞服，不要咀嚼。

比卡鲁胺^[乙] Bicalutamide（卡索地司、康士得、岩列舒）

【用途】与促黄体生成素释放激素（LHRH）类似物或外科睾丸切除术联合应用于晚期前列腺癌。

【不良反应】潮红、乳房触痛、腹泻、瘙痒、贫血、高血糖、肝毒性等。

【用药护理注意】定期查肝功能，如出现严重肝功能改变应停止本品治疗。

【制剂、用法】片：50mg、150mg。胶囊：50mg。口服：每次 50mg，1 次 / 日；治局部晚期、无远处转移的前列腺癌，每次 150mg，1 次 / 日。

阿比特龙^[乙] Abiraterone（醋酸阿比特龙、泽珂、Zytiga）

【用途】与泼尼松联用于转移性去势抵抗性前列腺癌（mCRPC）。

【不良反应】关节炎、低钾血症、水肿、高血压、心律失常、肝毒性等。

【用药护理注意】1. 治疗前和治疗期间应控制高血压和纠正低钾血症。2. 监测血压、血清钾、体液潴留和血清转氨酶（ALT 和 AST）、胆红素，治疗的前 3 个月每 2 周 1 次，此后每月 1 次。

【制剂、用法】片：250mg。口服：每次 1000mg（4 片），1 次 / 日，服药前 2 小时和服药后 1 小时禁食，整片服，勿掰碎。同时服泼尼松每次 5mg，2 次 / 日。

地加瑞克 Degarelix（醋酸地加瑞克、费蒙格、Firmagon）。用于需要雄激素去势治疗的前列腺癌。粉针：80mg、120mg。附溶剂。致局部疼痛、疲劳、过敏反应等。皮下注射（仅腹部区域）：起始量240mg，分2次连续注射，每次120mg，浓度40mg/ml，起始量28日后给维持量，每次80mg，浓度20mg/ml，1次/28日。

亮丙瑞林、曲普瑞林、戈那瑞林、戈舍瑞林（见脑垂体激素及其类似物，P580~582）

2. 分子靶向药物

吉非替尼[乙] Gifitinib（易瑞沙、伊瑞可、艾若萨、Iressa）

【用途】EGFR基因敏感突变的局部晚期或转移性非小细胞肺癌。

【不良反应】腹泻、恶心、皮疹、出血、肝功能异常、急性间质性肺病等。

【用药护理注意】1. 治疗期间停止哺乳。2. 患者出现气短、咳嗽、发热等呼吸道症状加重时，应中断治疗，及时查明原因。3. 监测肝功能和全血细胞计数。

【制剂、用法】片：250mg。口服：每次250mg，1次/日，空腹或与食物同服。不能吞服者，可将药片放入半杯水中溶解后服用，也可通过鼻—胃管给药。

185

厄洛替尼[乙] Erlotinib（盐酸厄洛替尼、特罗凯、它赛瓦、Tarceva）

【用途】EGFR 基因敏感突变的局部晚期或转移性非小细胞肺癌。

【不良反应】皮疹、腹泻、呼吸困难、甲沟炎、结膜炎、肺毒性、肝炎等。

【用药护理注意】1. 定期查肝功能。2. 吸烟会降低本品血药浓度。

【制剂、用法】片：100mg、150mg。口服：150mg/d，餐前 1 小时或餐后 2 小时服，持续用至疾病进展或出现不能耐受的毒性。如需减量，每次减少 50mg。

埃克替尼[乙] Icotinib（盐酸埃克替尼、凯美纳、Conmana）

【用途】EGFR 基因敏感突变的局部晚期或转移性非小细胞肺癌。

【不良反应】皮疹、腹泻、呕吐、间质性肺炎、肾功能、肝功能异常等。

【用药护理注意】1. 出现不可耐受的皮疹、腹泻等不良反应时，可暂停用药 1~2 周，直至症状缓解或消失。2. 定期检查肝功能，特别是在用药前一个月内。

【制剂、用法】片：125mg。口服：每次 125mg，3 次 / 日，空腹或与食物同服。

阿法替尼[乙] Afatinib（马来酸阿法替尼、吉泰瑞、Giotrif）

【用途】EGFR 基因敏感突变的局部晚期或转移性非小细胞肺癌。

【不良反应】腹泻、皮疹、口腔溃疡、间质性肺疾病、肝功能损害等。

【用药护理注意】漏服应尽快补服，如距下次服药不到 8 小时，则不补服。

【制剂、用法】片：20mg、30mg、40mg、50mg。口服：每次 40mg，1 次 / 日，整片用水吞服，或溶于 100ml 水中服。餐后至少 3 小时或餐前至少 1 小时服。

达可替尼　Dacomitinib（达克替尼、多泽润、Vizimpro）

【用途】表皮生长因子受体（EGFR）19 号外显子缺失突变或 21 号外显子 L858R 置换突变的局部晚期或转移性非小细胞肺癌的一线治疗。

【不良反应】腹泻、皮疹、甲沟炎、口腔炎、呕吐、脱发、间质性肺病等。

【用药护理注意】1. 呕吐或漏服时不必补服。2. 避免日晒以减少皮肤反应。

【制剂、用法】片：15mg、30mg、45mg。口服：每次 45mg，1 次 / 日，随餐或空腹服用均可，每天在相同时间服药。如需减量，每次减少 15mg。

奥希替尼[乙]　Osimertinib（甲磺酸奥希替尼、奥西替尼、泰瑞沙、Tagrisso）

【用途】EGFR 突变阳性的晚期或转移性非小细胞肺癌（NSCLC），经 TKI 治疗后出现疾病进展，并存在 EGFR T790M 突变阳性的晚期或转移性 NSCLC。

【不良反应】腹泻、皮疹、口腔溃疡、皮肤干燥、脑梗死，心、肺毒性等。

【用药护理注意】漏服应尽快补服，如距下次服药不到 12 小时，则不补服。

【制剂、用法】片：40mg、80mg。口服：每次 80mg，1 次 / 日，进餐或空腹服用均可，整片和水送服，可溶于 50ml 水中服，无需压碎，每天在相同时间服。如需减量，则剂量应减至每次 40mg，1 次 / 日。

艾维替尼　Avitinib（马来酸艾维替尼）用于 EGFR 突变（19del、21L858R）和 T790M 突变的晚期非小细胞肺癌。致腹泻、皮疹、ALT 和 AST 升高、间质性肺病等。胶囊：50mg、100mg。口服：每次 300mg，2 次 / 日，空腹或随餐口服。

阿来替尼[乙]　Alectinib（盐酸阿来替尼、艾乐替尼、阿雷替尼、安圣莎、Alecensa）

【用途】间变性淋巴瘤激酶（ALK）阳性的局部晚期或转移性非小细胞肺癌。

【不良反应】便秘、贫血、水肿、肌痛、皮疹、胆红素升高、肝肾毒性等。

【用药护理注意】漏服应尽快补服，如距下次服药不到 6 小时，则不补服。

【制剂、用法】胶囊：150mg。口服：每次 600mg，2 次 / 日，随餐整粒吞服，不要打开或溶解后服。

塞瑞替尼[乙] Ceritinib (色瑞替尼、赞可达、Zykadia)

【用途】接受过克唑替尼治疗后进展或对克唑替尼不耐受的间变性淋巴瘤激酶 (ALK) 阳性的局部晚期或转移性非小细胞肺癌。

【不良反应】食欲减退、腹泻、呕吐、皮疹、贫血、高血糖,肝、肾毒性等。

【用药护理注意】如漏服且距下次服药时间 12 小时以上,应补服。

【制剂、用法】胶囊:150mg。口服:每次 450mg,1 次/日,每天同一时间整粒吞服,不可嚼碎,应与食物同服。

劳拉替尼 Lorlatinib (解码乐、Lorbrena、Lorviqua) 用于至少用一种 ALK 抑制剂后病情仍进展的间变性淋巴瘤激酶 (ALK) 阳性转移性非小细胞肺癌。致水肿、周围神经病变、高胆固醇血症、高血糖等。片:25mg、100mg。口服:每次 100mg,1 次/日,每天在同一时间服,整片吞服,不要咀嚼,饭前饭后服皆可。漏服应尽快补服,如距下次服药不到 4 小时,则不补服。

克唑替尼[乙] Crizotinib (赛可瑞、Xalkori)

【用途】ALK 阳性或 ROS1 阳性的晚期非小细胞肺癌。

【不良反应】呕吐、腹泻、便秘、水肿，肝、肺、心脏毒性，视觉异常等。

【用药护理注意】漏服应尽快补服，如距下次服药短于 6 小时，则不补服。

【制剂、用法】胶囊：200mg、250mg。口服：每次 250mg，2 次 / 日，早晚与食物同服或不同服，整粒吞服，不可嚼碎、溶解或打开胶囊。

恩曲替尼 Entrectinib（Rozlytrek）广谱，用于神经营养性酪氨酸受体激酶（NTRK）基因融合阳性实体瘤（12 岁以上）和 ROS1 阳性的转移非小细胞肺癌。致疲劳、便秘、味觉障碍、水肿、心脏毒性、间质性肺病、认知障碍、胚胎—胎儿毒性等。胶囊：100mg、200mg。口服：每次 600mg，儿童每次 $400mg/0.91{\sim}1.1m^2$，$500mg/1.11{\sim}1.5m^2$，$600mg/{>}1.5m^2$，均 1 次 / 日，随餐或空腹服。

曲美替尼[乙] Trametinib（Mekinist）用于 BRAF V600E 或 V600K 突变的晚期黑色素瘤，BRAF V600E 突变阳性的转移性非小细胞肺癌。致皮疹，腹泻、淋巴水肿、出血、血栓、高血糖、心肌病、肾损害、间质性肺病、皮肤、眼毒性等。片：0.5mg、1mg、2mg。2~8℃ 保存。口服：每次 2mg，1 次 / 日，至少餐前 1 小时或餐后 2 小时服，每天在相同时间服药。漏服距下次服药不足 12 小时则不补服。

布加替尼　Brigatinib（布吉替尼、Briganix）用于克唑替尼治疗后病情进展或不耐受的 ALK 阳性非小细胞肺癌。致恶心、腹泻、高血压、间质性肺炎等。片：30mg、90mg、180mg。口服：每次 90mg，1 次 / 日，如可耐受，第 8 日起改为每次 180mg，1 次 / 日。整片吞服，不可压碎或咀嚼，可与或不与食物同服。

安罗替尼[乙]　Anlotinib（盐酸安罗替尼、福可维）
【用途】至少接受过 2 种化疗后进展或复发的局部晚期或转移性非小细胞肺癌。
【不良反应】高血压、乏力、肝功能异常、出血、血栓、间质性肺病等。
【用药护理注意】1. 前 6 周每天测血压，后续每周 2~3 次。2. 监测心电图、肝功能、尿常规、甲状腺功能、凝血酶原时间和国际标准化比率。
【制剂、用法】胶囊：8mg、10mg、12mg。口服：每次 12mg，1 次 / 日，早餐前服，连服 2 周停 1 周，21 天 1 疗程。漏服距下次服药不到 12 小时则不补服。

拉罗替尼　Larotrectinib（维特拉克、Vitrakvi）广谱，用于神经营养性酪氨酸受体激酶（NTRK）基因融合实体瘤。致呕吐，神经、肝、胚胎—胎儿毒性等。胶囊：25mg、100mg。口服液：20mg/ml（2~8℃保存）。口服：每次 100mg，儿童每次 100mg/m^2（最大剂量 100mg），2 次 / 日，整粒吞服，不要咀嚼或压碎，可与或不与食物同服。漏服应尽快补服，距下次服药不到 6 小时则不补服。

卡博替尼　Cabozantinib（卡赞替尼、Cometriq、Cabometyx）
【用途】转移性甲状腺髓样癌（MTC）、晚期肾细胞癌（RCC）、晚期肝细胞癌（HCC）。
【不良反应】腹泻、恶心、疲乏、高血压、出血、血栓、掌足红肿综合征等。
【用药护理注意】胶囊(Cometriq)和片(Cabometyx)的配方不同，不能替换使用。
【制剂、用法】胶囊：20mg，80mg。片：20mg，40mg，60mg。口服：治MTC，胶囊 140mg/d，1 次 / 日；治 RCC、HCC，片剂 60mg/d，1 次 / 日。餐前1 小时或餐后 2 小时整粒（片）吞服。漏服距下次服药不足 12 小时则不补服。

仑伐替尼$^{(乙)}$　Lenvatinib（甲磺酸仑伐替尼、乐伐替尼、爱卫玛、Lenvima）
【用途】不可切除的肝细胞癌（HCC）、分化型甲状腺癌（DTC）、肾细胞癌。
【不良反应】高血压、疲劳、腹泻、出血、血栓、肝毒性、肾衰竭、心衰等。
【用药护理注意】漏服且无法在 12 小时内服用，无需补服。

【制剂、用法】胶囊：4mg。肝癌，体重＜60kg，每次 8mg；体重≥60kg，每次 12mg，1 次 / 日，每日同一时间空腹或与食物同服，整粒或溶解于一大汤匙水中服。

舒尼替尼[乙] Sunitinib（苹果酸舒尼替尼、索坦、Sutent）
【用途】晚期肾细胞癌（RCC）、胃肠间质瘤（GIST）。
【不良反应】腹泻、高血压、口腔炎、出血、皮肤退色、心脏、肝毒性等。
【用药护理注意】若出现充血性心力衰竭或严重高血压应停药。
【制剂、用法】胶囊：12.5mg、25mg、37.5mg、50mg。口服：每次 50mg，1 次 / 日，空腹或与食物同服，用 4 周停 2 周。必要时可按 12.5mg 为梯度增减量。

呋喹替尼[乙] Fruquintinib（爱优特、Elunate）
【用途】不适合抗 VEGF 或 EGFR 治疗（RAS 野生型）的转移性结直肠癌。
【不良反应】高血压、蛋白尿、手足皮肤反应、出血、血栓、肝功能异常等。
【用药护理注意】密切监测患者，据耐受性调整用药。呕吐或漏服时不补服。
【制剂、用法】胶囊：1mg、5mg。口服：每次 5mg，1 次 / 日，可与食物或空腹口服，需整粒吞服，服 3 周，停 1 周为 1 疗程。每天同一时间服药。

阿昔替尼[乙]　Axitinib（阿西替尼、英立达、Inlyta）

【用途】用过一种酪氨酸激酶抑制剂或细胞因子治疗失败的进展期肾细胞癌。

【不良反应】腹泻、高血压、疲乏、呕吐、血栓、出血、心衰、肝损害等。

【用药护理注意】监测下列特定安全事件：高血压和高血压危象、动静脉血栓、出血、心衰、胃肠穿孔、甲状腺功能不全、蛋白尿、肝损害等。

【制剂、用法】片：1mg、5mg。口服：开始每次5mg，1次/12小时，空腹或与食物同服，能耐受2周治疗后每次剂量增至7mg。呕吐或漏服时不能补服。

阿帕替尼[乙]　Apatinib（甲磺酸阿帕替尼、艾坦）用于接受过2种系统化疗后进展或复发的晚期胃腺癌或胃—食管结合部腺癌。致腹泻、血压升高、蛋白尿、出血、皮肤、心脏、肝毒性等。片：0.25g、0.375g、0.425g。口服：每次0.85g，1次/日，餐后半小时服，每日服药时间应可能相同。如漏服时不能补服。

甲磺酸伊马替尼[乙]　Imatinib Mesylate（伊马替尼、格列卫、昕维、Imatinib）

【用途】费城染色体阳性的慢性髓性白血病、急淋（ALL），胃肠间质瘤。

【不良反应】恶心、呕吐、腹泻、体液潴留、骨痛，骨髓抑制、肝毒性等。

【用药护理注意】1. 避免胶囊内药物接触皮肤。2. 不能吞咽者，可将药片或胶囊内药物每 100mg 溶于 50ml 水中服用。3. 服药时饮水或进食能减少胃肠刺激。4. 定期查体重、血象、肝功能，第 1 个月每周查血象 1 次。

【制剂】片、胶囊：100mg。

【用法】口服：每次 400~600mg，1 次 / 日，进餐时服，同时饮 1 大杯水。

博舒替尼　Bosutinib（Bosulif）用于对既往治疗耐药的费城染色体阳性的成人慢性粒细胞白血病（CML）。致胃肠道、肝、肾毒性、皮疹、骨髓抑制等。片：100mg、400mg、500mg。口服：每次 500mg，1 次 / 日，整粒吞服，与食物同服。

尼洛替尼[乙]　Nilotinib（尼罗替尼、达希纳、Tasigna）

【用途】其他药物耐药或不耐受的费城染色体阳性的慢性粒细胞白血病。

【不良反应】骨髓抑制、皮疹、腹泻、脱发、心悸、肝毒性，脂肪酶升高等。

【用药护理注意】1. 不能咀嚼或打开胶囊。2. 手接触胶囊后应立即清洗。如药粉接触皮肤或黏膜，用肥皂和水清洗局部。3. 漏服时不应补服，应继续服用下一次剂量。4. 监测血电解质、全血细胞计数、心电图、肝功能、血清脂肪酶。

【制剂、用法】胶囊：0.15g，0.2g。口服：每次 0.4g，1 次 /12 小时，餐前 1 小时或餐后 2 小时整粒吞服。

达沙替尼[乙] Dasatinib（施达赛、依尼舒、Sprycel）
【用途】对伊马替尼耐药或不耐受的费城染色体阳性慢性髓细胞白血病。
【不良反应】感染、骨髓抑制、腹泻、呼吸困难、皮疹、头痛、心律失常等。
【用药护理注意】1. 应整片吞服，不得压碎或切割。2. 避免接触片芯活性物质，若药片破裂，应戴一次性化疗手套进行处理。3. 内包装破损时勿使用。
【制剂、用法】片：20mg，50mg，70mg，100mg。口服：慢粒，慢性期每次 100mg，1 次 / 日；急变期每次 70mg，2 次 / 日，早晚各 1 次。可随餐或空腹服。

泽布替尼[乙] Zanubrutinib（百悦泽、Brukinsa）用于既往接受过至少一项疗法的成年套细胞淋巴瘤（MCL）。可致中性粒细胞、血小板、血红蛋白减少，乏力、上呼吸道感染、咳嗽、肺炎、皮疹、腹泻、血尿、出血等。胶囊：80mg。口服：每次 160mg，2 次 / 日，或每次 320mg，1 次 / 日，整粒用水吞服，可随餐或空腹服。用至疾病进展或发生不可耐受的毒性。

伊布替尼[乙] Ibrutinib（依鲁替尼、亿珂、Imbruvica）

【用途】套细胞淋巴瘤（MCL）、慢性淋巴细胞白血病（CLL）/小淋巴细胞淋巴瘤（SLL）。

【不良反应】出血、感染、骨髓抑制、肾毒性、继发恶性肿瘤、心律失常等。

【用药护理注意】每天的用药时间大致固定。如果漏服可在当天尽快补服。

【制剂、用法】胶囊：140mg。口服：MCL 每次 560mg（4 粒 140mg），1 次 / 日。CLL/SLL 每次 420mg（3 粒 140mg），1 次 / 日。不要打开或咀嚼胶囊。

拉帕替尼[乙] Lapatinib（甲苯磺酸拉帕替尼、泰立沙、Tykerb）

【用途】联合卡培他滨治疗 HER-2 过度表达的晚期或转移性乳腺癌。

【不良反应】腹泻、呕吐、皮疹、口腔炎、间质性肺炎，肝、心脏毒性等。

【用药护理注意】1. 有严重肝毒性时应停药。2. 出现不成形便应用止泻药。

【制剂、用法】片：250mg。口服：与卡培他滨联用，每次 1250mg（5 片），1 次 / 日，餐前 1 小时或餐后 1 小时服，用 21 日为 1 周期。如漏服，第 2 天剂量不要加倍。卡培他滨 $2g/(m^2 \cdot d)$，分 2 次，间隔 12 小时，与食物同服或餐后 30 分钟内服，连用 14 天停 7 天，21 日为 1 周期。用至疾病进展或有不能耐受毒性。

马来酸吡咯替尼[乙] Pyrotinib Maleate（吡咯替尼、艾瑞妮）联合卡培他滨治疗 HER-2 阳性的复发或转移性乳腺癌。致腹泻、呕吐、手足综合征、皮疹、肝功能异常、白细胞降低等。片：80mg、160mg。口服：每次 400mg，1 次 / 日，餐后 30 分钟内服，每天同一时间服药，21 日为 1 周期。如漏服不需要补服。

芦可替尼[乙] Ruxolitinib（磷酸芦可替尼、捷恪卫、Jakavi）

【用途】中危或高危的原发性骨髓纤维化（PMF）、真性红细胞增多症继发骨髓纤维化（PPV-MF）或原发性血小板增多症继发的骨髓纤维化（PET-MF）。

【不良反应】贫血、感染、出血、收缩压升高，血小板、中性粒细胞减少等。

【用药护理注意】初次使用时应每周监测一次全血细胞计数，4 周后可每 2 至 4 周监测一次直至本品剂量达到稳定，再根据临床需要进行监测。

【制剂、用法】片：5mg、15mg、20mg。口服：每次 15mg，2 次 / 日，可与或不与食物同服。如漏服不需要补服。

培唑帕尼[乙] Pazopanib（帕唑帕尼、维全特、Votrient）

【用途】晚期肾细胞癌（RCC）、接受过化疗的晚期软组织肉瘤（STS）。

【不良反应】肝毒性、疲劳、腹泻、高血压、厌食、皮疹、毛发颜色改变等。

【用药护理注意】如果漏服且距下次服用时间不足 12 小时，则不补服。

【制剂、用法】片：200mg、400mg。口服：每次 800mg，1 次 / 日。空腹整片吞服，餐前至少 1 小时或餐后至少 2 小时服，勿掰开或嚼碎。

凡德他尼　Vandetanib（Caprelsa）用于甲状腺髓样癌。致腹泻、皮疹、高血压、QT 延长等。避免压碎药片与皮肤或黏膜接触。片：100mg、300mg。口服：每次 300mg，1 次 / 日，整片吞服，可空腹或随餐服。勿压碎药片，不能吞服者可将药片溶于水中立即服用。如果漏服且距下次服用时间不足 12 小时不应补服。

索拉非尼[乙]　Sorafenib（甲苯磺酸索拉非尼、多吉美、Nexavar）

【用途】晚期肾细胞癌、无法手术或远处转移肝细胞癌、分化型甲状腺癌。

【不良反应】腹泻、皮疹、脱发、高血压、出血、低磷血症、皮肤毒性等。

【用药护理注意】高脂食物影响吸收。如漏服药，下次服药无需加大剂量。

【制剂、用法】片：0.2g。口服：每次 0.4g，2 次 / 日，空腹或伴低脂、中脂饮食服用，以一杯温开水吞服，用至患者肿瘤进展或不能耐受其毒性。

维莫非尼[乙] Vemurafenib（威罗非尼、维罗非尼、佐博伏、Zelboraf）

【用途】BRAF V600 突变阳性的不可切除或转移性黑色素瘤。

【不良反应】关节痛、皮疹、脱发、疲劳、光敏反应、恶心、瘙痒、脱发等。

【用药护理注意】1. 如漏服，可在下一剂服药 4 小时以前补服，不应同时服两剂药物。2. 服药后呕吐者不追加剂量。3. 用药期间避免阳光暴露。

【制剂、用法】片：240mg。口服：每次 960mg（4 片 240mg），2 次 / 日，随餐或空腹整片吞服，不应咀嚼。首剂在上午服，第二剂在 12 小时后，即晚上服。

瑞戈非尼[乙] Regorafenib（瑞格非尼、瑞格菲尼、拜万戈、Stivarga）

【用途】接受过氟尿嘧啶等的化疗，以及接受过或不适合抗 VEGF、抗 EGFR 治疗（RAS 野生型）的转移性结直肠癌（mCRC），不可切除或转移性的胃肠道间质瘤（GIST），对索拉非尼耐药的肝细胞癌（HCC）。

【不良反应】高血压、感染、贫血、出血、疲乏、蛋白尿等，致严重肝毒性。

【用药护理注意】如漏服一次或服药后呕吐不补服。监测肝功能、血压等。

【制剂、用法】片：40mg。口服：每次 160mg（4 片 40mg），1 次 / 日，用药 21 天，停 7 天为 1 周期。每天同一时间，低脂早餐（脂肪＜30%）后随水整片吞服。

达拉非尼[乙]　Dabrafenib（Tafinlar）用于 BRAF V600E 或 V600K 突变阳性不可切除或转移的黑色素瘤，与曲美替尼联合治 BRAF V600E 突变的转移性非小细胞肺癌。致发热、呕吐、血栓、出血、高血糖，眼、皮肤毒性等。胶囊：50mg、75mg。口服：每次 150mg，2 次 / 日，间隔 12 小时，餐前至少 1 小时或餐后 2 小时服，每天相同时间服，不要打开或压碎胶囊。如漏服距下次服药 6 小时内时不补服。

哌柏西利　Palbociclib（帕博西尼、帕博西林、爱博新、Ibrance）
【用途】激素受体（HR）阳性、HER2 阴性的局部晚期或转移性乳腺癌。
【不良反应】中性粒细胞减少、感染、贫血、呕吐、腹泻、间质性肺病等。
【用药护理注意】1. 每天在相同时间服药。2. 如患者呕吐或漏服，当天不得补服。3. 胶囊出现破损、裂纹或其他不完整的情况，则不得服用。
【制剂、用法】胶囊：75mg、100mg、125mg。口服：每次 125mg，1 次 / 日，连服 21 天，停 7 天为 1 周期。与食物同服，整粒吞服，不咀嚼、压碎。

瑞博西利　Ribociclib（瑞博西尼、瑞博西林、Kisqali）用于激素受体（HR）阳性、HER2 阴性的局部晚期或转移性乳腺癌。参阅哌柏西利。可致间质性肺病。片：200mg。口服：每次 600mg，1 次 / 日，连服 21 天，停 7 天为 1 周期。是否与食物同服均可，整片吞服，不咀嚼、压碎。如呕吐或漏服，当天不得补服。

奥拉帕利[乙] Olaparib（奥拉帕尼、利普卓、Lynparza）

【用途】铂敏感的复发性上皮性卵巢癌、输卵管癌或原发性腹膜癌维持治疗。

【不良反应】疲乏、恶心、呕吐、腹泻、关节痛、头痛、血液学毒性、骨髓增生异常综合征 / 急性髓性白血病、非感染性肺炎、胚胎—胎儿毒性等。

【用药护理注意】1. 如漏服，不应补服。2. 监测全血细胞。3. 妊娠期间不服药。

【制剂、用法】片：100mg、150mg。口服：每次 300mg（2 片 150mg），2 次 / 日，进餐或空腹时服均可，应整片吞服，不应咀嚼、压碎、溶解。在含铂化疗结束后的 8 周内开始治疗，直至疾病进展或发生不可接受的毒性。

鲁卡帕利 Rucaparib（鲁卡帕尼、卢卡帕尼、Rubraca）用于接受至少两次化疗且 BRCA 突变的晚期卵巢癌。参阅奥拉帕利。可致骨髓增生异常综合征 / 急性髓性白血病等。片：200mg、300mg。口服：每次 600mg（2 片 300mg），2 次 / 日，进餐或空腹时服均可。如漏服，不应补服。

尼拉帕利[乙]　Niraparib (尼拉帕尼、则乐、Zejula) 用于成人复发性上皮性卵巢癌、输卵管癌或原发性腹膜癌的维持治疗。参阅奥拉帕利。可致骨髓增生异常综合征 / 急性髓性白血病等。胶囊: 100mg。口服: 每次 300mg (3 粒 100mg), 1 次 / 日, 整粒吞服, 每天在同一时间空腹或进餐时服, 睡前服药有助于减少胃肠道副作用。在含铂化疗后的 8 周内开始治疗。如漏服, 不应补服。

曲妥珠单抗[乙]　Trastuzumab (群司珠单抗、赫赛汀、Herceptin)

【用途】HER2 阳性的转移性乳腺癌、HER2 阳性的转移性胃腺癌。

【不良反应】感染、腹泻、心功能不全、输注反应、肺部反应、胚胎毒性等。

【用药护理注意】1. 不能静注。2. 用所附稀释液溶解后, 浓度为 21mg/ml, 在 2~8℃ 中可保存 28 天。如用注射用水溶解药物应立即使用。溶解液用生理盐水稀释后, 在 2~8℃ 中可保存 24 小时。3. 溶解药物时轻轻旋动药瓶, 不得震摇, 溶解后有少量泡沫, 应静置 5 分钟。4. 不能用葡萄糖液配制, 因可使蛋白聚集。

【制剂】粉针: 440mg (附含 1.1% 苯甲醇的 20ml 注射用水)。2~8℃ 冷藏。

【用法】静滴: 3 周给药方案, 首次 8mg/kg, 滴注 90 分钟, 随后 6mg/kg, 滴注 30 分钟, 1 次 /3 周, 将本药加入 250ml 生理盐水中稀释。治疗至疾病进展。

利妥昔单抗[乙] Rituximab（利妥昔、美罗华、达伯华、Mabthera）

【用途】复发或耐药滤泡性中央型淋巴瘤、CD20 阳性滤泡性非霍奇金淋巴瘤。

【不良反应】高血压、低血压、心律失常、发热、过敏反应、头痛、消化道反应、血尿、高钾血症、肝功能异常、输液反应，白细胞、血小板减少等。

【用药护理注意】1. 滴注前 60 分钟给予镇痛药（如对乙酰氨基酚）和抗过敏药（如苯海拉明）。2. 用生理盐水或 5% 葡萄糖注射液稀释至 1mg/ml 后缓慢静滴，稀释时避免产生泡沫。3. 不宜静注或快速静滴。4. 首次应在医生严密观察下用药。5. 应备有心肺复苏设备。6. 监测全血细胞，有心脏病史者应密切监护。

【制剂】注射液：100mg（10ml）、500mg（50ml）。2~8℃避光冷藏。

【用法】缓慢静滴：每次 375mg/m^2，1 次 / 周，4 次为 1 疗程。首次滴入速度为 50mg/h，随后可每 30 分钟增加 50mg/h，最大速度不超过 400mg/h。

帕妥珠单抗[乙] Pertuzumab（帕捷特、Perjeta）

【用途】与曲妥珠单抗和化疗联用于 HER2 阳性早期乳腺癌的辅助治疗。

【不良反应】腹泻、恶心、脱发等，可致左心室功能不全和胚胎—胎儿毒性。

【用药护理注意】1. 不得用葡萄糖液稀释药物。2. 用药后观察 30~60 分钟。

【制剂】注射液：420mg（14 ml）。2~8℃避光保存，勿冷冻、勿摇动。

【用法】静滴：起始量为840mg，滴注60分钟，此后每次420mg，1次/3周，滴注30~60分钟。抽出本药注入250ml生理盐水中，轻轻倒置输液袋混匀，勿振摇。起始剂量稀释后浓度约为3mg/ml，后续剂量稀释后浓度约为1.6mg/ml。

贝伐珠单抗[乙] Bevacizumab（贝伐单抗、阿瓦斯汀、安维汀、Avastin）

【用途】转移性结直肠癌，晚期、转移性或复发性非小细胞肺癌。

【不良反应】头痛、呕吐、出血、高血压、输液反应等，可致胃肠道穿孔。

【用药护理注意】1. 不能静注。2. 稀释后浓度为1.4~16.5mg/ml，小瓶中剩余药品要丢弃。3. 因影响伤口愈合，本品应在术后28天且伤口愈合后使用。

【制剂、用法】注射液：100mg（4ml）、400mg（16ml）。2~8℃避光冷藏。静滴：每次5mg/kg，用生理盐水100ml稀释，1次/2周。首次滴注90分钟。

尼妥珠单抗[乙] Nimotuzumab（泰欣生）

【用途】与放疗联合治疗表皮生长因子受体（EGFR）阳性的Ⅲ/Ⅳ期鼻咽癌。

【不良反应】发热、寒战、恶心、头痛、贫血、皮疹、血压下降等。

【用药护理注意】1. 冻融后抗体大部分活性丧失。2. 用药时应具备抢救措施。

【制剂】注射液：50mg（10ml），2~8℃储存，严禁冷冻。

【用法】静滴：每次 100mg，稀释到生理盐水 250ml 中，滴注 60 分钟以上，于放射治疗第一天开始，1 次 / 周，共 8 次。

帕尼单抗 Panitumumab（维克替比、Vectibix）用于表皮生长因子受体（EGFR）表达阳性，且化疗失败的转移性结肠直肠癌。致皮肤毒性、输液反应、眼毒性、胃肠道反应、疲乏、低钾、低钙等。注射液：100mg（5ml）、200mg（10ml）、400mg，2~8℃保存。静滴：用静脉输液泵给药，每次 6mg/kg，1 次 /14 日，用生理盐水 100ml 稀释，浓度不超过 10mg/ml，用药前后用生理盐水冲洗静脉通路。

西妥昔单抗[乙] Cetuximab（爱必妥、Erbitux）

【用途】与伊立替康联合用于 EGFR 过表达的转移性结直肠癌。

【不良反应】腹泻、结膜炎、低镁血症、皮肤毒性、肺毒性、输液反应等。

【用药护理注意】1. 用药前给予抗组胺药和皮质类固醇药。2. 药液用前勿摇动。3. 可用输液泵、重力滴注或注射器泵静脉给药。4. 输注前、后用生理盐水冲管。

5. 伊立替康应在本品注射结束 1 小时后给药。6. 用药过程及用药结束后 1 小时内，密切监测患者状况，并配备复苏设备。7. 监测电解质、肝功能、全血细胞。

【制剂、用法】注射液：100mg（20ml、50ml）。2~8℃冷藏。静滴：首次 400mg/m²，滴注 120 分钟，以后 250mg/m²，滴注 60 分钟，1 次／周，滴速小于 10ml/min。

地舒单抗[乙] Denosumab（地诺单抗、安加维、普罗力、Xgeva、Prolia）

【用途】不可手术切除的骨巨细胞瘤（Xgeva），骨质疏松症（Prolia）。

【不良反应】疲劳、恶心、呼吸困难、贫血、过敏、颌骨坏死、低钙血症等。

【用药护理注意】1. 地舒单抗有 Xgeva 和 Prolia 两个品牌，其有效成分相同，适应证和使用频率不同。2. 从冰箱取出后应在 14 天内使用，不要暴露在 25℃以上。3. 避免剧烈振摇药物。4. 仅供上臂、大腿上部或腹部皮下注射。5. 治疗期间必须维持良好的口腔卫生。6. 避免进行侵入性牙科手术。7. 监测血钙水平。

【制剂】注射液：Xgeva(安加维)，120mg/1.7ml(70mg/ml)。Prolia(普罗力)，60mg/ml（1ml 预装注射器）。2~8℃冷藏，不要冻结。

【用法】皮下注射：骨巨细胞瘤用 Xgeva，每次 120mg，1 次／4 周，头个月在第 8 和第 15 天再给予 120mg。骨质疏松症用 Prolia，每次 60mg，1 次／6 月。

达雷木单抗 Daratumumab（Darzalex）用于多发性骨髓瘤。致疲乏、恶心、背痛、发热、咳嗽、输注反应、肺炎、血小板减少等。注射液：100mg（5ml）、400mg（20ml）。2~8℃冷藏。静滴：在联用来那度胺和地塞米松的情况下。16mg/kg，第1~8周，1次/周；9~24周，1次/2周；第25周起，1次/4周，直至疾病进展。用生理盐水500ml（首次输注用1000ml）稀释，最大滴速200ml/hour。

硼替佐米[乙] Bortezomib（波替单抗、万珂、齐普乐、Velcade）

【用途】多发性骨髓瘤、套细胞淋巴瘤。

【不良反应】胃肠道反应、贫血、血小板减少、低血压、发热、周围神经病。

【用药护理注意】1. 配药时戴手套操作，以防皮肤接触。2. 粉针用3.5ml生理盐水溶解成1mg/ml浓度，通过导管或外周静脉在3~5秒内静注完毕，随后用生理盐水冲洗。3. 监测血压、全血计数、肝功能、血清电解质、常规生化检查。

【制剂】粉针：1mg、3.5mg。

【用法】静注：单药治疗，每次1.3mg/m²，2次/周，给药2周（即在第1、4、8、11日给药）后停药10天（即第12~21日停药）为1疗程，用2~8个疗程，两次给药至少间隔72小时。有多种给药方案。

伊沙佐米 ^(乙) Ixazomib（枸橼酸伊沙佐米、恩莱瑞、Ninlaro）

【用途】与来那度胺和地塞米松联合治接受过至少一种治疗的多发性骨髓瘤。

【不良反应】血小板减少，胃肠道和肝毒性、皮肤反应、外周神经病变等。

【用药护理注意】1. 不要打开、咀嚼或压碎胶囊。2. 避免直接接触胶囊内容物。3. 如漏服，距离下次用药超过 72 小时可立即补服，短于 72 小时则勿补服。

【制剂、用法】胶囊：2.3mg、3mg、4mg。口服：在 28 天疗程中，伊沙佐米在第 1、8 和 15 天，4mg/d，餐前至少 1 小时或餐后至少 2 小时服用；来那度胺在第 1~21 天，25mg/d；地塞米松在第 1、8、15 和 22 天，40mg/d，进餐时服。

卡非佐米 Carfilzomib（Kyprolis）

【用途】接受过至少 2 种疗法且在末次治疗完成的 60 天内的多发性骨髓瘤。

【不良反应、用药护理注意】1. 致血液、心、肝、肾、肺毒性等。2. 每 60mg 小瓶药注入 29ml 注射用水溶解，尽量减少泡沫，吸取计算好剂量的溶液，用 5% 葡萄糖液 50ml 稀释。3. 预先给地塞米松以降低输液反应。4. 给药前和后应水化。

【制剂、用法】粉针：60mg。2~8℃冷藏。静注：第 1 疗程 20mg/m^2，2 疗程起 27mg/m^2，注 2~10min，28 日 1 疗程，第 1、2、8、9、15、16 天用药，17~28 天休息。

依维莫司[乙] Everolimus（飞尼妥、Afinitor）

【用途】接受舒尼替尼或索拉非尼治疗失败的晚期肾细胞癌（RCC）。

【不良反应】高血压、糖尿病、非感染性肺炎、感染、口腔溃疡、肾损害等。

【用药护理注意】本药可放入约 30ml 水中溶解后服。用药期间不用活疫苗。

【制剂、用法】片：5mg、10mg。口服：每次 10mg，1 次 / 日。每天在同一时间服药，可与食物或不与食物同服，整片用水送服，不咀嚼或压碎。

3. 肿瘤免疫治疗药物

纳武利尤单抗 Nivolumab（尼伏单抗、欧狄沃、奥德武、O 药、Opdivo）

【用途】EGFR 突变阴性和 ALK 阴性的 NSCLC，头颈部鳞癌（SCCHN）。

【不良反应】疲乏、皮疹、腹泻、头痛、周围神经病变、高血压、肺炎等。

【用药护理注意】不得静脉推注或单次快速静脉注射。不与其他药物混合。

【制剂、用法】注射液：40mg（4ml）、100mg（10ml）。2~8℃冷藏。静注：3mg/kg，每次输注 60 分钟，1 次 /2 周，直至出现疾病进展或不可接受的毒性。可将 10mg/ml 溶液直接输注，或用生理盐水、5% 葡萄糖液稀释，浓度可低至 1mg/ml。输液管应配无菌、无热源、低蛋白结合的过滤器（孔径 0.2~1.2μm）。

帕博利珠单抗 Pembrolizumab（派姆单抗、可瑞达、健途得、K 药、Keytruda）

【用途】不可切除或转移性黑色素瘤、EGFR 和 ALK 无突变的 NSCLC。

【不良反应】腹泻、皮肤反应、疲劳、结肠炎、肺炎、肾炎、肝炎、甲亢等。

【用药护理注意】1. 不得静脉推注或单次快速静脉注射给药。2. 不与其他药物混合。3. 勿摇晃药瓶。4. 冷藏后药瓶必须在使用前恢复至室温。

【制剂、用法】注射液：100mg（4ml）。2～8℃冷藏。静注：2mg/kg，每次输注 30 分钟以上，1 次 /3 周，直至出现疾病进展或不可接受的毒性。抽取所需体积浓缩液，转移到含生理盐水或 5% 葡萄糖液输液袋中，制备 1～10mg/ml 稀释液。输液管应配无菌、无热源、低蛋白结合的过滤器（孔径 0.2～5μm）。

特瑞普利单抗[乙] Toripalimab（拓益）

【用途】不可切除或转移性黑色素瘤。

【不良反应、用药护理注意】1. 致贫血，肝、肾损伤等。2. 不得静脉推注。

【制剂、用法】注射液：240mg（6ml）。2～8℃保存。静滴：3mg/kg，滴 30～60 分钟，1 次 /2 周，直至出现疾病进展或不可耐受的毒性。用 100ml 生理盐水稀释成浓度 1～3mg/ml，输液管应配无菌、无热源、低蛋白结合的过滤器（孔径 0.2～0.22μm）。

信迪利单抗 Sintilimab[乙]（达伯舒）

【用途】复发或难治性经典型霍奇金淋巴瘤。

【不良反应】发热、甲状腺功能减退、肺炎、肾炎、腹泻、皮疹、贫血等。

【用药护理注意】1. 不得静脉推注。2. 勿摇晃药瓶。3. 不与其他药物混合。

【制剂】注射液：100mg（10ml）。2~8℃保存。

【用法】静滴：每次200mg，滴30~60分钟，1次/3周，直至出现疾病进展或不可耐受的毒性。用生理盐水稀释成浓度1.5~5mg/ml，输液管应配无菌、无热源、低蛋白结合的过滤器（孔径0.2μm）。

卡瑞利珠单抗[乙] Camrelizumab（艾瑞卡、艾立妥）

【用途】复发或难治性经典型霍奇金淋巴瘤，食管鳞癌、非小细胞肺癌、肝癌。

【不良反应】毛细血管增生症、贫血、发热、甲状腺功能减退症、肺炎等。

【用药护理注意】1. 不得静脉推注。2. 勿摇晃药瓶。3. 输注30~60分钟。

【制剂、用法】粉针：200mg。2~8℃保存。静滴：每次200mg，1次/2周，至有疾病进展或不可耐受毒性。用注射用水5ml沿瓶壁加入复溶后移到100ml生理盐水或5%葡萄糖液中，输液管应配无菌、无热源、低蛋白结合的0.2μm过滤器。

阿替利珠单抗 Atezolizumab (泰圣奇、Tecentriq、T 药) 联合卡铂和依托泊苷用于广泛期小细胞肺癌 (ES-SCLC)。致疲劳、恶心、贫血、皮疹、肝炎、肺炎、结肠炎等。不得静脉推注给药。注射液：1200mg (20ml)。2~8℃冷藏。静滴：每次 1200mg，1 次 /3 周，用生理盐水 250ml 稀释，滴注 60 分钟，如首次输注能耐受，随后输注时间改为 30 分钟。治疗至有疾病进展或不可接受的毒性。

度伐利尤单抗 Durvalumab (德瓦鲁单抗、英飞凡、Imfinzi、I 药) 用于晚期非小细胞肺癌。致疲劳、恶心、肺炎、肝炎、结肠炎等。勿摇晃药瓶。注射液：500mg (10ml)、120mg (2.4ml)。2~8℃冷藏。静滴：10mg/kg，1 次 /2 周，用生理盐水 250ml 稀释，滴注 60 分钟。治疗至有疾病进展或不可接受的毒性。

伊匹单抗 Ipilimumab (易普利姆玛、Yervoy、Y 药) 用于不可切除或转移性黑色素瘤。致腹泻、呕吐、皮疹、结肠炎、间质性肺病、肝炎、神经病变等。注射液：50mg (10ml)、200mg (40ml)。2~8℃冷藏。静滴：3mg/kg，1 次 /3 周，共 4 次，用生理盐水或 5% 葡萄糖液稀释，浓度 1~2mg/ml，滴注 90 分钟。输液管应配无菌、无热源、低蛋白结合的过滤器。

（三）其他抗肿瘤药

三氧化二砷[乙]　Arsenic Trioxide（亚砷酸、伊泰达、纳维雅、Arsenious Acid）

【用途】急性早幼粒细胞白血病（APL）、原发性肝癌晚期。

【不良反应】食欲减退、呕吐、皮肤干燥、色素沉着、肝功能改变等。

【用药护理注意】本品是医疗用毒性药品，应在专科医生指导下观察使用。

【制剂】粉针：5mg、10mg。注射液：5mg（5ml）、10mg（10ml）。亚砷酸氯化钠注射液：10ml（含亚砷酸10mg，氯化钠90mg）。

【用法】静滴：治白血病，每次5~10mg或7mg/m²，用5%葡萄糖液或生理盐水500ml稀释后滴3~4小时，1次/日，用4周，间歇1~2周，也可连续用药。

西达本胺[乙]　Chidamide（爱谱沙、Epidaza）

【用途】至少接受过1次化疗的复发或难治的外周T细胞淋巴瘤（PTCL）。

【不良反应】血液学不良反应、腹泻、呕吐、皮疹、肝、肾功能异常等。

【用药护理注意】每周查1次血常规，至少每3周查1次肝、肾功能。

【制剂、用法】片：5mg。口服：每次30mg（6片），2次/周，两次服药间隔不少于3天（如周一和周四、周二和周五等），早餐后30分钟服。

重组人血管内皮抑制素[乙]　Recombinant Human Endostatin （恩度）

【用途】初治或复治的Ⅲ/Ⅳ期非小细胞肺癌。

【不良反应】心脏反应、消化系统反应、肝功能异常、皮肤及附件反应等。

【用药护理注意】本品为无色澄明液体，有浑浊、沉淀等异常时不能使用。

【制剂】注射液：15mg（3ml）。2~8℃保存。

【用法】静滴：每次 7.5mg/m^2，加入 500ml 生理盐水中匀速静滴 3~4 小时，1 次 / 日，用 14 天，停 7 天为 1 周期，通常进行 2~4 个周期的治疗。

培门冬酶[乙]　Pegaspargase （艾阳）

【用途】儿童急性淋巴细胞白血病。

【不良反应】恶心、腹泻、过敏反应、高血糖、血栓、肝毒性、胰腺炎等。

【用药护理注意】1. 单一部位注射不超过 2ml。2. 给药后应在有复苏装置及急救条件下观察 1 小时，以防发生过敏反应。3. 药物有微粒、浑浊或冻结不能用。

【制剂】注射液：3750IU（5ml）、1500IU（2ml）。2~8℃保存。

【用法】肌注：一般用于联合化疗，每次 2500 IU/m^2，1 次 /14 日。儿童体表面积小于 0.6 平方米，每次 82.5 IU/kg，1 次 /14 日。

替莫唑胺[乙] Temozolomide（泰道、蒂清、交宁）

【用途】多形性胶质母细胞瘤、间变性星形细胞瘤。

【不良反应】恶心、呕吐、头痛、食欲减退、便秘、高血糖、骨髓抑制等。

【用药护理注意】如胶囊有破损，应避免皮肤或黏膜接触胶囊粉状内容物。

【制剂、用法】胶囊：5mg、20mg、50mg、100mg。口服：治疗后复发或进展的患者，未接受过放疗，$200mg/(m^2 \cdot d)$；曾接受过放疗，$150mg/(m^2 \cdot d)$，在 28 天为 1 治疗周期内用药 5 天。空腹整粒吞服（进餐前至少 1 小时）。

来那度胺[乙] Lenalidomide（瑞复美、安显、立生、Revlimid）

【用途】与地塞米松联用于接受过至少 1 种治疗的多发性骨髓瘤。

【不良反应】疲乏、便秘、水肿、致畸风险、血液学毒性、血栓和肺栓塞等。

【用药护理注意】1. 每天在大致相同时间服药。2. 若漏服药时间小于 12 小时，可补服，超过 12 小时则不再补服。3. 不打开、破坏和咀嚼胶囊。

【制剂、用法】胶囊：5mg、10mg、15mg、25mg。口服：每次 25mg，1 次 / 日，在 28 天为 1 周期的第 1~21 天服用，空腹或随餐整粒吞服，至疾病进展或有不可耐受毒性。在每 28 天周期的第 1、8、15 和 22 天同时口服地塞米松 40mg。

　　泊马度胺　pomalidomide（Pomalyst）用于多发性骨髓瘤。参阅来那度胺。胶囊：1mg、2mg、3mg、4mg。口服：在 28 天为 1 周期的第 1~21 天，4mg/d，餐前至少 2 小时或餐后 2 小时整粒吞服，用至疾病进展或有不可耐受毒性。在第 1、8、15 和 22 天同时口服地塞米松 40mg。

　　维 A 酸[甲]（见皮肤科用药，P712）

（四）抗肿瘤辅助药

　　香菇多糖　Lentinan（香菇糖、天地欣、能治难、瘤停能、味之素、健立欣）

【用途】恶性肿瘤的辅助治疗。

【不良反应】轻度头晕、胸闷、恶心、呕吐、面部潮红、皮疹，罕见休克。

【用药护理注意】1. 不与 VitA 混合。2. 粉针先用 2ml 注射用水振摇溶解。

【制剂】粉针：1mg。注射液：1mg（2ml）。片：0.1g。胶囊：0.185g。

【用法】静滴、静注：每次 1mg，2 次 / 周，加入生理盐水或 5% 葡萄糖液 250ml 中静滴，用 5% 葡萄糖液 20ml 稀释后静注。口服：片每次 3~5 片，胶囊每次 3~5 粒，2 次 / 日。

氨磷汀 Amifostine (阿米福汀、天地达、安福定)

【用途】明显减轻化疗药物所致的肾、骨髓、心脏、耳、神经系统毒性。

【不良反应】恶心、呕吐、嗜睡、打喷嚏、金属味、过敏反应、血压下降。

【用药护理注意】1. 同时给予甲氧氯普胺、地塞米松可减轻呕吐等不良反应。2. 有一过性血压轻度下降，用药时宜平卧，并监测血压。3. 能与顺铂迅速形成复合物，两者应间隔15分钟分开使用。4. 停降压药24小时以上方可用本品。

【制剂】粉针: 0.4g, 0.5g。

【用法】静滴: 化疗患者，每次 0.5~0.6g/m², 放疗患者, 0.2~0.3g/m², 均溶于生理盐水 50ml 中，化、放疗前 30 分钟用药 1 次，15 分钟滴完。

康莱特 Kanglaite (注射用薏苡仁油)

【用途】原发性非小细胞肺癌、肝癌等，配合放、化疗有一定的增效作用。

【不良反应】发热、轻度恶心、寒战、偶见轻度静脉炎。

【用药护理注意】1. 冬季用 30℃ 温水预热后用可减轻刺激。2. 有油、水分层现象禁用。3. 不与其他药物混合。4. 用一次性带过滤输液器。5. 防止渗漏至血管外。

【制剂】注射液: 10g (100ml)。胶囊: 0.45g。

【用法】静滴：每次 10~20g，1 次 / 日，1 疗程 20 日，隔 3~5 日可再用。首次使用，开始 10 分钟滴速为 20 滴 / 分，20 分钟后渐增至 30~60 滴 / 分。口服：每次 6 粒，4 次 / 日。

马蔺子素 Irisquinone（安卡）用于肺、食管、头颈部肿瘤的放疗增敏。致胃肠道反应，餐后服可减轻。胶囊：55mg，避光保存。口服：每次 110mg，2 次 / 日，分别于放疗前、后服，应在放疗前 2~3 日开始服，连续用至放疗结束。

乌苯美司 Ubenimex（百士欣）增强免疫功能，配合化疗、手术、放疗联合应用于白血病、恶性淋巴瘤、肺癌、鼻咽癌等多种恶性肿瘤。偶见皮疹、瘙痒、呕吐等。胶囊、片：10mg。口服：每次 30mg，早晨空腹顿服或分 3 次服。

甘露聚糖肽 Mannatide（A 型链球菌甘露聚糖、α- 甘露聚糖肽、力尔凡）
【用途】恶性肿瘤放、化疗中改善免疫功能低下的辅助治疗。
【不良反应】过敏反应、发热、胸闷、呼吸困难、注射部位疼痛等。
【用药护理注意】1. 严密监护并有抢救条件下使用。2. 变换肌注部位。

【制剂、用法】片：5mg。口服液：10mg（10ml）。注射液：5mg（2ml）。粉针：5mg。口服：每次 5~10mg，3 次 / 日。静滴：每次 10mg，加 250ml 生理盐水或 5% 葡萄糖液，1 次 / 隔日。肌注：每次 10~20mg，1 次 / 隔日，1 个月。

红色诺卡氏菌细胞壁骨架 Lyophized Nocardia Rubra-cell Wall Skeleton （艾克佳）

【用途】肿瘤引起的胸水、腹水，肺癌、胃癌、食管癌、肝癌的辅助治疗。

【不良反应】皮下注射处红、肿、痛、硬结，少见发热。

【用药护理注意】1. 高热、有过敏反应慎用。2. 月经干净后 2~3 天开始用。

【制剂】粉针（有效期 1.5 年）：200μg。

【用法】胸、腹腔内注射：尽量抽净胸、腹水，胸腔每次 600μg，腹腔每次 800μg（分别用生理盐水 20ml 和 50ml 稀释，加 5% 利多卡因适量），每周 1~2 次，用 2~4 次。可皮下或瘤内注射、膀胱保留灌注。

美司钠 Mesna （巯乙磺酸钠、美司那、美斯纳、优美善、美安）

【用途】预防异环磷酰胺（IFO）及环磷酰胺（CTX）等的泌尿道毒性。

【不良反应】致恶心、呕吐、腹痛、腹泻、皮肤、黏膜过敏反应等。

【用药护理注意】孕妇慎用。本药可加入 CTX 中同时给药。

【制剂】注射液：200mg（2ml）、400mg（4ml）。

【用法】静注、静滴：常用量为 IFO 或 CTX 剂量的 20%，一般在注射 IFO 或 CTX 的 0、4、8 小时各使用 1 次。一次剂量不宜超过 60mg/kg。

右雷佐生 Dexrazoxane（右丙亚胺、奥诺先）用于减轻蒽环类抗生素（如多柔比星）引起的心肌毒性。致骨髓抑制、肝酶升高等。粉针：250mg。静注、静滴：用量为多柔比星的 10 倍，用所附乳酸钠液配成 10mg/ml 静注，再用生理盐水或 5% 葡萄糖液稀释成 1.3~5mg/ml 快速静滴，30 分钟滴完，随后给予多柔比星。

昂丹司琼〔甲、乙〕 Ondansetron（恩丹西酮、枢复宁、枢丹、欧贝、Zofran）

【用途】预防或治疗化疗药物和放射治疗引起的恶心、呕吐。

【不良反应】头痛、腹部不适、便秘，偶见转氨酶升高，过量致血压升高。

【用药护理注意】胃肠道梗阻者禁用，妊娠慎用，哺乳期妇女应停止哺乳。

【制剂】片：4mg、8mg。胶囊：8mg。注射液：4mg（2ml）、8mg（4ml）。

【用法】静滴、静注、肌注、口服：一般用量 8mg/d。化疗呕吐在化疗前

30 分钟，化疗后 4、8 小时各用 8mg，停止化疗后口服每次 8mg，1 次 /8~12 小时，连用 5 天。加入生理盐水、5% 葡萄糖液或复方氯化钠注射液中静滴。

格拉司琼[乙] Granisetron（格雷西隆、凯特瑞、枢星、欧智宁、Kytril）
【用途、不良反应】同昂丹司琼，作用较强。
【用药护理注意】1. 妊娠期、胃肠道梗阻、对本品过敏禁用。2. 宜临用配制。3. 不与其他药物混合使用。4. 食物可延迟本药吸收，使 AUC 降低。5. 透皮贴片粘贴于清洁、干燥、完整、健康的上臂外侧皮肤。不要将贴片切成小片。
【制剂】片、分散片、胶囊：1mg。注射液：3mg（3ml）。贴片：$34.3mg/52cm^2$。
【用法】口服：每次 1mg，2 次 / 日。静注、静滴：3mg/d，用生理盐水或 5% 葡萄糖液 20~50ml 稀释静注，化疗或放疗前 30 分钟。用量不超过 9mg/24h。

托烷司琼[乙] Tropisetron（托普西龙、呕必亭）同昂丹司琼，作用较强，静注过快可使血压升高。胶囊：5mg。注射液：5mg。口服：每次 5mg，1 次 / 日，餐前 1 小时以上或早上起床后服，疗程 6 日。静滴、静注：5mg/d，溶于生理盐水、5% 葡萄糖或林格液 100ml 中静滴或缓慢静注，第 2~6 日口服给药。

阿扎司琼　Azasetron（阿扎西隆、苏罗同、丁悦、Serotone）同昂丹司琼，作用较强。遇光易分解，启封后应立即使用并注意避光。注射液：10mg（2ml）。阿扎司琼氯化钠注射液：10mg（50ml）。片：10mg。静注：每次 10mg，1 次／日，用生理盐水 40ml 稀释，于化疗前 30 分钟缓慢静注。口服：10mg/d。

帕洛诺司琼[乙]　Palonosetron（阿乐喜、诺威、止若）同昂丹司琼。不与其他药物混合使用。胶囊：0.5mg。注射液：0.25mg（5ml）。口服：单剂量 0.5mg，化疗前约 1 小时，可不考虑食物影响。静注：单剂量 0.25mg，用生理盐水 20ml 稀释后，于化疗前 30 分钟静注，注射 30 秒以上，7 日内无需重复给药。

雷莫司琼　Ramosetron（奈西雅、永和、Nasea）同昂丹司琼。注射液：0.3mg（2ml）。口内崩解片：0.1mg。口内崩解片每次 0.1mg，1 次／日。静注：每次 0.3mg，1 次／日，不超过 0.6mg/d，用生理盐水稀释，于化疗前 15~30 分钟静注。

阿瑞匹坦　Aprepitant（阿瑞吡坦、意美）
【用途】化疗和放射治疗引起的恶心、呕吐，手术后的恶心、呕吐。

【不良反应】厌食、疲乏、便秘、腹泻、恶心、呃逆、皮疹、低血钾等。

【用药护理注意】不长期用于恶心和呕吐。可使性激素避孕药的疗效减低。

【制剂、用法】胶囊：3粒装，1粒125mg，2粒80mg。口服：给药3天，化疗前1小时服125mg，第2和第3天早晨各服80mg。可与食物同服或不同服。化疗前30分钟服地塞米松6mg，第2~4天早晨各服地塞米松3.75mg。

福沙匹坦 Fosaprepitant （福沙匹坦双葡甲胺、坦能、善启）

【用途】化疗药引起的恶心、呕吐。

【不良反应】疲乏、腹泻、过敏、贫血、中性粒细胞减少、白细胞减少等。

【用药护理注意】不推荐使用PVC材质输液袋。药液有颗粒或变色时不用。

【制剂、用法】粉针：150mg。2~8℃保存。静滴：第1天化疗开始前30分钟单次给药150mg，将5ml生理盐水沿粉针瓶壁注入，轻轻旋动玻璃瓶，再将药液注入145ml生理盐水输液袋中，配成浓度为1mg/ml。第1~4天联用地塞米松。

帕米膦酸二钠、氯膦酸二钠、伊班膦酸、唑来膦酸 （见钙、磷代谢调节药，P668~669）

四、主要作用于中枢神经系统的药物

（一）中枢神经兴奋药

咖啡因[乙] Caffeine（咖啡碱）

【用途】中枢性呼吸抑制和中枢抑制药中毒，神经官能症、偏头痛。

【不良反应】胃酸分泌增加、胃肠不适、心悸、期外收缩、失眠、多尿等。

【用药护理注意】1. 属第二类精神药品。2. 急性心肌梗死、胃溃疡禁用。

【制剂】**安钠咖**（苯甲酸钠咖啡因、CNB）注射液：0.25g（1ml）、0.5g（2ml）。

咖溴合剂（巴氏合剂）：200ml 中含安钠咖 0.05~2g 及溴化钠 1~10g。

【用法】解救中枢抑制：皮下注射或肌注 CNB 每次 0.25~0.5g，1~2 次 / 日，极量：每次 0.75g，3g/d。调节大脑皮质活动：口服咖溴合剂每次 10~15ml，3 次 / 日，餐后服。

尼可刹米[甲] Nikethamide（可拉明、二乙烟酰胺、Coramine）

【用途】中枢性呼吸抑制及各种原因引起的呼吸抑制。

【不良反应】呕吐、烦躁不安、抽搐、心悸、血压升高、心律失常、惊厥。

【用药护理注意】1. 剂量过大可致惊厥。2. 出现震颤、肌僵直等不良反应

225

要及时停药。3. 抢救病人宜缓慢静注给药。4. 不与碱性药配伍，因可发生沉淀。

【制剂】注射液：0.375g (1.5ml)、0.5g (2ml)。

【用法】皮下注射、肌注、静注：每次 0.25~0.5g，必要时 1~2 小时重复用药。极量：每次 1.25g。小儿每次用量：< 6 个月 75mg，1 岁 0.125g，4~7 岁 0.175g。

洛贝林[甲] Lobeline (盐酸洛贝林、山梗菜碱、祛痰菜碱)

【用途】各种原因引起的中枢性呼吸抑制，新生儿窒息，一氧化碳中毒等。

【不良反应】恶心、呕吐、心动过速、传导阻滞、呼吸抑制等，偶见惊厥。

【用药护理注意】1. 不与碱性药配伍。2. 药液遇光、热易分解变色。

【制剂】注射液：3mg (1ml)、10mg (1ml)。

【用法】皮下注射、肌注：每次 10mg。极量：每次 20mg，50mg/d。儿童每次 1~3mg。静注：每次 3mg。极量：每次 6mg，20mg/d。儿童每次 0.3~3mg。静注应缓慢，必要时每 30 分钟可重复用药。

贝美格[甲] Bemegride (美解眠、Megimide)

【用途】巴比妥类等中毒的中枢抑制，加速硫喷妥钠麻醉后的恢复。

【不良反应】恶心、呕吐、反射性运动增强、肌肉震颤、惊厥和情绪不安。

【用药护理注意】1. 吗啡中毒禁用。2. 本品作用快，多采用静滴。3. 静滴不宜过快，以免致惊厥。4. 注射时备好短效巴比妥类药，以便惊厥时解救。

【制剂】注射液：50mg（10ml）、50mg（20ml）。

【用法】静滴：每次 50mg，临用前加 5% 葡萄糖液 250~500ml 稀释后滴入。静注：每次 50mg，1 次 /3~5 分钟，至病情改善或出现早期中毒症状。

二甲弗林[乙] Dimefline（盐酸二甲弗林、回苏灵、Remefline）

【用途】中枢性呼吸衰竭、呼吸抑制。

【不良反应】恶心、呕吐，剂量过大可致惊厥，尤以小儿多见。

【用药护理注意】1. 有惊厥史、肝肾功能不全和孕妇禁用。2. 准备短效巴比妥类药，以便惊厥时解救。3. 静注应稀释后慢注，并注意病人反应。4. 本品遇光、热不稳定。

【制剂】片：8mg。注射液：8mg（2ml）。

【用法】口服：每次 8~16mg，2~3 次 / 日。肌注：每次 8mg。静滴、静注：每次 8~16mg，用 5% 葡萄糖液 20ml 稀释静注，用 5% 葡萄糖液或生理盐水稀释静滴。

多沙普仑[乙] Doxapram（盐酸多沙普仑、佳苏仑、多普兰、永瑞捷）

【用途】呼吸衰竭。

【不良反应】呕吐、头痛、无力、呼吸困难，偶见胸闷、胸痛、血压升高。

【用药护理注意】1. 用药时常规测血压和脉搏，以防止药物过量。2. 禁与碱性药合用。3. 药液外漏引起局部刺激。4. 滴速宜慢，以免引起溶血。

【制剂】注射液：20mg（1ml）、100mg（5ml）。

【用法】静注、静滴：术后催醒每次 0.5~1mg/kg，至少隔 5 分钟才能重复，总量不超过 2mg/kg，静滴时用 5% 葡萄糖液或生理盐水稀释至 1mg/ml，开始滴速 5mg/min，获效后减至 1~3mg/min，总量不超过 4mg/kg。其他药物引起的中枢抑制每次 1~2mg/kg，每 1~2 小时可重复注射 1 次，至病人苏醒，总量不超过 3g/d。

莫达非尼 Modafinil（伟大、Provigil）用于抑郁症、特发性嗜睡、发作性睡病。属第一类精神药品。致皮疹、头痛、恶心、腹泻、发热、兴奋感、高血压、心悸等。用药期间避免饮酒。片、胶囊：20mg、100mg、200mg。口服：每日睡前 1.5 小时服 50~100mg，每 4~5 天增加 50mg，直至最适剂量（200~400mg/d）。或每次 100~200mg，1 次 / 日，早晨服用。与食物同服药物吸收推迟约 1 小时。

（二）脑功能改善药

甲氯芬酯 [乙] Meclofenoxate（盐酸甲氯芬酯、氯酯醒、遗尿丁、Lucidril）

【用途】外伤性昏迷、新生儿缺氧症、儿童遗尿症、乙醇中毒、老年性痴呆。

【不良反应】兴奋、失眠、倦怠、胃部不适、血压波动、注射血管痛等。

【用药护理注意】本品易水解，须临用前配制。分散片可加水分散后口服。

【制剂、用法】分散片：0.1g。胶囊：0.1g、0.2g。粉针：0.1g、0.2g、0.25g。口服：每次 0.1~0.2g，儿童每次 0.1g，3 次 / 日，至少连服 1 周。肌注、静注、静滴：每次 0.1~0.25g，3 次 / 日，用注射用水或 5% 葡萄糖液溶解成 5%~10% 溶液静注，或溶于 5% 葡萄糖液 250~500ml 中静滴；儿童每次 60~100mg，2 次 / 日。

乙胺硫脲 Antiradon（氨乙异硫脲、克脑迷、抗利痛、Aminoethylisothiourea）

【用途】脑外伤性昏迷、脑外伤后遗症、一氧化碳中毒、脑缺氧等。

【不良反应】心动过缓、呼吸急促、面部发红、偶见皮疹、发热、静脉炎。

【用药护理注意】孕妇、冠心病禁用，防止药液漏出血管外。

【制剂、用法】粉针：1g。静滴：每次 1g，用 5%~10% 葡萄糖液 250~500ml 稀释，滴速 40 滴 / 分，1 次 / 日，静滴过程有心跳过缓、面红等应减慢滴速或停药。

甲磺酸二氢麦角碱[乙] Dihydroergotoxine Mesylate（二氢麦角碱、甲磺酸双氢麦角毒碱、哥弟静、海特琴、海得琴、培磊能、思清、韦伯、Dihydroergotoxine）

【用途】脑动脉硬化、脑外伤后遗症、血管性痴呆、动脉内膜炎、偏头痛。

【不良反应】恶心、呕吐、眩晕、面部潮红、皮疹、心悸、体位性低血压。

【用药护理注意】1. 注射后应卧床 1.5 小时以上，直立过程应缓慢。2. 用药前后监测血压。3. 可致视物模糊、眩晕，避免开车和机械操作。4. 用 5% 葡萄糖液或生理盐水 250~500ml 稀释静滴、20ml 稀释静注，静注应缓慢。

【制剂】缓释片、缓释胶囊：2.5mg。注射液：0.3mg（1ml）。粉针：0.3mg。

【用法】口服：缓释片、胶囊每次 2.5mg，2 次 / 日，早晚餐时或餐后整片（粒）吞服。肌注：每次 0.3mg，2 次 / 日。静注、静滴：每次 0.3mg，1~2 次 / 日。

吡拉西坦[乙] Piracetam（吡乙酰胺、酰胺吡咯烷酮、脑复康、思泰、诺多必）

【用途】脑血管病、脑外伤引起记忆和脑功能障碍，儿童发育迟缓等。

【不良反应】恶心、呕吐、口干、食欲差、呕吐、皮疹，轻度转氨酶升高。

【用药护理注意】锥体外系疾病、孕妇禁用。不与拟胆碱药合用。

【制剂】片：0.4g。胶囊：0.2g。口服液：0.4g（10ml）、0.8g（10ml）。注

射液：1g（5ml）、4g（20ml）。吡拉西坦氯化钠注射液：8g（250ml）。

【用法】口服：每次0.8~1.6g（2~4片），2~3次/日，4~8周1疗程。肌注：每次1g，2~3次/日。静注：每次4g，2次/日。静滴：每次4~8g，用5%葡萄糖液或生理盐水250ml稀释，1次/日。老年及儿童用量减半。

茴拉西坦 Aniracetam（阿尼西坦、三乐喜、脑康酮）用于中、老年记忆减退和脑血管病后的记忆减退。偶见头昏、口干、嗜睡、便秘、食欲减退、皮疹等。片：0.05g，0.1g。胶囊：0.1g，0.2g。口服：每次0.2g，3次/日，疗程1~2月。

胞磷胆碱[乙] Citicoline（胞二磷胆碱、胞磷胆碱钠、尼可林、尼古林）

【用途】急性颅脑外伤、脑手术后、中风引起的意识障碍。

【不良反应】偶见恶心、畏食、失眠、兴奋、一过性血压下降、发热。

【用药护理注意】1.脑出血急性期忌用每次0.5g大剂量。2.注意监测血压。

【制剂】注射液：0.1g（2ml）、0.25g（2ml）。粉针：0.25g。片、胶囊：0.1g。

【用法】静滴：0.25~0.5g/d，小儿4~12mg/（kg·d），用5%或10%葡萄糖液稀释后慢滴，5~10日1疗程。口服：每次0.1~0.2g，3次/日。一般不采用肌注。

奥拉西坦 Oxiracetam (奥拉酰胺、脑复智) 用于老年痴呆和脑外伤、脑炎等引起的记忆与智能障碍。胶囊：0.4g。注射液：1g (5ml)。口服：每次 0.8g，2~3 次 / 日。静滴：每次 4g，加 5% 葡萄糖液或生理盐水 100~250ml，1 次 / 日。

吡硫醇 Pyritinol (脑复新) 用于脑震荡、脑外伤、脑炎等后遗症，脑动脉硬化。糖尿病慎用。致注射部位疼痛。片：0.1g。注射液：0.1g、0.2g (2ml)。粉针：0.1g、0.2g、0.4g。口服：每次片剂 0.1~0.2g，儿童每次 0.05~0.1g，3 次 / 日。静滴：0.2~0.4g，1 次 / 日，用 5% 葡萄糖液或生理盐水 250~500ml 稀释。

尼麦角林[乙] Nicergoline (麦角溴烟酯、瑟米恩、爱得生、富路通、思尔明)

【用途】脑血管障碍、脑出血后遗症和下肢闭塞性动脉内膜炎等。

【不良反应、用药护理注意】1. 致头晕、食欲缺乏、心慌等。2. 注射后平躺休息片刻，防低血压。3. 餐前或与食物同服可减轻胃刺激。4. 用药期间禁饮酒。

【制剂】片：5mg、10mg。胶囊：15mg、30mg。粉针：2mg、4mg。

【用法】口服：每次 10mg，3 次 / 日，胶囊每次 15mg，2 次 / 日，勿咀嚼。肌注、静滴：每次 2~4mg，1~2 次 / 日，用生理盐水或 5% 葡萄糖液 100ml 稀释。

　　乙酰谷酰胺　Aceglutamide（醋谷胺）用于脑外伤昏迷、肝性脑病、高位截瘫、小儿麻痹后遗症等。可致血压下降。注射液：0.1g（2ml），0.25g、0.6g（5ml）。肌注、静滴：0.1~0.6g/d，用 5%~10% 葡萄糖液 250ml 稀释后缓慢静滴。

　　脑蛋白水解物　Cerebroprotein Hydrolysate（施普善、脑复素、Cerebrolysin）用于中风、颅手术、脑感染、脑震荡或挫伤后遗症。注射过快可引起热感，偶见过敏反应。注射液：1ml、2ml、5ml、10ml。肌注：每次 1~5ml，1 次 / 日。静滴：每次 10~30ml，稀释于 250ml 生理盐水中滴 60~120 分钟，1 次 / 日，连用 10~14 次。

　　艾地苯醌　Idebenone（羟癸甲氧醌、金博瑞、雅伴）用于脑梗死、脑出血后遗症，脑动脉硬化症伴随的情绪和语言障碍。致皮疹、失眠、肝功能损害等。长期服用需监测肝功能。片：30mg。口服：每次 30mg，3 次 / 日，餐后服。

　　石杉碱甲[甲]　Huperzine A（双益平、哈伯因、富伯信）
【用途】良性记忆障碍、阿尔茨海默病、脑器质性病变引起的记忆障碍等。
【不良反应】头晕、恶心、呕吐、胃肠不适、乏力、失眠、视物模糊等。

【用药护理注意】从小剂量服用，剂量过大致头晕、恶心、胃肠不适等。

【制剂、用法】片、胶囊：50μg。口服：每次 100~200μg，2 次 / 日，用 1~2 个月。

多奈哌齐[乙] Donepezil（盐酸多奈哌齐、安理申、思博海、诗乐普、扶斯克）

【用途】轻、中度或重度阿尔茨海默病症状的治疗。

【不良反应、用药护理注意】腹泻、恶心、头痛、失眠等。中止治疗无反跳。

【制剂、用法】片：5mg、10mg。口服：每次 5mg，1 次 / 日，晚上睡前服。1 个月后可增至最大剂量，每次 10mg，1 次 / 日，进食不影响吸收。可以持续治疗。

利斯的明[乙] Rivastigmine（卡巴拉汀、艾斯能）用于阿尔茨海默病。致胃肠道反应等。贴剂：4.6mg（5cm²）、9.5mg（10cm²）。外用：贴于上背或下背、上臂或胸部的清洁、干燥、无毛、无破损的皮肤，14 天内同部位不重复。起始剂量为 4.6mg/24 小时，1 次 / 日。至少治疗 4 周后，剂量增加至 9.5mg/24 小时，1 次 / 日。

单唾液酸四己糖神经节苷脂钠 Monosialotetrahexosylganglioside Sodium（博司捷、申捷）用于血管性或外伤性中枢神经系统损伤、帕金森氏病。致皮疹、呼吸困难、头晕、寒战、发热、心悸等。粉针：20mg。注射液：20mg（2ml）、40mg（2ml）、100mg（5ml）。肌注、缓慢静滴：20~40mg/d，1 次或分次。

细胞色素 C Cytochrome C 用于各种缺氧的急救或辅助治疗。可致过敏反应，用前应做皮试，治疗中止后再用药仍需皮试。注射液：15mg（2ml）。粉针：15mg。缓慢静注、静滴：每次 15~30mg，静注用 25% 葡萄糖液 20ml 稀释，静滴用 5%~10% 葡萄糖液或生理盐水稀释，1~2 次 / 日。

（三）镇静、催眠、抗焦虑及抗惊厥药

苯巴比妥[甲] Phenobarbital（鲁米那、Luminal）

【用途】焦虑、失眠、惊厥、癫痫、高胆红素血症，麻醉前给药等。

【不良反应】1. 头晕、嗜睡、困倦、恶心、呕吐等。2. 偶见粒细胞减少和皮疹、剥脱性皮炎、药物热等过敏反应。3. 新生儿可致低凝血酶原血症。4. 久用可产生耐受性、依赖性和蓄积中毒。

【用药护理注意】1. 严重肝、肾或肺功能不全禁用。2. 注射剂不与酸性药物配伍。3. 静注速度不超过 60mg/min，过快可致呼吸抑制。4. 饮酒可增强本

药的中枢抑制作用,勿饮酒。5.多食富含叶酸及钙质食物。6.出现过敏反应立即停药。7.长期治疗癫痫时不能突然停药,以免引起癫痫发作。8.应临用时配制。

【制剂】片:10mg、15mg、30mg、100mg。粉针:0.05g、0.1g、0.2g。

【用法】镇静、抗癫痫:口服每次15~30mg,3次/日,小儿每次1~2mg/kg,2次/日。抗惊厥:肌注每次100mg,必要时4~6小时后重复1次。催眠:口服每次30~100mg,睡前服1次;肌注每次100mg,小儿每次3~5mg/kg。麻醉前给药:术前0.5~1小时肌注100~200mg,小儿每次2mg/kg。癫痫持续状态:缓慢静注,每次200mg。口服、肌注、静注极量:每次250mg,500mg/d。

异戊巴比妥[乙] Amobarbital(阿米妥、Amytal)

【用途】镇静、催眠、抗惊厥,麻醉前给药。

【不良反应】同苯巴比妥。

【用药护理注意】1.属第二类精神药品。2.粉针用注射用水配成5%~10%溶液,药液不澄清不宜用。溶液不稳定,须现配现用。3.静注应缓慢(不超过0.1g/min),并观察病人的呼吸和肌松程度。4.本品刺激性强,肌注宜深。

【制剂】片:0.1g。粉针:0.1g、0.25g、0.5g。

【用法】口服：镇静每次 0.03~0.05g，2~3 次／日；催眠每次 0.1~0.2g，睡前服。极量：每次 0.2g，0.6g/d。肌注：催眠每次 0.1~0.2g。缓慢静注：抗惊厥，每次 0.3~0.5g，儿童每次 3~5mg/kg。肌注、静注极量：每次 0.25g，0.5g/d。

司可巴比妥[乙] Secobarbital (速可眠、西康乐、Seconal) 参阅苯巴比妥。用于不易入睡的失眠、抗惊厥、麻醉前给药。属第一类精神药品。片、胶囊：0.1g。粉针：0.05g。口服：催眠每次 0.05~0.2g，睡前服。极量：每次 0.3g。

唑吡坦[乙] Zolpidem (酒石酸唑吡坦、思诺思、舒睡晨爽、乐坦、Stilnox)
【用途】各种失眠。
【不良反应】次日头晕、困倦、嗜睡、头痛、共济失调、腹泻、梦游等。
【用药护理注意】1. 属第二类精神药品。2. 食物影响本药吸收，应空腹服。3. 服药期间禁饮酒、禁止驾驶。4. 长期使用应逐步停药，以避免出现戒断反应。
【制剂】片、胶囊：5mg、10mg。
【用法】口服：每次 10mg，老人 5mg，睡前服，不超过 10mg/d。用药一般不超过 4 周。

水合氯醛 Chloral Hydrate（水化氯醛）用于失眠、抗惊厥。刺激性强、久用有依赖性与耐受性、大剂量可抑制心肌。消化性溃疡、胃肠炎不宜口服。用药期间禁酒。溶液：10%（1g = 10ml）。口服：10% 溶液 5~15ml，小儿每次 0.1~0.15ml/kg，睡前服。用时必须稀释，可用多量水稀释或与馒头同服。灌肠：10% 溶液 15~20ml 稀释 1~2 倍后灌肠。极量：每次 2g（10% 溶液 20ml），4g/d。

佐匹克隆[乙] Zopiclone（唑吡酮、忆孟返）

【用途】失眠症。

【不良反应、用药护理注意】1. 属第二类精神药品。2. 致皮疹、嗜睡、口苦、噩梦等。3. 服药后不得驾车和操作机械，禁饮酒。4. 长期使用应逐步停药。

【制剂、用法】片：3.75mg、7.5mg。胶囊：7.5mg。口服：每次 7.5mg，老人每次 3.75mg，睡前服。治疗持续时间尽量短，用药不超过 4 周。

艾司佐匹克隆 Eszopiclone（右佐匹克隆、文飞）用于失眠。参阅佐匹克隆，作用较强，毒性较低。不能快速减量或突然停药。片：1mg、2mg、3mg。口服：起始剂量为 2mg，睡前服，可根据需要增加到 3mg。

扎来普隆[乙] Zaleplon (安维得、百介民、安己辛、顺思)

【用途】入睡困难失眠症的短期治疗。

【不良反应】头痛、嗜睡、乏力、多梦、反跳性失眠等，长期使用有依赖性。

【用药护理注意】1. 属第二类精神药品。2. 服药后应有 4h 以上的睡眠时间。3. 不应在高脂饮食后服药。4. 用药不超过 7~10 天。5. 避免危险作业。6. 禁饮酒。

【制剂、用法】片、胶囊、分散片：5mg。口服：每次 5~10mg，睡前即服。

地西泮[甲] Diazepam (安定、苯甲二氮䓬、Valium、Diapam)

【用途】焦虑、失眠、癫痫、惊厥、肌肉痉挛，麻醉前给药。

【不良反应】1. 常见头晕、嗜睡、疲乏等。2. 偶见精神迟钝、视物不清、低血压、呼吸抑制、尿潴留、皮疹等。3. 久用有耐受性和依赖性。

【用药护理注意】1. 属第二类精神药品。2. 静注过快可致呼吸抑制，应缓慢静注。3. 静脉给药后应卧床 3 小时以上。4. 本品含苯甲醇，儿童禁止肌注。5. 久用不能突然停药，应逐渐减量。6. 严重乙醇中毒可加重中枢抑制作用，禁饮酒。

【制剂】片：2.5mg、5mg。注射液：10mg (2ml)。

【用法】口服：抗焦虑每次 2.5~10mg，2~4 次 / 日；催眠每次 5~10mg，睡

239

前服。小儿常用量：6 个月以下不用，6 个月以上每次 1~2.5mg，3~4 次 / 日。肌注、静注：每次 10~20mg。

氯氮䓬 Chlordiazepoxide（利眠宁、甲氨二氮䓬、Librium）

【用途】焦虑、失眠、癔病、癫痫。

【不良反应】嗜睡、便秘、共济失调、粒细胞减少、少尿，久用有依赖性。

【用药护理注意】1. 属第二类精神药品。2. 用药期间不宜驾驶车辆、操作机械。3. 用药期间禁饮酒。4. 久用后骤停可能引起撤药反应，应逐步停药。

【制剂、用法】片：5mg、10mg。口服：抗焦虑每次 5~10mg，2~3 次 / 日；镇静每次 5~10mg，3 次 / 日；催眠每次 10~20mg，睡前服。

硝西泮[乙] Nitrazepam（硝基安定、益脑静、Mogadon）用于失眠、癫痫、惊厥。属第二类精神药品。致头晕、嗜睡、依赖性，偶见皮疹、肝损害等。用药期间不宜驾驶车辆、操作机械，禁饮酒。长期用药后骤停可能引起惊厥等撤药反应，如需停药应逐渐减量。片：5mg、10mg。口服：催眠每次 5~10mg，睡前服；抗癫痫每次 5mg，3 次 / 日，老年减半。极量 200mg/d。

氯硝西泮[甲、乙] Clonazepam（氯硝安定、利福全、静康、Clonopin）

【用途】癫痫、惊厥、舞蹈症。

【不良反应、用药护理注意】1. 属第二类精神药品。2. 致嗜睡、头晕、耐受性、依赖性等。3. 静注应缓慢。4. 久用突然停药可致癫痫持续状态。5. 禁饮酒。

【制剂】片：0.5mg、2mg；注射液：1mg（1ml）。

【用法】口服：初始量 0.75~1mg/d，分 2~3 次服，以后逐渐增加，维持量 4~8mg/d，分 2~3 次服。肌注：每次 1~2mg，2~4mg/d。静注：每次 1~4mg，小儿每次 0.02~0.06mg/kg。静滴：4mg 溶于生理盐水 500ml 中慢滴。

氟西泮 Flurazepam（氟安定、盐酸氟西泮、妥眠多、妥眠当）用于入睡困难、夜间多醒、早醒。属第二类精神药品。致头晕、嗜睡、共济失调等，孕妇、15 岁以下禁用。禁饮酒。胶囊：15mg、30mg。口服：每次 15~30mg，睡前服。

氟硝西泮 Flunitrazepam（氟硝安定、罗眠乐、Rohypnol）用于镇静、失眠、静脉麻醉。属第二类精神药品。同地西泮。片：1mg、2mg；注射液：2mg。口服：每次 2mg，睡前服。肌注（麻醉前给药）、缓慢静注（诱导麻醉）：每次 1~2mg。

夸西泮　Quazepam（四氟硫安定、Prosedar）用于习惯性失眠、入睡困难、夜间易醒。参阅地西泮。片：7.5mg、15mg。口服：每次 7.5~15mg，老年人 7.5mg，睡前服。

奥沙西泮^[乙]　Oxazepam（去甲羟基安定、氯羟氧二氮䓬、舒宁）用于焦虑、神经官能症、癫痫、失眠等。属第二类精神药品。致萎靡不振、头晕、恶心等。片：15mg、30mg。口服：每次 15~30mg，3 次 / 日，老年人每次 7.5~15mg，3 次 / 日。

劳拉西泮^[甲]　Lorazepam（氯羟安定、罗拉、佳普乐、洛拉酮）用于焦虑、失眠。属第二类精神药品。参阅地西泮，易产生依赖性。片：0.5mg、1mg、2mg。注射液：2mg（2ml）、4mg（2ml）。口服：抗焦虑每次 0.5~2mg，2~3 次 / 日；催眠每次 2~4mg，睡前服。肌注、静注：每次 1~4mg，每次不超过 4mg。

哈拉西泮　Halazepam（帕克西泮、三氟安定）用于焦虑症或焦虑症状的短期治疗。属第二类精神药品。参阅地西泮。片：20mg、40mg。口服：每次 20~40mg，3~4 次 / 日。年老体弱者，每次 20mg，1~2 次 / 日。

溴西泮 Bromazepam（滇西泮、溴安定）用于抗焦虑、镇静、催眠。属第二类精神药品。参阅地西泮，作用较强，儿童对本药敏感，服药不受进食影响，长期用药可致依赖性。片：1.5mg、3mg、6mg。口服：每次 1.5~3mg，2~3 次 / 日。

咪达唑仑[甲、乙] Midazolam（咪唑安定、多美康、弗赛得、力月西）

【用途】失眠症、术前麻醉诱导，手术前或器械性诊断检查前镇静。

【不良反应】头晕、呼吸抑制、低血压、心悸、皮疹、幻觉等，有依赖性。

【用药护理注意】1. 属第二类精神药品。2. 可用生理盐水、5% 或 10% 葡萄糖液、林格氏液稀释药物。3. 不驾车和操作机械。4. 减量应逐渐进行。5. 禁饮酒。

【制剂】片：7.5mg、15mg。注射液：5mg（1ml）、10mg（2ml）、15mg。

【用法】口服：每次 7.5~15mg，睡前服。肌注：术前用药 0.1~0.15mg/kg。静注：术前准备，术前 5~10 分钟注射 2.5~5mg。

三唑仑 Triazolam（三唑苯二氮䓬、海乐神、酣乐欣、Halcion）用于镇静、催眠。属第一类精神药品。参阅地西泮，易成瘾，孕妇、哺乳期妇女、18 岁以下禁用。片：0.125mg、0.25mg。口服：每次 0.25~0.5mg，睡前服，老年减半。

艾司唑仑[甲] Estazolam（三唑氯安定、舒乐安定、忧虑定、Surazepam）用于焦虑、失眠、癫痫大小发作、术前镇静。属第二类精神药品。致乏力、嗜睡等，禁饮酒。片：1mg、2mg。口服：镇静、抗焦虑每次 1mg，3 次 / 日；催眠每次 1~2mg，睡前服；癫痫每次 2~4mg，3 次 / 日；麻醉前给药 2~4mg，术前 1 小时服。

阿普唑仑[甲] Alprazolam（甲基三唑安定、佳静安定、佳乐定、安适定）
【用途】焦虑、抑郁症、失眠、抗恐惧、抗癫痫。
【不良反应、用药护理注意】1. 属第二类精神药品。2. 致嗜睡、乏力等，有依赖性。3. 参阅地西泮。4. 儿童对本药敏感，18 岁以下用量未确定。5. 禁饮酒。
【制剂】片：0.4mg。胶囊：0.3mg。
【用法】口服：抗焦虑，每次 0.4mg，3 次 / 日，用量可按需递增，但不超过 4mg/d；镇静催眠，每次 0.4~0.8mg，睡前服。老年人用量酌减。

美沙唑仑 Mexazolam（甲氯唑仑、美唑仑）用于神经官能症、植物神经功能失调等。致肝功能异常、血压下降、消化不良等，大剂量可产生依赖性。片：0.5mg、1mg。口服：每次 0.5~1mg，3 次 / 日。老年人最大剂量为 1.5mg/d。

氯普唑仑 Loprazolam（甲磺酸氯普唑仑）用于失眠症的短期治疗。参阅地西泮。用药后白天不易产生困倦，也不易产生反跳，食物明显降低本药吸收。片：1mg。口服：每次 1mg，睡前服，必要时可增至 1.5~2mg，连用药不超过 4 周。

丁螺环酮[甲] Buspirone（盐酸丁螺环酮、一舒、奇比特、苏新）

【用途】焦虑症。

【不良反应】头晕、头痛、恶心、呕吐、便秘等，目前尚未发现其依赖性。

【用药护理注意】1. 本品显效需 2~4 周。2. 禁饮酒。3. 用药期间不宜驾驶。

【制剂、用法】片：5mg。口服：开始每次 5mg，2~3 次 / 日，第 2 周增加至每次 10mg，2~3 次 / 日，常用治疗量 20~40mg/d。

坦度螺酮[乙] Tandospirone（枸橼酸坦度螺酮、希德、律康）用于各种神经症所致的焦虑状态。致困倦、嗜睡、步态蹒跚、头晕、恶心、皮疹等，有依赖性，用药期间不得从事危险作业。片：10mg。胶囊：5mg。口服：每次 10mg，3 次 / 日，餐后服，不超过 60mg/d。

氟哌噻吨美利曲辛^[乙] Flupentixol And Melitracen （黛力新、黛安神、Deanxit）

【用途】焦虑、抑郁、神经衰弱、抑郁性神经官能症等。

【不良反应】推荐剂量不良反应少而轻，短暂不安、失眠、头晕、震颤等。

【用药护理注意】1. 夜间服用可影响睡眠，不应在下午 4 时后服药。2. 用单胺氧化酶抑制剂者两周内不用本品。3. 已使用的镇静药应逐渐停用。4. 禁饮酒。

【制剂】片、胶囊：含氟哌噻吨 0.5mg、美利曲辛 10mg。

【用法】口服：2 片 / 日，早晨、中午各服 1 片。维持量，每天早晨 1 片。

（四）抗癫痫药

苯妥英钠^[甲] Phenytoin Sodium （大仑丁、Dilantin）

【用途】癫痫部分性发作和持续状态，三叉神经、坐骨神经痛，心律失常。

【不良反应】1. 胃肠刺激症状、共济失调、眼球震颤、皮疹、齿龈增生（儿童多见）、痤疮、肝毒性等。3. 偶见骨软化、粒细胞减少、再障、致畸。

【用药护理注意】1. 不能擅自骤然停药，以免诱发癫痫发作。2. 注意口腔卫生。3. 静注不宜过快，以免致血压下降。4. 不能肌注或皮下注射。5. 餐后服药可减轻胃肠道反应。6. 本品易潮解，应避湿避光保存。7. 定期查血象和肝功能等。

【制剂】片：0.05g、0.1g。粉针：0.1g、0.25g。

【用法】口服：抗癫痫开始每次0.1g，2次/日，1~3周内加至0.25~0.3g/d，分3次，餐后服。极量：每次0.3g，0.5g/d。静注：每次0.15~0.25g，溶于灭菌注射用水或5%葡萄糖液20~40ml，缓慢静注（不超过50mg/min）。

卡马西平[甲、乙]Carbamazepine（酰胺咪嗪、卡巴咪嗪、芬来普辛、痛惊宁、痛痉宁、立痛定、得理多、卡平、Tegretol）

【用途】癫痫、三叉神经痛、神经源性尿崩症、躁狂抑郁症、心律失常。

【不良反应】1. 胃肠道反应。恶心、呕吐等。2. 神经系统症状。眩晕、眼球震颤、视力模糊、共济失调。3. 偶见过敏、白细胞减少、再障、致畸、甲低症。

【用药护理注意】1. 不能大量饮水，以避免水中毒。2. 须按时按量服药，停药按医嘱逐步减量。3. 漏服应尽快补服，但不得1次服双倍量，可在1日内分次补足用量。4. 忌饮酒。5. 不得从事危险作业。6. 定期查血象、肝功能和尿常规。

【制剂】片：0.1g、0.2g。缓释片：0.2g、0.4g。胶囊：0.2g。

【用法】口服：抗癫痫、抗惊厥，开始每次0.1~0.2g，1~2次/日，逐渐增加至每次0.3~0.4g，餐后服，极量1.2g/d。儿童10~20mg/(kg·d)，分3次服。

奥卡西平[甲、乙] Oxcarbazepine（确乐多、曲莱、Trileptal）用于癫痫单纯或复杂部分性发作。参阅卡马西平。服药不受进食影响，可通过药片刻痕分成两等份服用。片：0.15g、0.3g、0.6g。混悬液：60mg/ml（100ml、250ml）。口服：开始 0.6g/d，每隔 1 周增加日剂量，维持量 0.6~2.4g/d，分 2 次服，不超过 2.4g/d。

扑米酮[乙] Primidone（去氧苯巴比妥、扑痫酮）治癫痫部分性发作、继发性全面发作。参阅苯巴比妥。片：0.1g、0.25g。口服：开始每次 0.05g，睡前服，3 日和 1 周后改为 2 次和 3 次／日，10 日起每次 0.25g，2~3 次／日。极量：1.5g/d。

乙琥胺 Ethosuximide（柴浪丁、**Zarontin**、**Ethymal**）

【用途】癫痫典型失神发作（小发作）。

【不良反应】胃肠道反应、嗜睡、头痛、皮疹，偶见粒细胞减少、再障等。

【用药护理注意】1. 对本品过敏者禁用。2. 停药应逐步减量。3. 与食物或牛奶同服可减轻对胃刺激。4. 出现过敏反应要停药。5. 定期查血象和肝、肾功能。

【制剂】胶囊：0.25g。糖浆：5%（5g/100ml）。

【用法】口服：每次 0.25g，2~3 次／日。3~6 岁每次 0.25g，1 次／日。

丙戊酸钠[甲、乙]　Sodium Valproate（敌百痉、抗癫灵、德巴金、Depakine）

【用途】癫痫全面性发作、部分性发作，急性躁狂和双相障碍。

【不良反应】胃肠道反应、嗜睡、共济失调、血小板减少、脱发、皮疹等。

【用药护理注意】1. 缓释片整片或对半掰开吞服，不能研碎或咀嚼。2. 须临用前配制。3. 避免饮酒、不宜驾驶。4. 骤然停药可能诱发癫痫发作。5. 不可肌注。

【制剂】片：0.1g、0.2g。缓释片：0.5g。糖浆：0.2g（5ml）。粉针：0.4g。

【用法】口服：每次 0.2~0.4g，2~3 次 / 日，餐后服。儿童 20~30mg/(kg·d)，分 2~3 次。从低剂量开始。缓释片剂量同上，1 次 / 日。静滴：溶于 5% 葡萄糖液或生理盐水中，首次 15mg/kg 缓慢静注，30 分钟以后以 1mg/(kg·h) 的速度静滴。

丙戊酸镁[乙]　**Magnesium Valproate**（2- 丙基戊酸镁、癫心宁、神泰）同丙戊酸钠。片：0.2g。缓释片：0.25g。口服：每次 0.2~0.4g，3 次 / 日，小剂量开始。

丙戊酰胺　Valpromide（丙缬草酰胺、癫健安）用于各种类型癫痫。参阅丙戊酸钠。致食欲缺乏、恶心、头晕、皮疹、肝损害等，停药应逐渐减量。胶囊：0.1g。片：0.2g。口服：每次 0.2~0.4g，3 次 / 日，餐后服，从小剂量开始用药。

托吡酯[乙] Topiramate（妥泰）

【用途】2 岁以上癫痫单纯部分性、复杂部分性发作和全身强直阵挛性发作。

【不良反应】头晕、嗜睡、共济失调、注意力不集中等，罕见肾结石。

【用药护理注意】1. 勿将药片辗碎。2. 胶囊可以吞服或将内容物撒在少量软性食物上服用。3. 停药应逐步减量。4. 应多饮水，以减少肾结石发生的可能性。

【制剂】片：25mg、100mg。胶囊：15mg、25mg。

【用法】口服：辅助治疗，开始每晚 25~50mg，每周增加 25~50mg，维持量 100~200mg/d，分早晚 2 次，整片吞服，服药不受进食影响。不超过 500mg/d。

拉莫三嗪[乙] Lamotrigine（那蒙特金、利必通、安闲、立雅）

【用途】12 岁以上癫痫简单部分性发作、复杂部分性发作。

【不良反应】头痛、头晕、嗜睡、失眠、呕吐、抑郁等，可致严重皮疹。

【用药护理注意】1. 应在 2 周内逐渐减量至停药。2. 用药后自杀风险增加。

【制剂】片：25mg、50mg、100mg。分散片：50mg。

【用法】口服：开始 25mg/d，2 周后增至 50mg/d，维持量 100~200mg/d，分 1~2 次，片剂应整片餐时吞服，分散片可咀嚼、吞服或用少量的水溶解后服。

加巴喷丁[乙] Gabapentin（诺立汀）用于癫痫部分性发作和继发全身性发作。致嗜睡、头痛、眼球震颤、共济失调等，有引起自杀想法和行为的风险，停药应逐渐减量。胶囊：0.1g、0.3g。口服：开始每次 0.3g，睡前服。极量：2.4g/d。

氨己烯酸 Vigabatrin（喜保宁）用于难治性癫痫的添加治疗。致嗜睡、头晕、易激动、共济失调等。换药或停药应逐渐（2~4 周）减量。片：0.5g。口服：1~1.5g/d，分 2 次。儿童 40~80mg/(kg·d)，分 2 次。均从小剂量开始逐渐加量。

唑尼沙胺[乙] Zonisamide（佐能安）用于癫痫部分性发作、全面性发作。致失眠、头晕、嗜睡、厌食、皮疹等，引起自杀风险增加。食物不影响吸收量，停药应逐渐减量。定期检查肝、肾功能、血象等。片：0.1g。口服：起始量为 0.1g/d，2 周后加量至 0.2g/d，维持量 0.2~0.4g/d，每日分 1~2 次。

非尔氨酯 Felbamate（非马特）用于伴或不伴全身性发作的癫痫部分性发作。致嗜睡、头晕、厌食、呕吐等，可能发生再障、肝损害。片：0.4g、0.6g。口服：初始剂量 1.2g/d，分 3~4 次服，每 1~2 周加量 0.6g，常用量 2.4~3.6g/d。

替加宾 Tiagabine（硫加宾、替加宾）用于癫痫部分性及继发性全面发作。致头晕、呕吐、腹泻、嗜睡等，停药应逐渐减量。片：4mg、5mg、10mg、12mg。口服：初始剂量每次5mg，3次/日，维持量每次10~15mg，3次/日。

香草醛 Vanillin（抗痫香素）治各型癫痫，尤其是小发作。个别出现头晕等反应，肝、肾功能不全慎用。片：0.1g、0.2g。口服：每次0.1~0.2g，3次/日。

左乙拉西坦[乙] Levetiracetam（开浦兰）用于癫痫部分性及继发性全面发作的辅助治疗。停药应逐渐减量。片：0.25g、0.5g、1g。口服：起始剂量每次0.5g，2次/日，空腹或餐时服，每2周增加1g/d，最大剂量每次1.5g，2次/日。

吡仑帕奈[乙] Perampanel（卫克泰、Fycompa）用于12岁以上癫痫部分性发作的加用治疗。致头晕、易努等。食物减慢吸收速度。片：2mg、4mg、6mg、8mg、10mg。口服：起每次2mg，1次/日，渐增至推荐剂量8~12mg/d，睡前服。

苯巴比妥（见镇静、催眠、抗焦虑及抗惊厥药，P235）

（五）镇痛药

吗啡[甲、乙] Morphine（盐酸吗啡、硫酸吗啡、美施康定、美菲康、路泰）

【用途】急性剧痛、心肌梗死、心源性哮喘、麻醉前给药。

【不良反应】1. 恶心、呕吐、便秘、排尿困难、眩晕、呼吸抑制、嗜睡等，偶见瘙痒、荨麻疹等。2. 过量致急性中毒，表现为昏迷、呼吸抑制、血压下降、针尖样瞳孔、发绀等。3. 连用 3~5 日即可产生生耐受性，1 周以上可成瘾。

【用药护理注意】1. 属特殊管理麻醉药品。2. 片剂遇光易变质。3. 给药后监测呼吸、心律、瞳孔大小和意识状况。4. 静注过快会抑制呼吸。5. 较高剂量或长期（约 7 日）使用，应逐渐减少剂量以防撤药症状。6. 如需肌注，应选用硫酸吗啡。7. 发生中毒时立即给氧、人工呼吸、注射对抗药纳洛酮或烯丙吗啡。

【制剂】片：5mg、10mg。缓释片、控释片：10mg、30mg。栓：10mg。口服液：20mg、30mg（10ml）。注射液：5mg（0.5ml）、10mg（1ml）。

【用法】口服：每次 5~15mg，15~60mg/d，极量每次 30mg，100mg/d。缓释片、控释片：每次 10~30mg，1 次 /12 小时，应整片吞服，勿掰开或嚼碎。皮下注射：盐酸吗啡，每次 5~15mg，极量 60mg/d；硫酸吗啡，每次 10~30mg，极量 100mg/d。缓慢静注：用盐酸吗啡，每次 5~10mg。肌注：用硫酸吗啡，剂量同皮下注射。

芬太尼[甲、乙] Fentanyl（枸橼酸芬太尼、多瑞吉、芬太克）

【用途】各种剧痛、麻醉前给药、诱导麻醉。

【不良反应】1. 恶心、呕吐、眩晕、低血压、胆道括肌痉挛、喉痉挛。2. 弱成瘾性。3. 静注过快致肌强直、呼吸抑制、血压下降、瞳孔极度缩小等。

【用药护理注意】1. 属特殊管理麻醉药品。2. 用药过程应监测呼吸和循环功能。3. 注射液有刺激性，不得涂敷于皮肤。4. 贴剂贴于躯体完整皮肤，一般贴于胸、背部，同一部位不连贴 2 次，贴药皮肤不用肥皂、洗涤剂清洁。5. 贴剂切割或破损会致药物释放失控。6. 如同时用多张贴剂，换药时在同一天全部换掉。

【制剂】注射液：0.1mg（2ml）。贴剂（多瑞吉）：25μg/h、50μg/h、75μg/h。

【用法】肌注、缓慢静注：一般镇痛和术后镇痛，每次 0.05~0.1mg，2~12 岁儿童 0.002~0.003mg/kg。大手术全麻时初始量 0.002~0.004mg/kg。贴剂：未用过强阿片类药用 25μg/h 贴剂，皮肤用水清洗并干燥后再贴药，每 3 日换贴剂 1 次。

阿芬太尼 Alfentanil 参阅芬太尼，属特殊管理麻醉药品。起效较芬太尼快、维持时间较短，镇痛作用较弱。应加强监护，准备复苏设备和麻醉对抗药。注射液：1mg（2ml）、5mg（10ml）。静注、静滴：短程手术 7~15μg/kg。

舒芬太尼[乙] Sufentanil (枸橼酸舒芬太尼) 复合麻醉的镇痛用药。参阅芬太尼，属麻醉药品。酒精使本药中枢和呼吸抑制作用加强，避免饮酒和驾驶。注射液：50μg (1ml)、100μg (2ml)、250μg (5ml)。静注、静滴：总剂量 0.1~5μg/kg。

瑞芬太尼[乙] Remifentanil (盐酸瑞芬太尼、瑞捷) 全麻诱导和全麻中的镇痛。属麻醉药品。停药后应清洗输液通路以防残留药物无意输入。粉针：1mg、2mg、5mg。静滴：10mg 加入生理盐水或 5% 葡萄糖液 200ml 中 (50μg/ml)。滴速 0.25~2μg/(kg·min)，或间断静注 0.25~1μg/kg，静注时间应大于 60 秒。

哌替啶[甲] Pethidine (盐酸哌替啶、度冷丁、唛啶、利多尔、地美露、Dolantin)
【用途】各种剧痛、心源性哮喘、麻醉前用药、内脏绞痛、人工冬眠。
【不良反应】1. 恶心、呕吐、眩晕、心动过速、体位性低血压，过量时致呼吸抑制、血压下降、昏迷、瞳孔扩大等。2. 耐受性、成瘾性较吗啡轻。
【用药护理注意】1. 属特殊管理麻醉药品。2. 用药禁忌同吗啡。3. 不与氨茶碱、巴比妥类钠盐、肝素、苯妥英钠等配伍。4. 皮下注射有刺激性。5. 禁饮酒。
【制剂】片：25mg、50mg。注射液：50mg (1ml)、100mg (2ml)。

【用法】口服：每次 50~100mg，200~400mg/d。肌注：每次 25~100mg，100~400mg/d。口服、肌注极量：每次 150mg，600mg/d。小儿每次 0.5~1mg/kg。

美沙酮[乙] Methadone (盐酸美沙酮、美散痛、阿米酮、非那酮、Phenadon)

【用途】慢性疼痛，阿片类药物成瘾的戒毒治疗。

【不良反应】头痛、眩晕、恶心、出汗、嗜睡、呼吸抑制等，成瘾性较小。

【用药护理注意】1. 属特殊管理麻醉药品。2. 呼吸功能不全、妊娠、幼儿禁用。3. 禁止静注。4. 不与碱性药物、氧化剂配伍。5. 用药后卧床 2 小时。

【制剂】片：2.5mg、5mg、10mg。注射液：5mg (1ml)、7.5mg (2ml)。

【用法】口服：每次 5~10mg，10~15mg/d，儿童 0.7mg/(kg·d)，分 4~6 次。肌注、皮下注射：每次 2.5~5mg，10~15mg/d，可采用三角肌注射。极量 (口服、肌注相同)：每次 10mg，20mg/d。

喷他佐辛 Pentazocine (戊唑星、镇痛新、Talwin) 用于各种慢性剧痛。致眩晕、嗜睡、恶心、呕吐、血压升高等。属第二类精神药品。应轮换肌注部位，以防肌萎缩或硬结，用药后平卧半小时。片：25mg、50mg。注射液：

30mg (1ml)。口服：每次 25~50mg。静注、肌注、皮下注射：每次 30mg。必要时 3~4 小时重复 1 次。不超过 240mg/d。

依他佐辛 Eptazocine（氢溴酸依他佐辛、酚甲唑辛、思达平）用于癌症及术后疼痛。致出汗、眩晕、心悸、血压上升、轻度呼吸抑制和胸部压迫感等，大量连续使用可产生药物依赖性，用药期间不从事危险作业，反复注射应变换注射部位。注射液：15mg (1ml)。肌注、皮下注射：每次 15mg。

阿法罗定 Alphaprodine（安那度、安那度尔、安侬痛、Anadol）用于短时止痛、痉挛性疼痛（合用阿托品）。属特殊管理麻醉药品，致眩晕、多汗、乏力，久用可成瘾。注射液：10mg (1ml)、20mg (1ml)、40mg (1ml)。皮下注射：每次 10~20mg，20~40mg/d。静注：每次 20mg。极量：每次 30mg，60mg/d。

美普他酚 Meptazinol（盐酸美他齐诺、消痛定、Meptid）中度疼痛的短期治疗。致头晕、恶心、呕吐、呼吸抑制等，成瘾性较弱。片：200mg。注射液：100mg (1ml)。口服：每次 200mg，1 次 /4~6 小时。肌注：每次 75~100mg。

布桂嗪 Bucinnazine (盐酸布桂嗪、强痛定、布新拉嗪、Ap-237)

【用途】偏头痛、三叉神经痛、炎症性和外伤性疼痛、痛经、癌症痛等。

【不良反应】1. 恶心、眩晕、困倦、黄视等。2. 有耐受性和依赖性。

【用药护理注意】1. 属特殊管理麻醉药品。2. 老年用量酌减。

【制剂】片：30mg、60mg。注射液：50mg (1ml)、100mg (2ml)。

【用法】口服：每次 30~60mg，90~180mg/d。小儿每次 1mg/kg。皮下注射、肌注：每次 50~100mg，1~2 次 / 日。

丁丙诺啡[乙] Buprenorphine (盐酸丁丙诺啡、沙菲、舒美奋、Buprenox)

【用途】手术后、癌症、烧伤、肢体疼痛和心绞痛、戒瘾的维持治疗。

【不良反应】1. 头晕、嗜睡、恶心、呕吐、皮疹。2. 有一定依赖性。

【用药护理注意】1. 属第一类精神药品。2. 儿童、孕妇禁用。3. 不与其他药物配伍。4. 含片不宜咀嚼或吞服。5. 禁饮酒。6. 监测肝功能、呼吸、血压、心率。

【制剂】注射液：0.15mg (1ml)、0.3mg (1ml)。含片：0.2mg、0.4mg。

【用法】肌注、缓慢静注：每次 0.15~0.3mg，1 次 /6~8 小时。舌下含服：每次 0.2~0.8mg，1 次 /6~8 小时。

布托啡诺[乙] Butorphanol（诺扬）用于中、重度疼痛。属第二类精神药品。致嗜睡、呕吐、心悸、依赖性等，18 岁以下禁用。注射液：1mg（1ml）、2mg（1ml）。鼻喷剂：2.5ml（25mg，每喷 1mg）。肌注、静注：每次 1~2mg，必要时 3~4h 重复给药 1 次。鼻喷剂：每次 1~2 喷，3~4 次 / 日。将喷头伸入鼻孔约 1cm。

纳布啡[乙] Nalbuphine（盐酸纳布啡、瑞静）用于中、重度疼痛。属第二类精神药品。不良反应参阅吗啡，有依赖性。注射液：20mg（2ml）。皮下注射、肌注、静注：每次 10mg，必要时 3~6h 重复，不超过每次 20mg，160mg/d。

奈福泮 Nefopam（镇痛醚、平痛新、普尔丁）
【用途】慢性疼痛、术后疼痛、牙痛、内脏平滑肌绞痛，麻醉辅助用药。
【不良反应】出汗、恶心、头晕，大剂量致呼吸抑制，无耐受性和依赖性。
【用药护理注意】1. 静注宜缓慢，静注完后 15 分钟方可起身。2. 避免驾驶。
【制剂】片、胶囊：20mg。注射液：20mg（1ml）。粉针：20mg。
【用法】口服：每次 20~60mg，3 次 / 日。肌注、缓慢静注：每次 20mg，必要时每 3~4 小时 1 次。

曲马多[乙] Tramadol （盐酸曲马多、曲马朵、奇曼丁、马伯龙、倍平、舒敏）
【用途】各种中、重度和急、慢性疼痛（如术后痛、癌性痛、分娩止痛）。
【不良反应】多汗、恶心、呕吐、眩晕、嗜睡等，有一定耐受性和依赖性。
【用药护理注意】1.属第二类精神药品。2.严重脑损伤、意识模糊、呼吸抑制、酒精中毒禁用。3.缓释制剂应吞服，勿嚼碎。4.静注宜缓慢。5.不宜饮酒。
【制剂、用法】片、胶囊：50mg。缓释片、缓释胶囊：0.1g。滴剂：0.1g（1ml）。栓：0.1g。注射液：50mg（1ml）、100mg（2ml）。肌注、缓慢静注、皮下注射、口服、肛门给药：每次50~100mg，必要时可重复，极量400mg/d。

氨酚曲马多[乙] （及通安）用于中、重度疼痛。片：含曲马多37.5mg，对乙酰氨基酚325mg。口服：每次1~2片，无需考虑食物影响，不超过6片/天。

羟考酮[乙] Oxycodone （盐酸羟考酮、奥施康定、Oxycontin）用于中度、重度疼痛。属特殊管理麻醉药品。致便秘、恶心、呕吐等，有耐受性、依赖性，过量致呼吸抑制。应整片吞服，不得掰开、咀嚼，否则可能造成过量中毒。控释片：5mg、10mg、20mg、40mg。口服：初始量5mg/12h，最高剂量200mg/12h。

氨酚羟考酮[乙] (泰勒宁) 用于中、重度急、慢性疼痛。含羟考酮制剂列入精神药品。有依赖性和耐药性,使用超过几个星期不能突然停药。禁饮酒。片:含羟考酮 5mg,对乙酰氨基酚 325mg。口服:1 片 /6 小时,可根据疼痛程度调整。

氨酚双氢可待因[乙] Paracetamol and Dihydrocodeine Tartrate (双氢可待因-对乙酰氨基酚、路盖克、路坦、Galake) 用于各种疼痛及感冒引起的发热、头痛、咳嗽。致头痛、眩晕、恶心等,哮喘发作、12 岁以下禁用。片:含双氢可待因 10mg,对乙酰氨基酚 0.5g。口服:1~2 片 / 次,1 次 /4~6 小时,不超过 8 片 / 日。

高乌甲素 Lappaconitine (利妥) 用于中度以上疼痛。无成瘾性,致头晕、荨麻疹、心慌等,中毒早期有心电图改变。片:5mg。注射液:4mg (2ml)、8mg (2ml)。口服:每次 5~10mg,1~3 次 / 日。肌注:每次 4mg,1~2 次 / 日。

克洛曲 用于晚期癌症、手术后疼痛,其他中、重度疼痛。乙醇、镇静剂和其他中枢神经系统药物急性中毒禁用。有耐药性和药物依赖性。片:含眼镜蛇毒 0.16mg,曲马多 25mg,布洛芬 50mg。口服或含化:每次 1~2 片,2~3 次 / 日。

四氢帕马丁 Tetrahydropalmatine（延胡索乙素）用于止钝痛、痛经、镇静、催眠。无成瘾性，有一定耐受性，孕妇慎用。片：50mg。注射液：60mg（2ml）、100mg（2ml）。口服：镇痛每次 100~150mg，儿童每次 2~3mg/kg，2~4 次 / 日；痛经每次 50mg；催眠每次 100~200mg，睡前服。肌注：每次 60~120mg。

罗通定[乙] Rotundine（颅通定、颅痛定、左旋四氢帕马丁）同四氢帕马丁。致嗜睡、眩晕、恶心，偶见锥体外系症状，无成瘾性。片：30mg、60mg。注射液：60mg（2ml）。口服：镇痛每次 60~120mg，1~4 次 / 日。催眠每次 30~90mg，睡前服。儿童口服：每次 1~2mg/kg，2~4 次 / 日。肌注：每次 60~90mg。

眼镜蛇毒 Cobratoxin（眼镜蛇神经毒素、克痛宁）用于慢性疼痛、血管性头痛、三叉神经痛、坐骨神经痛、癌性疼痛等。致头晕、口干、一过性血压下降，剂量过大致呼吸抑制。无成瘾性及耐受性。注射液：70μg（2ml）。0~10℃ 保存。肌注：首次 0.25ml，30 分钟后无不良反应再注射剩余 1.75ml，每日 2ml，10 日为 1 疗程。隔 3 天可进行第 2 疗程。

苯噻啶　Pizotifen（新度美安）用于偏头痛、红斑性肢痛症、荨麻疹、皮肤划痕症和房性、室性早搏。致嗜睡、乏力、头痛、抑郁、口干等。可用牛奶送服或与食物同服。监测血象变化。片：0.5mg。口服：每次 0.5~1mg，1~3 次 / 日。

普瑞巴林[乙]　Pregabalin（乐瑞卡、莱瑞克）用于带状疱疹后神经痛、纤维肌痛，成人部分性癫痫发作的添加治疗。致头晕、嗜睡、水肿、皮疹等，避免驾车和从事其他危险活动。如需停用，至少用 1 周时间逐渐减停。胶囊：75mg、150mg、100mg。口服：每次 75~150mg，2 次 / 日，餐前或餐后服。

舒马普坦[乙]　Sumatriptan（琥珀酸舒马普坦、丹同静、英明格、Imigran）
【用途】成人有先兆或无先兆偏头痛的急性发作。
【不良反应】注射部位疼痛、嗜睡、发热、心律失常、血压升高、过敏等。
【用药护理注意】1. 不宜静注。2. 首剂应在医生监护下。3. 用药后不宜驾车。
【制剂、用法】片：25mg、50mg、100mg。胶囊：50mg。注射液：6mg（0.5ml）。口服：每次 50mg，整片吞服，若服用 1 次后无效，不必再加服。24 小时不超过 200mg。皮下注射：首次 6mg，极量：12mg/24h。

佐米曲普坦[乙]　Zolmitriptan（佐米曲坦、佐米格、瑠瑞安、卡曲、Zomig）
【用途】成人伴有或不伴有先兆症状的偏头痛的急性治疗。
【不良反应】恶心、头晕、嗜睡、无力、口干、轻度血压升高等。
【用药护理注意】1. 血压未控制禁用。2. 分散片可溶于水中服。3. 避免驾车。
【制剂、用法】片、分散片、胶囊：2.5mg。口服：发作时服2.5mg，服药不受进食影响，如需第二次服药，间隔时间最少2小时。不超过15mg/24h。

利扎曲普坦[乙]　Rizatriptan（苯甲酸利扎曲普坦、欧立停）用于成人有先兆或无先兆偏头痛的急性发作。致眩晕、嗜睡、心悸、高血压等。监测血压、心率。片：5mg。口服：每次5~10mg，用药间隔至少2小时，不超过30mg/24h。

牛痘疫苗致炎兔皮提取物　（牛痘疫苗接种家兔炎症皮肤提取物、神经妥乐平、恩再适、Neurotropin）用于腰痛、颈肩腕综合征、肩周炎、变形性关节炎。致困倦、恶心、面色潮红、血压升高，注射部位硬结等。片剂应整片吞服，肌注应避开神经，注射时如有剧痛，应更换部位。片：4U。注射液：3.6U（3ml）。口服：16U/d，分早晚2次服。肌注、静注、皮下注射：每次3.6U，1次/日。

（六）解热镇痛抗炎与抗风湿及抗痛风药

阿司匹林[甲、乙] Aspirin（乙酰水杨酸、拜阿司匹灵、巴米尔、介宁、益络平）

【用途】发热、头痛、神经痛、关节炎、治不稳定型心绞痛、防心梗。

【不良反应】1. 胃肠道反应、大便潜血。2. 耳鸣、听力下降、头晕等水杨酸反应。3. 皮疹、血管神经性水肿、哮喘等过敏反应。4. 血小板减少、出血倾向。

【用药护理注意】1. 用前询问药物过敏史。2. 泡腾片用 150~250ml 温水溶解后饮下。3. 与食物同服或用水冲服可减轻对胃肠道刺激。4. 解热时应勤擦汗和换内衣，多饮水。5. 长期大量使用注意有无淤斑、黏膜或各腔道出血。6. 禁饮酒。

【制剂】片、肠溶片：0.05g、0.1g、0.3g、0.5g。肠溶胶囊：0.75g、0.1g。缓释片、缓释胶囊：0.05g。泡腾片：0.3g、0.5g。栓：0.1g、0.3g。

【用法】解热镇痛：每次 0.3~0.6g，3 次 / 日。风湿：每次 0.6~1g，3~4g/d，嚼碎，小儿 0.08~0.1g/（kg·d），分 3 次。防心肌梗死：每次 0.15g，1 次 / 日。

复方阿司匹林[乙] Compound Aspirin（APC、Aspirin Co.）同阿司匹林。用于发热、头痛、神经痛、肌肉痛、痛经等。长期使用可致药物依赖性。片：（含阿司匹林、非那西丁、咖啡因）0.42g。口服：1~2 片 / 次，3 次 / 日，餐后服。

精氨酸阿司匹林　Arginine Aspirin（阿司匹林精氨酸盐）同阿司匹林。可供肌注、静滴，宜于儿童使用，3 个月以下婴儿禁用。用于解热镇痛不超过 3 天。粉针：0.5g、1g。肌注、静滴：每次 1g，2 次 / 日。儿童 20~40mg/(kg·d)，分 2 次。临用前以 250ml 生理盐水或等渗葡萄糖液溶解后滴注。

赖氨酸阿司匹林　Lysine Aspirin（阿司匹林赖氨酸盐、赖氨匹林、来比林）同阿司匹林。用于发热、疼痛。粉针：0.25g、0.5g、0.9g。肌注、缓慢静注：每次 0.9~1.8g，2 次 / 日。儿童 10~25mg/(kg·d)。用 4ml 生理盐水或注射用水溶解。

水杨酸镁　Megnesium Salicylate 用于风湿性和类风湿性关节炎，滑囊炎，尤其适合伴高血压或心力衰竭者。致轻微上腹不适、眩晕、耳鸣等，肝、肾功能不良，消化性溃疡禁用。片、胶囊：0.25g。口服：每次 0.5~1g，3 次 / 日。

卡巴匹林钙　Carbasalate Calcium（阿司匹林钙脲、速克痛）同阿司匹林。致胃肠道反应等。溶于水中无色无味。用于解热不超 3 天，止痛不超 5 天。颗粒剂：每袋 0.6g。口服：每次 0.6g，3 次 / 日，不超过 3.6g /d，将药物溶于水中服用。

二氟尼柳　Difunisal（二氟苯水杨酸、双氟尼酸、巨力新、优尼森）

【用途】轻、中度疼痛，骨关节炎、类风湿性关节炎。

【不良反应】恶心、呕吐、腹泻、头痛、嗜睡、皮疹，偶见肾功能损害。

【用药护理注意】1. 宜与水、牛奶或食物同服。2. 禁与口服抗凝药同服，因可延长凝血酶原时间。3. 与抗酸药同服可降低后者的生物利用度。

【制剂】片：0.25g、0.5g。分散片、胶囊：0.25g。

【用法】口服：每次 0.5g，2 次 / 日，餐后服，不超过 1.5g/d。

三水杨酸胆碱镁　Choline Magnesium Trisalicylate（三柳胆镁、痛炎宁、Trilisate）用于类风湿关节炎及其他关节炎。致皮肤烧灼感、皮疹、恶心、耳鸣等。活动性溃疡、血友病、对水杨酸过敏和孕妇，12 岁以下禁用。片：0.3275g。口服：类风湿关节炎，每次 6 片，2 次 / 日，餐后服。

安乃近[乙]　Metamizole Sodium（罗瓦尔精、诺瓦精、退热灵、Analgin）

【用途】急性高热的退热，急性疼痛的短期治疗，如头痛、肌肉痛、痛经。

【不良反应】1. 可引起血液系统严重不良反应，如粒细胞缺乏症、血小板减少性紫癜、再生障碍性贫血。2. 可致严重过敏反应，如重症药疹、过敏性休克。

【用药护理注意】1. 一般不作为首选用药。2. 妊娠晚期、18 岁以下青少年儿童禁用。3. 用药超过 1 周应查血象。4. 一旦发生粒细胞减少，应立即停药。

【制剂】片：0.25g、0.5g。

【用法】口服：每次 0.25~0.5g，需要时服 1 次，一日最多 3 次。

对乙酰氨基酚[甲、乙] Paracetamol（扑热息痛、醋氨酚、必理痛、必理通、百服咛、泰诺林、雅司达、赛安林、退热栓、幸福止痛素、Panadol）

【用途】感冒发热，轻、中度疼痛（头痛、关节痛、神经痛、牙痛等）。

【不良反应】恶心、呕吐、过敏性皮炎、粒细胞、血小板减少，肝肾损害。

【用药护理注意】1. 颗粒用温开水溶解后口服，咀嚼片须咀嚼服。2. 缓释片应整片服，不得碾碎或溶解。3. 解热用药不超 3 天，镇痛不超 5 天。4. 不同时服用其他解热镇痛药。5. 过量使用可致严重肝损伤，症状可能在 3 天后才出现，如过量服用，无论是否出现症状，均应立即就诊。6. 不得饮酒或含酒精饮料。

【制剂】片：0.3g、0.5g。缓释片：0.65g。薄膜衣片：0.5g。胶囊：0.3g。栓（退热栓）：0.15g、0.3g、0.6g。颗粒（赛安林）：0.5g。混悬液：3.2g（100ml）。

口服液：3.2%（60ml）。注射液：0.075g、0.25g。

【用法】口服：每次 0.3~0.6g，0.6~1.8g/d，不超过 2g/d。缓释片每次 0.65~1.3g，24 小时内不超 3 次。肌注：每次 0.15g，小儿每次 5mg/kg。直肠给药：栓剂，3~12 岁，每次 0.15~0.3g，1 次/日。

酚麻美敏 Tylenol（泰诺、恺诺）用于感冒引起的鼻塞、流涕、发热、头痛等。6 岁以下不用，忌饮酒，不宜驾驶。片：含对乙酰氨基酚 325mg、伪麻黄碱 30mg、右美沙芬 15mg、氯苯那敏 2mg。胶囊：各药剂量与片剂相同或减半。口服：1 片/次，3~4 次/日，不超过 6 片/24 小时，疗程不超过 7 天。

双扑伪麻颗粒 （双达林）用于感冒引起的鼻塞、流涕、发热、头痛等。高血压、心脏病、老年人、驾驶、高空作业者不宜用。颗粒：2g/包，含对乙酰氨基酚、伪麻黄碱、氯苯那敏。口服：1~2 包/次，3 次/日，不超过 8 包/日。

丙帕他莫 Propacetamol（盐酸丙帕他莫、普特林）
【用途】术后疼痛、癌性疼痛，发热的对症治疗。

【不良反应】注射局部疼痛，头晕、血压轻度下降、红斑、血小板减少等。

【用药护理注意】1.肝功能不全、儿童禁用。2.过量致不可逆性肝坏死。

【制剂】粉针：1g（附枸橼酸钠溶液 5ml）、2g（附枸橼酸钠溶液 10ml）。

【用法】静注、静滴：每次 1~2g，2~4 次 / 日，间隔时间 > 4 小时，不超过 8g/d，每 1g 用 5% 葡萄糖液或生理盐水 50ml 稀释（终浓度 20mg/ml），输注 15 分钟。

贝诺酯 Benorilate（扑炎痛、苯乐来、百乐来、Benasprate）用于类风湿性和风湿性关节炎，感冒发热、头痛，神经痛。致轻度胃肠道反应、嗜睡等。对阿司匹林过敏、严重肝肾功能不全禁用，禁饮酒。片：0.4g、0.5g。颗粒：0.5g。胶囊 0.25g。口服：每次 0.4~1.2g，3 次 / 日，解热用药不超 3 天、止痛不超 5 天。

保泰松 Phenylbutazone（布他酮、Butadion）用于风湿性和类风湿性关节炎、痛风、丝虫病急性淋巴管炎。致胃肠刺激、皮疹、水钠潴留、骨髓抑制、肝炎、肾炎等，须限制钠盐摄入量，不宜长期服用，用药超过 1 周应监测血象。片、胶囊：0.1g、0.2g。口服：关节炎，每次 0.1~0.2g，3 次 / 日，餐后服，维持量 0.1~0.2g/d，不超过 0.8g/d。

非普拉宗 Feprazone（戊烯保泰松、戊烯松、非培松）用于风湿性和类风湿性关节炎、肩周炎、牙痛。致呕吐、过敏、头晕、白细胞减少等。片：50mg、100mg。口服：每次200mg，2次/日。维持量，100~200mg/d，疗程不超7天。

塞来昔布[乙] Celecoxib（赛来可希、西乐葆、Celebrex）

【用途】骨关节炎、类风湿性关节炎、强直性脊柱炎。

【不良反应】头痛、眩晕、恶心、腹痛、便秘、皮疹，致心血管事件风险。

【用药护理注意】1.宜用最低有效量，疗程不宜过长。2.出现胸痛、呼吸困难、皮疹、瘙痒、黄疸、黑便、呕血等任何一种情况要立即停药并治疗。

【制剂、用法】胶囊：0.1g、0.2g。口服：类风湿关节炎每次0.1~0.2g，2次/日。强直性脊柱炎0.2g/d，1次或分2次服。高脂饮食延迟药物吸收。

帕瑞昔布[乙] Parecoxib（帕瑞昔布钠、特耐）术后疼痛。致恶心、呕吐、静脉疼痛、背痛、高血压、心动过速、血小板减少、低钾血症等。粉针：20mg、40mg。肌注、静注：每次20~40mg，2次/日，不超过80mg/d，连用不超过3天。用生理盐水或5%葡萄糖液稀释，不用注射用水稀释，因溶液不等渗。

271

艾瑞昔布　Imrecoxib（恒扬）缓解骨关节炎的疼痛症状。用药护理注意参阅塞来昔布。致上腹不适、大便潜血、ALT 升高、恶心、水肿等，可能引起严重心血管血栓事件。片：0.1g。口服：每次 0.1g，2 次 / 日，餐后服，疗程 8 周。

依托考昔[乙]　Etoricoxib（安康信、Arcoxia）

【用途】骨关节炎急性期和慢性期、急性痛风性关节炎、原发性痛经。

【不良反应】疲乏、头晕、下肢水肿、高血压、消化不良、肝酶升高等。

【用药护理注意】1. 出现皮疹应停药。2. 用药期间密切监测血压。

【制剂、用法】片：30mg、60mg、120mg。口服：急性痛风每次 120mg，1 次 / 日，最长用 8 天。慢性疼痛每次 30~90mg，1 次 / 日。可与食物同服或单独服用。

吲哚美辛[甲、乙]　Indometacin（消炎痛、美达新、久保新、意施丁、狄克施、Indocin）

【用途】风湿性和类风湿性关节炎、强直性脊柱炎、癌性疼痛、发热。

【不良反应】胃肠道反应、头痛、头晕，过敏反应，肝、肾功能损害，长期使用可致视觉改变，罕见粒细胞减少、再障，贴膏偶有局部皮肤瘙痒、发红。

【用药护理注意】1. 孕妇、哺乳期、14 岁以下、活动性溃疡、帕金森病、精神病、癫痫和肝、肾功能不全者禁用。2.控释剂、栓剂可减轻胃肠刺激。3.宜于餐后服、与食物或制酸药同服。4.定期查血象、肝肾功能、眼科检查。5.禁饮酒。

【制剂】片、肠溶片、胶囊、胶丸：25mg。缓释片、控释片、缓释胶囊、控释胶囊：25mg、75mg。栓剂：100mg。贴膏：12.5mg（7.2cm×7.2cm）。

【用法】口服：开始每次25mg，2~3次/日，逐渐增至每次25~50mg，3次/日，餐时或餐后即服。控释胶囊、控释片每次75mg，1次/日，或每次25mg，2次/日。贴膏：贴于疼痛部位，每次2~4张，1次/日。直肠给药：每次50~100mg。

阿西美辛 Acemetacin（高顺松、优妥）用于类风湿性关节炎、骨关节炎、强直性脊柱炎、肩周炎、急性痛风等。致恶心、呕吐、头痛、头晕、肾损害、皮疹、面部水肿，偶见骨髓抑制。忌饮酒。胶囊：30mg。缓释胶囊（优妥）：90mg。口服：每次30mg，3次/日，餐时服。缓释胶囊每次90mg，1次/日，吞服。

桂美辛 Cinmetacin（吲哚拉辛）用于急、慢性风湿、类风湿关节炎。毒副作用较吲哚美辛小，出现便血、心悸、皮疹、水肿等应停药，餐后服可减轻胃肠刺激。肠溶胶囊：150mg。口服：每次150~300mg，3次/日，3~4周1疗程。

酮咯酸氨丁三醇[乙] Ketorolac Tromethamine (酮咯酸、尼松、科多)

【用途】需要阿片水平镇痛药的急性较严重疼痛，通常用于手术后镇痛。

【不良反应】头晕、嗜睡、失眠、呕吐、低血压、消化不良、过敏、肝炎等。

【用药护理注意】胶囊用于注射给药后续治疗。注射和口服总疗程不超5天。

【制剂、用法】胶囊：10mg。注射液：30mg (1ml)。肌注、静注：单次给药30mg。多次给药每6小时30mg，不超过120mg/d。静注时间不少于15秒。口服：单次或多次注射给药后，首次20mg，随后10mg/4~6h，不超过40mg/d。

舒林酸[乙] Sulindac (奇诺力、苏林大、炎必灵、枢力达、天隆达、舒达宁)

【用途】各种慢性关节炎、各种原因引起的疼痛，轻、中度癌性疼痛。

【不良反应】胃肠道反应、皮疹、头晕、耳鸣、下肢水肿、血细胞减少等。

【用药护理注意】1.出现过敏综合征应立即停药。2.本品可增加甲氨蝶呤、环孢素的毒性。3.肾结石患者使用时应多饮水。4.监测大便潜血、血象、肝肾功能。

【制剂】片：0.1g、0.2g。胶囊：0.1g。

【用法】口服：每次0.1~0.2g，早晚各1次，最大剂量0.4g/d。2岁以上儿童4.5mg/(kg·d)，分2次服，不超过6mg/(kg·d)。

依托度酸 Etodolac（罗丁、依特）用于类风湿性关节炎、骨关节炎、疼痛。致消化道反应、皮疹、头晕、发热等，长期服用可致胃肠道出血。片：0.2g、0.4g。胶囊：0.2g。缓释片：0.4g。口服：镇痛每次 0.2g，1 次 /8 小时，餐后或与食物同服。缓释片，每次 0.4g，1 次 / 日。不超过 1.2g/d。

奥沙普秦 Oxaprozin（诺德伦、奥沙新、诺松）用于风湿性、类风湿性关节炎，骨关节炎，痛风性关节炎等。致胃肠道反应、头晕、皮疹等，孕妇、哺乳期妇女、儿童禁用。分散片可用水溶解后口服，出现视物模糊应停药。片、分散片、肠溶胶囊：0.2g。口服：每次 0.2~0.4g，1 次 / 日，餐后服，不超过 0.6g/d。

萘丁美酮[甲] Nabumetone（萘普酮、瑞力芬、麦力通、科芬汀、舒泰神）

【用途】各种急、慢性炎性关节炎，软组织风湿病、运动性软组织损伤。

【不良反应】胃肠道反应、头痛、耳鸣、皮疹、嗜睡、水肿、肝功能异常等。

【用药护理注意】1. 餐中服药吸收率增加。2. 密切监测血压。

【制剂、用法】片、分散片：0.5g。胶囊：0.25g、0.5g。口服：1g/d，睡前 1 次吞服，可随食物同服，最大量 2g/d，分 2 次服。

吡罗昔康[乙] Piroxicam (炎痛喜康、费定、Feldeen)

【用途】缓解各种关节炎及软组织病变的疼痛和肿胀的对症治疗。

【不良反应】胃肠道反应、头痛、头晕、肝功能异常、皮疹、粒细胞减少等。

【用药护理注意】有过敏、血象异常、视物模糊、精神症状、水潴留应停药。

【制剂】片、胶囊：10mg、20mg。注射液：20mg (2ml)。软膏：0.1g：10g。

【用法】口服：抗风湿每次 20mg，1 次 / 日，餐后服。抗痛风 40mg/d。肌注：每次 10~20mg，1 次 / 日。外用：软膏涂患处，1~3 次 / 日。

氯诺昔康[乙] Lornoxicam (可塞风、达路) 用于术后、外伤疼痛，坐骨神经痛、腰痛等。片：4mg、8mg。粉针：8mg。口服：每次 8mg，餐前服。肌注、静注：每次 8mg，肌注、静注时间分别大于 5 秒和 15 秒。不超过 16mg/d。

美洛昔康[乙] Meloxicam (莫比可、莫刻林、优尼、吉康宁)

【用途】类风湿性关节炎、疼痛性骨关节炎的症状治疗。

【不良反应】消化不良、腹痛、腹泻、头痛、肝酶升高、水肿、血压升高等。

【用药护理注意】1. 外用于无破损的皮肤。2. 出现眩晕、嗜睡应避免驾驶。

【制剂、用法】片、分散片、胶囊：7.5mg。凝胶：10g∶50mg。注射液：15mg（1.5ml）。口服：每次 7.5~15mg，1 次 / 日。外用：凝胶涂患处。

双氯芬酸钠[乙] Diclofenac Sodium（双氯芬酸、双氯灭痛、扶他林、奥尔芬、英太青、诺福丁、迪克乐克、戴芬、非炎）

【用途】风湿、类风湿性关节炎，痛风性、骨关节炎，轻、中度疼痛等。

【不良反应】胃肠道反应、头痛、眩晕、失眠、过敏反应，注射部位硬结，罕见肝、肾损害，粒细胞减少、溶血性贫血，可引起严重心血管血栓。

【用药护理注意】1. 16 岁以下禁止肌注。2. 外用药仅用于健康完整的皮肤，不可与眼睛或黏膜接触。3. 应整片（粒）吞服，不能嚼碎或打开胶囊服用。宜与食物同服。4. 本品含钠。5. 监测肝、肾功能，血压等。6. 避免从事危险作业。

【制剂】片：25mg。缓释片：75mg。缓释胶囊：50mg。双释放胶囊（戴芬）：75mg。栓剂：25mg，50mg。注射液：50mg（2ml）。凝胶：20g（1%）。

【用法】口服：片剂每次 25mg，3 次 / 日。缓释片：1 片 / 次，1 次 / 日。缓释胶囊：每次 100mg，1 次 / 日，或每次 50mg，2 次 / 日。直肠给药：栓剂，每次 50mg，2 次 / 日。外用：凝胶涂患处，3~4 次 / 日。深部肌注：每次 50mg，2~3 次 / 日。

双氯芬酸钾　Diclofenac Potassium（凯扶兰、扶他捷、天君利）同双氯芬酸钠。14 岁以下慎用。片、胶囊：25mg。口服：100~150mg/d，分 2~3 次餐前整粒服。

双氯芬酸钠米索前列醇　Diclofenac Sodium And Misoprostol（奥斯克、Arthrotec）用于类风湿性关节炎、骨关节炎。致胃肠道反应、头晕等。片：含双氯芬酸钠 50mg、米索前列醇 200μg。口服：每次 1 片，2~3 次 / 日，进餐时整片吞服。

萘普生[乙]　Naproxen（甲氧萘丙酸、消痛灵、芬斯汀、希普生、得立安、倍利）

【用途】风湿和类风湿性关节炎、骨关节炎、强直性脊柱炎，轻、中度疼痛。

【不良反应】胃肠道反应、头痛、嗜睡、耳鸣、皮疹、视觉障碍、肾损害。

【用药护理注意】1. 缓释片（胶囊）不可嚼碎。2. 多饮水。3. 用药期间禁饮酒。4. 止痛不超过 5 天，治风湿不超 10 天。5. 定期查血象、肝肾功能和眼科。

【制剂】片：0.1g、0.125g、0.25g。胶囊：0.2g、0.25g。缓释片（胶囊）：0.25g、0.5g。微丸胶囊：0.125g。栓剂：0.25g、0.4g。注射液：0.1g、0.2g。

【用法】肌注：每次 0.1~0.2g，1 次 / 日。口服：止痛首次 0.5g，以后每次 0.25g，必要时 1 次 /6~8 小时。直肠给药：栓剂 0.25g。宫腔手术镇痛每次 0.4g。

布洛芬[甲、乙] **Ibuprofen** (异丁苯丙酸、拔努风、芬必得、芬尼康、托恩)

【用途】风湿及类风湿性关节炎、骨关节炎、头痛、关节痛等轻至中度痛。

【不良反应】轻度胃肠道反应，偶见头痛、眩晕、耳鸣、SGPT 升高、皮疹等。

【用药护理注意】1. 止痛用药不超 5 天，解热不超 3 天。2. 外用药仅用于健康完整的皮肤，不能与眼睛或黏膜接触。3. 缓释制剂应整粒以水吞服。4. 食物延迟本品吸收，不影响吸收总量。5. 注意是否有便血或血尿。6. 用药期间禁饮酒。

【制剂】片、胶囊：0.1g、0.2g。缓释胶囊 (芬必得)、缓释片 (芬尼康)：0.3g。乳膏：20g (5%)。混悬液：2g (100ml)、0.6g (30ml)。

【用法】口服：抗风湿，每次 0.4~0.6g，3~4 次 / 日，餐时服。镇痛，每次 0.2~0.4g，3~4 次 / 日。缓释胶囊、缓释片每次 0.3g，早晚各 1 次。混悬液每次 0.25~0.5ml/kg，3~4 次 / 日。儿童 20mg/(kg·d)，分 3 次服。外用：乳膏。

精氨酸布洛芬 (司百得) 用于牙痛、痛经、关节痛、头痛等。颗粒：0.2g、0.4g。口服：每次 0.4g，2 次 / 日。将药品放入适量的温水中溶解后服。

复方锌布颗粒 (臣功再欣) 颗粒剂：含布洛芬 0.15g、葡萄糖酸锌 0.1g、氯苯那敏 2mg。口服：3-5 岁，半包 / 次，6~14 岁 1 包 / 次，14 岁以上，1~2 包 / 次，3 次 / 日。

右旋布洛芬[乙] Dexibuprofen（清芬、优舒芬）用于感冒发热、头痛，轻、中度疼痛。片：0.2g。胶囊：0.15g。口服混悬液：2g（100ml）。栓：50mg。口服：每次 0.2~0.4g，2~3 次 / 日；混悬液每次 10~20ml，超过 6 岁儿童每次 7.5ml，2~3 次 / 日，用前摇匀。直肠给药：1~3 岁每次栓剂 50mg 塞入肛门，不超过 200mg/d。

酮洛芬 Ketoprofen（酮基布洛芬、奥鲁地、法斯通、基多托、欧露维、普非尼德、维康利、优洛芬）

【用途、不良反应、用药护理注意】参阅布洛芬。外用偶见接触性皮炎。

【制剂】片、胶囊、丸剂：50mg。控释胶囊（欧露维）：0.2g。缓释胶囊：0.075g、0.1g、0.2g。凝胶：50g、30g（2.5%）。贴剂（基多托）。

【用法】口服：每次 50mg，3 次 / 日，缓释胶囊，每次 0.075~0.2g，1 次 / 日，均餐后或餐时服，应整粒胶囊（胶丸）吞服。外用：涂凝胶，贴片贴患处。

芬布芬 Fenbufen（联苯丁酮酸、奋布芬、喜宁保）参阅布洛芬。孕妇、哺乳期妇女、14 岁以下、消化性溃疡和严重肝、肾功能损害禁用。片、胶囊：150mg。口服：0.6g/d，分次或晚上 1 次服，不超过 1g/d。

氟比洛芬[乙] Flurbiprofen（氟布洛芬、风平、凯纷、Froben）

【用途】类风湿性关节炎，骨关节炎，轻、中度疼痛。

【不良反应】常见胃肠道反应，偶见头痛、嗜睡、皮疹，罕见急性肾衰。

【用药护理注意】1. 孕妇、哺乳期妇女、消化性溃疡禁用。2. 吸收不受食物影响。3. 缓释片应整片吞服。4. 注射剂不宜肌注。5. 避免长期使用。

【制剂】片：50mg、100mg。缓释片：200mg。注射液：50mg（5ml）。

【用法】口服：每次 50mg，3~4 次 / 日，不超过 300mg/d。缓释片 200mg/d，宜晚餐后服用。缓慢静注：每次 50mg，必要时可重复应用。

卡洛芬 Carprofen（卡布洛芬、炎易妥）用于类风湿性关节炎、急性痛风等。致胃肠道反应、头痛、嗜睡、皮疹等，孕妇、哺乳期妇女、对其他非甾体类药物过敏禁用。片：150mg。口服：每次 150mg。2 次 / 日，餐前服。

吡洛芬 Pirprofen（吡布洛芬、灵加消）用于类风湿性关节炎、骨关节炎、非关节性风湿病、急性疼痛。致胃肠道反应等，吸收不受食物和抗酸剂的影响，长期用药应监测肝功能。片、胶囊：0.2g。口服：每次 0.4g，2 次 / 日。

洛索洛芬[乙] Loxoprofen（洛索洛芬钠、氯索洛芬、乐松、安普洛、若迈）

【用途】类风湿性关节炎、骨关节炎、肩周炎，外伤及拔牙后镇痛和消炎。

【不良反应】胃肠道反应、水肿、皮疹、嗜睡，偶见休克、间质性肺炎。

【用药护理注意】1. 消化性溃疡、孕妇、哺乳期妇女、儿童禁用。2. 老人易发生不良反应，应密切观察。3. 长期用药时，应定期查血、尿常规和肝肾功能。

【制剂】片、胶囊：60mg。贴剂：50mg（7cm×10cm）、100mg。

【用法】口服：每次60mg，3次/日，餐时或餐后服。外用：贴剂贴患处。

非诺洛芬钙 Fenoprofen Calcium（苯氧布洛芬钙）参阅布洛芬。致胃肠道反应、头痛、过敏、血小板减少等，出现下肢浮肿应立即停药，禁饮酒。片、胶囊：0.2g、0.3g。口服：每次0.2~0.6g，3~4次/日，餐后或与食物同服。

尼美舒利[甲] Nimesulide（美舒宁、尼蒙舒、普威、普菲特、茂欣）

【用途】类风湿性关节炎、骨关节炎、痛经、牙痛、手术后痛。

【不良反应】胃肠道反应、皮疹、失眠、头痛、眩晕，个别有轻度肾损害。

【用药护理注意】长期服用应定期查血、尿常规和肝、肾功能。

【制剂】片、分散片、颗粒：50mg、100mg。胶囊：100mg。混悬液：100ml（1%）。凝胶：15g（3%）。栓：0.1g、0.2g。

【用法】口服：每次 0.1g，2 次 / 日，儿童 5mg/(kg·d)，分 2~3 次，餐后服。直肠给药：每次栓剂 0.2g，2 次 / 日。

托美丁 Tolmetin（托美丁钠、痛灭定、托麦汀）用于类风湿性关节炎、强直性脊柱炎、非关节性疼痛。致消化道反应、头晕、水肿、皮疹等，消化性溃疡、有出血倾向者禁用。片、胶囊：0.2g。口服：每次 0.2~0.4g，3 次 / 日，餐后服。

双醋瑞因 Diacerein（安必丁）用于退行性关节疾病。致腹泻、上腹疼痛、尿液颜色变黄等。胶囊：50mg。口服：首 4 周，50mg/d，晚餐后服，对药物适应后，改为每次 50mg，2 次 / 日，疗程不短于 3 个月。

来氟米特[乙] Leflunomide（爱若华）用于类风湿性关节炎、系统性红斑狼疮。致消化道反应、皮疹、脱发等。准备生育的男性应中断治疗。片：5mg、10mg、20mg。口服：开始 3 日，50mg/d，维持量 20mg/d，餐后服，1 次 / 日。

阿达木单抗[乙] Adalimumab（修美乐、格乐立、苏立信、Humira）

【用途】类风湿性关节炎、强直性脊柱炎、银屑病、重度克罗恩病。

【不良反应】高血压、高血脂、头痛、腹痛、恶心、过敏、贫血、严重感染。

【用药护理注意】1. 用前进行结核感染评估。2. 轮换注射部位。3. 禁止冷冻。

【制剂】注射液（预填充式注射笔）：40mg（0.8ml）。2~8℃冷藏。

【用法】皮下注射：每次 40mg，1 次 /2 周。可与甲氨蝶呤联用。

依那西普[乙] Etanercept（重组人Ⅱ型肿瘤坏死因子受体 - 抗体融合蛋白、恩利、益赛普、强克、安佰诺、Recombinant Human Tumor Necrosis Factor-α Receptor Ⅱ：IgG Fc Fusion Protein、rhTNFR：Fc、Enbrel）

【用途】类风湿性关节炎、强直性脊柱炎、斑块状银屑病。

【不良反应】注射部位反应、头痛、眩晕、皮疹、咳嗽、腹痛、严重感染等。

【用药护理注意】1. 用 1ml 注射用水缓慢注入药瓶，轻轻旋转摇匀。2. 注射部位为大腿、腹部、上臂，前后两次注射点距离至少 3cm。3. 本品禁止冷冻。

【制剂】粉针：12.5mg、25mg。2~8℃冷藏。

【用法】皮下注射：每次 50mg，1 次 / 周；或每次 25mg，2 次 / 周。

英夫利西单抗[乙] Infliximab（英夫利昔单抗、类克）

【用途】类风湿性关节炎（RA）、强直性脊柱炎（AS）、克罗恩病（CD）。

【不良反应】输液反应、过敏、头痛、腹痛、恶心、感染、贫血、肿瘤等。

【用药护理注意】1. 过敏多出现在输液中或输液后2小时内，输液后至少观察1~2小时。2. 准备过敏反应急救药品。3. 治疗前进行结核菌素试验。

【制剂】粉针：100mg。2~8℃避光冷藏。

【用法】静滴：RA首次3mg/kg，第2和第6周及以后每隔8周给予1次相同剂量。每100mg用10ml注射用水溶解，用生理盐水稀释至250ml，最终浓度为0.4~4mg/ml之间，静滴时间不少于2小时。输液装置应有孔径≤1.2μm的滤膜。

戈利木单抗[乙] Golimumab（欣普尼、Simponi）

【用途】类风湿性关节炎（RA）、强直性脊柱炎（AS）。

【不良反应】咽炎、头晕、高血压、发热、过敏、严重感染和恶性肿瘤等。

【用药护理注意】1. 药物置室温下30分钟后使用。2. 注射部位为大腿中部前侧、下腹部、上臂外侧，针头与捏住的皮肤呈45°。3. 轮换注射部位。

【制剂】注射液（预充式注射器）：50mg（0.5ml）。2~8℃避光保存。

【用法】皮下注射：每次 50mg，每月 1 次。治 RA 应与甲氨蝶呤联用。

培塞利珠单抗 Certolizumab（赛妥珠单抗、希敏佳、Cimzia）用于类风湿性关节炎。致上呼吸道感染、过敏、注射部位反应、严重感染和恶性肿瘤等。注射液（预填充注射器）：200mg(1ml)。2~8℃ 避光保存，不得冷冻。皮下注射：注射部位为大腿和腹部，起始量为第 0、2、4 周给予 400mg（注射 2 次，每次 200mg）。维持量每次 200mg，1 次 /2 周。

托珠单抗[乙] Tocilizumab（托组单抗、雅美罗、Actemra）
【用途】类风湿性关节炎（RA）、全身型幼年特发性关节炎（sJIA）。
【不良反应】上呼吸道感染、腹痛、皮疹、高血压等，有严重感染的风险。
【用药护理注意】1. 用药前检查药物呈澄清至半透明，无色至淡黄色，无肉眼可见颗粒，才可使用。2. 出现有临床意义的超敏反应，立即停药并适当治疗。
【制剂、用法】注射液：80mg（4ml）、200mg（10ml）、400mg（20ml）。2~8℃ 避光保存。静滴：RA 每次 8mg/kg，1 次 /4 周，用生理盐水稀释至 100ml，滴注 1 小时以上，体重大于 100kg 者每次不超过 800mg。可与 MTX 联用。

依奇珠单抗　Ixekizumab（拓咨、Taltz）

【用途】斑块状银屑病、银屑病关节炎、强直性脊柱炎。

【不良反应】注射部位反应、过敏、恶心、血小板减少、严重感染等。

【用药护理注意】1. 从冰箱取出并放置 30 分钟后再使用。2. 不得剧烈摇晃自动注射器。3. 应轮换注射部位，并避开淤伤、红肿和银屑病受累皮肤。

【制剂】注射液（预填充自动注射器）：80mg（1ml）。2~8℃保存。

【用法】皮下注射：注射部位腹部或大腿，银屑病第 0 周注射 160mg（两次80mg），第 2、4、6、8、10 和 12 周各注射 80mg，维持剂量为 80mg，1 次 /4 周。

艾拉莫德[乙]　Iguratimod（艾得辛）用于活动性类风湿关节炎。致恶心、头痛、皮疹、腹胀、白细胞减少、失眠、肝毒性等。用药前行肝、肾功能和血液检查。出现黑便及时就诊。片：25mg。口服：每次 25mg，2 次 / 日，早、晚餐后服。

巴瑞替尼[乙]　Baricitinib（艾乐明、Olumiant）用于中、重度活动性类风湿关节炎。致上呼吸道感染、头痛、腹泻、单纯疱疹，严重感染、恶性肿瘤和血栓形成风险等。片：2mg。口服：每次 2mg，1 次 / 日，在 1 天任何时候餐时或空腹服。

托法替布[乙] Tofacitinib (枸橼酸托法替布、托法替尼、尚杰、泰研、Xeljanz)

【用途】中至重度活动性类风湿关节炎。

【不良反应】上呼吸道感染、头痛、腹泻、鼻咽炎，严重感染风险增高等。

【用药护理注意】密切监测患者是否有结核病或发生感染，监测肝功能等。

【制剂、用法】片：5mg。口服：每次 5mg，2 次 / 日，与食物同服或不同服。

阿克利他　Actarit (凯迈思、安吉欣) 用于类风湿性关节炎。致心悸、腹痛、腹泻、头痛、皮疹、肝肾功能异常等。片：0.1g。口服：每次 0.1g，3 次 / 日。

丙磺舒　Probenecid (羧苯磺胺、Benemid)

【用途】高尿酸血症伴慢性痛风性关节炎，痛风石，增强青霉素类的作用。

【不良反应】胃肠道反应、头痛、皮疹、发热，罕见再障、溶血性贫血。

【用药护理注意】1. 应多饮水 (日 2500ml) 并加服碳酸氢钠碱化尿液，防止血尿、肾绞痛、尿酸盐结石。2. 与磺胺药有交叉过敏。3. 定期查血尿酸、血象。

【制剂、用法】片：0.25g。口服：每次 0.25g，2 次 / 日，饭后服，1 周后增至每次 0.5g，2 次 / 日，不超过 2g/d。青霉素辅助治疗：每次 0.5g，4 次 / 日。

别嘌醇[甲、乙] **Allopurinol**（别嘌呤醇、痛风宁、赛来力、化风痛、奥迈必利）

【用途】痛风、痛风性肾病、痛风石、高尿酸血症。

【不良反应】皮疹、胃肠道反应、口腔溃疡、发热、脱发、骨髓抑制等。

【用药护理注意】1. 多饮水，以利尿酸排泄。2. 与尿酸化药同用，会增加肾结石的可能。3. 禁饮酒、勿饥饿。4. 避免日晒，因紫外线对眼的刺激可致白内障。5. 避免饮茶、咖啡、酒。6. 避免驾车。7. 定期查血象、血尿酸、肝肾功能。

【制剂、用法】片：0.1g。缓释胶囊、缓释片：0.25g。口服：普通片开始每次 0.05g，1~2 次 / 日，每周递增 0.05~0.1g，至 0.2~0.3g/d，分 2~3 次，餐后服。缓释胶囊（片）每次 0.25g，1 次 / 日。

秋水仙碱[甲] **Colchicine**（秋水仙素、舒风灵）

【用途】痛风性关节炎的急性发作、预防复发性痛风性关节炎的急性发作。

【不良反应、用药护理注意】1. 腹泻、呕吐、肌无力、皮疹、脱发、骨髓抑制等。2. 出现腹泻、呕吐时应减量或停药。3. 定期查血象和肝肾功能。

【制剂、用法】片：0.5mg、1mg。口服：每次 0.5~1mg，1 次 /1~2 小时，至症状缓解，不超过 6mg/24h；或每次 1mg，3 次 / 日。

苯溴马隆[乙]　Benzbromarone（立加利仙、尤诺）

【用途】高尿酸血症、痛风和痛风性关节炎非急性发作。

【不良反应】胃肠道反应、皮肤过敏，少见粒细胞减少、肝肾功能损害等。

【用药护理注意】1. 多饮水（2 升 / 日）并加服碳酸氢钠碱化尿液。2. 必须在痛风性关节炎急性症状控制后方能应用本品。3. 应定期查血象、肝功能。

【制剂】片、胶囊：50mg。

【用法】口服：每次 25～50mg，1 次 / 日，早餐时或餐后服。

非布司他[乙]　Febuxostat（非布索坦、优立通、风定宁、菲布力）

【用途】痛风患者高血酸血症的长期治疗。

【不良反应】肝功能异常、恶心、关节痛、皮疹、腹胀、腹痛、心悸等。

【用药护理注意】1. 治疗期间如果痛风发作，无须中止用药，应根据情况对痛风进行相应治疗。2. 出现疲劳、食欲减退或酱油色尿等应及时检查肝功能。

【制剂】片：40mg，80mg。

【用法】口服：每次 40mg 或 80mg，1 次 / 日。

（七）抗精神失常药

氯丙嗪[甲] Chlorpromazine（盐酸氯丙嗪、冬眠灵、可乐静、美心、Wintermine）

【用途】精神分裂症、躁狂症，镇吐、顽固性呃逆、人工冬眠。

【不良反应】1. 口干、便秘、嗜睡、皮疹，注射局部红肿、疼痛、硬结、体位性低血压、心悸、肝损害等。2. 可引起锥体外系反应和迟发性运动障碍。

【用药护理注意】1. 肌注疼痛明显，可加 1% 普鲁卡因作深部肌注。2. 避免药液接触皮肤，以防接触性皮炎。3. 药液颜色变深或有沉淀时禁用。4. 不与碱性药物配伍。5. 用药后平卧 1~2 小时，以防体位性低血压。6. 血压过低时可静滴去甲肾上腺素，但禁用肾上腺素。7. 用药后尿液呈粉红色属正常现象。8. 用药期间不从事危险作业。9. 长期治疗停药时应在几周内逐渐减量，骤然停药可促发迟发性运动障碍。10. 静滴时应监测体温、心率、血压。11. 定期查血象、肝功能。

【制剂】片：5mg、12.5mg、25mg、50mg。注射液：10mg、25mg、50mg。

【用法】口服：精神病，开始 25~50mg/d，分 2~3 次，渐增至 300~450mg/d，分 3~4 次，症状减轻后减少至 100~150mg/d，与食物同服。极量：每次 150mg，600mg/d。治呕吐，每次 12.5~25mg，2~3 次 / 日。深部肌注、缓慢静滴：每次 25~50mg，1 次 / 日，用葡萄糖氯化钠注射液 500ml 稀释，极量每次 100mg，400mg/d。

奋乃静[甲] Perphenazine（羟哌氯丙嗪）参阅氯丙嗪，锥体外系反应较多见。片：2mg、4mg。注射液：5mg（1ml、2ml）。口服：精神分裂症，从小剂量开始，每次 2~4mg，2~3 次 / 日，逐渐增至 20~60mg/d。止呕，每次 2~4mg，3 次 / 日。肌注：每次 5~10mg，隔 6 小时可重复。缓慢静注：每次 5mg，用生理盐水 10ml 稀释。

氟奋乃静[乙] Fluphenazine（盐酸氟奋乃静、氟非拉嗪）用于单纯型、紧张型及慢性精神分裂症。易致锥体外系反应、体位性低血压。片：2mg、5mg。注射液：2mg（1ml）、5mg（2ml）。口服：每次 2mg，1~2 次 / 日，餐后服，逐渐增至 10~20mg/d，分 1~2 次。肌注：每次 2~5mg，1~2 次 / 日。

癸氟奋乃静[乙] Fluphenazine Decanoate（氟奋乃静癸酸酯、保利神、滴咖、Modecate）用于急、慢性精神分裂症。本品含苯甲醇，儿童禁肌注。注射液：25mg（1ml）。深部肌注：每次 12.5~25mg，1 次 /2~4 周，开始剂量及老年减半。

棕榈哌泊塞嗪 Pipotiazine Palmitate（尼蒙舒）用于慢性或急性非激越型精神分裂症。注射液：50mg（2ml）。深部肌注：每次 50~200mg，1 次 /2~4 周。

氟哌啶醇^[甲] Haloperidol（氟哌丁苯、氟哌醇）

【用途】急、慢性精神分裂症，躁狂症、抽动秽语综合征。

【不良反应】失眠、体位性低血压、消化道症状等，易致锥体外系反应。

【用药护理注意】1. 帕金森病、骨髓抑制、重症肌无力、青光眼、孕妇禁用。2. 多饮水，禁饮酒、勿饮茶和咖啡。3. 勿接触本品水溶液，以防接触性皮炎。4. 长期治疗停药时应在几周内逐渐减量，骤然停药易出现发迟发性运动障碍。

【制剂】片：2mg、4mg。注射液：5mg（1ml）。

【用法】口服：治精神病，开始每次 2~4mg，2~3 次 / 日，逐渐增至10~40mg/d，维持量 4~20mg/d。肌注：每次 5~10mg，2~3 次 / 日。

癸酸氟哌啶醇 Haloperidol Decanoate（氟哌啶醇癸酸酯、安度利可、哈力多）用于急、慢性精神病的维持治疗。同氟哌啶醇，注意更换注射部位。本品含苯甲醇。注射液：50mg（1ml）。深部肌注：每次 50~150mg，1 次 /4 周。

溴哌利多 Bromperidol（溴哌醇）用于精神分裂症。致锥体外系反应等，应避免危险机械操作。片：1mg、3mg。口服：1~6mg，3 次 / 日，不超过 36mg/d。

氟哌利多[乙] Droperidol（氟哌啶、力邦欣定）用于精神分裂症和躁狂症兴奋状态。锥体外系反应较重且常见，注射后静卧 1~2 小时。药液颜色变深或有沉淀禁用。注射液：5mg（2ml）。肌注：5~10mg/d，可加 1% 普鲁卡因以减轻疼痛。

五氟利多 Penfluridol 治慢性精神分裂症。致锥体外系反应，偶见皮疹、抽搐、心电图异常等。禁饮酒。片：5mg、20mg。口服：每次 20~120mg，1 次 / 周。从每周 10~20mg 开始，逐渐增量，每一或两周增加 10~20mg，可与食物同服。

三氟拉嗪[甲] Trifluoperazine（盐酸三氟拉嗪、甲哌氟丙嗪、三氟比拉嗪）用于急、慢性精神分裂症，镇吐。易致锥体外系反应，心动过速、烦躁、失眠，偶见肝损害、白细胞减少，不宜晚间服用。片：1mg、5mg。口服：治精神病，开始每次 5mg，1~2 次 / 日，逐渐增至每次 10mg，3 次 / 日，维持量 5~20mg/d。

氯普噻吨[乙] Chlorprothixene（氯丙硫蒽、泰尔登、Tardan）
【用途】伴有焦虑或抑郁症的精神分裂症、更年期抑郁症、神经官能症。
【不良反应】体位性低血压，偶见锥体外系反应、皮疹，罕见粒细胞减少。

【用药护理注意】1. 从小量开始，用量个体化。2. 避免皮肤接触药物，以防接触性皮炎。3. 长期使用停药时，应在几周内徐慢减量。4. 严格遵医嘱服药。

【制剂】片：12.5mg、15mg、25mg、50mg。注射液：30mg（2ml）。

【用法】口服：精神病，开始每次 25~50mg，2~3 次 / 日，逐渐增至 400mg/d。神经官能症，每次 5~25mg，3 次 / 日。肌注：每次 30~60mg，2 次 / 日。

氯哌噻吨 Clopenthixol（氯噻吨）用于精神分裂症、躁狂症。致锥体外系反应、嗜睡、体位性低血压等。避免饮酒。片：10mg、25mg。注射液（速效针）：50mg（1ml）。口服：一般初始量每次 10mg，1 次 / 日，逐渐增至 20~75mg/d，分 2~3 次服。深部肌注：每次 50~100mg，1 次 /72 小时，总量不超过 400mg。

氯哌噻吨癸酸酯 Clopenthixol Decanoate 同氯哌噻吨。注射液：200mg（1ml）。深部肌注：每次 200mg，1 次 /2~4 周。

氟哌噻吨 Flupentixol（三氟噻吨、复康素、Fluanxol）用于精神分裂症。致锥体外系反应、帕金森综合征、失眠、唾液增多、便秘等。用药期间不宜从事危险作业，致失眠者宜白天服药，禁饮酒。片：0.5mg、3mg、5mg。口服：开始每次 5mg，1 次 / 日，餐后服。治疗量 10~60mg/d，维持量 5~20mg/d，超过 20mg/d 时，应分次服用。

氟哌噻吨癸酸酯 Flupentixol Decanoate（长效复康素、孚岚素）同氟哌噻吨。注射液：20mg（1ml）。深部肌注：治疗量 20~40mg/2~4 周。

替沃噻吨 Tiotixene（氨砜噻吨、硫噻吨）用于淡漠、退缩的慢性精神分裂症。致失眠、皮疹、体位性低血压、心电图异常，锥体外系反应较少见，长期用药致晶状体混浊。片、胶囊：5mg、10mg。注射液：4mg（2ml）。口服：开始每次 5mg，2 次 / 日，渐增至 20~30mg/d。肌注：每次 4mg，2~4 次 / 日。

珠氯噻醇 Zuclopenthixol（高抗素、Clopixol）用于有焦虑和幻觉症状的精神病。致疲倦、锥体外系反应、体位性低血压、肌无力等，食物提高本药生物利用度。不宜饮酒。片：2mg、10mg。注射液（醋酸酯）：50mg（1ml）。口服：15~50mg/d，最大剂量 150mg/d，晚上单次或分 3 次服。肌注：每次 50~150mg。

珠氯噻醇癸酸酯 Zuclopenthixol Decanoate（长效高抗素）同珠氯噻醇。长期治疗特别是用高剂量的患者，应严密监护并定期评价，尽量降低维持量。注射液：0.2g（1ml）。15℃以下避光保存。肌注：每次 0.2~0.4g，1 次 /2~4 周。

舒必利[甲] Sulpiride（硫苯酰胺、舒宁、止吐灵、止呕灵、消呕宁、多玛听）
【用途】精神分裂症，顽固性恶心、呕吐的对症治疗。
【不良反应】失眠、兴奋、焦虑、血压升高、胃肠道反应、锥体外系反应等。
【用药护理注意】1. 嗜铬细胞瘤患者、幼儿禁用。2. 静滴速度过快可致心律失常。3. 出现皮疹、瘙痒等过敏反应应须停药。4. 用药后不宜驾车、操纵机械。
【制剂】片：100mg。注射液：50mg（2ml）、100mg（2ml）。
【用法】口服：精神病开始每次 100mg，2~3 次 / 日，渐增至 600~1200mg/d，餐后服。止吐每次 100~200mg，2~3 次 / 日。肌注、静滴：精神病每次 100mg，2 次 / 日，100~200mg 稀释于 5% 葡萄糖氯化钠注射液 250~500ml 中，滴注 4 小时以上。

硫必利[乙] Tiapride（盐酸硫必利、泰必利、泰必乐、天日大、维奇）
【用途】老年性精神病、舞蹈症、抽动 - 秽语综合征，各种疼痛，乙醇中毒。

【不良反应】嗜睡、头晕、乏力、胃肠道反应、溢乳、闭经、心率加快等。

【用药护理注意】1. 哺乳期妇女、幼儿禁用。2. 本品能增强中枢抑制药的作用。3. 长期大量使用注意心、肝、肾毒性。4. 用药期间不宜从事危险作业。

【制剂、用法】片：0.1g。注射液：0.1g（2ml）。口服：舞蹈症 0.15~0.3g/d，分 3 次餐后服。7~12 岁儿童抽动秽语综合征每次 50mg，1~2 次 / 日。肌注、缓慢静注：老年性精神运动障碍，0.2~0.4g/d，静注用 5% 葡萄糖液或生理盐水稀释。

氨磺必利[乙] Amisulpride（索里昂）用于伴有阳性症状和（或）阴性症状的急、慢性精神分裂症。致失眠、低血压、锥体外系反应等。片：50mg，0.2g。口服：0.4~0.8g/d，顿服（< 0.4g/d）或分 2 次服（> 0.4g/d），不超过 1.2g/d。

氯氮平[甲] Clozapine（氯扎平、维必朗）

【用途】急、慢性精神分裂症。

【不良反应】头晕、流涎、便秘、嗜睡、发热、粒细胞减少、血糖升高、视物模糊等，增量过快易致体位性低血压，用量过大（> 0.5g /d）易致癫痫样发作。

【用药护理注意】1. 昏迷、严重肝肾疾病、有粒细胞减少史、12 岁以下禁

298

用。2. 停药时，应每隔 1~2 周，逐渐减量。3. 出现皮疹等过敏反应须立即停药。4. 用药期间出现不明原因发热，应暂停用药。5. 定期检查血象、血糖。

【制剂、用法】片：25mg、50mg。口腔崩解片：25mg。口服：首次 25mg，2~3 次／日，逐渐增至 200~400mg/d，维持量 100mg/d。口腔崩解片从 12.5mg 开始。

奥氮平[乙] Olanzapine （奥兰之、再普乐、悉敏、欧兰宁）

【用途】精神分裂症、躁狂发作，预防双相情感障碍复发。

【不良反应】嗜睡、体重增加、红细胞增多、便秘、体位性低血压等。

【用药护理注意】1. 增加老年痴呆型精神病患者的死亡风险。2. 食物不影响本品吸收。3. 停用应逐步减量。4. 65 岁以上应监测血压。

【制剂、用法】片：2.5mg、5mg、7.5mg、10mg。口崩片。5mg、10mg、15mg、20mg。口服：每次 10mg，老年起始量为 5mg，1 次／日。

喹硫平[甲] Quetiapine （富马酸喹硫平、启维、思瑞康）用于精神分裂症。致头晕、嗜睡、失眠等。本品可影响体温。片：25mg、0.1g、0.2g。口服：第 1、2、3、4 日分别服 50mg、100mg、200mg、300mg，有效量 300~450mg/d，分 2 次。

佐替平 Zotepine（泽坦平、佐特平）用于精神分裂症。致嗜睡、失眠、锥体外系反应、循环及消化系统反应等，孕妇、哺乳期妇女、小儿禁用，用药期间不驾车或操作机械。片：50mg。口服：75~150mg/d，分3次，服药不受进食影响。

洛沙平 Loxapine（丁二酸洛沙平）用于精神分裂症、偏执症状、焦虑症。致恶心、呕吐、心悸、锥体外系反应等，使尿液红染属正常现象。片：10mg、25mg。胶囊：13.6mg、34mg。口服：开始20~50mg/d，渐增至100~200mg/d，分2~4次服。

利培酮[乙] Risperidone（利司培酮、利斯贝、维思通、思利舒、卓菲、恒德）
【用途】急性和慢性精神分裂症，双相情感障碍的躁狂发作。
【不良反应】头痛、失眠、嗜睡、恶心、锥体外系反应、体位性低血压等。
【用药护理注意】1. 食物不影响本品吸收。2. 停药应逐渐减量。3. 避免进食过多，以免发胖。4. 避免驾车或操作机械。5. 禁饮酒。6. 注射微球2~8℃保存。
【制剂】片、口崩片：1mg、2mg。口服液：30mg（30ml）。注射用微球：25mg。
【用法】口服：开始1mg/d，隔3~5天增加1mg/d，最大剂量4~6mg/d，分2次服。老人剂量减半。深部肌注：每次25mg，1次/2周，左右臀肌交替注射。

帕利哌酮[乙] Paliperidone（帕潘立酮、芮达、善思达）

【用途】精神分裂症急性期和维持期。

【不良反应】失眠、焦虑、激越、头痛、口干、静坐不能和锥体外系反应等。

【用药护理注意】1. 增高痴呆相关性精神病的死亡率。2. 服药不受进食影响。

【制剂、用法】缓释片：3mg、6mg、9mg。棕榈酸帕利哌酮注射液：75mg（0.75ml）、100mg（1ml）、150mg（1.5ml）。口服：每次 6mg，1 次 / 日，早晨整片吞服。三角肌注射：首日 150mg，1 周后再注射 100mg，维持量每月 75mg。

齐拉西酮[乙] Ziprasidone（去奥登、力复君安、卓乐定）用于精神分裂症。致失眠、锥体外系反应等。胶囊：20mg、40mg、60mg。片：20mg。注射液：10mg（1ml）。口服：开始每次 20mg，2 次 / 日，逐渐增至每次 60~80mg，2 次 / 日，维持量 40mg/d，与食物同服可增加吸收。肌注：10~20mg/d，最大剂量 40mg/d。

鲁拉西酮[乙] Lurasidone（盐酸鲁拉西酮、罗舒达、Latuda）用于精神分裂症。致嗜睡、静坐不能、恶心、帕金森症和焦虑等。片：40mg、80mg。口服：开始每次 40mg，1 次 / 日，剂量不需递增，应与食物同服。最大推荐剂量 80mg/d。

伊潘立酮 Iloperidone（Fanapt）用于精神分裂症。致眩晕、口干、疲劳、直立性低血压、嗜睡、心动过速等。片：1mg、2mg、4mg、6mg、8mg、10mg、12mg。口服：开始每次1mg，2次/日。在第2~7日分别给药每次2mg、4mg、6mg、8mg、10mg、12mg，2次/日。给药可不考虑进餐。维持量每次6~12mg，2次/日。

阿立哌唑[甲] Aripiprazole（博思清、奥派）用于精神分裂症。致恶心、头痛、嗜睡、轻度锥体外系症状、体位性低血压等，禁饮酒。片、口腔崩解片：5mg、10mg。口服：开始每次10mg，1次/日，不受进食影响。2周后根据情况增加剂量，有效量范围10~30mg/d。口腔崩解片只需少量水，借吞咽动作入胃起效。

阿塞那平 Asenapine（Saphris）用于精神分裂症。致嗜睡、眩晕、静坐不能、体重增加等。用药后10分钟内不要进食或饮水。舌下片：5mg、10mg。舌下含服：每次5mg，2次/日；最大剂量每次10mg，2次/日。不应压碎、咀嚼或吞咽。

碳酸锂[甲] Lithium Carbonate
【用途】躁狂症，粒细胞减少。

【不良反应】恶心、呕吐、腹泻、口渴、多尿、嗜睡、手震颤、口齿不清等。

【用药护理注意】1. 餐后服可减轻胃肠刺激反应。2. 因钠能促进锂盐经肾排除，为防止锂潴留，应保持正常食盐摄入量。3. 缓释片应整片吞服。4. 不与吡罗昔康合用，以免血锂浓度过高。5. 定期查血锂浓度、肾功能、血白细胞计数。

【制剂】片：0.125g、0.25g、0.5g。缓释片：0.3g。胶囊：0.25g、0.5g。

【用法】口服：治躁狂症，开始每次 0.125~0.25g，3 次/日，逐渐增至 1.5~2g/d，维持量 0.5~1g/d，餐后服。缓释片治疗期 0.9~1.5g/d，分 1~2 次。

卡马西平、丙戊酸钠（见抗癫痫药，P247、P249）

丙米嗪[甲] Imipramine（盐酸丙米嗪、米帕明）

【用途】抑郁症（对精神分裂症抑郁症无效）、小儿遗尿症、多动症。

【不良反应】阿托品样作用（口干、心动过速、便秘等）、失眠、体位性低血压、体重增加、胃肠道反应、皮炎、皮疹、震颤、心肌损害等。

【用药护理注意】1. 餐后服可减少胃部刺激。2. 单胺氧化酶抑制剂停药 2 周后才能使用本品。3. 长期使用可产生依赖性。4. 不可骤然停药，宜在 1~2 个月内逐渐减量。5. 禁饮酒。6. 监测血压、心率、血细胞计数、心电图、肝肾功能。

【制剂、用法】片：12.5mg、25mg。口服：抑郁症，每次 25~50mg，2 次 / 日，早上和中午服（晚上服药易引起失眠），逐渐增至每次 50mg，3 次 / 日，极量 300mg/d。6 岁以上小儿遗尿症，每次 12.5~25mg，睡前 1 小时顿服。

阿米替林[甲] Amitriptyline（盐酸阿米替林、阿密替林、依拉维、Amitid）

【用途】各类抑郁症。

【不良反应、用药护理注意】1. 同丙米嗪，不良反应较少而轻。2. 不能突然停药，宜在 1~2 个月内逐渐减量。3. 可引起光敏感性增加，患者应避免日晒。

【制剂、用法】片：10mg、25mg。注射液：20mg（2ml）。口服：每次 25mg，2 次 / 日，逐渐增至 150~250mg/d，分 3 次餐后服。肌注：每次 20~30mg，2 次 / 日。

多塞平[乙] Doxepin（盐酸多塞平、多虑平、凯舒）用于焦虑性抑郁症，乳膏外用治皮肤瘙痒。致嗜睡、失眠、便秘、心悸等，单胺氧化酶抑制剂停药 2 周后才可用本品，不能骤然停药。片：25mg、50mg。注射液：25mg（1ml）。乳膏：10g（0.5g）。口服：开始每次 25mg，3 次 / 日，渐增至 100~250mg/d，餐后服。

马普替林[乙] Maprotiline(盐酸马普替林、麦普替林、路滴美、路地米尔)

【用途】各类抑郁症、焦虑症。

【不良反应】抗胆碱能症状（口干、便秘等）、皮疹、嗜睡、心动过速等。

【用药护理注意】1. 单胺氧化酶抑制剂停药 2 周后才可用本品。2. 维持量于晚间睡前顿服或分次服。3. 用药期间不宜从事危险作业。4. 忌饮酒。

【制剂、用法】片：25mg。口服：开始每次 25mg，2~3 次 / 日，隔日增加 25~50mg，可与食物同服。有效量 75~200mg/d，维持量 50~150mg/d，分 1~2 次。

氯米帕明[甲] Clomipramine(盐酸氯米帕明、氯丙米嗪、安拿芬尼、海地芬)

【用途】抑郁症、伴有抑郁症的精神分裂症、强迫症、恐怖症。

【不良反应】嗜睡、便秘、体重变化、眩晕、视力模糊、体位性低血压等。

【用药护理注意】1. 避免驾驶和机械操作。2. 监测血象、血压、心电图。

【制剂】片、胶囊：10mg、25mg、50mg。缓释片：75mg。注射液：25mg。

【用法】口服：治抑郁症，开始每次 25mg，2~3 次 / 日，缓释片每次 75mg，每晚睡前 1 次，逐渐增至 150mg/d。肌注：从 25mg/d 起。静滴：抑郁症、强迫症，开始每次 25~50mg，溶于生理盐水或 5% 葡萄糖液 250~500ml 中，1 次 / 日。

舍曲林[乙]　Sertraline（盐酸舍曲林、左洛复、彼迈乐）

【用途】抑郁症、强迫症。

【不良反应】失眠、嗜睡、头晕、恶心、呕吐、腹泻、口干、皮疹、心悸等。

【用药护理注意】1. 用药后增加自杀风险。2. 不宜驾驶。3. 忌饮酒。

【制剂、用法】片：50mg、100mg。口服：每次 50mg，1 次 / 日，早或晚服，可与食物同服或不同服，疗效不佳者可增加剂量，不超过 200mg/d。

米安色林[乙]　Mianserin（盐酸米安色林、米安舍林、米安塞林、特文）

【用途】抑郁症。

【不良反应】困倦、嗜睡、失眠、便秘、皮疹、轻躁狂、肝功能损害。

【用药护理注意】1. 增加自杀风险。2. 本品为水溶性薄膜衣片，宜用少量水吞服，不能嚼碎。3. 出现黄疸或抽搐应停药。4. 不宜从事危险作业。5. 禁饮酒。

【制剂】片：10mg、20mg、30mg、60mg。

【用法】口服：开始 30mg/d，可增至 60~90mg/d，分次服或睡前 1 次顿服。

布南色林[乙]　Blonanserin（洛珊、Lonasen）用于精神分裂症。致震颤、唾液分泌过多、运动迟缓、失眠、嗜睡、焦虑、烦躁等。片：4mg。口服：开始每次4mg，2次/日，餐后服。可适当增减剂量，维持剂量 8~16mg/d，不超过 24mg/d。

氟伏沙明[乙] Fluvoxamine （马来酸氟伏沙明、氟伏草胺、兰释）用于抑郁症、强迫症。禁与单胺氧化酶抑制剂合用，不从事危险作业，忌饮酒。本品宜用水吞服，不应咀嚼。片：50mg、100mg。口服：开始每次 50~100mg，睡前服，每4~7日增加 50mg，每日超过 150mg 应分次餐时或餐后服，不超过 300mg/d。

氟西汀[甲] Fluoxetine （盐酸氟西汀、氟苯氧丙胺、百优解、优克、开克）
【用途】抑郁症、强迫症、神经性贪食症。
【不良反应】恶心、厌食、腹泻、失眠、颤抖、皮疹、低血压、肝炎等。
【用药护理注意】1. 有症状恶化和自杀风险。2. 禁与单胺氧化酶抑制剂合用。3. 一般用药 2 周后起效。4. 出现皮疹时应停药并就诊。5. 本药半衰期长，偶尔漏服不影响治疗。6. 不得突然停药，应逐渐减量。7. 忌饮酒。
【制剂、用法】片：10mg。胶囊、分散片：20mg。口服：抑郁症、强迫症，20~60mg/d，起始剂量为 20mg/d，早晨或加中午餐后服。贪食症，60mg/d。

帕罗西汀[甲] Paroxetine（盐酸帕罗西汀、赛乐特）

【用途】抑郁症、强迫症、社交恐惧症 / 社交焦虑症。

【不良反应、用药护理注意】1. 致口干、乏力、便秘、失眠等。2. 有病情恶化和自杀风险。3. 不宜从事危险作业。4. 不能骤然停药，需逐渐减量。5. 忌饮酒。

【制剂、用法】片：20mg。口服：20mg/d，早餐时顿服，不能嚼碎。

度洛西汀[乙] Duloxetine（欣百达、奥思平）

【用途】抑郁症、广泛性焦虑症。

【不良反应、用药护理注意】1. 致恶心、口干、便秘、食欲下降、血压升高、疲乏、嗜睡等。2. 有病情恶化和自杀风险。3. 应整粒吞服，不能嚼碎。4. 单胺氧化酶抑制剂停药 2 周后才可用本品。5. 停药应逐渐减量。6. 禁饮酒。

【制剂、用法】肠溶胶囊：20mg、30mg、60mg。肠溶片：20mg。口服：40~60mg/d，顿服或分 2 次服。不考虑进食情况。

伏硫西汀 Vortioxetine（氢溴酸伏硫西汀、心达悦）用于成人抑郁症。片：5mg、10mg。口服：每次 10mg，1 次 / 日，空腹或与食物同服。停药无需逐步减量。

瑞波西汀[乙] Reboxetine（甲磺酸瑞波西汀、叶洛抒）用于成人抑郁症。致口干、便秘、失眠、多汗、尿潴留等。单胺氧化酶抑制剂停药 2 周后才可用本品。片、胶囊：4mg。口服：每次 4mg，2 次 / 日，不超过 12mg/d，2~3 周逐渐起效。

西酞普兰[乙] Citalopram（氢溴酸西酞普兰、喜普妙、喜太乐、迈克伟）
【用途】抑郁症。
【不良反应】恶心、多汗、头痛、口干、失眠、嗜睡等，个别致癫痫发作。
【用药护理注意】1. 单胺氧化酶抑制剂停药 2 周后才可用本品。2. 食物不影响本药吸收，可空腹或与食物同服。3. 停药需经过 1 周的逐渐减量。4. 禁饮酒。
【制剂】片、胶囊：20mg。
【用法】口服：起始量 20mg/d，必要时可增至 40mg/d。老年剂量减半。

艾司西酞普兰[甲] Escitalopram（草酸艾司西酞普兰、来士普、百适可）用于抑郁症、伴有或不伴有广场恐怖症的惊恐障碍。致失眠、阳痿、恶心、便秘、多汗、口干、疲劳、嗜睡等，有增加自杀风险。片：5mg、10mg。口服：开始每次 10mg，最大量每次 20mg，早晨或晚上服，可与食物同服。避免突然停药。

文拉法辛[甲]　Venlafaxine（盐酸文拉法辛、博乐欣、怡诺思、益福乐）

【用途】抑郁症、广泛性焦虑症。

【不良反应】恶心、呕吐、口干、便秘、嗜睡、失眠、头痛、血压升高等。

【用药护理注意】1. 禁与单胺氧化酶抑制剂合用。2. 停药应逐渐减量。3. 用药期间不宜从事危险作业。4. 忌饮酒。5. 用药期间监测血压。

【制剂】片、胶囊：25mg、50mg。缓释胶囊：75mg、150mg。缓释片：75mg。

【用法】口服：开始每次 25mg，3 次 / 日，餐时服，最大剂量 350mg/d。缓释胶囊每次 75mg，1 次 / 日，每日相同时间与食物同服，不能嚼碎或溶在水中服。

曲唑酮[乙]　Trazodone（美时玉）用于抑郁症、焦虑伴失眠。致嗜睡、疲乏、眩晕等。有增加自杀风险。避免从事危险作业，忌饮酒，有发热、喉痛应停药。片：50mg。口服：开始 0.05~0.15g/d，分次餐后服，不超过 0.4g/d。

吗氯贝胺[乙]　Moclobemide（奥罗力士、贝苏）用于抑郁症。本品为单胺氧化酶抑制剂。避免进食含酪胺的食物（如奶酪、啤酒、香蕉、巧克力、酵母）。禁饮酒。监测血压。片：0.1g、0.15g。口服：开始 0.3g/d，分 2~3 次，餐后服。

米氮平[甲] Mirtazapine（米塔扎平、瑞美隆、派迪生）用于抑郁症。致嗜睡、体重增加、头晕等。在用或停用单胺氧化酶抑制剂2周内不使用本品，用药期间不从事危险作业，禁饮酒。停药应逐渐减量。片、口崩片：15mg、30mg。口服：开始15mg/d，有效量15~45mg/d，睡前1次或分早晚2次吞服，不能嚼碎。

噻奈普汀钠[乙] Tianeptine Sodium（噻奈普汀、达体朗）用于抑郁症。致嗜睡、眩晕、头痛、失眠、体重增加等。单胺氧化酶抑制剂停药2周后才可用本品，停药应逐渐减量。片：12.5mg。口服：每次12.5mg，3次/日，三餐前服。

安非他酮 Bupropion（乐孚亭、悦亭）用于抑郁症。致激动、失眠、恶心、便秘等，禁饮酒。片：75mg。缓释片：150mg。口服：开始每次75mg，早、晚各1次，渐增至300mg/d，分3次。缓释片每次150mg，1次/日。避免睡前服药。

阿戈美拉汀[乙] Agomelatine（维度新、阿美宁）用于成人抑郁症。致肝功能异常、焦虑、头痛、嗜睡、失眠、腹泻等。注意自杀相关事件。片：25mg。口服：每次25mg，1次/日，睡前服，可空腹或与食物同服。停药无需逐步减量。

盐酸托莫西汀[乙] Atomoxetine Hydrochloride （托莫西汀、择思达、斯德瑞）

【用途】儿童和青少年的注意缺陷多动障碍。

【不良反应】恶心、呕吐、疲劳、腹痛、头痛、嗜睡、易激惹、心跳加快等。

【用药护理注意】1. 有增加自杀意念风险。2. 漏服应尽快补服。3. 监测血压。

【制剂、用法】胶囊：10mg、25mg、40mg。口服：6 岁以上 0.5~1.2mg/(kg·d)，早晨顿服或分早、晚 2 次服，服药不受进食影响。停药无需逐渐减量。

哌甲酯[乙] Methylphenidate （盐酸哌甲酯、利他林、利太林、专注达、Ritalin）

【用途】注意缺陷多动障碍、发作性睡病，巴比妥类等过量引起的昏迷。

【不良反应】食欲减退、失眠、嗜睡、头痛、头晕、心律失常、视物模糊等。

【用药护理注意】1. 按第一类精神药品管理。2. 有依赖性。3. 若出现胃部不适可用牛奶送服。4. 严格按医嘱服药。5. 睡前 4 小时内避免服用，以免引起失眠。6. 食物促进药物吸收。7. 用药后避免驾驶。8. 监测血压、心率、血小板等。

【制剂】片：5mg、10mg、20mg。控释片：18mg。注射液：20mg（1ml）。

【用法】口服：6 岁以上儿童每次 5mg，2 次/日，早、午餐前 30min 服，不超过 40mg/d。控释片每次 18mg，1 次/日，早晨用水整片送服，不能咀嚼。

（八）抗帕金森病药

左旋多巴[甲] Levodopa（左多巴、思利巴、L-Dopa）

【用途】帕金森病、肝性脑病，儿童、青少年屈光性或斜视性弱视。

【不良反应】胃肠道反应、体位性低血压、心动过速、不自主运动、"开关"现象（多动不安为"开"，肌强直运动不能为"关"）、失眠、焦虑等。

【用药护理注意】1. 单胺氧化酶抑制剂停用 2 周后才可用本品。2. 餐后 90 分钟服可减轻胃肠道反应。3. 高蛋白、高脂食物影响本品吸收。4. 代谢产物可使尿液变红色或棕色。5. 停药应逐渐减量。6. 监测血压、心电图、肝肾功能等。

【制剂】片、胶囊：0.1g、0.125g、0.25g。注射液：50mg（20ml）。

【用法】口服：帕金森病，开始每次 0.25g，2~4 次／日，每隔 3~7 日增加 0.125~0.5g。维持量 3~6g/d，分 4~6 次，连续用药 2~3 周后见效。静滴：肝性脑病，0.3~0.4g/d，加入 5% 或 10% 葡萄糖液 500ml 中，待完全清醒后减为 0.2g/d。

卡比多巴[乙] Carbidopa（α-甲基多巴肼）

【用途】与左旋多巴合用治帕金森病。

【不良反应】胃肠道反应、失眠、肌痉挛、不自主运动等。

【用药护理注意】1. 孕妇、青光眼、精神病禁用。2. 不宜与苯海索、金刚烷胺、苯扎托品、丙环定合用。3. 与左旋多巴合用，必要时可加服维生素 B_6。

【制剂、用法】片：25mg。开始每次卡比多巴 10mg，左旋多巴 100mg，4 次 / 日，每隔 3~7 日每日增加卡比多巴 40mg，左旋多巴 400mg，至每日卡比多巴 200mg，左旋多巴 2g 时止，宜餐后或与食物同服。

复方卡比多巴 [乙] Compound Carbidopa（卡比多巴 - 左旋多巴、卡左双多巴控释片、森尼密特、信尼麦、心宁美、息宁、西莱美、Sinemet）

【用途】帕金森病。

【不良反应、用药护理注意】1. 同左旋多巴和卡比多巴。2. 避免空腹服药，以减少恶心、呕吐的发生。3. 控释片应整片或 250mg 的半片吞服，不能嚼碎。

【制剂】片：110mg（含左旋多巴 100mg、卡比多巴 10mg），275mg（含左旋多巴 250mg、卡比多巴 25mg）。控释片（息宁）：125mg（含左旋多巴 100mg、卡比多巴 25mg），250mg（含左旋多巴 200mg、卡比多巴 50mg）。

【用法】口服：每次 110~137.5mg，3 次 / 日，逐渐增至 550mg/d，疗程 20~40 周。控释片开始每次 125mg，2 次 / 日，按病情需要逐渐增量。

多巴丝肼[甲]Levodopa And Benserazide (左旋多巴 / 苄丝肼、美多芭) 参阅左旋多巴。美多芭片有十字刻痕,可按需服 1/4 至 1 片。片、胶囊:125mg、250mg (分别含苄丝肼 25mg、50mg 和左旋多巴 100mg、200mg)。口服:首剂 125mg,2 次 / 日。第 2 周起,日服剂量每周增加 125mg,不超过 1g/d,分 3~4 次服。

金刚烷胺[甲] Amantadine (盐酸金刚烷胺、金刚安、三环癸胺)

【用途】帕金森病、帕金森病综合征、A 型流感病毒引起的呼吸道感染。

【不良反应】失眠、眩晕、抑郁、食欲减退、四肢皮肤青斑、踝部水肿等。

【用药护理注意】1. 孕妇禁用。2. 用药期间不宜从事危险作业。3. 治帕金森病时不能突然停药。4. 最后 1 次服药应在下午 4 时前,以避免失眠。5. 忌饮酒。

【制剂】片、胶囊:100mg。颗粒:12g:140mg。

【用法】口服:每次 100mg,1~2 次 / 日,早、午餐后服,服药不受进食影响,用 3~5 日,不超过 400mg/d。抗病毒,1~9 岁每次 1.5~3mg/kg,1 次 /8~12 小时。

复方金刚烷胺氨基比林 (复方金刚烷胺) 防治流感。片:含金刚烷胺 0.1g,氨基比林 0.15g,马来酸氯苯那敏 2mg。口服:早、晚各 1 片,连用 3~5 日。

溴隐亭[乙] Bromocriptine（甲磺酸溴隐亭、溴麦角隐亭、溴麦亭、佰莫亭）

【用途】帕金森病，泌乳素瘤，抑制生理性泌乳，肢端肥大症。

【不良反应】恶心、呕吐、头痛、嗜睡、眩晕、体位性低血压、消化道出血等。

【用药护理注意】1. 初始剂量宜小，以减少不良反应的发生率和严重程度。2. 与左旋多巴合用治疗帕金森病可提高疗效。3. 在睡前、进食时或餐后服药可减少胃肠道反应。4. 不从事危险作业。5. 监测血压。6. 禁饮酒。

【制剂】片：2.5mg。

【用法】口服：帕金森病，开始 1.25mg/d，每周增加 1.25mg，日剂量分 2~3 次服，治疗量 7.5~15mg/d，不超过 25mg/d。泌乳素瘤，每次 1.25mg，2~3 次 / 日，逐渐增至 10~15mg/d，分次服。维持量每次 2.5~5mg，2~3 次 / 日，不超过 20mg/d。

α- 二氢麦角隐亭 α-Dihydroergocryptine（甲磺酸 α- 二氢麦角隐亭、克瑞帕、**Cripar**）用于帕金森病、高泌乳素血症，头痛和偏头痛。参阅溴隐亭，不良反应较少。片：5mg、20mg。口服：帕金森病，开始每次 5mg，2 次 / 日，维持量 60mg/d，分 3 次服。高泌乳素血症，开始每次 5mg，2 次 / 日。

普拉克索[乙] Pramipexole（盐酸普拉克索、森福罗）

【用途】单独或与左旋多巴合用治帕金森病，可减轻静息时的震颤。

【不良反应】嗜睡、失眠、恶心、头晕、幻觉、体位性低血压、视物模糊。

【用药护理注意】1. 避免驾驶或操作机器。2. 监测血压。3. 停药应逐渐减量。

【制剂、用法】片：0.25mg、1mg。缓释片：0.75mg。口服：开始 0.375mg/d，每周增加剂量 1 次，维持量 1.5~4.5mg/d，分 3 次服。服药不受进食影响。

吡贝地尔[乙] Piribedil（泰舒达）用于帕金森病。致胃肠道不适、嗜睡、头晕、低血压、运动障碍等，可引起昏睡和突然进入睡眠状态，不宜驾车或操作机械。缓释片：50mg。口服：单药治疗每次 50mg，3 次 / 日，与左旋多巴合用时每次 50mg，1~2 次 / 日，均餐后整片吞服，不可嚼碎。

司来吉兰[乙] Selegiline（优麦克斯、金思平、咪多吡）用于帕金森病。致口干、低血压、胃肠不适、幻觉等，不宜在下午或傍晚服药，以减少发生恶心和失眠。片、胶囊：5mg。口服：5mg/d，早晨服，如有效，可增至 10mg/d，早晨 1 次或分 2 次于早、午餐时服，不能嚼服。同时服用的左旋多巴应适当减量。

雷沙吉兰[乙] Rasagiline（甲磺酸雷沙吉兰、安齐来、Azilect）用于帕金森病。致头痛、抑郁、消化道症状、异动症、幻觉、过敏等。应避免富含酪胺的饮食。片：1mg。口服：单药治疗每次 1mg，1 次 / 日，服药不受进食影响。

恩他卡朋[乙] Entacapone（恩托卡朋、珂丹）与复方卡比多巴或多巴丝肼合用，以减少剂末现象。致运动障碍、头晕、异动症等。食物不影响吸收。代谢产物可使部分患者尿液变深黄或橙色。片：200mg。口服：每次 200mg，3~4 次 / 日。

托卡朋 Tolcapone（森得宁、答是美）原发性帕金森病的辅助治疗。致运动障碍、失眠、恶心、呕吐等，个别出现严重、致命的肝损害。片：100mg。口服，每次 100mg，3 次 / 日。与左旋多巴合用时，应减少约 9% 的左旋多巴用量。

苯海索[甲] Trihexyphenidyl（盐酸苯海索、安坦、Artane）
【用途】帕金森病、利血平和吩噻嗪类所致锥体外系反应、肝豆状核变性。
【不良反应】口干、便秘、尿潴留、视物模糊、瞳孔扩大等，偶见低血压。
【用药护理注意】1. 青光眼禁用。2. 老人剂量酌减。3. 制酸药或吸附性止泻药可减弱本品的作用。4. 餐时或餐后给药可减轻对胃肠的刺激。5. 嘱病人用药后要静养。6. 突然停药可使震颤麻痹症状加重，应逐渐减量。7. 监测心率、血压。

【制剂、用法】片：2mg。口服：帕金森病、帕金森综合征，开始 1~2mg/d，餐后服，每隔 3~5 日增加 1~2mg，治疗量为每次 2mg，3 次 / 日，极量：20mg/d。

罗匹尼罗[乙] Ropinirole（盐酸罗匹尼罗）用于帕金森病。致嗜睡、幻觉、低血压、异动症等。片：0.5mg。缓释片：2mg、4mg、8mg。口服：开始每次 0.25mg，3 次 / 日，可与食物同服；缓释片开始每次 2mg，1 次 / 日，整片吞服，不得嚼碎。

罗替高汀 Rotigotine（优普洛）用于帕金森病。致恶心、呕吐、嗜睡、给药部位反应等。本品衬层含铝。应逐渐停药。贴片：2mg/24h、4mg/24h、6mg/24h、8mg/24h。外用：贴于腹、大腿、臀、肩、上臂处，1 次 / 日，每天在同一时间使用。

苯扎托品 Benzatropine（甲磺酸苯扎托品、苄托品）用于帕金森病，药物所致锥体外系反应。片：0.5mg、1mg、2mg。注射液：2mg。口服：每次 1~2mg，2 次 / 日，逐渐增量，不超过 6mg/d，分 3 次服。肌注：每次 1~2mg，1~2 次 / 日。

（九）治疗阿尔茨海默病药

美金刚[乙] Memantine（盐酸美金刚、美金刚胺、易倍申、邦得清）

【用途】中、重度阿尔茨海默病。

【不良反应】眩晕、疲倦、幻觉、不安、嗜睡、焦虑、抑郁、肌张力增高等。

【用药护理注意】1. 哺乳期服药时应停止哺乳。2. 食物不影响吸收，可空腹或与食物同服。3. 同时饮酒会使不良反应加重。

【制剂】片：10mg。口服液：240mg（120ml）。

【用法】口服：第1周5mg/d，早晨服，第2周10mg/d，分2次，第3周15mg/d，分早上10mg，下午5mg，第4周以后服维持量，每次10mg，2次/日。

甘露特钠（九期一）用于轻、中度阿尔茨海默病，改善患者认知功能。胶囊：150mg。口服：每次450mg，2次/日，空腹或与食物同服。

甲氯芬酯、奥拉西坦（见脑功能改善药，P229、232）

石杉碱甲、多奈哌齐、利斯的明（见脑功能改善药，P233~234）

加兰他敏（见拟胆碱药，P322）

五、作用于传出神经系统的药物

（一）拟胆碱药

新斯的明[甲] Neostigmine（甲硫酸新斯的明、普洛斯的明、普洛色林）

【用途】重症肌无力、术后腹气胀、尿潴留。

【不良反应】恶心、呕吐、腹痛、腹泻、流涎、心动过缓、瞳孔缩小等。

【用药护理注意】1. 机械性肠梗阻、尿路梗塞、心绞痛、室性心动过速、支气管哮喘、癫痫禁用。2. 药物不能多服或漏服。3. 监测呼吸、脉搏、血压。

【制剂】片：15mg。注射液：0.5mg（1ml）、1mg（2ml）。

【用法】口服：重症肌无力每次 15mg，3 次 / 日，极量：每次 30mg，100mg/d。皮下注射、肌注：每次 0.25~1mg，1~3 次 / 日，极量：每次 1mg，5mg/d。

溴新斯的明[甲] Neostigmine Bromide 同新斯的明。可致药疹等。备解救药阿托品。片：15mg。口服：每次 15mg，3 次 / 日，极量每次 30mg，100mg/d。

溴吡斯的明[甲] Pyridostigmine Bromide（吡斯的明）同新斯的明。漏服后不能服用双倍量。片：60mg。口服：每次 60mg，3 次 / 日，极量每次 120mg。

依酚氯铵 Edrophonium Chloride（腾喜龙、艾宙酚、Tensilon）用于重症肌无力的诊断，骨骼肌松弛药的对抗剂。支气管哮喘、心脏病者禁用。注射液：10mg（1ml）、20mg（2ml）、100mg（10ml）。静注：诊断重症肌无力，先注 2mg，如 30 秒内无反应再注 8 mg。肌注：对抗肌松剂，每次 10mg。

加兰他敏[乙]Galanthamine（氢溴酸加兰他敏、强肌、尼瓦林、慧敏、洛法新）
【用途】阿尔茨海默病、良性记忆障碍、血管性痴呆，重症肌无力。
【不良反应】失眠、发热、疲劳、眩晕、嗜睡、心动过缓、呕吐、腹痛等。
【用药护理注意】1. 癫痫、哮喘、心绞痛、心动过缓、机械性肠梗阻禁用。
2. 漏服本药后不能 1 次服用双倍量。3. 应从小剂量逐渐增大，以避免不良反应。
【制剂】片：4mg、5mg。胶囊：5mg。注射液：1mg、2.5mg、5mg（1ml）。
【用法】口服：良性记忆障碍，每次 5mg，4 次 / 日，3 日后改为每次 10mg，4 次 / 日。阿尔茨海默病，开始每次 4mg，2 次 / 日，用 4 周，维持量每次 8mg，2 次 / 日，最大剂量每次 12mg，2 次 / 日。肌注、皮下注射：每次 2.5~10mg，1 次 / 日。

石杉碱甲、多奈哌齐、利斯的明（见脑功能改善药，P233~234）

（二）抗胆碱药

硫酸阿托品[甲]　Atropine Sulfate（阿托品、Atropine）

【用途】缓解内脏绞痛、抢救感染中毒性休克，有机磷农药中毒、阿-斯综合征、窦性心动过缓、散瞳、虹膜睫状体炎（外用）、麻醉前给药。

【不良反应】口干、皮肤潮红、视物模糊、瞳孔扩大、便秘、排尿困难、心悸、中毒时高热、心率加快、兴奋、烦躁不安、惊厥、昏迷。

【用药护理注意】1. 滴眼时用手指压迫内眦，以防药液吸收中毒。2. 静注宜缓慢。3. 儿童对本品特别敏感。4. 阿托品过量时，用新斯的明拮抗。5. 抗酸药会影响本品吸收。6. 避免饮酒。7. 监测脉搏，注意是否有尿潴留。

【制剂】片：0.3mg。注射液：0.5mg、1mg、5mg。滴眼液：0.5%~3%。

【用法】口服：每次 0.3mg，3 次 / 日；极量：每次 1mg，3mg/d。皮下、肌注、静注：常用量每次 0.3~0.5mg，0.5~3mg/d；极量：每次 2mg。儿童皮下注射：每次 0.01~0.02mg/kg，2~3 次 / 日。抗休克：每次 1~2mg，用 50% 葡萄糖液稀释后静注，每 15~30 分钟 1 次，2~3 次后如情况不见好转可逐渐加量。有机磷农药中毒：每次 1~2mg（严重中毒可加大 5~10 倍），每 10~20 分钟重复 1 次，至发绀消失，继续用药至病情稳定后改用维持量，必要时需连用 2~3 日。

山莨菪碱[甲] Anisodamine（氢溴酸山莨菪碱、消旋山莨菪碱、654、654-2）

【用途】平滑肌痉挛、感染中毒性休克、各种神经痛、眩晕病、脑血栓等。

【不良反应】同阿托品，但较轻。有口干、面红、轻度扩瞳、视力模糊等。

【用药护理注意】1. 口干明显时，频频少量饮水或含酸梅、维生素 C 可缓解症状。2. 用药期间避免驾驶和操作机械。3. 本品对肝、肾无损害。

【制剂】片：5mg、10mg。注射液：5mg（1ml）、10mg（1ml）、20mg（1ml）。

【用法】解痉止痛：每次 5~10mg，口服、舌下含服或肌注，2~3 次/日。感染中毒性休克：每次 10~40mg，小儿每次 0.3~2mg/kg，稀释后静注，每隔 10~30 分钟可重复。脑血栓：30~40mg/d，用 5% 葡萄糖液稀释后静滴。

氢溴酸东莨菪碱[乙] Scopolamine Hydrobromide（东莨菪碱、Scopolamine、海俄辛）用于麻醉前给药、晕动病、帕金森病。参阅硫酸阿托品。片：0.2mg。注射液：0.3mg、0.5mg。口服：每次 0.2~0.6mg，0.6~1mg/d，极量：每次 0.6mg，2mg/d。皮下注射、肌注：每次 0.3~0.5mg。极量：每次 0.5mg，1.5mg/d。

复方氢溴酸东莨菪碱贴膏 防晕动病。乘车前 20 分钟贴翳明或内关双侧穴位。

丁溴东莨菪碱（见胃肠解痉药，P457）

（三）拟肾上腺素药

重酒石酸去甲肾上腺素[甲]　Noradrenaline Bitartrate（去甲肾上腺素、正肾上腺素、Noradrenaline）

【用途】急性心肌梗死、体外循环等引起的低血压，各种休克。

【不良反应】1. 药液外漏致局部组织坏死。2. 因强烈收缩血管使重要脏器血流减少，致缺氧、酸中毒、急性肾功衰。3. 焦虑不安、头痛、眩晕、皮肤苍白。

【用药护理注意】1. 禁止皮下或肌注。2. 小儿选粗大静脉注射并常更换部位。3. 不宜用氯化钠注射液稀释。4. 忌与碱性药物配伍。5. 与全麻药合用易致心律失常。6. 静滴时如药液外漏，应热敷并用 5~10mg 酚妥拉明以氯化钠注射液稀释至 10~15ml 局部浸润注射。7. 停药应逐渐减慢滴速，骤停常致血压下降。8. 不长期滴注本品。9. 密切监测尿量、血压、心电图，观察皮肤温度和嘴唇、甲床色泽等末梢循环情况。10. 药液遇光易变色，应避光保存。如有沉淀则不宜用。

【制剂】注射液（有效期 2 年）：2mg（1ml）、10mg（2ml）。

【用法】静滴：1~2mg 加入 5% 葡萄糖液或葡萄糖氯化钠注射液 250ml 中，依血压调滴速，开始滴速 8~12μg/min，维持量 2~4μg/min。口服：治上消化道出血，8~16mg 加冷（冰）生理盐水 200ml，每次服 1~3mg。

肾上腺素[甲] Adrenaline（盐酸肾上腺素、副肾素、副肾碱、Epinephrine）

【用途】抢救过敏性休克、心脏骤停，支气管痉挛所致严重呼吸困难，与局麻药配伍延长局麻药药效，鼻黏膜或齿龈出血。

【不良反应】1. 头痛、心悸、烦躁、眩晕、皮肤苍白、心律失常等。2. 剂量过大、皮下注射误入血管或静注太快可致血压骤升，甚至导致脑出血。

【用药护理注意】1. 仔细较对用法、用量。2. 与全麻药、洋地黄、三环类抗抑郁药合用易致心律失常，与β受体阻滞剂合用可致高血压。3. 与碱性药同时输注可降低本药活性。4. 同部位反复注射可致组织坏死，注射部位应常更换。5. 静注或心内注射时药液必须稀释。6. 因易被消化液分解，故不宜口服。7. 遇光、热会分解变色，药液变红色或有沉淀不可用，应避光保存。8. 监测血压、心率和心律，多次使用须测血糖。

【制剂】注射液：0.5mg（0.5ml）、1mg（1ml）。

【用法】过敏性休克：皮下或肌注0.5~1mg，或0.1~0.5mg用生理盐水10ml稀释后缓慢静注，儿童每次0.01~0.02mg/kg。极量：皮下或肌注每次1mg。抢救心脏骤停：静注或心内注射，每次0.25~0.5mg，用生理盐水10ml稀释，5分钟后可重复。支气管哮喘：皮下注射0.25~0.5mg，必要时可重复1次。

去氧肾上腺素[乙] Phenylephrine（盐酸去氧肾上腺素、苯肾上腺素、新福林）

【用途】休克及麻醉时维持血压、控制阵发性室上性心动过速的发作，扩瞳检查（滴眼液）。

【不良反应】偶见头晕、恶心、呕吐、四肢寒冷、心律失常、尿少等。

【用药护理注意】1. 近2周内用过单胺氧化酶抑制剂者禁用。2. 静注时防止药液外漏。3. 滴眼时应压迫泪囊2~3分钟。4. 监测血压、脉搏、心率。

【制剂】注射液：10mg（1ml）。滴眼液：2%~5%。

【用法】肌注：每次2~5mg，极量：每次10mg，50mg/d。静滴：10mg加入5%葡萄糖液或生理盐水500ml中缓慢滴入，开始滴速为每分钟100~180滴，血压稳定后递减至每分钟40~60滴，根据血压调整滴速。

甲氧明　Methoxamine（盐酸甲氧明、甲氧胺、美速胺、美速克新命）

【用途】周围循环衰竭所致低血压、脊椎麻醉的低血压、室上性心动过速。

【不良反应】头痛、呕吐、出汗、心动过缓、高血压、尿少、无尿等。

【用药护理注意】参阅去氧肾上腺素。静滴时滴速应随血压反应而调整。

【制剂】注射液：10mg（1ml）、20mg（1ml）。

【用法】肌注：每次 10~15mg，儿童每次 0.25mg/kg。静注：每次 5~10mg，加 5% 葡萄糖液稀释。静滴：每次 10~60mg，60mg 用 5%~10% 葡萄糖液 500ml 稀释后慢滴，据病情调整滴速。极量：肌注每次 20mg，60mg/d；静注每次 10mg。

间羟胺[甲] Metaraminol（重酒石酸间羟胺、阿拉明、Aramine）

【用途】各种休克、手术时低血压。

【不良反应】头痛、头晕、震颤、心悸等，药液外漏时可致局部组织坏死。

【用药护理注意】1. 高血压、甲亢、充血性心力衰竭、糖尿病慎用。2. 与单胺氧化酶抑制剂合用可致严重高血压。3. 与环丙烷、氯烷等合用易致心律失常。4. 不与碱性药物共同滴注，因可使本品分解。5. 避免药液外漏。6. 连续使用可产生快速耐受性。7. 有蓄积作用，如用药后血压升高不明显，应观察 10 分钟以上，再决定是否增加剂量。8. 长期使用如骤然停药可能发生低血压，宜逐渐减量。

【制剂】注射液：10mg（1ml）、50mg（5ml）。

【用法】肌注：每次 2~10mg。静注：每次 0.5~5mg。静滴：每次 15~100mg，用生理盐水或 5%~10% 葡萄糖液 500ml 稀释后缓慢滴入，调节滴速以维持合适的血压。静滴极量：每次 100mg（0.3~0.4mg/min）。

多巴胺[甲] Dopamine（盐酸多巴胺、儿茶酚乙胺、雅多博明）

【用途】各种休克、心力衰竭。

【不良反应】胸痛、恶心、呕吐、心悸等，过量或滴速过快可致心律失常。

【用药护理注意】1. 室性心律失常、嗜铬细胞瘤禁用。2. 忌与碱性药物配伍。3. 一般浓度 < 0.8mg/ml。4. 静滴时如药液外渗，可致局部组织缺血性坏死、溃烂，应及时热敷并用生理盐水将酚妥拉明稀释成 0.5mg/ml 浓度，用细注射针在局部浸润注射。5. 监测血压、心率、尿量、心电图。6. 停用时应逐渐减量。

【制剂】注射液：20mg（2ml）。粉针：20mg。

【用法】静滴：每次 20mg，加入 5% 葡萄糖液 200~300ml 中，开始 20 滴/分（即 75~100μg/min）。中等剂量：2~10μg/（kg·min），极量：20μg/（kg·min）。

麻黄碱[甲] Ephedrine（盐酸麻黄碱、麻黄素）

【用途】蛛网膜下腔麻醉等引起的低血压症及慢性低血压症，鼻黏膜充血。

【不良反应】心悸、失眠、头痛、出汗等，反复使用有耐受性和依赖性。

【用药护理注意】1. 禁忌证同肾上腺素。2. 滴鼻液用药不宜超过 3 天。

【制剂】片：15mg、25mg、30mg。注射液：30mg（1ml）。滴鼻液：1%。

【用法】口服：每次 25mg，3 次 / 日。皮下注射、肌注：每次 15~30mg，3 次 / 日。口服、肌注极量：每次 60mg，150mg/d。滴鼻：滴鼻液，每次 1~2 滴，3 次 / 日。

异丙肾上腺素[甲]　Isoprenaline（盐酸异丙肾上腺素、喘息定、治喘灵）

【用途】支气管哮喘、心脏骤停、房室传导阻滞、心源性或感染性休克。

【不良反应】心悸、头晕、口干、震颤、皮肤潮红等，过量致心律失常。

【用药护理注意】1. 冠心病、心绞痛、心肌炎、甲亢、糖尿病、嗜铬细胞瘤禁用。2. 长期反复使用可产生耐受性。3. 不宜与肾上腺素合用，但可交替使用。4. 忌与碱性药物配伍。5. 片剂舌下含服时，唾液不要咽下，用后即漱口。6. 溶液遇光和空气分解变红，避光密封保存。7. 密切监测心率、心律、血压、心电图。

【制剂】片：10mg。注射液：1mg（2ml）。气雾剂：0.25%。

【用法】支气管哮喘：舌下含服每次 10~15mg，3 次 / 日，极量：每次 20mg，60mg/d。5 岁以上每次 2.5~10mg，2~3 次 / 日。气雾吸入，1~2 喷 / 次，2~4 次 / 日，间隔不少于 2 小时。心脏骤停：心内注射 0.5~1mg，须稀释。房室传导阻滞：舌下含服每次 5~10mg，1 次 /4 小时，或 0.5~1mg 加入 5% 葡萄糖液 200~300ml 中缓慢静滴。休克：0.5~1mg 加入 5% 葡萄糖液 200ml 中缓慢静滴，滴速 0.5~2μg/min。

多巴酚丁胺[甲] Dobutamine（盐酸多巴酚丁胺、独步催、杜丁胺、奥万源）

【用途】器质性心脏病时心肌收缩力下降引起的心力衰竭。

【不良反应】心悸、恶心、头痛、气短、胸痛、心律失常、血压升高等。

【用药护理注意】1. 粉针用注射用水或 5% 葡萄糖液溶解，不用生理盐水溶解（氯离子影响本药溶解）。2. 忌与碱性溶液配伍。3. 溶液可能会变为浅红色，对药效无明显影响。4. 从小剂量开始，勿突然停药。5. 监测血压、心率、心电图。

【制剂】注射液：20mg（2ml）、250mg（5ml）。粉针：125mg、250mg。

【用法】静滴：250mg 加入 5% 葡萄糖液或生理盐水 250~500ml 中稀释后滴注，滴速 2.5~10μg/（kg·min），根据疗效调整滴速。极量：40μg/（kg·min）。

（四）抗肾上腺素药

酚妥拉明[甲] Phentolamine（甲磺酸酚妥拉明、利其丁、瑞支停、至威、Regitin）

【用途】诊断嗜铬细胞瘤及治疗其所致的高血压发作，左心衰竭，治疗去甲肾上腺素静脉给药外溢，口服治疗男性勃起功能障碍。

【不良反应】鼻塞、恶心、皮肤潮红、心动过速、体位性低血压等，耐药性。

【用药护理注意】1. 低血压、严重动脉硬化、器质性心脏病、肝肾功能不全禁用。2. 给药后让病人静卧 30 分钟，以防体位性低血压。3. 过量时可用去甲肾上腺素对抗，但禁用肾上腺素。4. 忌与碱性溶液配伍。5. 严密监测血压、脉搏。

【制剂】片：25mg、40mg。注射液：5mg（1ml）、10mg（1ml）。

【用法】心力衰竭：静滴 0.17~0.4mg/min。去甲肾上腺素外漏：5~10mg 加生理盐水 10~15ml，局部皮下浸润注射。嗜铬细胞瘤手术：术时静滴 0.5~1mg/min。男性勃起功能障碍：口服每次 40mg，性生活前 30 分钟服。

妥拉唑林 Tolazoline（盐酸妥拉唑林、妥拉苏林、苄唑林）

【用途】新生儿持续性肺动脉高压症、外周血管痉挛性疾病。

【不良反应】胃肠出血、皮肤潮红、寒冷感、心动过速、体位性低血压等。

【用药护理注意】1. 为理想地控制用量，应使用输液泵。2. 给药后让病人静卧 30 分钟，以防体位性低血压。3. 出现低血压时应静脉补液，禁用去甲肾上腺素和肾上腺素。4. 让病人保暖以提高疗效。5. 严密监测血压、脉搏。6. 忌饮酒。

【制剂】片：25mg。注射液：25mg（1ml）。

【用法】口服：每次 15~25mg，3 次 / 日。肌注、皮下注射：每次 25mg。肺动脉高压的新生儿：初始量，静注 1~2mg/kg，维持量，静滴 0.2mg/(kg·h)。

酚苄明[乙] Phenoxybenzamine（盐酸酚苄明、酚苄胺、竹林胺、Dibenzyline）

【用途】周围血管痉挛性疾病、休克、嗜铬细胞瘤、前列腺增生的尿潴留。

【不良反应】体位性低血压、心动过速、口干、瞳孔缩小、局部刺激性强。

【用药护理注意】1.同酚妥拉明。2.不宜肌注和皮下注射。3.出现心悸、心脏期前收缩应停药。4.动物实验证明，长期口服可致胃肠道癌。5.监测血压。

【制剂】片、胶囊：10mg。注射液：10mg（1ml）。

【用法】口服：周围血管痉挛性疾病，开始每次10mg，2次/日，逐渐增至60mg/d，分2次服。静滴：抗休克，0.5~1mg/kg，加入5%葡萄糖液250~500ml中，1~2小时滴完，用前须补充血容量。总量不超过2mg/(kg·d)。

坦洛新[乙] Tamsulosin（坦索罗辛、哈乐）用于前列腺增生症引起的排尿障碍。致血压下降、头晕、胃肠道反应，出现皮疹应停药，合用降压药应密切注意血压变化。缓释胶囊、片：0.2mg。口服：每次0.2mg，1次/日，餐后服，不能嚼碎。

莫西赛利 Moxisylyte（百里胺）用于脑血管及外周血管痉挛性疾病。致恶心、呕吐、腹泻、头晕、皮肤潮红。片：30mg。口服：每次30mg，3次/日。

普萘洛尔[甲、乙] Propranolol （盐酸普萘洛尔、心得安、萘心安、恩特来、杭达来、普乐欣、Inderal）

【用途】心律失常、心绞痛、高血压、偏头痛、嗜铬细胞瘤术前准备。

【不良反应】恶心、腹胀、嗜睡、失眠、多梦、皮疹、低血压、心动过缓。

【用药护理注意】1. 支气管哮喘、充血性心力衰竭、心源性休克、重度房室传导阻滞、窦性心动过缓、低血压禁用。2. 可空腹或与食物同服。3. 不与单胺氧化酶抑制剂和抑制心脏的麻醉药（如乙醚）合用。4. 会增加洋地黄毒性。5. 个体差异大，宜从小剂量开始，老人减量。6. 心率减慢至 < 50~55 次 / 分，应减量或停药；有严重心脏抑制应静滴异丙肾上腺素。7. 长期用药应逐渐减量，以防症状反跳。8. 晚间睡前不要服用本品。9. 定期查血常规、血压、心功能、肝肾功能。

【制剂】片：10mg。缓释胶囊（杭达来）、缓释片：40mg。注射液：5mg。

【用法】口服：抗心律失常，每次 10~20mg，3 次 / 日，餐前服，根据心律、心率、血压调整剂量。小儿 1mg/（kg·d），分 3~4 次。心绞痛、高血压，每次 10mg，3 次 / 日，从小剂量开始，可逐渐增至 80mg/d。缓释胶囊，每次 40mg，1 次 / 日，早晨或晚上服。缓慢静滴（慎用）：抗心律失常，每次 2.5~5mg，加 5%~10% 葡萄糖液 100ml，严密观察血压、心律、心率，随时调整滴速。

噻吗洛尔〔甲〕 Timolol（马来酸噻吗洛尔、噻吗心安、斯普坦、诚瑞）

【用途】高血压，心绞痛或心肌梗死后的治疗，偏头痛，滴眼液治青光眼。

【不良反应】恶心、呕吐、上腹不适、呼吸困难、心动过缓、支气管痉挛。

【用药护理注意】1. 心功能不全、窦性心动过缓、房室传导阻滞、哮喘禁用。2. 滴眼后轻压泪囊和鼻根部 2~3 分钟。3. 停药应在 1~2 周内逐渐减量。

【制剂】片：2.5mg、5mg、10mg。滴眼液（诚瑞）：0.25%、0.5%（5ml）。

【用法】口服：治高血压，开始每次 2.5~5mg，2~3 次 / 日，最大剂量 60mg/d。滴眼：用 0.25%，疗效不佳改用 0.5%，1 滴 / 次，2 次 / 日。

吲哚洛尔 Pindolol（吲哚心安、心得静）用于高血压、心绞痛、心肌梗死、心律失常。参阅普萘洛尔。片：1mg、5mg、10mg。口服：高血压，开始每次 5mg，2~3 次 / 日，不超过 60mg/d。心绞痛，每次 2.5~5mg，3 次 / 日。

纳多洛尔 Nadolol（康加尔多、心得乐、康格多、纳心安）用于高血压、心绞痛、心律失常。参阅普萘洛尔。片：40mg、80mg、120mg。口服：开始每次 20~40mg，1 次 / 日，以后逐渐增加剂量，最大剂量 320mg/d。

美托洛尔[甲、乙] Metoprolol（酒石酸美托洛尔、美多心安、美多洛尔、倍他乐克、甲氧乙心安、美他新、舒梦、济顺恒得）

【用途】高血压、心绞痛、心肌梗死、室上性心律失常、甲亢。

【不良反应】腹痛、腹泻、呕吐、眩晕、头痛、噩梦、疲倦、肢端发冷等。

【用药护理注意】1. 房室传导阻滞、严重心动过缓、低血压、孕妇、严重或急性心力衰竭禁用。2. 个体差异大，用量应个体化。3. 缓释片应整片吞服，不能嚼碎或掰开。4. 不能骤然停药，应在 2 周内逐渐撤药。5. 监测血压、脉搏。

【制剂】片：25mg、50mg。胶囊：50mg。缓释片：0.1g。注射液：5mg。

【用法】口服：治高血压，100~200mg/d，分 1~2 次，必要时增至 400mg/d，分早、晚 2 次服。抗心绞痛，100~150mg/d，分 2~3 次，必要时增至 150~300mg/d。静注：治心律失常，5mg 加 5% 葡萄糖液 20ml，注射速度 1mg/min，隔 5 分钟可重复，总量不超过 10~15mg。

阿替洛尔[甲] Atenolol（氨酰心安、天诺敏、压平乐、速降压灵）

【用途】高血压、心绞痛、心肌梗死、心律失常，滴眼液用于青光眼。

【不良反应、用药护理注意】1. 参阅普萘洛尔。2. 停药过程至少需 3 天。

【制剂】片：12.5mg、25mg、50mg、100mg。滴眼液：4%（8ml）。

【用法】口服：心绞痛，每次 12.5~25mg，2 次 / 日，可渐增至 150~200mg/d。高血压，开始每次 12.5~25mg，1 次 / 日，2 周后按需要及耐受可增至 50~100mg/d。

艾司洛尔[乙] Esmolol（盐酸艾司洛尔、爱络）

【用途】控制房颤、房扑的室率，窦性心动过速，围手期高血压。

【不良反应】低血压，出汗、心动过缓、嗜睡、苍白、激动、恶心等。

【用药护理注意】宜采用定量输液泵。高浓度（>10mg/ml）会造成静脉反应。

【制剂】注射液：100mg（1ml、10ml）、200mg（2ml）。粉针：100mg。

【用法】静滴：先静注负荷量 0.5mg/（kg·min），约 1 分钟，随后静滴维持量 50μg/（kg·min），用 5% 葡萄糖液或生理盐水稀释药物。极量 300μg/（kg·min）。

索他洛尔[乙] Sotalol（盐酸索他洛尔、甲磺胺心定、施太可、舒心可、Sotacor）用于高血压、心绞痛、室性心律失常。同普萘洛尔。监测心率、血压、电解质。片：40mg、80mg、160mg。口服：治高血压，开始 80mg/d，分 2 次，餐前 1~2 小时服，逐渐增至 160~320mg/d。治心绞痛、心律失常，160mg/d，清晨 1 次服。

醋丁洛尔 Acebutolol（醋丁酰心安、塞克塔尔片）用于高血压、心绞痛、心律失常。参阅普萘洛尔。片：200mg、400mg。胶囊：200mg。口服：开始400mg/d，早餐时 1 次或分 2 次服，需要时可增至每次 400mg，2 次 / 日。

比索洛尔[甲] Bisoprolol（富马酸比索洛尔、康可、康心、博苏、安适）

【用途】高血压、冠心病（心绞痛），慢性稳定性心力衰竭。

【不良反应】眩晕、头痛、心动过缓、胃肠道症状、肢端冷感、低血压等。

【用药护理注意】1. 无医嘱不可改变剂量。2. 停药应逐渐减量。3. 不宜驾驶。

【制剂、用法】片、胶囊：2.5mg、5mg。口服：每次 2.5~10mg，1 次 / 日，早餐前或早餐时整粒吞服，不能咀嚼。慢性稳定性心力衰竭从 1.25mg/d 开始。

比索洛尔氢氯噻嗪 Bisoprolol Fumarate and Hydrochlorothiazide（诺释、诺苏）用于轻、中度高血压。致肢端发冷或麻木、眩晕等，停药必须有 1~2 周内逐渐减量。片：黄色片含比索洛尔 2.5mg，氢氯噻嗪 6.25mg；粉红色片含比索洛尔 5mg，氢氯噻嗪 6.25mg。口服：每次 1 片（2.5mg/6.25mg），1 次 / 日，早晨服，可与食物同服，但不能咀嚼。如效果不佳可增至每日 1 片（5mg/6.25mg）。

拉贝洛尔[乙] **Labetalol**（盐酸拉贝洛尔、胺苄心定、迪赛诺、欣宇森）

【用途】多种类型高血压，包括高血压危象，伴心绞痛及妊娠高血压。

【不良反应】眩晕、胃肠不适、体位性低血压、乏力、幻觉、阳痿等。

【用药护理注意】1. 静脉给药应卧位，注射毕静卧 10~30 分钟，起立时动作应缓慢。2. 用药剂量逐渐增加，停药应在 1~2 周内渐停。

【制剂】片：50mg、100mg、200mg。注射液、粉针：25mg、50mg。

【用法】口服：每次 100mg，2~3 次 / 日，餐后服。静注：每次 25~50mg。静滴：每次 50~200mg，滴速 1~4mg/min。用 5%、10% 葡萄糖液或生理盐水稀释。

倍他洛尔[乙] **Betaxolol**（倍他心安、卡尔仑、贝特舒）用于高血压、心绞痛、青光眼。参阅普萘洛尔。片：10mg、20mg。滴眼剂（贝特舒）：0.25%、0.5%。口服：每次 10~20 mg，1 次 / 日。滴眼：治青光眼，每次 1 滴，2 次 / 日。

阿罗洛尔[乙] **Arotinolol**（盐酸阿罗洛尔、阿尔马尔）用于高血压、心绞痛、室上性快速心律失常。手术前 48 小时内不宜给药，用药期间应停止授乳、不宜从事危险作业，停药时应逐渐减量。片：5mg、10mg。口服：每次 10mg，2 次 / 日。

　　塞利洛尔 Celiprolol（盐酸塞利洛尔、塞利心安、得来恩、苏亚）用于轻、中度高血压。参阅普萘洛尔。不与钙拮抗剂合用，停药时应逐渐减量，忌饮酒。片：0.05g、0.1g、0.2g。口服；每次 0.1~0.3g，1 次 / 日，早上服。

六、麻醉药及其辅助药物

（一）全身麻醉药

　　氟烷[甲] Halothane（三氟乙烷、福来生）用于全身麻醉、麻醉诱导。致血压下降、呼吸抑制等，反复使用偶致肝坏死。必须由专职麻醉师使用。药物对橡胶、金属有腐蚀作用。溶液：120ml、250ml。避光保存。用法视具体情况而定。

　　恩氟烷[甲] Enflurane（安氟醚、易使宁、安氟醚、Ethrane）
　　【用途】全身麻醉的诱导和维持，辅助其他药物用于剖宫产手术。
　　【不良反应】术后有恶心症状，全麻后遗性中枢神经兴奋，偶见肝损害。
　　【用药护理注意】1. 癫痫、颅内压增高、恶性高热或有恶性高热史者禁用。2. 由专职麻醉师使用。3. 麻醉前停止吸烟 24 小时以上。
　　【制剂、用法】溶液：250ml。用法视手术和病人情况而定。

异氟烷 Isoflurane（异氟醚、怡美宁、宁芬、福仑、艾思美、Forane）

【用途】全身麻醉诱导及维持。

【不良反应】低血压、呼吸抑制、心律失常、咳嗽，术后恶心、呕吐等。

【用药护理注意】1. 由专职麻醉师使用。2. 术前 1 周停用异烟肼，术前 15 日停用单胺氧化酶抑制剂。3. 麻醉前停止吸烟 24 小时以上。4. 密封、避光保存。

【制剂、用法】溶液：100ml、250ml。用法视手术和病人情况而定。

七氟烷[乙] Sevoflurane（七氟醚、凯特力）用于全身麻醉的诱导和维持。致血压下降、心律失常、呼吸抑制、恶心、呕吐、恶性高热等。由专职麻醉师使用。对卤化麻醉药过敏、恶性高热禁用。溶液：120ml、250ml。

地氟烷[乙] Desflurane（地氟醚、优宁）用于全身麻醉。致剂量依赖性血压下降、呼吸抑制、咳嗽，术后恶心、呕吐等。由专职麻醉师使用。溶液：240ml。

甲氧氟烷 Methoxyflurane 用于静脉麻醉后或基础麻醉后，作全麻的维持。致呼吸抑制、血压下降、心律失常等，由专职麻醉师使用。溶液：20ml、150ml。

硫喷妥钠 Thiopental Sodium （戊硫巴比妥钠、Pentothal）

【用途】全麻诱导、基础麻醉、复合麻醉、抗惊厥。

【不良反应】喉痉挛、支气管痉挛、局部疼痛，过量致呼吸、循环抑制等。

【用药护理注意】1. 受过严格麻醉专业训练才能使用本品。2. 本品水溶液不稳定，应临用配制，配制时不可振摇，有沉淀、浑浊或变色时不能用。3. 本品为强碱性，应避免误注入动脉或漏于血管外。4. 静注应慢，并注意病人的呼吸和血压变化。5. 可静滴。一般不肌注，因肌注易致深层肌肉无菌性坏死。

【制剂、用法】粉针：0.5g、1g。静注：全麻诱导，每次 4~8mg/kg，用生理盐水稀释成 2.5% 溶液。全麻极量：每次 1g。

氯胺酮[甲] **Ketamine** （盐酸氯胺酮、凯他敏、可达眠）

【用途】表浅、短小手术麻醉、不合作小儿的诊断性检查麻醉、复合全麻。

【不良反应】恶心、呕吐、不安、高血压、脉搏增快、呼吸抑制、颅内压和眼内压增高等，个别苏醒过程有浮想、幻觉、谵妄、躁动。

【用药护理注意】1. 属第一类精神药品。2. 溶液有沉淀、变色时禁用。3. 用生理盐水或 5% 葡萄糖液稀释成 10mg/ml 静注，1mg/ml 静滴。4. 建议空腹应用。

【制剂】注射液：0.1g（2ml）、0.1g（10ml）、0.2g（20ml）。

【用法】静注：全麻诱导，1~2mg/kg，缓慢注60秒以上。静滴：全麻维持，10~30μg/（kg·min）。极量：4mg/（kg·min）。肌注：小儿基础麻醉，每次4~6mg/kg。

羟丁酸钠[乙]　Sodium　Hydroxybutyrate（γ-羟基丁酸钠、茄玛、γ-OH）

【用途】麻醉诱导和维持，全身麻醉辅助用药，日间过度嗜睡（EDS）。

【不良反应】血压升高、低血钾、锥体外系症状、呼吸抑制、性欲增强等。

【用药护理注意】1.属第一类精神药品。2.严重高血压、房室传导阻滞、癫痫、酸血症等禁用。3.注意补钾盐。4.避免误注入动脉或漏于血管外。

【制剂】注射液：2.5g（10ml）。避光、避热保存。口服液：180ml（9g）。

【用法】静注：麻醉诱导，60mg/kg，速度不超过1g/min，总量不超过8g。

依托咪酯[乙]　Etomidate（甲苯咪唑、乙咪酯、宜妥利）用于全麻诱导或麻醉辅助。本品无镇痛作用。致静脉穿刺部位疼痛，恶心、呕吐、肌阵挛，易发生静脉炎。宜选择较大静脉注药，用前应将药液摇匀。注射液、脂肪乳注射液：20mg（10ml）。静注：0.3mg/kg，于30~60秒内注完，直接静注，不宜稀释。

丙泊酚[甲] Propofol（普鲁泊福、得普利麻、普泊酚、异丙酚、瑞可福、静安）

【用途】全身麻醉的诱导和维持。

【不良反应】暂时性呼吸抑制、血压下降、心动过缓、注射局部疼痛等。

【用药护理注意】1. 由专职麻醉师使用。2. 用前摇匀，用 5% 葡萄糖液稀释，比例不超过 1∶5（2mg/ml）。3. 用前先开放静脉并适当输液。4. 注意呼吸、血压变化。5. 不宜肌注。6. 先注射 1% 利多卡因 2ml 再用本品可减轻注射部位疼痛。

【制剂】注射液：100mg（10ml）、200mg（20ml）、500mg（50ml）。

【用法】静注：诱导麻醉，2~2.5mg/kg，每 10 秒注射 40mg，直至产生麻醉。维持麻醉，0.1~0.2mg/（kg·min）。

（二）局部麻醉药

普鲁卡因[乙] Procaine（盐酸普鲁卡因、奴佛卡因、Novocaine）

【用途】浸润麻醉、神经阻滞麻醉、腰麻、硬膜外麻、局部封闭。

【不良反应】1. 偶有过敏反应。2. 用药过量或误入血管可有两类毒性反应，兴奋型表现为精神紧张、多语、血压升高、心率加快、呼吸困难、惊厥；抑制型（少见）表现为淡漠、嗜睡、呼吸浅慢、血压下降。

【用药护理注意】1. 用药前应询问过敏史并进行皮试。2. 合用少量肾上腺素可延长其作用时间。3. 不适用于表面麻醉。4. 不与葡萄糖液配伍，因可使其局麻作用降低，宜用生理盐水稀释药物。5. 药液变深黄色时药效下降，不能再用。

【制剂】注射液：40mg（2ml）、100mg（10ml、20ml）、50mg（10ml）。

【用法】浸润麻醉：0.25%~0.5%溶液，每次0.05~0.25g，不超过1.5g/h。神经阻滞麻醉：1%~2%溶液，总量不超过1g。局部封闭：用0.25%~0.5%溶液。

丁卡因[甲、乙] Tetracaine（盐酸丁卡因、地卡因、的卡因、潘托卡因、Dicaine）

【用途】表面麻醉、神经阻滞麻醉、蛛网膜下腔麻醉、硬膜外麻醉。

【不良反应】毒性较大，过敏、大剂量致心脏传导系统和中枢神经系统抑制。

【用药护理注意】1. 禁止浸润局麻、静注、静滴，不得注入血管。2. 不与碱性药物混合。3. 可用灭菌注射用水或生理盐水溶解。4. 监测呼吸、血压、脉搏。

【制剂】注射液：30mg（3ml）、50mg（5ml）。粉针：15mg、20mg。胶浆：8g（1%）。

【用法】表面麻醉：1%溶液喷雾或涂抹，极量：每次40mg。神经阻滞麻醉：0.1%~0.2%溶液，极量：每次100mg。腔道麻醉：胶浆用于尿道、食管等表面。

布比卡因[甲] Bupivacaine（丁吡卡因、丁哌卡因、麻卡因、Marcain）

【用途】局部浸润麻醉、外周神经阻滞和椎管内阻滞。

【不良反应】头痛、呕吐、心率减慢、低血压，过量致惊厥、心搏骤停等。

【用药护理注意】1. 因组织穿透力弱，不宜用于表面麻醉。2. 过量或误入血管可产生严重的毒性反应。3. 与碱性药物配伍会产生沉淀而失效。

【制剂】注射液：12.5mg（5ml）、25mg（5ml）、37.5mg（5ml）。

【用法】局部浸润：用 0.25% 溶液。臂丛神经阻滞：用 0.25% 或 0.375% 溶液。骶管阻滞：用 0.25% 或 0.5% 溶液。极量：每次 200mg，400mg/d。

左布比卡因[乙] Levobupivacaine（盐酸左布比卡因）用于硬膜外阻滞麻醉。致低血压、恶心、呕吐、头痛、眩晕等。不宜静脉内注射。密切观察心血管、呼吸情况。注射液：37.5mg（5ml）。外科硬膜外阻滞：0.5%~0.75% 溶液 10~20ml。

苯佐卡因 Benzocaine 用于创面、溃疡面、痔疮的镇痛。偶致局部或全身过敏反应。软膏剂：5%。喷雾剂：10%~20%。外用：适量涂、敷于患处。

复方苯佐卡因凝胶 含苯佐卡因、氯化锌。用于复发性口腔溃疡。涂患处。

盐酸利多卡因[甲] Lidocaine Hydrochloride（利多卡因、赛罗卡因、昔罗卡因）

【用途】浸润麻醉、表面麻醉、阻滞麻醉、硬膜外麻醉，室性心律失常。

【不良反应】头晕、嗜睡、心率减慢、低血压，过量致惊厥，心搏骤停等。

【用药护理注意】1. 严重房室传导阻滞、对本品过敏、有癫痫大发作史、严重肝功能不全、休克禁用。2. 变态反应罕见，一般不作皮试。3. 连续用药可产生快速耐受性。4. 含防腐剂的药液不宜静注。5. 防止误注入血管。6. 监测血压。

【制剂】注射液：0.1g（5ml）、0.4g（20ml），4mg（2ml）。喷雾剂：10%（25g）。

【用法】浸润麻醉：用 0.25%~0.5% 溶液，不超过 0.4g/h。阻滞麻醉：用 1%~2% 溶液，不超过每次 0.4g。表面麻醉：用 2%~4% 溶液，每次不超过 0.1g。心律失常：先静注 1~1.5mg/kg，静注 2~3 分钟，1 小时内不超过 0.3g，见效后用 5%~10% 葡萄糖液配成 1~4mg/ml 药液静滴或用输液泵给药，滴速 1~4mg/min。

复方利多卡因 Compound Lidocaine（利丙双卡因、恩纳、Emla）

【用途】皮肤表面麻醉、静脉穿刺镇痛。

【不良反应、用药护理注意】1. 皮肤过敏，短暂轻微的局部苍白、红斑、水肿、瘙痒。2. 开放性伤口、儿童生殖器黏膜、眼睛附近、受损的耳鼓膜禁用。

【制剂】乳膏：5g（每克含利多卡因、丙胺卡因各25mg）、10g、30g。贴片：每片10cm^2（含利多卡因、丙胺卡因各25mg）。

【用法】乳膏：成人和1岁以上儿童小手术，每次约1.5g/10cm^2，涂在皮肤表面，上盖一密封敷料，涂药后保持1小时。贴片：每次1片，最少贴1小时。

碳酸利多卡因 Lidocaine Carbonate（精氨乐、速迅）同盐酸利多卡因，阻滞作用较强、起效较快、肌松作用较好。注射液：86.5mg（5ml）、173mg（10ml）。硬膜外阻滞：每次10~15ml。神经干（丛）阻滞：每次15ml。极量20ml。

罗哌卡因[乙] Ropivacaine（耐乐品、Naropin）用于外科手术麻醉、急性疼痛。致低血压、恶心、心动过慢等，防止注入血管内。注射液：20mg、75mg、100mg（10ml）。粉针：75mg。阻滞麻醉：7.5mg/ml溶液。急性疼痛：2mg/ml溶液。

甲哌卡因 Mepivacaine（卡波卡因、斯康杜尼3%）用于口腔及牙科浸润麻醉。参阅盐酸利多卡因。避免过量及误入血管，用药后口腔未恢复知觉不要进食。注射液：54mg（1.8ml）。浸润麻醉：每次用3%溶液1.8ml，不超过5.4ml。

甲哌卡因 / 肾上腺素 （斯康杜尼）用于口腔及牙科治疗中的局部浸润麻醉。开封后必须即时使用。注射液：1.8ml，含盐酸甲哌卡因 36mg（20mg/ml）、肾上腺素 0.018mg（0.01mg/ml）。注射速度不超过 1ml/min，确保不注入血管内。

达克罗宁[乙] Dyclonine（达克隆）用于喉镜、气管镜、膀胱镜等检查前的准备、虫咬伤、痔疮等止痛、止痒。本品用于口腔可影响吞咽，故应禁食、禁饮水至少 1 小时。乳膏：1%。溶液：0.5%、1%。胶浆：0.1g（10ml）。黏膜表麻：用 0.5%~1% 溶液外用。止痛、止痒：用 1% 乳膏涂搽患处，2 次 / 日。

（三）骨骼肌松弛药

氯化琥珀胆碱[甲] Suxamethonium Chloride（琥珀胆碱、司可林、Scoline）

【用途】气管插管和外科手术时肌肉松弛，全麻辅助用药。

【不良反应】肌束震颤、高血钾、心律失常、眼内压、颅内压升高等。

【用药护理注意】1. 脑出血、青光眼、白内障摘除术、视网膜剥离、瘫痪、高血钾禁用。2. 必须在具备辅助或控制呼吸的条件下使用。3. 忌在病人清醒下给药。4. 呼吸麻痹时不能用新斯的明对抗。5. 忌与硫喷妥钠配伍。6. 临用配制，开瓶后不能保存再用。7. 监测脉搏、心率、呼吸、血压。

【制剂】注射液：50mg（1ml）、100mg（2ml）。粉针：100mg。

【用法】静注：气管插管时肌松，1~1.5mg/kg，用生理盐水稀释成 10mg/ml 浓度。深部肌注：1~1.5mg/kg。静滴：浓度 1mg/ml，已少用。

维库溴铵[甲] Vecuronium Bromide（维库罗宁、诺科隆、万可松）

【用途】全麻时的气管插管及手术中的松弛肌肉。

【不良反应】心动过速或过缓、低血压、支气管痉挛、过敏反应等。

【用药护理注意】禁止肌注。用生理盐水、5% 葡萄糖液、乳酸林格液等稀释。

【制剂、用法】粉针：4mg（附溶剂）。气管插管：静注，每次 0.08~0.1mg/kg，用所附溶剂溶解。

罗库溴铵[乙] Rocuronium Bromide（罗可罗宁、爱可松）

【用途】常规诱导麻醉期间气管插管及维持术中骨骼肌松弛。

【不良反应】注射部位瘙痒、红斑、过敏反应、心率加快、呼吸肌麻痹等。

【用药护理注意】必须配备可立即用于人工呼吸的设备。监测心率、呼吸等。

【制剂、用法】注射液：50mg(5ml)、100mg(10ml)。2~8℃保存。气管插管：单次静注 0.6mg/kg。肌松：静注，间断追加 0.15mg/kg；静滴，在静脉全麻时剂量为 5~10μg/(kg·min)，吸入全麻时剂量为 5~6μg/(kg·min)。

泮库溴铵 Pancuronium Bromide（潘可罗宁、本可松、巴夫龙）气管插管和外科手术时肌肉松弛。致心率加快、血压升高、唾液分泌增多等。应在有经验的医师监护下使用。注射液：4mg（2ml）、10mg（5ml）。2~8℃避光保存。静注：每次 0.06~0.1mg/kg，用生理盐水、5% 葡萄糖液、乳酸林格液稀释或混合。

阿曲库铵[甲] **Atracurium**（苯磺酸阿曲库铵、阿曲可宁、卡肌宁）

【用途】气管插管和手术中松弛骨骼肌松。

【不良反应】支气管痉挛、皮肤潮红、低血压、高血压、过敏等。

【用药护理注意】1. 禁止肌注。2. 粉针用 5ml 注射用水溶解，立即使用。

【制剂、用法】注射液：25mg（2.5ml）、50mg（5ml）。2~8℃避光保存。粉针：25mg。静注：0.3~0.6mg/kg，然后用生理盐水稀释成 0.05%~0.1% 溶液，按 5~10μg/(kg·min) 的速度静滴维持。

顺阿曲库铵[乙] **Cisatracurium** （苯磺顺阿曲库铵、赛机宁、艾斯康）同阿曲库铵。致皮疹、心动过慢、低血压等。临用配制，粉针用 5ml 注射用水溶解，可用生理盐水、5% 葡萄糖液稀释，稀释后浓度 0.1~2mg/ml。粉针：5mg。注射液：10mg（5ml）、20mg（10ml）。2~8℃保存。气管插管：单次静注 0.15mg/kg。

哌库溴铵[乙] **Pipecuronium Bromide** （阿端）用于麻醉中肌松。在具有专业医疗队伍条件下使用。粉针：4mg（附 2ml 溶剂）。2~8℃避光冷藏。静注：气管插管，0.06~0.08mg/kg；肌松，镇痛麻醉时为 0.06mg/kg，吸入麻醉为 0.04mg/kg。

巴氯芬[乙] **Baclofen** （力奥来素、贝康芬、脊舒、枢芬、郝智、Lioresal）
【用途】脊髓、大脑疾病或损伤引起的肌肉痉挛。
【不良反应】恶心、倦怠、镇静、嗜睡、失眠、皮疹、呼吸抑制、低血压等。
【用药护理注意】1. 不与镇静剂、乙醇、左旋多巴合用。2. 避免突然停药，减量应在 2 周内完成。3. 用药期间不宜从事危险作业。4. 本品无特效解毒药。
【制剂、用法】片：10mg，25mg。口服：开始每次 5mg，3 次 / 日，进餐时服，可用牛奶送服，每隔 3 日增加日剂量 5mg，维持量 30~75mg/d。

苯丙氨酯 Phenprobamate（强筋松、强肌松、Spantol）用于一般焦虑及肌肉痉挛、肌肉强直等肌肉异常紧张引起的疼痛。偶致嗜睡、头晕、恶心、胃不适感、过敏等。片：0.2g。口服：每次 0.2~0.4g，3 次 / 日，宜餐后服。

乙哌立松[乙] Eperisone（盐酸乙哌立松、易倍尔松、贝力斯、妙纳、宜宇）用于改善肌紧张状态、缓解痉挛性麻痹。致失眠、嗜睡、夜尿、皮疹等。若出现四肢无力、站立不稳、嗜睡等症状时，应减少或停止用药，避免从事危险作业。开封后应注意防潮保存。片：50mg。口服：每次 50mg，3 次 / 日，餐后服。

氯唑沙宗 Chlorzoxazone（肌柔）用于急慢性扭伤、肌肉劳损或中枢神经病变引起的肌肉疼痛。致嗜睡、头晕、消化道症状等，本药代谢物可使尿液呈橙色。忌饮酒。片：200mg。口服：每次 200~400mg，3 次 / 日，餐后服。

复方氯唑沙宗[乙] Compound Chlorzoxazone（鲁南贝特、迈立欣）每片含氯唑沙宗 0.125g、对乙酰氨基酚 0.15g，氯唑沙宗 0.25g、对乙酰氨基酚 0.3g。口服：每次 2 片（或含氯唑沙宗 0.25g1 片），3~4 次 / 日，疗程 10 日。

利鲁唑[乙]　Riluzole(力如太、Rilutek)用于肌萎缩性侧索硬化症。致疲劳、嗜睡、头痛、胃部不适、转氨酶升高等,肝功能障碍、孕妇、哺乳期妇女禁用,用药期间不宜从事危险作业。片:50mg。口服:每次 50mg,1 次 /12 小时,餐前 1 小时或餐后 2 小时服药,每日定时服药。

七、主要作用于心血管系统的药物

(一)钙通道阻滞药

硝苯地平[甲]　Nifedipine (艾克迪平、爱地清、拜新同、乐欣平、利心平、弥新平、圣通平、硝苯吡啶、硝苯啶、心痛定)

【用途】各种类型的高血压,防治冠心病的多种类型心绞痛。

【不良反应】一般较轻,主要有面部潮红、心悸、头痛、眩晕、舌根麻木、齿龈增生、窦性心动过速、低血压、水钠潴留等,偶见转氨酶增高等。

【用药护理注意】1.缓释、控释型应整粒(片)吞服。2.不能漏服,不能突然停药,以免发生停药综合征而出现反跳现象。3.起效从快至慢依次为舌下含服、口服。4.控释片有不可吸收的外壳。5.速释剂不宜长期服用。6.用于老年人时半衰期延长。7.定期测量血压,注意心率变化和踝、足、小腿是否有肿胀。

【制剂】片、胶囊（软胶囊）：5mg、10mg。缓释片：10mg、20mg。缓释胶囊（爱地清）：20mg。控释片（拜新同）：30mg、60mg。

【用法】口服。片：每次5~20mg，3次/日，从小剂量开始，急用时可嚼碎服或舌下含服。缓释片每次10~20mg，缓释胶囊每次20mg，2次/日，极量每次40mg。控释片每次30~60mg，1次/日，上午服，不受进餐影响。

尼卡地平[乙] Nicardipine（盐酸尼卡地平、尔平、佩尔、佩尔地平、Perdipine）

【用途】高血压、心绞痛，高血压急症（注射液）。

【不良反应】面部潮红、头痛、恶心、便秘、心悸等，常在治疗早期出现。

【用药护理注意】1. 颅内出血禁用。2. 注射液对光不稳定，使用时避免阳光直射。3. 进食减少本药吸收，宜餐前服。4. 停药应逐渐减量。5. 监测血压。

【制剂】片：10mg、20mg、40mg。缓释胶囊：20mg、40mg。注射液：2mg（2ml）、10mg（10ml）。尼卡地平氯化钠注射液：10mg（100ml）。

【用法】口服。片：每次20mg，3次/日；缓释剂，每次40mg，2次/日，整粒吞服。静滴：用生理盐水或5%葡萄糖液稀释，浓度为0.1~0.2mg/ml，滴速为0.5~6μg/（kg·min），监测血压调整滴速。还可与林格氏液、5%果糖注射液配伍。

尼群地平[甲] Nitrendipine（落普思、舒麦特、硝苯乙吡啶）用于高血压。致头痛、脸红、头晕、心悸、口干、踝部水肿、心动过速等。食物增加本药吸收，定期查血压和心电图。片：10mg、20mg。胶囊：10mg。贴片：50mg。口服：开始每次 10mg，1 次／日，今后视情况可调整为每次 20mg，2 次／日，餐后服。

氨氯地平[甲] Amlodipine（苯磺酸氨氯地平、埃斯丁、络活喜、欣络平）
【用途】高血压、慢性稳定型心绞痛、变异型心绞痛、冠心病。
【不良反应】头痛、头晕、心悸、水肿、失眠等，发生率较硝苯地平低。
【用药护理注意】1. 食物不影响本药吸收。2. 停药应逐渐减量。3. 肾功能不全可用正常剂量。4. 对乙醇药动学无影响。5. 监测血压、血象、肝功能、体重。
【制剂】片：2.5mg、5mg、10mg。胶囊：5mg。
【用法】口服：开始每次 5mg，1 次／日，最大剂量每次 10mg，1 次／日。

左旋氨氯地平[乙] Levamlodipine（苯磺酸左旋氨氯地平、施慧达）用于高血压、心绞痛。参阅氨氯地平。食物不影响吸收，本品不被血液透析清除。片：2.5mg、5mg。口服：开始每次 2.5mg，1 次／日，最大剂量每次 5mg，1 次／日。

非洛地平[甲] Felodipine（波依定、费乐地平、普林迪）用于高血压、心绞痛。致踝部水肿、潮红、头痛、心悸等。片、缓释片：2.5mg、5mg、10mg。缓释胶囊：2.5mg。口服：开始每次 2.5mg，维持量每次 5mg，2 次 / 日；缓释剂每次 5~10mg，1 次 / 日，早晨用水整片吞服，不能嚼碎。服药不受进食影响。

拉西地平[乙] Lacidipine（乐息平、乐息地平、司乐平、Lacipil）用于各型高血压。参阅硝苯地平。片：2mg、4mg、6mg。分散片：4mg。口服：开始每次 2mg，1 次 / 日，早晨服较好，餐前、餐后均可，必要时可增至每次 6mg，1 次 / 日。

依拉地平 Isradipine（易拉地平、导脉顺）用于高血压、冠心病、心绞痛和充血性心力衰竭。同尼卡地平，服药过量可致血压显著下降。片：2.5mg。缓释胶囊：2.5mg、5mg。口服：每次 2.5mg，2 次 / 日，早、晚各一次。

尼索地平 Nisoldipine（得欣亭、尼尔欣、尼力）用于高血压。不与高脂肪饮食同用，密切监测血压，停药应逐渐减量。片：5mg、10mg。缓释片、胶囊：10mg。口服：每次 5~10mg，2 次 / 日。缓释剂每次 10mg，1 次 / 日。

乐卡地平[乙] Lercanidipine (盐酸乐卡地平、再宁平) 用于高血压。参阅硝苯地平。乙醇、西柚汁可增强本品作用，不宜同时使用。片：10mg。口服：每次 10mg，1 次 / 日，餐前 15 分钟服。必要时 2 周后可增至每次 20mg，1 次 / 日。

西尼地平[乙] Cilnidipine (西乐) 用于高血压。致心悸、头痛、血小板减少等。片、胶囊：5mg。口服：开始每次 5mg，可增至每次 10mg，1 次 / 日，早餐前服。

贝尼地平[乙] Benidipine (可力洛、元治、Coniel) 用于高血压、心绞痛。致心悸、眩晕、血压过度降低、肝功能损害等。不宜从事危险作业，停药应逐渐减量。片：2mg、4mg、8mg。口服：每次 2~4mg，1 次 / 日，早餐后服。

巴尼地平 Barnidipine (合普卡) 用于高血压。缓释胶囊：10mg、15mg。口服：每次 10~15mg，1 次 / 日，早餐后服，从 10mg/d 开始服用，不能打开胶囊。

马尼地平 Manidipine (舒平喜) 用于高血压。参阅硝苯地平。片：5mg、20mg。口服：开始每次 5mg，1 次 / 日，早餐后服。可增至每次 10~20mg。

尼莫地平[甲、乙] Nimoldipine （宝依恬、尼立苏、尼膜同、Nimotop）

【用途】主要用于脑血管疾患（如脑血管痉挛等），也可用于高血压。

【不良反应】头痛、头晕、面红、胃肠不适、血压下降、心率加快、肝炎等。

【用药护理注意】1. 注射液含乙醇。2. 服药间隔不少于 4 小时。3. 本药用输液泵与 5% 葡萄糖或生理盐水按约 1：4 的比例二路同时输注。4. 可被聚氯乙烯所吸附，应使用聚乙烯输注系统。5. 过量致血压明显下降。6. 静滴时应避光。

【制剂】片剂：20mg、30mg。缓释胶囊：60mg。注射液：10mg（50ml）。

【用法】口服：片，40~120mg/d，分 2~3 次吞服，不可嚼碎。缓释胶囊，60~120mg/d，分 2 次服。静滴：体重 < 70kg，开始 2 小时滴速 0.5mg/h。

维拉帕米[甲、乙] Verapamil （盐酸维拉帕米、异搏定、异搏停、戊脉安）

【用途】心律失常、心绞痛、高血压。

【不良反应】恶心、呕吐、便秘、头痛、眩晕、心悸、心动过缓等，静注过快或用药过量可引起低血压、传导阻滞、甚至心脏停搏。

【用药护理注意】1. 低血压、心动过慢、心力衰竭、传导阻滞和心源性休克等禁用。2. 禁止与 β- 受体阻滞剂合用。3. 静注应缓慢并密切观察，准备急救设备和药品，注射后让病人平卧静息 1~2h。4. 本品可用生理盐水、5% 葡萄糖液、林格氏液稀释。5. 禁饮酒。6. 监测血压、心率和心电图变化。

【制剂】片：40mg。缓释片：120mg、240mg。注射液：5mg（2ml）。

【用法】口服：每次 80~120mg，3 次 / 日，不超过 480mg/d；缓释片每次 120~240mg，1 次 / 日，餐中或餐后服，不咀嚼。缓慢静注：每次 5~10mg，加 5% 葡萄糖液 20ml 稀释。静滴：20~40mg 稀释于 250~500ml 输液中，滴速 5~10mg/h。

地尔硫䓬 Diltiazem（盐酸地尔硫䓬、恬尔新、合贝爽、合心爽、蒂尔丁）

【用途】心绞痛，轻、中度高血压，高血压急症，室上性心动过速。

【不良反应】水肿、头痛、头晕、皮疹、心率减慢、低血压、胃肠不适等。

【用药护理注意】1. 粉针用 5ml 生理盐水或葡萄糖液溶解。2. 缓释剂不能嚼碎。3. 突然停药可导致心绞痛加重，须逐渐减量。4. 监测血压、心电图。

【制剂】片：30mg。缓释片、缓释胶囊：30mg、90mg。粉针：10mg、50mg。

【用法】口服：片每次 30~60mg，3 次 / 日，从小量开始，餐前服；缓释胶囊（片）每次 90~180mg，1 次 / 日，空腹服。静滴：50~100mg 加入 5%~10% 葡萄糖液或生理盐水 250ml 中，高血压急症滴速 5~15μg/(kg·min)。缓慢静注：每次 10mg。

桂利嗪　Cinnarizine（肉桂苯哌嗪、脑益嗪、桂益嗪）用于脑血栓形成、脑栓塞、脑动脉硬化、脑出血恢复期等。致嗜睡、疲乏、头痛、抑郁、锥体外系反应等。有颅内出血者应在完全止血 10~14 日后使用本药。片、胶囊：25mg。口服：每次 25~50mg，3 次 / 日，餐后服。

氟桂利嗪[甲]　Flunarizine（盐酸氟桂利嗪、西比灵、脑灵、米他兰）
【用途】脑血供不足、椎动脉缺血、脑血栓形成后、耳鸣、眩晕、偏头痛。
【不良反应】锥体外系症状，嗜睡、疲惫、抑郁、头痛、失眠、皮疹等。
【用药护理注意】1. 急性脑出血、有抑郁病史禁用。2. 乙醇使药物镇静作用增强，禁饮酒。3. 用药期间不宜驾驶。4. 用药后有疲惫加剧应减量或停药。
【制剂、用法】片、胶囊：5mg。口服：每次 5~10mg，晚上顿服。

米贝地尔　Mibefradil（博思嘉）用于高血压、慢性稳定性心绞痛。致头痛、下肢水肿、腹痛、消化不良等，口服吸收不受食物影响，禁与 β- 阻断剂合用。片：50mg、100mg。口服：首次 50mg，1 次 / 日，渐增至每次 100 mg，1 次 / 日。

（二）抗高血压药

1. 中枢性抗高血压药

可乐定[乙] Clonidine（盐酸可乐定、氯压定、可乐宁）

【用途】高血压，偏头痛，阿片类药成瘾的戒毒，治青光眼（滴眼）。

【不良反应】嗜睡、口干、便秘、心动过缓、水钠潴留等，偶有阳痿。

【用药护理注意】1. 合用利尿剂可加强降压作用和消除水钠潴留。2. 普通片不能突然停药，应 1~2 周内逐渐减量。3. 每次更换贴剂位置。4. 监测血压、心率。

【制剂】片：0.075mg。控释贴、透皮贴片：2.5mg。滴眼液：0.25%。

【用法】口服：高血压，每次 0.075~0.15mg，3 次 / 日。极量：每次 0.6mg，2.4mg/d。经皮给药：控释贴、透皮贴片每次 1 贴（片），1 次 / 周，贴于耳后或上臂外侧，用本药 3 天后才可停用原降压药。滴眼：青光眼，用 0.25% 滴眼液。

甲基多巴[乙] Methyldopa（甲多巴、爱道美）用于中度、重度高血压，尤其是肾性高血压。致嗜睡、镇静、头痛、乏力、下肢水肿、皮疹、肝功损害、粒细胞减少等。如病人尿液变色应查肝肾功能，药物代谢产物遇空气氧化使尿色变深则属正常。监测血常规、肝功能。片：0.25g。口服：每次 0.25g，2~3 次 / 日。

莫索尼定　Moxonidine（奥必特）用于高血压。致口干、头痛、疲乏等。食物不影响本药吸收。勿突然停药。片：0.2mg。口服：0.2~0.4mg/d，早晨 1 次服。

2. 去甲肾上腺素能神经末梢阻断药

利血平[甲]　Reserpine（利舍平、蛇根碱、血安平）

【用途】轻、中度高血压，注射剂用于高血压急症。

【不良反应】鼻塞、腹泻、胃酸增多、镇静、嗜睡、心率减慢等，长期或大量使用可致抑郁、精神错乱、水钠潴留、帕金森病等。

【用药护理注意】1. 抑郁症、帕金森病、活动性胃溃疡、孕妇禁用。2. 常与氢氯噻嗪、肼屈嗪等合用。3. 口服 3~6 天后才产生作用。4. 注意病人的神志、性格改变，是否有水钠潴留。5. 定期测血压、查大便隐血。

【制剂】片：0.1mg、0.25mg。注射液：1mg（1ml）。

【用法】口服：每次 0.1~0.25mg，1~2 次日。极量：每次 0.5mg。肌注、静注：每次 0.5~1mg，需要时 6 小时后可重复 1 次，血压控制后改为口服。

复方利血平片[甲]　含利血平 0.032mg、氢氯噻嗪 3.1mg、双肼屈嗪 4.2mg、氯化钾 30mg、异丙嗪 2.1mg、三硅酸镁 30mg 等。口服：1~2 片／次，3 次／日。

胍乙啶 Guanethidine（硫酸胍乙啶）用于高血压，不作一线药。致体位性低血压、心动过缓等。用药后不应突然站立，避免引起外周血管扩张的各种因素（如热水浴、运动等）影响。片：10mg，25mg。口服：每次 10~25mg，1 次/日。

3. 肾上腺素受体阻断药

哌唑嗪[甲] **Prazosin**（盐酸哌唑嗪、脉宁平、降压新）

【用途】轻、中度高血压二线药物，中、重度慢性充血性心力衰竭。

【不良反应】1. 首剂可有恶心、眩晕、头痛、心悸、心率加快、体位性低血压，称为"首剂现象"。2. 久用有水钠潴留。3. 长期使用可产生耐受性。

【用药护理注意】1. 对本品过敏者禁用。2. 首剂睡前服药或从 0.5mg 开始，可避免"首剂现象"。3. 若心动过速、眩晕应躺下或坐下。4. 用药期间尽量减少运动，不做快速起立动作，以防体位性低血压。5. 停药须逐渐减量。

【制剂】片：0.5mg、1mg、2mg。

【用法】口服：治高血压，每次 0.5~1mg，2~3 次/日（首剂 0.5mg，睡前服），逐渐增至 6~15mg/d，分 2~3 次服，不超过 20mg/d。充血性心力衰竭，首剂 0.5mg，睡前服，以后 1mg/6h，维持量 4~20mg/d，分次服。

特拉唑嗪[甲]Terazosin (盐酸特拉唑嗪、四喃唑嗪、高特灵、曼欣琳、泰乐)

【用途】轻、中度高血压、良性前列腺增生。

【不良反应】头痛、头晕、乏力、嗜睡、鼻塞等，"首剂现象"较少见。

【用药护理注意】1. 严重肝、肾功能不全，12 岁以下、孕妇、哺乳期禁用。2. 首剂给药期间应密切观察病人。3. 食物不影响吸收。4. 避免从事危险作业。

【制剂】片、胶囊：1mg、2mg。

【用法】口服：高血压首剂 1mg，睡前服，逐渐增加剂量至 1~5mg/d，清晨 1 次服，不超过 20mg/d。前列腺增生首剂 1mg，睡前服，维持量 5~10mg/d。

布那唑嗪 Bunazosin (盐酸布那唑嗪、迪坦妥)

【用途】高血压。

【不良反应】头痛、倦怠、失眠、嗜睡、胃肠不适、心悸、体位性低血压。

【用药护理注意】1. 孕妇、哺乳期、儿童禁用。2. 用药期间避免从事危险作业。3. 切勿嚼碎药片。4. 因可致体位性低血压，应测卧位，站立位或坐位血压。

【制剂、用法】缓释片：3mg、6mg。口服：开始每次 3mg，首剂睡前服，逐渐增至每次 3~9mg，1 次 / 日，最大剂量 9mg/d。

多沙唑嗪[乙] Doxazosin（甲磺酸多沙唑嗪、可多华、必亚欣、络欣平）
【用途】高血压、良性前列腺增生。
【不良反应、用药护理注意】参阅特拉唑嗪。控释或缓释片不能咀嚼或掰开。
【制剂】片：1mg、2mg、4mg、8mg。控释片、缓释片：4mg。
【用法】口服：首剂 0.5mg，睡前服，逐渐增至 1~4mg/d，1 次服，不超过
16mg/d。控释片、缓释片，每次 4mg，1 次 / 日，服药不受进食影响。

阿夫唑嗪[乙] Alfuzosin（盐酸阿夫唑嗪、诺舒安、桑塔、维平）用于缓
解良性前列腺增生症状。致口干、恶心、腹泻、眩晕、头痛、皮疹、心悸、体
位性低血压等。片：2.5mg。缓释片：5mg、10mg。口服：每次 2.5mg，3 次 / 日，
首剂宜睡前服。缓释片，10mg/d，1 次或分 2 次，餐后整片吞服，勿嚼碎药片。

乌拉地尔[乙] Urapidil（盐酸乌拉地尔、亚宁定、利喜定、裕优定）
【用途】高血压，注射剂用于高血压危象、重度、极重度、难治性高血压。
【不良反应】头痛、头晕、瘙痒、心悸、心律失常等，体位性低血压。
【用药护理注意】1. 静脉给药时应取卧位。2. 监测血压。3. 一般疗程不超过

7 天。4. 可将乌拉地尔 100mg 加入输液泵，再稀释至 50ml 输注。5. 不宜饮酒。

【制剂】缓释胶囊、缓释片：30mg。注射液：25mg（5ml）、50mg（10ml）。

【用法】口服：每次 30~60mg，2 次 / 日，早晚餐时吞服，不能咬碎。静注：每次 10~50mg 稀释后慢注。静滴：250mg 加 5% 或 10% 葡萄糖液、生理盐水 500ml，开始滴速 2mg/min，维持量滴速 9mg/h。静滴最大药物浓度 4mg/ml。

萘哌地尔[乙] Naftopidil（博帝、再畅）用于良性前列腺增生、高血压。开始服用或增量时（尤其是老年人）应注意体位性低血压，血压过低应减量或停药。片：25mg。口服：降压每次 25~50mg，2 次 / 日；前列腺增生开始 25mg，1 次 / 日。

卡维地洛[乙] Carvedilol（卡维洛尔、金络、达利全）用于充血性心力衰竭、高血压。致头晕、乏力、体位性低血压。服药与用餐无关，心衰者宜餐时服。停药宜逐渐减量。片：6.25mg、10mg、25mg。口服：每次 12.5~25mg，1~2 次 / 日。

β 受体阻滞剂：普萘洛尔、噻吗洛尔、吲哚洛尔、纳多洛尔、美托洛尔、阿替洛尔、艾司洛尔、索他洛尔、醋丁洛尔、比索洛尔、比索洛尔氢氯噻嗪、拉贝洛尔、倍他洛尔、阿罗洛尔、塞利洛尔（见抗肾上腺素药，P334~P340）

4. 血管扩张药

硝普钠[甲] Sodium Nitroprusside（Nipride）

【用途】高血压急症、急性心力衰竭。

【不良反应】恶心、呕吐、头痛、肌肉痉挛、心悸、皮疹、血压过低等。

【用药护理注意】1. 静滴时应控制滴速，最好用微量输液泵，并严密监测血压、心率、呼吸、尿量。2. 除用 5% 葡萄糖液稀释外，不能加其他药物。3. 本药对光敏感，溶液稳定性较差，药液应临用配制，新配溶液为淡棕色，如变为暗棕色或橙色应弃去。4. 滴注瓶用黑纸遮光。5. 停药应逐渐进行，以防血压反跳。

【制剂】粉针：50mg。

【用法】缓慢静滴：每次 50mg，用 5% 葡萄糖液 5ml 溶解后，再用同一溶液 250~1000ml 稀释，避光滴注，滴速 0.5~8μg/（kg·min），从小剂量即 0.5μg/（kg·min）开始，逐渐增量，根据血压调节药量，极量：10μg/（kg·min）。

肼屈嗪[乙] Hydralazine（盐酸肼屈嗪、肼苯达嗪、肼酞嗪、阿普利素灵）

【用途】肾性高血压和舒张压较高者，心力衰竭。

【不良反应】心悸、心动过速、恶心、头痛、腹泻，少见低血压，有耐药性。

【用药护理注意】1. 常与利血平、氢氯噻嗪等合用。2. 缓释片不要掰开或嚼碎。3. 食物增加口服药生物利用度。4. 非口服用药须住院。5. 停药应逐渐减量。

【制剂】片：10mg、25mg、50mg。缓释片：50mg。注射液：20mg（1ml）。

【用法】口服、静注、肌注：从小剂量开始，每次 10mg，3~4 次/日，餐后服，用药 2~4 日后酌情增量，每次 25mg，4 次/日，不超过 200mg/d。极量：每次 50mg。静注用 5% 葡萄糖液稀释后缓注，一般先给 1mg 试验剂量。

复方硫酸双肼屈嗪 片：含双肼屈嗪 7mg、氢氯噻嗪 5mg、可乐定 0.015mg。口服：开始每次 1 片，最大剂量每次 4 片，3 次/日，餐后服，停药应逐渐减量。

5. 钾通道开放药

米诺地尔 Minoxidil（长压定、降压定、敏乐啶、达霏欣、蔓迪）用于高血压（二、三线），男性型脱发和斑秃（外用）。致水钠潴留、多毛症、心动过速等，停药应逐渐减量。片：2.5mg、5mg。酊剂：3g（60ml）。溶液（达霏欣）：2g（100ml）。口服：开始每次 2.5mg，2 次/日。外用：治脱发，酊剂、溶液每次 1ml（酊剂约 7 喷），不超过 2ml/d。

尼可地尔 Nicorandil（喜格迈、欣地平）用于冠心病、心绞痛。致头痛、头晕、恶心、耳鸣、失眠、皮疹等。片：5mg。口服：每次 5~10mg，3 次/日。

吡那地尔 Pinacidil 用于高血压。致头痛、水肿、心悸、心动过速等。缓释胶囊：12.5mg、25mg、37.5mg。口服：每次 12.5~25mg，2 次/日。

二氮嗪 Diazoxide（降压嗪）用于高血压危象、幼儿特发性低血糖症。致头晕、皮疹、水钠潴留、静脉炎等，不与其他药物及输液配伍。粉针：300mg，附专用溶剂 20ml。快速静注：取卧位，每次 150~300mg，在 15~20 秒内注完。

6. 血管紧张素转换酶抑制药（ACEI）

卡托普利[甲] Captopril（甲巯丙脯酸、巯甲丙脯酸、开博通、刻甫定、Capoten）

【用途】高血压、心力衰竭。

【不良反应】皮疹、瘙痒、顽固性咳嗽、高血钾、味觉障碍、血管神经性水肿（面、喉部肿胀，吞咽或呼吸困难，声嘶）、心悸、蛋白尿、粒细胞减少等。

【用药护理注意】1. 影响胎儿发育，甚至引起胎儿死亡，孕妇禁用。2. 避免与保钾利尿药合用。3. 食物影响口服吸收。4. 出现血管神经性水肿或顽固性干咳应停药。5. 出现无原因发热、口腔或喉痛时，应告知医师，及时检查血象。6. 每月查尿蛋白 1 次；最初 3 个月每 2 周查白细胞及分类计数 1 次，以后定期检查。

【制剂】片：12.5mg、25mg、50mg。注射液：25mg（1ml）。粉针：50mg。

【用法】口服：开始每次 12.5mg，2~3 次 / 日，逐渐增至每次 50mg，2~3 次 / 日，餐前 1 小时服，不超过 450mg/d。儿童，开始 1mg/(kg·d)，最大 6mg/(kg·d)，分 3 次服。静注、静滴：每次 25mg，用 10% 葡萄糖液 20ml 稀释后慢注 10 分钟，随后将 50mg 用 10% 葡萄糖液 500ml 稀释，静滴 1 小时。

依那普利[甲] Enalapril（马来酸依那普利、悦宁定、益压利、怡那林、依苏）

【用途】原发性高血压、肾血管性高血压，充血性心力衰竭。

【不良反应、用药护理注意】1. 参阅卡托普利。2. 出现白细胞计数降低应停药。3. 食物不影响本药吸收。4. 定期查肾功能、尿蛋白和白细胞计数。

【制剂】片：2.5mg、5mg、10mg。胶囊：5mg、10mg。

【用法】口服：高血压开始 5mg/d，常用量 10mg/d，早晨 1 次服，最大剂量 40mg/d，分 2 次服。心力衰竭开始每次 2.5mg，1~2 次 / 日，一般用量 5~20mg/d。

西拉普利　Cilazapril（一平苏）用于原发性和肾性高血压。同依那普利，食物使本品吸收稍延迟并减少 15%。片：1mg、2.5mg、5mg。口服：从小剂量逐渐增加，每次 2.5~5mg，开始每次 1mg，早晨 1 次服，每天在同一时间服用。

贝那普利[乙]　Benazepril（盐酸贝那普利、苯那普利、洛汀新、倍尼）
【用途】高血压、充血性心力衰竭。
【不良反应、用药护理注意】参阅卡托普利。食物对吸收没有明显影响。
【制剂、用法】片：5mg、10mg、20mg。口服：降压，开始每次 10mg，1 次 / 日，最大量 40mg/d，分 1~2 次服。心力衰竭，每次 2.5~10mg，1 次 / 日。

贝那普利氢氯噻嗪[乙]　（依思汀）用于高血压。片：含贝那普利 10mg，氢氯噻嗪 12.5mg。口服：每次 1 片，1 次 / 日，服药不受进食影响。

氨氯地平贝那普利　（百新安、地奥）用于高血压（非初治高血压）。片（Ⅰ）：12.5mg（含贝那普利 10mg，氨氯地平 2.5mg）。片（Ⅱ）：15mg（含贝那普利 10mg，氨氯地平 5mg）。口服：每次 1 片，1 次 / 日。

雷米普利[乙] Ramipril（瑞泰、瑞素坦）用于高血压、充血性心力衰竭。致头痛、眩晕、嗜睡、咳嗽、恶心等。食物使本品吸收稍延迟，本品可增强乙醇的效应。片：1.25mg、2.5mg、5mg。口服：开始每次2.5mg，早晨1次服，维持量，每次2.5~5mg，1次/日。每天在同一时间服药。

福辛普利[乙] Fosinopril（福辛普利钠、磷诺普利、蒙诺、Monopril）用于高血压、心力衰竭。参阅依那普利。老人不需减量。抗酸药影响本品吸收，如联用应间隔2小时以上。片、胶囊：10mg。口服：开始每次10mg，1次/日，维持量每次10~40mg，1次/日，与进餐无关。心力衰竭每次10~40mg，1次/日。

赖诺普利[乙] Lisinopril（捷赐瑞、诺普顿、利压定、利生普利、麦道心宁）用于原发性和肾性高血压，充血性心力衰竭。参阅依那普利，口服吸收不受食物影响。片、胶囊：5mg、10mg。口服：每次10~40mg，1次/日，早餐后服。

赖诺普利氢氯噻嗪[乙]　　用于高血压（非初治高血压）。片：含赖诺普利10mg，氢氯噻嗪12.5mg。口服：每次1片，1次/日。在医师指导监护下服用。

培哚普利[乙]　Perindopril（培哚普利叔丁胺、雅施达、Acertil）同依那普利。与抗抑郁药合用可引起体位性低血压，食物使本药生物利用度下降 35%。片：2mg、4mg、8mg。口服：4mg/d，早晨 1 次空腹服，必要时 1 个月后增至每次 4~8mg，1 次 / 日。肾功能不全、老人剂量减半。

培哚普利吲达帕胺[乙]　Perindopril and Indapamide（百普乐、Biprel）用于高血压。片：含培哚普利 4mg，吲达帕胺 1.25mg。参阅培哚普利和吲达帕胺。口服：每次 1 片，1 次 / 日，清晨餐前服。

咪达普利[乙]　Imidapril（盐酸咪达普利、伊米普利、达爽）用于原发性和肾性高血压。同依那普利。术前 24 小时停药，不从事危险作业，禁饮酒。片：5mg、10mg。口服：每次 5~10mg，1 次 / 日。严重高血压从 2.5mg/d 开始用药。

地拉普利　Delapril（压得克、Adecut）用于高血压。同依那普利。用药后不驾车和机械操作，术前 24 小时停药。片：7.5mg、15mg、30mg。口服：开始 15mg/d，维持量 30~60mg/d，分早晚 2 次服。

喹那普利　Quinapril（盐酸喹那普利、益恒）用于高血压、充血性心力衰竭。吸收不受食物影响。片：10mg。口服：每次 10mg，1 次 / 日，可增至 20~30mg/d。

7. 血管紧张素受体拮抗药（ARB）

氯沙坦钾[乙]　Losartan Potassium（氯沙坦、洛沙坦、芦沙坦、科素亚）

【用途】原发性高血压。

【不良反应】头晕、头痛、水肿、高血钾、肝功能异常、体位性低血压等。

【用药护理注意】1. 孕妇禁用。2. 食物不影响口服吸收。3. 与氢氯噻嗪合用可增强疗效。4. 避免从事危险作业。5. 用药前查电解质、血尿素氮、血肌酐。

【制剂、用法】片、胶囊：50mg、100mg。口服：每次 50~100mg，1 次 / 日。

氯沙坦钾氢氯噻嗪[乙]　（海捷亚）用于高血压。不用于初始治疗。片：含氯沙坦钾 50mg、氢氯噻嗪 12.5mg。口服：每次 1 片，1 次 / 日，餐前餐后服均可。

缬沙坦[甲]　Valsartan（代文、丽珠维可、达乐、维尔坦）同氯沙坦。胶囊、分散片：80mg。口服：每次 80mg，可增至 160mg，1 次 / 日，早晨空腹或餐时服。

缬沙坦氢氯噻嗪[乙]（复代文、兰普、佳择）片、胶囊：含缬沙坦 80mg、氢氯噻嗪 12.5mg。口服：每次 1 片（粒），1 次 / 日，服药不受进食影响。

缬沙坦氨氯地平[乙]（倍博特）用于高血压。片：含缬沙坦 80mg、氨氯地平 5mg。口服：每次 1 片，1 次 / 日，服药不受进食影响。

替米沙坦[乙] Telmisartan（美卡素、Micardis）用于高血压。致腹泻、恶心、眩晕、高血钾等。用药 4~8 周后才发挥最大药效。本品不被血液透析清除。片：40mg、80mg。胶囊：40mg。口服：每次 40~80mg，1 次 / 日，餐时餐后服均可。

替米沙坦氢氯噻嗪[乙]（美嘉素）用于高血压。片：含替米沙坦与氢氯噻嗪的比例为 80mg/12.5mg、40mg/12.5mg。胶囊：含替米沙坦 40mg、氢氯噻嗪 12.5mg。口服：每次 1 片（粒），1 次 / 日，餐前餐后服均可。

替米沙坦氨氯地平[乙]（双加）用于高血压。片：含替米沙坦 80mg、氨氯地平 5mg。口服：每次 1 片，1 次 / 日，餐时餐后服均可。

厄贝沙坦[乙] Irbesartan（伊贝沙坦、安博维、伊泰青、苏适、科苏）同氯沙坦。食物不影响本药吸收。出现喉喘鸣、面部水肿、舌炎时应停药。监测血钾。片、胶囊：75mg、150mg。口服：每次 150mg，可增至 300mg，1 次 / 日。

厄贝沙坦氢氯噻嗪[乙]（安博诺、安利博）用于高血压。片：含厄贝沙坦与氢氯噻嗪的比例为 75mg/6.25mg、150mg/12.5mg、300mg/12.5mg。胶囊、分散片：含厄贝沙坦 150mg、氢氯噻嗪 12.5mg。口服：每次 150mg/12.5mg，1 次 / 日，空腹或进餐时服。

奥美沙坦酯[乙] Olmesartan Medoxomil（奥美沙坦、贝尼卡、傲坦、兰沙）用于高血压。致背痛、腹泻、眩晕、高血脂、高血糖、高尿酸血症、高血钾等。一旦发现妊娠应尽快停止使用本品。片：20mg、40mg。胶囊：20mg。口服：每次 20~40mg，1 次 / 日，无论进食与否都可服用本品。

奥美沙坦酯氢氯噻嗪[乙]（复傲坦）用于高血压。食物不影响口服吸收。片：含奥美沙坦 20mg、氢氯噻嗪 12.5mg。口服：每次 1 片，1 次 / 日。

奥美沙坦酯氨氯地平[乙] (思卫卡) 用于高血压。一旦发现妊娠应尽快停止使用本品。片：含奥美沙坦 20mg、氨氯地平 5mg。口服：每次 1 片，1 次 / 日。可与或不与食物同服，应在每日同一时间服药，药片不能咀嚼。

坎地沙坦酯[乙] Candesartan Cilexetil（坎地沙坦、坎地沙坦西酯、必洛斯、维尔亚）用于高血压。参阅氯沙坦钾。监测血钾、血肌酐。食物不影响口服吸收。片：4mg、8mg。胶囊：4mg。口服：每次 4~8mg，1 次 / 日。

阿利沙坦酯[乙] Allisartan Isoproxil（信立坦）用于轻、中度原发性高血压。致头痛、头晕、高血脂、转氨酶升高、高血钾等。片：80mg、240mg。口服：每次 240mg，1 次 / 日。食物降低本品的吸收，不与食物同时服用。

依普罗沙坦 Eprosartan（依普沙坦、泰络欣、Teveten）用于原发性高血压。参阅氯沙坦钾。食物可增加本药的吸收。片：0.6g。口服：每次 0.6g，1 次 / 日，早晨服，可与或不与食物同服。

阿齐沙坦酯 Azilsartan Medoxomil(依达比、Edarbi)用于高血压。致腹泻、头晕等。片：40mg、80mg。口服：每次 80mg，1 次 / 日，可与或不与食物同服。

8. 钙通道阻滞药

汉防己甲素[乙] Tetrandrine(粉防己碱、金艾康)用于矽肺、高血压、风湿痛、关节痛。致嗜睡、腹部不适等。片：20mg、50mg。注射液：30mg(2ml)。口服：抗矽肺，每次 60mg~100mg，3 次 / 日，用 6 天，停 1 天，疗程 3 个月。

硝苯地平、尼卡地平、尼群地平、氨氯地平、左旋氨氯地平、非洛地平、拉西地平、依拉地平、尼索地平、乐卡地平、西尼地平、贝尼地平、巴尼地平、马尼地平、维拉帕米、地尔硫䓬、米贝尔。(见钙通道阻滞药，P354~P361)

9. 利尿药

氢氯噻嗪[甲] Hydrochlorothiazide(双氢氯噻嗪、双氢克尿塞、HCT)

【用途】水肿性疾病、高血压，中枢性或肾性尿崩症，肾结石。

【不良反应】口干、胃肠道反应、皮疹、瘙痒症、血小板、粒细胞减少，低钾、低钠、低氯、低镁血症，血糖、血钙、血尿素氮、血尿酸、血脂升高等。

【用药护理注意】1. 肝、肾功能减退，痛风、糖尿病、孕妇等慎用。2. 餐后服可增加吸收量，减轻胃肠道反应。3. 忌酒，不吃含甘草的药物。4. 第1次在早餐后服，第2次不晚于下午3时。5. 注意水出入量平衡。6. 不过分限制食盐摄入量，多食含钾食物。7. 监测电解质、血糖、BUN、BUA、血压。8. 停药应逐渐减量。

【制剂】片：10mg、25mg、50mg。

【用法】口服：每次25~50mg，1~2次/日。小儿1~2mg/(kg·d)，分1~2次。治高血压，12.5~25mg/d，分1~2次。

环戊噻嗪、甲氯噻嗪、依普利酮（见利尿药，P497~498）

10. 肾素抑制药

阿利吉仑 Aliskiren（锐思力、Rasilez）用于高血压。致腹泻、皮疹、高血钾、尿酸升高、头痛等。孕妇禁用，高脂食物减少本药吸收，出现血管性水肿应停药。片：150mg、300mg。口服：开始每次150mg，视情况可增至每次300mg，1次/日。最好在每天同一时间服用。

11. 其他抗高血压药

吲达帕胺[甲] Indapamide（吲达胺、寿比山、纳催离、伊特安、立舒平）

【用途】原发性高血压。

【不良反应】腹泻、头痛、失眠、皮疹、低血钾、低血钠、体位性低血压。

【用药护理注意】1. 食物不影响本品吸收。2. 缓释剂不要嚼碎。3. 注意及时补钾。4. 早晨给药可免夜间起床排尿。5. 如需做手术，不必停药，但应告知麻醉医师。6. 监测血压，定期查血钾、钠、钙、尿酸、尿素氮、血糖。

【制剂、用法】片、胶囊：2.5mg。缓释片、缓释胶囊：1.5mg。口服：速释制剂，每次 2.5mg，1 次 / 日；缓释制剂，每次 1.5mg，1 次 / 日。宜早晨服用。

非诺多泮 Fenoldopam（甲磺酸非诺多泮、Corlopam）用于严重高血压的短期治疗。致心动过速、头痛、恶心、潮红等。监测血压、心率、心电图等。注射液：10mg（1ml）、20mg（2ml）。静滴：滴速 0.03~1.6μg/（kg·min）。

硝酸甘油（见抗心绞痛药，P395）
硫酸镁（见泻药与止泻药，P464）

（三）治疗心力衰竭药

地高辛[甲] Digoxin（狄戈辛、强心素、可力）

【用途】急、慢性心功能不全、室上性心动过速、心房颤动、心房扑动。

【不良反应】新的心律失常、恶心、呕吐、腹泻、视物模糊或黄视、头痛。

【用药护理注意】1. 室性心动过速、心室颤动禁用。2. 应询问病人在 2~3 周前是否用过洋地黄制剂，如有洋地黄残余作用，应减少用量。3. 严格按医嘱定时、定量服药，如忘记服药，切忌补服或将两次药合服。4. 不与高纤维食物同服，以免影响吸收。5. 不宜与酸、碱类药物配伍，禁与钙注射剂合用。6. 避免低血钾等电解质紊乱。7. 蓄积作用较小，3~6 天后作用消失。8. 口服液用于婴儿及儿童。9. 肌注有局部反应，且作用慢、吸收差。10. 用药期间监测血压、心率、心律、心电图、心功能、体重、查血电解质、肾功能等。

【制剂】片：0.25mg。口服液：1.5mg（30ml）。注射液：0.5mg（2ml）。

【用法】口服：常用每次 0.125~0.5mg，1 次／日，7 天可达稳态血浓度。维持量每次 0.125~0.5mg，1 次／日。5~10 岁洋地黄化总量 0.02~0.035mg/kg。静注：每次 0.25~0.5mg，用 5% 葡萄糖液或生理盐水 10~20ml 稀释后慢注，以后可每隔 4~6 小时按需注射 0.25mg。极量：1mg/d；维持量每次 0.125~0.5mg，1 次／日。

甲地高辛 Metildigoxin（甲基狄戈辛、甲基地高辛、贝可力）用于急、慢性心力衰竭。同地高辛，作用较强。片：0.1mg。注射液：0.2mg（2ml）。口服：每次 0.2mg，2 次 / 日，2~3 日后改为维持量，每次 0.1mg，1~2 次 / 日。静注：0.2~0.3mg 稀释于 5% 葡萄糖液 20ml 中慢注。维持量：0.15mg/d。

毛花苷丙 Lanatoside C（毛花甙丙、西地兰、毛花苷 C、Cedilanid）
【用途、不良反应、用药护理注意】同地高辛。作用较快，心肌梗死禁静注。
【制剂】注射液：0.4mg（2ml）。
【用法】静注：全效量，1~1.2mg。首剂 0.4~0.6mg，用 5% 或 25% 葡萄糖液稀释后慢注，视情况 2~4 小时后再给 0.2~0.4mg。维持量，0.2~0.4mg/d。

去乙酰毛花苷[甲] Deslanoside（去乙酰毛花苷丙、西地兰 D、Cedilanid　D）
【用途】急性心力衰竭、心房颤动、心房扑动。
【不良反应、用药护理注意】1. 同地高辛。2. 作用迅速，蓄积性较小。3. 适用于 2 周内未用过洋地黄毒苷或 1 周内未用过地高辛者。4. 禁止与钙注射剂合用。
【制剂】注射液：0.4mg（2ml）。

【用法】静注：洋地黄化，首剂 0.4~0.6mg，以后每 2~4 小时 0.2~0.4mg，总量 1~1.6mg，用 5% 葡萄糖液稀释后慢注 5 分钟以上。然后改为口服药维持治疗。

毒毛花苷 K[甲] Strophanthin K (毒毛旋花子苷 K) 用于急性心力衰竭。同地高辛。作用迅速，蓄积作用小。本品毒性剧烈，过量时可引起严重心律失常。不与碱性溶液配伍，用药期间忌用钙剂。注射液：0.25mg (1ml)。静注：首剂 0.125~0.25mg，用 5% 葡萄糖液或生理盐水 20~40ml 稀释后慢注 5 分钟以上，2 小时后可重复 1 次，总量 0.25~0.5mg/d。极量：每次 0.5mg，1mg/d。

米力农[乙] Milrinone (乳酸米力农、甲氰吡酮、哌明克、鲁南力康)
【用途】急、慢性顽固性充血性心力衰竭。
【不良反应】头痛、室性心律失常、无力、血小板减少、低血压等。
【用药护理注意】1. 治疗时应进行心电监护。2. 振摇完全溶解后再稀释。
【制剂、用法】注射液：5mg (5ml)、10mg (10ml)。缓慢静注：负荷量，25~75μg/kg，用生理盐水或 5% 葡萄糖注射液稀释，再以 0.25~1.0μg/(kg·min) 的速度静滴维持，不超过 1.13mg/(kg·d)，疗程不超过 2 周。

氨力农 Amrinone（氨双吡酮、氨利酮、氨吡酮、安诺可）

【用途】各种原因引起的急、慢性充血性心力衰竭。

【不良反应】胃肠道反应、血小板减少、肝功能损害、低血压、心律失常。

【用药护理注意】1. 粉针先用所附溶剂溶解，需 40~60℃ 温热、振摇，待完全溶解后再用生理盐水稀释成 1~3mg/ml 浓度。2. 不用含右旋糖酐或葡萄糖液稀释。3. 不与呋塞米配伍，因可产生沉淀。4. 药液外漏可致局部组织坏死。5. 监测血压、心律、心率、心电图、血小板、肝肾功能。

【制剂】粉针：50mg（附乳酸灭菌水溶液 5ml）。注射液：50mg（10ml）。

【用法】静脉给药：负荷量 0.5~1mg/kg，用生理盐水 20ml 稀释后缓慢静注 5~10 分钟，继以 5~10μg/(kg·min) 静滴维持，不超过 10mg/(kg·d)，疗程不超 2 周。

左西孟旦[乙] Levosimendan（西米达克、Simdax）用于充血性心力衰竭。致头痛、低血钾、低血压等，监测心电图、血压、心率、尿量。注射液：12.5mg（5ml）。2~8℃ 保存。外周或中央静脉输注：初始负荷量 6~12μg/kg，时间大于 10 分钟。维持量，按 0.05~0.2μg/(kg·min) 的速度输注 6~24 小时。将本品 12.5mg 或 25mg 与 5% 葡萄糖液 500ml 混合，配成 0.025mg/ml 或 0.05mg/ml 浓度溶液。

维司力农　Vesnarinone（威那利酮）用于慢性充血性心力衰竭。致头晕、心悸、白细胞减少、肝肾功能异常等。胶囊：60mg。口服：每次 60mg，1 次 / 日。

伊伐布雷定[乙]　Ivabradine（盐酸伊伐布雷定、可兰特）用于慢性心力衰竭。致闪光现象、心动过缓、头痛、头晕、视物模糊、低血压等。监测心率、心电图。片：5mg、7.5mg。口服：起始每次 5mg，2 次 / 日，早、晚进餐时服。

重组人脑利钠肽[乙]　Recombinant Human Brain Natriuretic Peptide（奈西立肽、新活素、rhBNP、Nesiritide）

【用途】急、慢性心力衰竭。

【不良反应】低血压、头痛、恶心、胸痛、腹痛、室速、血肌酐升高等。

【用药护理注意】用 5% 葡萄糖液或生理盐水溶解稀释本品。密切监测血压。

【制剂、用法】粉针：0.5mg。静注、静滴：首剂 1.5μg/kg 静注 60 秒，再以 0.0075μg/(kg·min) 的速度静滴 24 小时。先配成 6μg/ml 浓度（1.5mg 加 250ml 稀释液；或 0.5mg 加 83.3ml 稀释液），计算用量，静注剂量（ml）= 体重（kg）÷ 4，静滴速率（ml/h）=0.075× 体重（kg）。即 60kg 体重静注 15ml，静滴 4.5ml/h。

沙库巴曲缬沙坦钠[乙] Sacubitril Valsartan Sodium（诺欣妥）用于慢性心力衰竭。致低血压、血管性水肿、高血钾、肾功能损害等。片：50mg、100mg、200mg（分别含沙库巴曲24mg、49mg、97mg，缬沙坦26mg、51mg、103mg）。口服：起始每次100mg，2次/日，维持量每次200mg，2次/日，可与食物同服或空腹服。

多巴胺、多巴酚丁胺（见拟肾上腺素药，P329、331）

（四）抗心律失常药

奎尼丁[甲] Quinidine（硫酸奎尼丁、异奎丁）

【用途】心房颤动或心房扑动经电转复律后的维持治疗。

【不良反应】心律失常、胃肠道症状、金鸡纳反应、皮疹、发热等。

【用药护理注意】1. 治疗颤时有可能诱发血栓脱落产生栓塞。2. 避免在夜间给药，不宜门诊用药。3. 餐时或餐后服药可减轻胃肠道反应。4. 监测血压和心电图。

【制剂、用法】片：0.2g。口服：第1日，每次0.2g，1次/2小时，用5次，如无效又无不良反应，第2日增至每次0.3g，第3日每次0.4g，1次/2小时，连用5次。不超过2.4g/d。恢复心率后改维持量：每次0.2~0.3g，3~4次/日。

普鲁卡因胺 Procainamide（盐酸普鲁卡因胺、普鲁卡因酰胺）

【用途】危及生命的室性心律失常。

【不良反应】恶心、呕吐、皮疹、再障、精神抑郁、低血压、心律失常等。

【用药护理注意】1.严重房室传导阻滞、红斑狼疮、重症肌无力、低钾血症禁用。2.空腹服药吸收较快，餐后服可减轻胃肠刺激。3.静注、静滴易致血压下降。4.肌注疼痛，一般不用。5.监测血压、心率、心律、心电图、血象。

【制剂】片：0.125g、0.25g。注射液：0.1g（1ml）、0.2g（2ml）、0.5g（5ml）。

【用法】口服：每次0.25~0.5g，4小时1次，极量：每次1g，3g/d。静注：每次0.1g，静注5分钟，用生理盐水20ml稀释。静滴：10~15mg/kg，滴注1小时，然后以1.5~2mg/（kg·h）维持，用生理盐水或5%~10%葡萄糖液稀释。

丙吡胺[乙] Disopyramide（磷酸丙吡胺、诺佩斯、达舒平、利莫耽）用于其他药物无效的危及生命的室性心律失常。致口干、排尿不畅、尿潴留、便秘、低血糖等。片、缓释片、胶囊：100mg。注射液：50mg、100mg（2ml）。口服：每次0.1~0.15g，3~4次/日，不超过0.8g/d，缓释片，每次0.2g，2次/日。静注：每次1~2mg/kg，不超过150mg，用5%葡萄糖液或生理盐水20ml稀释。

吡美诺 Pirmenol（吡哌醇）用于各种原因引起的房性、室性心律失常。致抗胆碱作用的不良反应和低血压、心率减慢，口服有金属味或苦味。片：50mg、100mg。注射液：50mg。口服：每次 0.1~0.2g，2 次 / 日。静滴：2.5mg/min。

莫雷西嗪[甲] Moracizine（盐酸莫雷西嗪、吗拉西嗪、乙吗噻嗪、安脉静）

【用途】室性心律失常。

【不良反应】恶心、头痛、呕吐、心律失常，静注致短暂眩晕和血压下降。

【用药护理注意】1. 开始治疗应住院。2. 餐后服减慢吸收速度，不影响吸收量。

【制剂】片：50mg。注射液：50mg（2ml）。

【用法】口服：每次 150~300mg，1 次 /8 小时，极量：900mg/d。肌注：本药 2.5% 溶液 2ml，加 0.5% 普鲁卡因 1~2ml 肌注，1 次 / 日。静注：每次 50mg，用 5% 葡萄糖液或生理盐水 10ml 稀释后缓慢静注，2 次 / 日。

美西律[甲] Mexiletine（盐酸美西律、慢心律、脉律定、脉舒律、Mexitil）

【用途】慢性室性心律失常。

【不良反应】恶心、呕吐、头晕、嗜睡、肌肉震颤、低血压、心动过缓等。

【用药护理注意】1. 监测心电图和血压。2. 与食物同服可减少胃肠道反应。

【制剂/用法】片、胶囊：50mg、100mg。口服：首次 200~300mg，必要时2 小时后再服 100~200mg。维持量，400~800m/d，分 2~3 次口服。极量：1200mg/d。

胺碘酮[甲] Amiodarone（盐酸胺碘酮、乙胺碘呋酮、安律酮、可达龙）

【用途】房性心律失常、结性心律失常、室性心律失常。

【不良反应】恶心、呕吐、心动过缓、角膜碘微粒沉淀、光过敏反应、皮肤色素沉着、甲状腺功能异常，有潜在致命性毒性（包括肺、肝、心脏毒性）。

【用药护理注意】1. 房室传导阻滞、甲状腺功能障碍、碘过敏、孕妇禁用。2. 只能用 5% 葡萄糖液稀释，不用生理盐水、10% 葡萄糖液稀释。3. 静注过快可致血压下降。4. 服药后避免日光曝晒。5. 监测心电图、血压和甲状腺、肝、肺功能。

【制剂】片、胶囊：0.1g、0.2g。注射液：0.15g（3ml）。粉针：0.15g。

【用法】口服：每次 0.2g，3 次/日，餐后服，维持量每次 0.1~0.3g，1 次/日。静脉给药：首剂 3mg/kg，用 5% 葡萄糖液 20ml 稀释后静注 10 分钟，15 分钟后无效时，追加 2.5~3mg/kg，然后微泵维持静注 1mg/min，6 小时后减至 0.5mg/min维持，不超过 1.2g/d，用药不超 3~4 天。药物浓度超过 3mg/ml 时易致静脉炎。

普罗帕酮[甲] Propafenone（盐酸普罗帕酮、丙胺苯丙酮、心律平、悦复隆）

【用途】室性或室上性心律失常、预激综合征，心房扑动、颤动。

【不良反应】恶心、呕吐、舌麻、头晕、低血压、心动过缓、心律失常等。

【用药护理注意】1.宜餐后或与食物同服，不可嚼碎，因本药有局麻作用。2.换用其他抗心律失常药时，先停用本药1天；反之，各种抗心律失常药至少停用1个半衰期，再换用本品。3.静脉给药应严密监测心率、血压、心电图。

【制剂】片：50mg、100mg、150mg。注射液：17.5mg（5ml）、35mg、70mg。

【用法】口服：每次100~200mg，1次/6~8小时。静注或静滴：1~1.5mg/kg用5%葡萄糖液20ml稀释静注10分钟，必要时10~20分钟重复1次，总量不超过210mg。静注起效后改为静滴（滴速0.5~1mg/min）或口服维持。

妥卡尼 Tocainide（盐酸妥卡尼、妥卡胺、室安卡因、妥克律）

【用途】室性心律失常。

【不良反应】恶心、呕吐、便秘、眩晕、头痛、耳鸣、震颤，偶见皮疹等。

【用药护理注意】与食物同服可减慢吸收速度和减轻胃肠道反应。

【制剂】片、胶囊：0.2g。注射液：0.1g（5ml）、0.2g（10ml）、0.75g。

【用法】口服：每次 0.2~0.4g，1 次 /8~12 小时。儿童每次 7.5mg/kg，2~3 次 / 日。静注：0.5g 稀释于 5% 葡萄糖液 20ml 中注 15~30 分钟，速度 0.5~0.75mg/(kg·min)。

氟卡尼　Flecainide（氟卡胺、氟卡律）用于其他抗心律失常药无效的室性早搏，室上性心动过速。致头晕、恶心、低血压、心动过缓等，注意心功能和血压变化。片：100mg。注射液：50mg（5ml）、100mg（10ml）。口服：每次 100mg，2 次 / 日。静滴：每次 2mg/kg，加入 5% 葡萄糖液或生理盐水中滴注。

恩卡尼　Encainide（恩卡胺、英卡胺）用于室性、室上性心律失常。致低血压等。片、胶囊：25mg。注射液：50mg（2ml）。口服：每次 25~75mg，3 次 / 日，从小剂量开始。静注：每次 0.5~1mg/kg，稀释于 5% 葡萄糖液中，注射 15 分钟。

阿普林定　Aprindine（盐酸阿普林定、安搏律定、茚满丙二胺、茚丙胺）
【用途】室性和房性早搏、阵发性室上性心动过速、房颤。
【不良反应】眩晕、癫痫样发作等中枢神经系统症状、胃肠道反应等。
【用药护理注意】1. 静脉给药不与钾、镁盐配伍。2. 不与利多卡因合用，因可致惊厥。3. 治疗量与中毒量很接近。4. 监测心电图、血常规、肝功能。

【制剂】片：25mg、50mg。注射液：50mg（5ml）、100mg（10ml）。

【用法】口服：首次 100mg，其后 50~100mg/6~8h，不超过 300mg/24h，维持量 50~100mg/d。静滴：每次 100mg，用 5% 或 10% 葡萄糖液稀释，滴速 2~5mg/min。

依布利特　Ibutilide（富马酸伊布利特、欣无忧）

【用途】心房颤动、心房扑动。

【不良反应】恶心、呕吐、尖端扭转型心动过速、室性早搏、低血压等。

【用药护理注意】1. 用生理盐水或 5% 葡萄糖液 50ml 稀释。2. 必须准备心复律器 / 除颤器等设备。3. 注射后应连续监测心电图至少 4 小时。4. 监测血压、电解质。

【制剂、用法】注射液：1mg（10ml）。静注：体重大于 60kg，首剂及再次注射都是 1mg；体重低于 60kg，首剂及再次注射量均为 0.01mg/kg。注 10 分钟。

多非利特　Dofetilide（替考辛、Tikosyn）用于心房颤动、心房扑动、室上性心动过速。致尖端扭转型心动过速。食物轻度延迟吸收，不影响生物利用度，检查 QT 间期。胶囊：125μg、250μg、500μg。口服：每次 0.125~0.5mg，2 次 / 日。

托西酸溴苄铵 Bretylium Tosilate (溴苄铵、特兰新、Bretylan) 用途于室性心律失常。致体位性低血压、头晕、胸闷、呕吐等，肌注可致局部组织坏死。用药后静卧 1~2 小时。注射液：0.25g (2ml)。静注：每次 3~5mg/kg，用 5% 葡萄糖液或生理盐水稀释后慢注。极量：30mg/(kg·d)。静滴：滴速 0.5~1mg/min。

腺苷[乙] Adenosine (艾文、艾朵) 用于阵发性室上性心动过速，辅助诊断冠心病。致头痛、心、面部潮红等。注射液：90mg (30ml) 诊断用，6mg (2ml)。快速静注：治疗，开始 3mg，第二、三次为 6mg、12mg，每次间隔 1~2 分钟。

苯妥英钠、卡马西平 (见抗癫痫药，P246~P247)

普萘洛尔、噻吗洛尔、吲哚洛尔、纳多洛尔、美托洛尔、阿替洛尔、艾司洛尔、索他洛尔、醋丁洛尔、阿罗洛尔 (见抗肾上腺素药，P334~P339)

盐酸利多卡因 (见局部麻醉药，P347)

维拉帕米、地尔硫䓬 (见钙通道阻滞药，P359~P360)

三磷酸腺苷 (见主要作用于循环系统的药物，P411)

门冬氨酸钾镁 (见治疗肝炎辅助用药，P477)

（五）抗心绞痛药

硝酸甘油[甲] Nitroglycerin（保欣宁、礼顿、疗通脉、乃才郎、耐安康、耐较咛、尼采贴、三硝酸甘油酯、帖保咛、夕护晓、硝酸甘油酯、永保心灵）

【用途】预防和治疗心绞痛，充血性心力衰竭，降低血压。

【不良反应】头痛、眩晕、皮肤潮红、心率加快、体位性低血压、皮疹等。

【用药护理注意】1.青光眼、低血压、颅内压升高禁用。2.出现搏动性头痛、皮肤潮红是判断疗效的指标。3.片剂、膜片应含于舌下，不能吞服。4.舌下黏膜明显干燥者，宜用水润湿后再含服。5.用药时尽量采取坐位或卧位。6.喷雾剂用前不得摇动。7.从小剂量开始使用。8.用药2~3周可出现耐药性。9.长期大量用药后停药应逐渐减量，以防心绞痛反跳。10.忌饮酒。11.监测血压。

【制剂】片：0.3mg、0.5mg、0.6mg。膜片：0.5mg。缓释胶囊（耐安康、疗通脉）：2.5mg。缓释片（礼顿）：2.5mg。贴膜（帖保咛）：5mg、16mg。喷雾剂（保欣宁）：每喷0.4mg。注射液：1mg、2mg（1ml）、5mg（1ml）。

【用法】舌下含服（片、膜片）：每次0.25~0.5mg，极量2mg/d。口服（缓释片、胶囊）：每次2.5mg，1次/12小时。贴膜：贴于前胸、上臂或肘，1片/日，连续使用须变更贴药部位。口腔喷雾：每次1~2喷，药物喷于舌下或口腔黏膜，喷雾时屏住呼吸，不要将药吸入。静滴：5~10mg 加入 5% 葡萄糖液或生理盐水 250~500ml 中，宜用输液泵输入，初始量 5μg/min，观察血压、心率和治疗反应，每 5 分钟增量 5~10μg/min，维持量 50~100μg/min，最大量 200μg/min。

戊四硝酯　Pentaerithrityl Tetranitrate（硝酸戊四醇酯、长效硝酸甘油）用于预防心绞痛发作。同硝酸甘油，但作用缓慢而持久。片：10mg、20mg。口服：每次 10~30mg，3~4 次 / 日，餐前口服，也可舌下含服。

硝酸异山梨酯[甲、乙]　Isosorbide Dinitrate（硝酸异山梨醇酯、二硝酸异山梨醇酯、消心痛、异舒吉、易顺脉、安其伦、爱倍、欣舒）

【用途】预防和治疗心绞痛，充血性心力衰竭、肺动脉高压。

【不良反应、用药护理注意】1. 同硝酸甘油，可与普萘洛尔合用。2. 喷雾剂使用时应垂直药瓶。3. 缓释剂应整片（粒）吞服。4. 稀释后用自动输液装置静滴。

【制剂】片：2.5mg、5mg、10mg。缓释片：20mg。缓释胶囊：20mg、40mg。喷雾剂：0.471g（300 喷，每喷 1.25mg）、0.125g（200 喷，每喷 0.625mg）。乳膏：10g（含 1.5g）。注射液：5mg（5ml）、10mg（10ml）。

【用法】口服：每次 5~10mg，2~3 次 / 日，缓释剂每次 20mg，1 次 /8~12 小时。舌下含服：每次 5mg。口腔喷雾：每次 1~2 喷，喷于口腔黏膜或舌下，喷雾时屏住呼吸，防止吸入，每喷隔 30 秒。外用：按刻度挤出所需长度，均匀涂于刻度纸上（5cm×5cm 面积，本品 0.2g），贴在左胸前区，1 次 / 日。静滴：每 50~100mg 用生理盐水或 5% 葡萄糖液稀释至 500ml，浓度为 100~200μg/ml，用药量 1~10mg/h。

单硝酸异山梨酯[甲、乙] Isosorbide Mononitrate（5- 单硝酸异山梨酯、异乐定、安心脉、康维欣、依姆多、莫诺确特、莫诺美地、德脉宁、瑞德明、长效异乐定）

【用途】冠心病，防治心绞痛（包括心肌梗死后），慢性心力衰竭，。

【不良反应、用药护理注意】同硝酸异山梨酯。餐后服，缓释剂不宜嚼碎。

【制剂】片、胶囊：10mg、20mg。缓释片：30mg、40mg、50mg、60mg。缓释胶囊：20mg、40mg、50mg、60mg。注射液：10mg（1ml）、20mg（2ml）、25mg（2ml）、20mg（5ml）。粉针：20mg、25mg、50mg。喷雾剂：90mg（30 喷，每喷 2.5mg）。

【用法】口服：普通制剂每次 10~20mg，2~3 次 / 日，首次最好上午 7 时服。缓释片（胶囊）：每次 30~60mg，1 次 / 日，早餐后吞服，缓释片可沿刻槽掰开后服用。静滴：用 5% 葡萄糖液或生理盐水稀释，滴速 60~120μg/min，1 次 / 日。

奥昔非君 Oxyfedrine（安欣酮、奥昔麻黄碱、安蒙痛）用于冠心病、心绞痛、心肌梗死。致胃肠道症状、心悸、味觉障碍。片：4mg、8mg。注射液：4mg（2ml）。口服：每次 4~8mg，3 次 / 日，餐前整片吞服。缓慢静注：每次 4mg。

曲美他嗪[乙] Trimetazidine（盐酸曲美他嗪、万爽力、冠脉舒、幸孚）
【用途】心绞痛发作的预防性治疗，眩晕和耳鸣的辅助性对症治疗。
【不良反应】毒性小，偶见头晕、恶心、呕吐、皮疹、食欲缺乏、胸闷等。
【用药护理注意】急性心肌梗死、孕妇、哺乳期妇女禁用。食物不影响吸收。
【制剂】片、胶囊：20mg。缓释片：35mg。
【用法】口服：每次 20mg，3 次 / 日，3 餐时服；缓释片，每次 35mg，2 次 / 日，早、晚餐时服。

曲匹地尔 Trapidil（诚服心悦、乐可安、立欣）用于防治冠心病、心绞痛、心肌梗死。致头痛、心悸、胃肠道反应、血压下降。禁饮酒。片：50mg。注射液：50mg、100mg（5ml）。口服：每次 50~100mg，3 次 / 日，饭后服。极量：每次 200mg，600mg/d。缓慢静注：100~150mg/d，用生理盐水稀释。

心灵丸 用于心绞痛、心律失常及伴有高血压者。孕妇禁用，密封保存。丸：20mg。舌下含服、咀嚼后服：每次 2 丸，1~3 次 / 日，发病时或临睡前服。

葛根素[乙] Puerarin（普乐林、诺雪健）用于冠心病、心绞痛、心肌梗死、突发性耳聋。致头痛、过敏反应等。出现过敏或发热、黄疸、尿色加深者，立即停药。注射液：100mg（2ml）。粉针：50mg、100mg、200mg。静滴：0.2~0.4g 临用前用 5% 葡萄糖液或生理盐水 500ml 稀释，1 次 / 日，10~20 日为 1 疗程。

普萘洛尔、噻吗洛尔、吲哚洛尔、纳多洛尔、美托洛尔、阿替洛尔、索他洛尔、醋丁洛尔、比索洛尔、拉贝洛尔、倍他洛尔、阿罗洛尔、塞利洛尔 （见抗肾上腺素药，P334~P340）

硝苯地平、尼卡地平、氨氯地平、左旋氨氯地平、非洛地平、依拉地平、贝尼地平、维拉帕米、地尔硫䓬 （见钙通道阻滞药，P354~P360）

米贝地尔 （见钙通道阻滞药，P361）

尼可地尔 （见抗高血压药，P370）

双嘧达莫 （见抗血小板药，P549）

（六）调节血脂及抗动脉粥样硬化药

洛伐他汀[乙]　Lovastatin（罗伐他汀、乐福欣、乐瓦停、洛特、脉温宁、美降之、美降脂、美维诺林、苏欣、雪庆、洛之达）

【用途】高胆固醇血症和混合型高脂血症。

【不良反应】胃肠道反应、头痛、眩晕、失眠、皮疹、肌肉痛、转氨酶升高。

【用药护理注意】1. 孕妇、哺乳期妇女、肝炎、肝功能不全禁用。2. 空腹服药吸收减少 30%，餐时服可增加吸收。3. 诊断或怀疑肌病应停药。4. 用药同时进行饮食治疗，避免高脂饮食。5. 定期查肝功能、肌酸磷酸激酶。6. 忌饮酒。

【制剂】片、胶囊：10mg、20mg。分散片：20mg。

【用法】口服：10~20mg/d，晚餐时 1 次服。最大量 80mg/d，分早、晚 2 次。

辛伐他汀[甲]　Simvastatin（舒降之、舒降脂、塞瓦停、西之达、苏之）

【用途】高胆固醇血症和混合型高脂血症，防治冠心病和脑卒中。

【不良反应、用药护理注意】参阅洛伐他汀。宜与食物同服以增加吸收。

【制剂、用法】片、分散片：5mg、10mg、20mg、40mg。胶囊：5mg、10mg、20mg。口服：5~40mg/d，晚餐时 1 次服。不超过 80mg/d。调整剂量应间隔 4 周。

普伐他汀[乙] Pravastatin（普伐他汀钠、帕伐他丁、美百乐镇、普拉固）同洛伐他汀，作用较强，可空腹或餐时服。片：10mg、20mg、40mg。胶囊：5mg、10mg。口服：10~20mg/d，睡前 1 次服。最大剂量 40mg/d。

氟伐他汀[乙] Fluvastatin（氟伐他汀钠、氟降之、来适可、伊宁曼）同洛伐他汀，可空腹或餐时服。片、胶囊：20mg、40mg。缓释片：80mg。口服：20~40mg/d，晚餐或睡前 1 次服。缓释片每次 80mg，1 次 / 日。最大剂量 80mg/d。

阿托伐他汀钙[乙] Atorvastatin Calcium（阿托伐他汀、阿伐他汀、立普妥、阿乐、尤佳）同洛伐他汀。片：10mg、20mg、40mg。胶囊：10mg、20mg。口服：每次 10mg，1 次 / 日，可在 1 天中任何时间定时服，空腹或餐时服。最大剂量 80mg/d。调整剂量应间隔 4 周。

氨氯地平阿托伐他汀钙[乙]（多达一）用于需氨氯地平和阿托伐他汀联合治疗者。片：5mg/10mg、5mg/20mg、5mg/40mg（以氨氯地平 / 阿托伐他汀计）。本品与两种成分单独使用的作用相当，可以相互替换。

匹伐他汀钙[乙]　Pitavastatin Calcium（匹伐他汀、力清之、利维乐）用于高胆固醇血症。参阅洛伐他汀。服药开始至 12 周之间和以后每半年查 1 次肝功能。片：1mg、2mg。口服：每次 1~2mg，1 次 / 日，晚餐后服。最大剂量 4mg/d。

瑞舒伐他汀钙[乙]　Rosuvastatin Calcium（瑞舒伐他汀、罗舒伐他汀、可定）同洛伐他汀，作用较强，可在 1 天中任何时间定时服，空腹或餐时服。片、胶囊：5mg、10mg、20mg。口服：每次 5~20mg，从每次 5mg 开始，1 次 / 日。

依折麦布[乙]　Ezetimibe（益适纯）用于原发性高胆固醇血症。致头痛、腹痛、腹泻、肌痛，ALT、AST 升高等。片：10mg。口服：每次 10mg，1 次 / 日。可单独服用或与他汀类联合应用。可在 1 天中任何时间定时服，空腹或餐时服。

依折麦布辛伐他汀　Ezetimibe and Simvastatin（葆至能）用于原发性高胆固醇血症、纯合子家族性高胆固醇血症（HoFH）。片：10mg/10mg、10mg/20mg、10mg/40mg（含依折麦布 / 辛伐他汀）。口服：每日 10mg/10mg 至 10mg/40mg，1 次 / 日，晚上服，空腹或餐时服。

普罗布考[乙] Probucol(畅泰、之乐)用于高胆固醇血症。致胃肠道反应、头痛、失眠、心电图 Q-T 间期延长等。定期查心电图。餐后服增加吸收。片：0.125g、0.25g。口服：每次 0.5g，2 次 / 日，早、晚餐时服。

阿昔莫司[乙] Acipimox(阿西莫司、吡莫酸、乐脂平、乐知苹、益平)用于高甘油三酯血症、高胆固醇血症或混合型高脂血症。致上腹不适、呕吐、腹泻、头痛等，因皮肤血管扩张致面部潮热、皮肤瘙痒，通常用药后几天内消失。胶囊、分散片：250mg。口服：每次 250mg，2~3 次 / 日，餐后服。

考来烯胺 Cholestyramine(消胆安)用于高胆固醇血症、胆管不完全阻塞所致的瘙痒。致便秘、呕吐、反酸感等。味道欠佳，可用水或饮料伴服。散剂：5g(含 4g 无水考来烯胺)。口服：2~24g(无水考来烯胺)/d，分 3 次，餐前服。

氯贝丁酯 Clofibrate(安妥明)用于高脂血症，动脉粥样硬化及其继发症。致胃肠道反应、血清转氨酶升高等。从小量开始用药，停药时应逐渐减量。定期查肝功能、血象。胶囊：0.25g、0.5g。口服：每次 0.25~0.5g，3 次 / 日，进餐时服。

复方氯贝丁酯钙片 (降脂平) 片:0.2g。含氯贝丁酯钙、康力龙、烟酸、肝乐、维生素 B_6 等。口服:1~2 片 / 次，3 次 / 日，餐后服。

非诺贝特[乙] **Fenofibrate** (立平脂、力平脂、力平之、普鲁脂芬)
【用途】高脂血症，尤其是高甘油三酯及混合型高脂血症。
【不良反应】腹泻、便秘、皮疹、头痛、肌痛，血清转氨酶和尿素氮升高。
【用药护理注意】1.用药同时进行饮食治疗。2.与食物同服可减少胃部不适，提高吸收率。3.出现肌痛应告知医生。4.定期查肝功能、血常规。
【制剂】片:0.1g。胶囊:0.1g、0.2g。分散片:0.1g。缓释胶囊:0.25g。
【用法】口服:片、胶囊，每次 0.1g，3 次 / 日，维持量，每次 0.1g，1~2 次 / 日。分散片，每次 0.2g，1 次 / 日。缓释胶囊，每次 0.25g，1 次 / 日。

苯扎贝特[乙] **Bezafibrate** (必降脂、脂康平、必利脂、阿贝他、益之特) 用于高甘油三酯血症、高胆固醇和混合型高脂血症。参阅非诺贝特。片、分散片:0.2g。缓释片:0.4g。口服:每次 0.2~0.4g，3 次 / 日，餐后或与食物同服，维持量每次 0.4g，2 次 / 日；缓释片，每次 0.4g，1 次 / 日，晚餐后整片吞服。

环丙贝特 Ciprofibrate（美得宁）用于原发性高胆固醇和高甘油三酯血症。致头痛、头晕、恶心、皮疹等。片：0.1g。口服：每次 0.1g，1 次 / 日。

吉非罗齐[乙] Gemfibrozil（吉非贝齐、诺衡、乐衡、维绛知、新斯达）
【用途】严重Ⅳ型、Ⅴ型高脂血症，Ⅱb 型高脂血症。
【不良反应】胃肠道反应、肌痛、贫血、胆石症、皮疹、肝功能异常等。
【用药护理注意】1. 用药同时配合低脂饮食。2. 出现肝功能显著异常、肌炎、胆石症时应停药。3. 定期查肝功能、血常规、血脂、CPK。4. 忌饮酒。
【制剂】片：0.15g。胶囊：0.3g。
【用法】口服：每次 0.3~0.6g，2 次 / 日，早、晚餐前半小时服。

依洛尤单抗 Evolocumab（瑞百安、Repatha）
【用途】纯合子型家族性高胆固醇血症（HoFH）。
【不良反应】上呼吸道感染、流感、胃肠炎、关节痛、背痛、过敏、乏力等。
【用药护理注意】1. 使用前药物置室温中至少 30 分钟。2. 选择腹部、大腿或上臂非柔嫩、淤青、红肿或变硬部位注射，每次更换部位。3. 药液有浑浊时勿用。

【制剂】注射液（预充式自动注射器）：140mg（1ml）。2~8℃保存。

【用法】皮下注射：每次 420mg，1 次／月。在 30 分钟内连续用 3 支注射。

阿利西尤单抗 Alirocumab（波立达、Praluent）

【用途】原发性高胆固醇血症或混合性血脂异常的成年患者。

【不良反应】鼻咽炎、注射部位反应、流感、腹泻、肌痛、过敏反应等。

【用药护理注意】注射部位为腹部、大腿或上臂，每次更换注射部位。

【制剂、用法】注射液（预装笔、预装注射器）：75mg（1ml）、150mg（1ml）。2~8℃保存。皮下注射：每次 75mg~150mg，1 次／2 周。

泛硫乙胺 Pantethine（潘特生、潘托新）用于高胆固醇血症、动脉粥样硬化。致食欲缺乏、恶心、腹泻、头晕、一过性氨基转移酶升高等。定期查肝功能，避免饮酒、饮茶、饮咖啡。片、胶囊：0.1g。口服：每次 0.1~0.2g，3 次／日。

多烯酸乙酯（多烯康、ω-3 脂肪酸）用于高脂血症。大剂量可有消化道不适等。有出血性疾病禁用。胶囊、胶丸：0.25g。口服：每次 0.25~0.5g，3 次／日。

硫酸软骨素 A Chondroitin Sulfate A（康得灵）用于动脉粥样硬化、高脂血症、冠心病。偶见牙龈出血，有出血倾向者慎用。片：0.3g。注射液：40mg（1ml）。口服：每次 0.6g，3 次 / 日，疗程 3 个月。肌注：每次 40mg，2 次 / 日。

甘糖酯 Mannose Ester（海通）用于混合型高脂血症。个别病例有肝功能改变。有出血倾向者禁用。片：50mg、100 mg。口服：每次 100 mg，2~3 次 / 日。

（七）降低肺动脉高压药

波生坦[乙] Bosentan（全可利、Tracleer）

【用途】WHO 功能分级 Ⅱ级 ~ Ⅳ级的肺动脉高压（PAH）。

【不良反应】头痛、潮红、水肿、贫血、过敏等，有肝损伤和致畸性风险。

【用药护理注意】1. 食物不影响吸收。2. 如漏服，应在下次给药时间再服用，不得服双倍量。3. 停药前 3~7 日将剂量减半，以免病情突然恶化，停药期间加强病情监测。4. 用药前查氨基转移酶，治疗期间每月复查 1 次。

【制剂、用法】片：62.5mg、125mg。分散片：32mg。口服：开始每次62.5mg，2 次 / 日，早、晚进餐前或后服，共 4 周，维持量每次 125mg，2 次 / 日。

安立生坦[乙] Ambrisentan（凡瑞克、普诺安）用于 WHO 功能分级 Ⅱ 级或 Ⅲ 级的肺动脉高压（PAH）。参阅波生坦。片：5mg、10mg。口服：开始每次 5mg，能耐受可调整为 10mg，1 次 / 日，空腹或进餐后服。药片不能掰半或咀嚼。

马昔腾坦[乙] Macitentan（傲朴舒、Opsumit）用于肺动脉高压（PAH）。有胎毒性、肝毒性、致贫血、咽炎、头痛、水肿等。片：10mg。口服：每次 10mg，1 次 / 日，随餐或空腹服，每天固定时间服用。药片不能掰半或咀嚼。

曲前列尼尔 Treprostinil（瑞莫杜林、Remodulin）

【用途】用于肺动脉高压（PAH）。

【不良反应】输注部位疼痛和反应、头痛、下颌疼痛、腹泻、水肿、皮疹等。

【用药护理注意】1. 必须在具有生理监控和紧急救护人员及设备的医疗场所用药。2. 药液有颗粒或变色时不用。3. 避免突然停药或突然大幅降低剂量。4. 皮下输注速率（ml/h）＝ 剂量（ng/kg/min）× 体重（kg）× 0.00006 ÷ 本品规格（mg/ml），转换因子 0.00006＝60min/h × 0.000001mg/ng。未稀释药液在 37℃下可给药 72h。

【制剂】注射液：20mg、50mg、100mg、200mg（均为 20ml）。15~25℃保存。

【用法】皮下、静注：初始 1.25ng/(kg·min)，不耐受时降为 0.625ng/(kg·min)。前 4 周每周增加 1.25ng/(kg·min)，以后每周 2.5ng/(kg·min)。皮下注射用皮下药物专用输液泵，经插入式皮下导管连续输注，药液无需稀释；静脉泵入用注射用水或生理盐水稀释。稀释浓度 0.004mg/ml（4000ng/ml）室温下稳定储存 48h。

伊洛前列素　Iloprost（万他维）用于原发性肺动脉高压。致发热、咳嗽、头痛等。药液避免口服、不可接触皮肤。密切监测血压、心率。吸入用溶液：20μg（2ml）。吸入：通过雾化器吸入，每次 2.5μg 或 5μg，雾化 4~10 分钟，6~9 次 / 日。

依前列醇　Epoprostenol（依前列醇钠、前列环素、Prostacyclin、PGI_2）
【用途】肺动脉高压，心肺分流术等防止高凝状态，严重外周血管疾病。
【不良反应】低血压、心率加快、面部潮红、头痛、胃痉挛、恶心、呕吐。
【用药护理注意】1. 有出血倾向禁用。2. 临用时用甘氨酸缓冲液稀释，不与其他药物混合。3. 半衰期 2~3 分钟，须连续静滴。4. 避免突然停药或大幅减慢滴速。
【制剂】粉针：500μg（附甘氨酸缓冲液 50ml）。
【用法】静滴：2~16ng/(kg·min)，连续滴注时间、用量根据病情确定。

利奥西呱[乙] Riociguat（安吉奥、Adempas）慢性血栓栓塞性肺动脉高压、动脉性肺动脉高压。致头痛、眩晕、消化不良、低血压、出血等，有胚胎 - 胎儿毒性。片：0.5mg、1mg、1.5mg、2mg、2.5mg。口服：开始每次 1mg，3 次 / 日。随餐或空腹服，可粉碎后服。可不短于 2 周增加 0.5mg，3 次 / 日，最大剂量每次 2.5mg，3 次 / 日。如果治疗已经中断 3 日，按每次 1mg，3 次 / 日，重新开始。

司来帕格[乙] Selexipag（优拓比、Uptravi）

【用途】肺动脉高压。

【不良反应】头痛、腹泻、恶心、呕吐、下颌疼痛、肌痛、关节痛等。

【用药护理注意】1. 不应将药片掰开、压碎或咀嚼。2. 如漏服应尽快补服，除非距离下次服药不足 6 小时。漏服 3 日或以上，则以较低的剂量重新服用本品。

【制剂】片：0.2mg、0.4mg、0.6mg、0.8mg、1mg、1.2mg、1.4mg、1.6mg。

【用法】口服：每次 0.2~1.6mg，2 次 / 日。开始每次 0.2mg，2 次 / 日，应早、晚间隔 12 小时服。之后以 0.2mg，2 次 / 日的幅度增加剂量，通常每周增加 1 次。

西地那非（见改善男性性功能药，P509）

（八）其他

三磷酸腺苷[乙] Adenosine Triphosphate（三磷腺苷、三磷酸腺苷二钠、ATP）

【用途】心力衰竭、心肌疾患、肝炎、进行性肌萎缩、脑出血后遗症等。

【不良反应】咳嗽、胸闷、头晕、过敏等，静注过快可致低血压、眩晕。

【用药护理注意】1. 脑出血初期、有过敏史者禁用。2. 静注应缓慢。3. 本品受热后易降低效价，应在低温干燥处保存。4. 静脉给药应监测血压、心电图。

【制剂】片：20mg。注射液：20mg（2ml）。粉针：20mg，附缓冲液2ml。

【用法】肌注、静注、静滴：每次10~20mg，1~2次/日，用5%或10%葡萄糖液稀释，粉针用生理盐水或缓冲液溶解后再稀释。口服：每次20~40mg，3次/日。

辅酶 Q10[乙] Ubidecarenone（泛癸利酮、能气朗、Coenzyme Q_{10}、Co-Q_{10}）

【用途】病毒性心肌炎、冠心病、心力衰竭、病毒性肝炎等的辅助治疗。

【不良反应】恶心、腹泻、上腹部不适、食欲减退、皮疹、心悸等。

【用药护理注意】注射液如有黄色沉淀物析出，可在80℃水浴下加热溶解。

【制剂】片、胶囊：5mg、10mg。软胶囊：10mg。注射液：5mg（2ml）。

【用法】口服：每次10~15mg，3次/日，餐后服。肌注：5~10mg/d。

果糖二磷酸钠 Fructose Sodium Diphosphate（1, 6- 二磷酸果糖、二磷酸果糖、达欣能、博维赫、洛普欣、依福那、瑞安吉、佛迪）

【用途】低磷血症、心肌缺血、脑梗死等的辅助治疗。

【不良反应】口唇麻木、皮疹、心悸，药液漏出血管可致局部疼痛和刺激。

【用药护理注意】1. 药液轻微发黄不影响药效。2. 不与其他药物配伍。

【制剂】粉针：2.5g、5g、7.5g、10g。注射液：5g（50ml）。胶囊：0.325g。

【用法】静滴：每次 5~10g，1~2 次 / 日，每 1g 粉针临用前用注射用水 10ml 溶解，浓度为 5%~10%，滴速 0.5~1g/min。口服：每次 1.3g（4 粒），4 次 / 日。

小牛血去蛋白提取物 （爱维治、奥德金、Actovegin）

【用途】脑缺血、脑痴呆、脑外伤及大脑功能不全等。

【不良反应、用药护理注意】1. 致发热、皮疹等。2. 防止药液漏出血管外。

【制剂、用法】注射液：0.08g（2ml）、0.2g（5ml）、0.4g（10ml）。片：0.2g。口服：每次 0.2~0.4g，整片吞服，3 次 / 日。静滴：每次 20~30ml，加 5% 葡萄糖液或生理盐水 250ml，滴速小于 2ml/min，1 次 / 日，疗程 2 周。

米多君[乙] Midodrine (盐酸米多君、管通、米维) 用于各种原因引起的低血压,女性压力性尿失禁。致胃肠道不适、视物模糊、寒冷感、坐位、卧位高血压等。不应在晚餐后或睡前 4 小时内服药。定期测心率和血压。片:2.5mg、5mg。口服:每次 2.5mg,可增至每次 5mg,2~3 次 / 日,在需要进行日常活动时服用。

阿魏酸钠[乙] Sodium Ferulate (亨达盛康) 用于缺血性心脑血管病的辅助治疗。致皮疹等。片:50mg、100mg。注射液:100mg (5ml)、200mg (10ml)。粉针:100mg。口服:每次 50~100mg,3 次 / 日。静滴:每次 100~300mg,1 次 / 日,溶解后加入葡萄糖液、生理盐水或葡萄糖氯化钠液 100~500ml 中滴注。肌注:每次 100mg,1~2 次 / 日,用生理盐水 2~4ml 溶解,疗程 10 天。

磷酸肌酸 Creatine Phosphate (磷酸肌酸钠、里尔统、护心通) 用于心脏手术时加入心脏停搏液中保护心肌,缺血状态下的心肌代谢异常。静注过快可致血压下降。粉针:0.5g、1g。静滴:每次 1g,用注射用水、生理盐水或 5% 葡萄糖液溶解后在 30~45 分钟内滴注,1~2 次 / 日。心脏手术时加入心脏停搏液中保护心肌:心脏停搏液中的浓度为 10mmol/L。

八、主要作用于呼吸系统的药物

（一）镇咳药

可待因[甲、乙] Codeine（磷酸可待因、甲基吗啡、尼柯康）

【用途】较剧的频繁干咳，中度以上疼痛，局麻或全麻时镇静。

【不良反应】心理变态或幻想、呼吸微弱、皮疹、惊厥等，久用有依赖性。

【用药护理注意】1. 属麻醉药品，严格按规定使用和管理。2. 有痰液的剧烈咳嗽应与祛痰药合用，多痰者禁用。3. 口服宜与食物同服。4. 不可静脉给药。

【制剂】片：15mg、30mg。注射液：15mg、30mg（1ml）。糖浆剂：0.5%。

【用法】口服：每次 15~30mg，3 次 / 日。极量：每次 100mg，250mg/d。儿童镇痛，每次 0.5~1mg/kg，3 次 / 日，镇咳剂量为镇痛的 1/3~1/2。皮下注射：每次 15~30mg，30~90mg/d。

复方磷酸可待因（联邦止咳露、Anticol）用于无痰干咳。孕妇、儿童、老年慎用，痰多黏稠不用。用药期间不宜驾驶车辆。本品含可待因，久用有依赖性。溶液：60ml、120ml（每 5ml 含可待因 5mg、盐酸麻黄碱 4mg、氯化铵 110mg、氯苯那敏 1mg）。口服：每次 10~15ml，3 次 / 日。

喷托维林[甲] Pentoxyverine（枸橼酸喷托维林、维静宁、咳必清、Toclase）

【用途】各种原因引起的干咳。

【不良反应】头晕、头痛、嗜睡、口干、恶心、腹胀、便秘、皮肤过敏等。

【用药护理注意】1. 青光眼、心力衰竭、孕妇、哺乳妇女禁用。2. 痰多者宜与祛痰药合用。3. 无成瘾性。4. 用药期间不宜驾驶和操作机器。

【制剂】片：25mg。冲剂：每袋10g。糖浆：0.25g（100ml）。

【用法】口服：每次25mg，3~4次/日。5岁以上每次6.25~12.5mg，2~3次/日。

右美沙芬[乙] Dextromethorphan（氢溴酸右美沙芬、美沙芬、普西兰）

【用途】各种原因引起的干咳或刺激性咳嗽。

【不良反应】口干、恶心、便秘、头晕、失眠、嗜睡，过量致呼吸抑制。

【用药护理注意】1. 单胺氧化酶抑制剂停药不满两周者禁用，合用可致高热、昏迷。2. 缓释片不能掰碎。3. 无成瘾性和耐受性。4. 不宜饮酒。

【制剂、用法】片、胶囊：15mg。缓释片：30mg。糖浆：150mg（100ml）。口服液：15mg（10ml）、180mg（120ml）。口服：每次15~30mg，3次/日；缓释片每次30mg，2次/日；糖浆、口服液每次10~20ml，3次/日。

磷酸苯丙哌林 Benproperine Phosphate (苯丙哌林、苯哌丙烷、科福乐、咳福乐、咳快好、咳哌宁、哌欣、杰克哌、Benproperine)

【用途】各种原因引起的刺激性干咳。

【不良反应】一过性口、咽发麻、口干、头晕、嗜睡、腹部不适、皮疹等。

【用药护理注意】1. 应整粒吞服，勿嚼碎，以免致口腔麻木。2. 颗粒剂用温开水冲溶后服。3. 无成瘾性和耐受性。4. 本品不抑制呼吸。5. 致皮疹时应停药。

【制剂】片、胶囊、颗粒剂：20mg。缓释片：40mg。含量均以苯丙哌林计。

【用法】口服：每次 20~40mg，3 次 / 日；缓释片：每次 40mg，2 次 / 日。

左羟丙哌嗪 Levodropropizine (可畅) 用于急性上呼吸道感染、支气管炎引起的干咳。致胃肠道反应、疲乏、眩晕、嗜睡、头痛、心悸等。片、胶囊：60mg。口服液：60mg (10ml)。口服：每次 60mg，3 次 / 日，服药间隔 6 小时。

福尔可定 Pholcodine (福可定、吗啉吗啡) 用于无痰干咳、中等度疼痛。属麻醉药品。致嗜睡，成瘾性较弱，本品有吸湿性，遇光易变质，应密封、避光保存。片：5mg、10mg、15mg。口服：每次 5~10mg，3 次 / 日。极量：60mg/d。

二氧丙嗪[乙] Dioxopromethazine（盐酸二氧丙嗪）用于支气管炎引起的咳嗽、过敏性哮喘、荨麻疹、皮肤瘙痒。致嗜睡，无耐受性和成瘾性。不宜从事危险作业。片：5mg。颗粒：1.5mg。口服：每次 5mg，2~3 次 / 日。极量：每次 10mg，30mg/d。颗粒剂用于儿童，3~4 岁每次 1.5mg；5~6 岁每次 2.25mg，2 次 / 日。

盐酸氯哌丁 Cloperastine Hydrochloride（氯哌斯汀、氯苯息定、氯哌啶、咳平）用于干咳。偶见口干、嗜睡，无耐受性和成瘾性。服药期间不得从事危险作业。片：10mg。口服：每次 10~20mg，3 次 / 日。

苯佐那酯 Benzonatate（退嗽、Tessalon）用于刺激性干咳、阵咳，支气管镜、喉镜检查时预防咳嗽。致嗜睡、头晕、皮疹，痰多禁用，应整片吞服，勿嚼碎，以免致口腔麻木。片、丸：25mg、50mg。口服：每次 50~100mg，3 次 / 日。

依普拉酮 Eprazinone（盐酸依普拉酮、克乐）用于急慢性支气管炎、哮喘等疾病的镇咳和祛痰。致头昏、口干、胃部不适、恶心等。片：40mg。口服：每次 40~80mg，3~4 次 / 日。儿童剂量减半。

那可丁　Noscapine（盐酸那可丁）用于干咳。致轻微的恶心、头痛、嗜睡。痰多不宜用，无耐受性和成瘾性。片：10mg。口服：每次10~20mg，3次/日。

复方甘草口服溶液　Compound Glycyrrhiza Oral Solution（克刻）用于上呼吸道感染、支气管炎和感冒时所致的咳嗽及咳痰不爽。致轻微恶心、呕吐，久置偶有沉淀，用时摇匀。孕妇、哺乳期妇女禁用。溶液：90ml、100ml、180ml（含甘草流浸膏、复方樟脑酊、甘油、愈创甘油醚）。口服：每次5~10ml，3次/日。

（二）祛痰药

氯化铵　Ammonium Chloride

【用途】干咳及痰黏稠不易咳出者、代谢性碱中毒、酸化尿液。

【不良反应】恶心、呕吐、胃痛，过量致高氯性酸中毒、低钾血症。

【用药护理注意】1.肝、肾功能不全，代谢性酸中毒禁用。2.片剂宜用水溶解并餐后服，以减轻对胃黏膜刺激。3.定期测定血氯、钾、钠浓度。

【制剂、用法】片：0.3g。口服：每次0.3~0.6g，3次/日，餐后服。儿童40~60mg/(kg·d)，分4次。代谢性碱中毒，每次0.6~2g，3次/日。

氯化铵合剂 Mist. Solven's（苏文氏合剂、索氏合剂）：含氯化铵、甘草流浸膏、氨制茴香醑等。口服：每次 10ml，3 次／日。

氨溴索[甲、乙] Ambroxol（盐酸氨溴索、安普索、奥勃抒、百沫舒、贝莱、兰勃素、乐舒痰、美舒咳、沐舒坦、瑞艾乐、痰之保克、易安平、溴环己胺醇）

【用途】急、慢性呼吸系统疾病引起的痰液黏稠、咳痰困难。

【不良反应】偶见皮疹、恶心、胃部不适、食欲缺乏、腹痛、腹泻等。

【用药护理注意】1. 对本品过敏、妊娠 3 个月内禁用。2. 禁与其他药物在同一容器内混合。3. 静注过快可致头痛、疲劳等。4. 祛痰作用可因补液而增强。

【制剂】片、分散片、胶囊：30mg。缓释片、缓释胶囊：75mg。口服液：60ml、100ml（3mg/ml）。糖浆：600mg（100ml）。注射液：15mg（2ml）、30mg（4ml）儿童用 7.5mg（1ml）。粉针：15mg、30mg。吸入用溶液：2ml。

【用法】口服：每次 30mg，3 次／日，餐后服，缓释剂，每次 75mg，餐后服。缓慢静注、静滴：每次 15mg，2~3 次／日；2~6 岁儿童每次 7.5mg，3 次／日。注射用水溶解后用注射器泵静注；静滴用葡萄糖液、果糖、生理盐水、林格液 100~150ml 稀释。雾化吸入：用生理盐水稀释吸入溶液，每次 2~3ml，1~2 次／日。

乙酰半胱氨酸[乙] Acetylcysteine（阿思欣泰、富露施、痰易净、易维适）
【用途】痰液黏稠不易咳出，肝衰竭早期治疗（注射剂），以降低胆红素。
【不良反应】恶心、呕吐、呛咳、心悸、胃炎、支气管痉挛、咯血、皮疹等。
【用药护理注意】1. 注射剂未经稀释不能用。2. 水溶液在空气中易氧化变质，应临用配制。3. 滴入呼吸道可产生大量痰液，需用吸痰器排痰。4. 颗粒用温开水溶解。5. 喷雾剂用生理盐水配成 10% 溶液。6. 药物不与金属、橡胶等接触。
【制剂】片、胶囊、颗粒剂：0.2g。泡腾片：0.6g。喷雾剂：0.5g、1g。吸入用溶液：0.3g（3ml）。注射：4g（20ml）。
【用法】口服：每次 0.2g，3 次 / 日。喷雾吸入：用 10% 溶液每次 1~3ml。气管滴入：用 5% 溶液，经气管插管或直接滴入气管内，每次 1~2ml，2~4 次 / 日。静滴：肝衰竭早期，每次 8g，用 10% 葡萄糖液 250ml 稀释，1 次 / 日，疗程 45 日。

羧甲司坦[甲、乙] Carbocisteine（羧甲半胱氨酸、强利灵、强利痰灵、化痰片、霸灵）用于痰液黏稠不易咳出。致胃部不适、恶心、头晕、皮疹等。泡腾片用温开水溶解后缓慢服用。片：0.25g。泡腾片：0.5g。口服液：0.2g(10ml)、0.5g（10ml）。口服：每次 0.25~0.5g，3 次 / 日。口服液，每次 0.5g，3 次 / 日。

厄多司坦　Erdosteine（坦通）用于支气管炎等痰液黏稠阻塞呼吸道。致轻微胃肠道反应。片、分散片：0.15g。胶囊：0.3g。口服：每次 0.3g，2 次 / 日。

福多司坦　Fudosteine（中畅）用于呼吸道疾病的祛痰治疗。致食欲不振、恶心、呕吐、腹痛、腹泻、耳鸣、头痛、皮疹、肝功能损害、蛋白尿等。片、胶囊：0.2g。口服：每次 0.4g，3 次 / 日，餐后服。

溴己新[甲、乙]　Bromhexine（盐酸溴己新、溴己铵、必嗽平、必消痰）

【用途】慢支、哮喘、支气管扩张等黏痰难咳者。

【不良反应、用药护理注意】致恶心、胃部不适。餐后服可减少胃肠反应。

【制剂、用法】片：8mg。注射液：4mg（2ml）。口服：每次 8~16mg，儿童每次 4~5mg，3 次 / 日。肌注：每次 4mg，8~12mg/d。

氨溴特罗（易坦静）用于急慢性呼吸道疾病引起的咳嗽、痰液黏稠、排痰困难。偶见头痛、倦怠、嗜睡、心悸、血压升高等。口服液：100ml（含盐酸氨溴索 150mg、盐酸克仑特罗 0.1mg）、60ml。口服：每次 20ml，2 次 / 日。

愈创甘油醚 Guaifenesin（愈创木酚甘油醚、格力特）用于呼吸道感染引起的咳嗽、多痰。致恶心、胃肠不适、头晕、嗜睡等，应餐后服用。片：0.2g。糖浆：2g（100ml）。口服：片每次 0.2g，3 次 / 日。糖浆每次 0.1~0.2g，3 次 / 日。

舍雷肽酶 Serrapeptase（沙雷肽酶、释瑞达、达先、曲坦）用于痰液黏稠不易咳出，外伤后和术后消炎、消肿、副鼻窦炎、乳腺炎。偶见皮疹、胃肠道反应、鼻出血，出现过敏反应立即停药。不宜长期使用。肠溶片：10mg。片：5mg。口服：每次 5~10mg，3 次 / 日，餐后吞服，切勿咬碎。

标准桃金娘油[乙] Myrtol Standardized（稀化粘素、吉诺通、Gelomyrtol Forte）
【用途】急慢性鼻窦炎、支气管炎、呼吸道感染痰液黏稠。
【不良反应】偶见恶心、胃肠道不适、过敏反应等。
【用药护理注意】1. 胶囊不可打开或咀嚼服用。2. 餐前 30 分钟用较多温凉开水送服，不可用热水送服。3. 最后一次宜于晚上临睡前服，以利于夜间休息。
【制剂】肠溶胶囊：0.3g（成人用）、0.12g（儿童用）。
【用法】口服：每次 0.3g，4~10 岁每次 0.12g，3~4 次 / 日，餐前吞服。

桉柠蒎[乙]（切诺）用于呼吸道疾病的止咳化痰。偶有胃肠道不适、过敏反应等。肠溶胶囊：0.12g，0.3g。口服：每次 0.3g，4~10 岁儿童每次 0.12g，3~4次 / 日，餐前半小时用凉开水送服，禁用热开水，胶囊不可打开或嚼破后服用。

（三）平喘药

氨茶碱[甲] Aminophylline

【用途】支气管哮喘、喘息性支气管炎等喘息症状，心源性哮喘。

【不良反应】恶心、呕吐、头痛、烦躁，静注、静滴致心悸、心律失常、血压剧降、猝死，儿童易致惊厥，肌注（极少用）致局部红肿、疼痛。

【用药护理注意】1. 急性心肌梗死伴血压显著降低、严重心律失常禁用。2. 静注、静滴应稀释后缓慢给药，静注液浓度 < 25mg/ml。3. 餐时或餐后服可减少对胃肠的刺激，但吸收较慢。4. 缓释剂勿嚼碎。5. 不可露于空气中，以免变黄失效。

【制剂】片：0.1g，0.2g。缓释片：0.1g。注射液：0.25g（2ml）、0.5g（2ml）。栓剂：0.36g。氨茶碱氯化钠注射液：0.25g（100ml）。

【用法】口服：每次 0.1~0.2g，3 次 / 日，餐后服。小儿每次 3~5mg/kg，3次 / 日。静注：每次 0.125~0.25g，用 25% 或 50% 葡萄糖液 20~40ml 稀释，注

入速度 ≤ 10mg/min。静滴：每次 0.25~0.5g，用 5%~10% 葡萄糖液 250~500ml 稀释（浓度 1mg/ml）后慢滴，2 次 / 日。口服、静注、静滴的极量均为：每次 0.5g，1g/d。直肠给药：栓剂，每次 0.36g，1~2 次 / 日，宜于睡前或便后使用。

茶碱[甲] Theophylline（葆乐辉、舒弗美、时尔平、优喘平、优舒特）
【用途、不良反应、用药护理注意】同氨茶碱。餐后服，不得压碎或咀嚼。
【制剂】缓释片：舒弗美、优舒特，0.1g；优喘平，0.4g、0.6g；葆乐辉，0.4g。缓释胶囊：0.1g、0.2g、0.3g。
【用法】口服：舒弗美、优舒特，每次 0.1~0.2g，1 次 /12 时（早晚服），极量：0.9g/d。优喘平，剂量个体化，每次 0.4g，1 次 / 日（晚上服），可分成两半服。胶囊，每次 0.2g，1~2 次 / 日，最好晚上 8~9 点服，不超过 0.6g/d。

二羟丙茶碱[乙] Diprophylline（喘定、甘油茶碱、奥苏芬）同氨茶碱，尤适用不能耐受茶碱的哮喘。致失眠、易激动、心动过速、肌注疼痛等。避光保存。片：0.1g、0.2g。注射液：0.25g（2ml）。口服：每次 0.1~0.2g，3 次 / 日。肌注：每次 0.25~0.5g。静滴：每次 0.25~0.75g，加入 5% 或 10% 葡萄糖液中缓慢滴注。

多索茶碱[乙] Doxofylline（达复啉、枢维新、安赛玛）用于支气管哮喘、喘息性慢性支气管炎。致恶心、头痛等，无依赖性。片、胶囊：0.2g。注射液：0.1g（10ml）。口服：每次 0.2~0.4g，2 次 / 日，餐前或餐后3h服。静注：每次 0.2g，用 25% 葡萄糖液 40ml 稀释慢注 20 分钟以上，1 次 /12 小时。静滴：每次 0.3g，加入 5% 葡萄糖液或生理盐水 100ml 中，滴注 45 分钟以上，1 次 / 日。

异丙托溴铵[甲] Ipratropium Bromide（异丙阿托品、溴化异丙阿托品、爱全乐）
【用途】慢性阻塞性肺部疾病引起的支气管痉挛的维持治疗，支气管哮喘。
【不良反应】头痛、恶心、呕吐、口干、口苦、心悸、震颤、视物模糊等。
【用药护理注意】雾化吸入液不能口服或注射，避免药物进入眼内。
【制剂】气雾剂：10ml（200 喷，每喷 20μg）。雾化吸入液：500μg（2ml）。
【用法】气雾吸入：每次 40μg，3~4 次 / 日。吸入时最好坐下或站立。雾化吸入：每次 500μg，3~4 次 / 日。用生理盐水稀释至 3~4ml，置雾化器中吸入。

复方异丙托溴铵[乙]（可必特、Combivent）含异丙托溴铵、沙丁胺醇。每次使用前将药液摇匀。气雾剂：10ml（200 喷）。气雾吸入：每次 2 喷，4 次 / 日。

噻托溴铵[乙] Tiotropium Bromide（思力华、天晴速乐、彼多益）

【用途】慢性阻塞性肺疾病（COPD）。

【不良反应】口干、便秘、头晕、口咽部念珠菌病、鼻窦炎、咽炎、过敏等。

【用药护理注意】1. 粉吸入剂胶囊仅供吸入，不能口服。2. 避免药物粉末进入眼内。3. 每天使用不超过 1 次。4. 喷雾剂自初次使用起 3 个月未用完也应丢弃。

【制剂、用法】喷雾剂：60 揿（每揿 2.5μg）。粉雾剂：18μg。经口吸入：用药粉吸入器给药，每次 18μg，1 次 / 日。喷雾剂每次 2 揿，每天相同时间吸入 1 次。

噻托溴铵奥达特罗（思合华）用于慢性阻塞性肺疾病（COPD）的长期维持治疗。致头晕、头痛、心动过速、咳嗽、口干等。不得用于治疗哮喘。吸入喷雾剂：60 喷（每喷含噻托溴铵 2.5μg，奥达特罗 2.5μg）。经口吸入：通过能倍乐吸入器吸入，每次 2 揿，1 次 / 日，每天在相同时间给药。

格隆溴铵 Glycopyrronium Bromide（希润）用于成人慢性阻塞性肺疾病。致口干、鼻咽炎、失眠等。吸入粉雾剂胶囊不得口服。粉雾剂：50μg。经口吸入：用药粉吸入器给药，每次 50μg（1 粒），1 次 / 日，每天在相同时间给药。

沙丁胺醇[甲、乙] Salbutamol（硫酸沙丁胺醇、爱纳灵、爱莎、喘宁碟、喘特宁、全特宁、瑞普宁、萨姆、舒喘灵、嗽必妥、速克喘、索布氨、万托林）

【用途】支气管哮喘、喘息性支气管炎、肺气肿患者的支气管痉挛。

【不良反应】恶心、头痛、失眠、震颤、心动过速、心悸等，久用有耐药性。

【用药护理注意】1. 心血管功能不全、高血压、甲亢、糖尿病、老人、孕妇慎用。2. 气雾剂用前充分摇匀。3. 雾化吸入液供雾化吸入，切不可口服或注射；药瓶一经打开，须在1个月内用完，已放在雾化器内的溶液应每天更换。

【制剂】片、胶囊：2mg。缓释胶囊（爱纳灵）、控释片（全特宁）：4mg、8mg。气雾剂（万托林）：200喷（每喷100μg）。粉雾剂：200吸（每吸0.2mg）。雾化吸入液：10ml、20ml（5mg/ml）。注射液：0.4mg（2ml）。

【用法】口服：每次2~4mg，3次/日。儿童每次0.1~0.15mg/kg，2~3次/日。缓释、控释剂，每次8mg，2次/日，整粒吞服，不得嚼碎。气雾吸入：每次0.1~0.2mg（即1~2喷），3~4次/日，不超过8次/24小时。雾化吸入：每次2.5~5mg（0.5~1ml），用生理盐水稀释至2ml或2.5ml并加入雾化器中。静注、静滴、肌注：每次0.4mg，用5%葡萄糖液或生理盐水20ml稀释静注，100ml稀释静滴。

特布他林[甲、乙] Terbutaline（硫酸特布他林、间羟舒喘灵、博利康尼、喘康速）

【用途】支气管哮喘、慢性喘息性支气管炎等肺部疾病引起的支气管痉挛。

【不良反应】口干、头痛、失眠、嗜睡、心悸、手指震颤、胃肠道反应等。

【用药护理注意】1. 高血压、冠心病、甲亢、糖尿病等慎用。2. 气雾剂用前充分振摇。3. 雾化液无需稀释。3. 有过敏立即停药。4. 长期应用可产生耐受性。

【制剂】片：2.5mg。气雾剂：200喷（每喷250μg）。雾化液：5mg（2ml）。注射液：0.25mg（1ml）。特布他林氯化钠注射液：0.25mg（100ml）。

【用法】口服：开始每次1.25mg，2~3次/日，1~2周后可增至每次2.5mg，3次/日，餐后服。气雾吸入：1~2喷/次，3~4次/日。雾化吸入：每次5mg（2ml）加入雾化器中，可3次/日。静注：每次0.25mg，如无效，15~30分钟后可重复1次。静滴：每次0.25mg，用生理盐水100ml稀释，滴速2.5μg/min。

盐酸氯丙那林 Clorprenaline Hydro chloride（氯丙那林、氯喘）用于支气管哮喘、喘息性支气管炎。致头晕、口干、恶心、心悸等。片：5mg。口服：每次5~10mg，3次/日。

复方氯丙那林溴己新　用于支气管哮喘，喘息型支气管炎及慢性支气管炎等。致心悸、手颤等。片、胶囊：每片（粒）含氯丙那林 5mg、溴己新 10mg、去氯羟嗪 25mg。口服：每次 1 片（粒），1~3 次 / 日。

丙卡特罗[乙]　Procaterol（盐酸丙卡特罗、美普清、美普定、曼普特、丙卡特鲁）
【用途】支气管哮喘、喘息性支气管炎、肺气肿患者的支气管痉挛。
【不良反应】头痛、肌颤、胃肠反应、高血压、心悸、心律失常、过敏等。
【用药护理注意】1. 避免与肾上腺素等儿茶酚胺类合用，因可引起心律失常。2. 本品有抗过敏作用，进行皮试前 12 小时应中止服用。3. 避光保存。
【制剂】片：25μg、50μg。口服液：0.15mg（30ml）、0.3mg（60ml）。
【用法】口服：每晚睡前 1 次服 50μg；或每次 50μg，2 次 / 日，清晨、睡前服。6 岁以上儿童，每晚睡前 1 次服 25μg；或每次 25μg，清晨、睡前服各 1 次。

非诺特罗　Fenoterol（氢溴酸非诺特罗、酚丙喘宁、备劳特）同沙丁胺醇，对儿童支气管哮喘有较好疗效。片：2.5mg。气雾剂：15ml（每揿 0.2mg）。口服：每次 2.5~7.5mg，3 次 / 日。气雾吸入：每次 1~2 揿（0.2~0.4mg），3 次 / 日。

429

沙美特罗[乙] Salmeterol（昔萘酸沙美特罗、施立稳、祺泰）用于支气管哮喘及慢性阻塞性肺疾病伴支气管痉挛。致恶心、呕吐、震颤、头痛、心悸、低血钾、皮疹等。起效较慢，不适用于急性发作。气雾剂：60喷、120喷（每喷25μg）。粉雾剂：50μg。气雾、粉雾吸入：每次50μg，2次/日。

沙美特罗替卡松[乙] （舒利迭、Seretide）

【用途】可逆性气道阻塞性气道疾病的规律治疗，包括成人和儿童哮喘。

【不良反应】口腔和咽喉念珠菌病，头痛、关节痛、肺炎、声嘶、过敏等。

【用药护理注意】1.粉剂、气雾剂都只能经口吸入。2.粉剂通过准纳器吸嘴吸入药物，切勿经鼻吸入。3.不要对着准纳器呼气。4.每次吸药后用水漱口可减少声嘶和念珠菌病的发生率。5.不可突然中断治疗。6.儿童定期检查身高。

【制剂】粉吸入剂：28吸（泡）、60吸（泡），每吸（泡）内含沙美特罗50μg，丙酸氟替卡松含量有100μg、250μg、500μg）。气雾剂：60揿、120揿（每揿含沙美特罗25μg，丙酸氟替卡松125μg）。

【用法】经口吸入：吸入剂，每次1吸（以沙美特罗计50μg），1~2次/日；气雾剂，每次2揿（以沙美特罗计50μg），两喷间隔半分钟，2次/日。

班布特罗[甲、乙] Bambuterol（盐酸班布特罗、巴布特罗、帮备、Bambec）

【用途】支气管哮喘、喘息性支气管炎和其他伴有支气管痉挛的肺部疾病。

【不良反应】震颤、头痛、躁动、肌肉痉挛、心悸、心动过速、高血糖等。

【用药护理注意】1. 吸收不受食物影响。2. 监测肺功能、血压、血钾、血糖。

【制剂】片：10mg、20mg。胶囊：10mg。口服液：10mg（10ml）。

【用法】口服：开始每次 10mg，每晚睡前服，可研碎，可增至每次 20mg。

阿福特罗 Arformoterol（酒石酸阿福特罗）用于慢性阻塞性肺部疾病。致胸痛、头痛、鼻窦炎、皮疹、低血钾、呼吸困难、腹泻等。吸入液：15μg（2ml）。经口腔雾化吸入：每次 15μg，2 次 / 日，早、晚各 1 次，不超过 30μg/d。

妥洛特罗 Tulobuterol（阿米迪、博息迪、喘舒、叔丁氯喘通）用于支气管哮喘，急、慢性支气管炎等气道阻塞性疾病所致的呼吸困难。皮肤清洁后方可用贴剂。不与肾上腺素、异丙肾上腺素合用，有过敏反应立即停药。片：0.5mg、1mg。贴剂：0.5mg、1mg、2mg。口服：每次 0.5~2mg，2~3 次 / 日。外用：贴剂，3~9 岁每次 1mg，9 岁以上每次 2mg，1 次 / 日。贴于胸、背、上臂部。

福莫特罗[乙]　Formoterol (富马酸福莫特罗、安通克、奥克斯都保)

【用途】支气管哮喘、喘息性支气管炎、肺气肿等引起的呼吸困难。

【不良反应、用药护理注意】1. 致头痛、心悸、震颤、呕吐等。2. 吸药时要用力且深长吸气，严禁对吸嘴呼气。3. 因药粉量很少，吸入时可能感觉不到。

【制剂】片：40μg。干糖浆：20μg。粉吸入剂：60 吸 (每吸 4.5μg、9μg)。

【用法】口服：每次 40~80μg，2 次 / 日。经口吸入：每次 4.5~9μg，1~2 次 / 日，早晨或 (和) 晚间给药；哮喘夜间发作者，可于晚间吸入给药 1 次。

布地奈德福莫特罗[乙] Budesonide and Formoterol (信必可都保) 用于哮喘的常规治疗。吸药后用水漱口可减少声嘶和念珠菌病的发生率。停药时应逐渐减量。粉吸入剂：60 吸 (每吸含福莫特罗 4.5μg，布地奈德 80μg、160μg；每吸含福莫特罗 9μg，布地奈德 320μg)。经口吸入：每次 1~2 吸，2 次 / 日。

倍氯米松福莫特罗[乙]　(启尔畅) 用于哮喘规律治疗。经口吸药后用水漱口。不可无故突然中断治疗。气雾剂：120 揿 (每揿含福莫特罗 6μg、倍氯米松 100μg)，2~8℃ 贮存。气雾吸入：每次 1~2 揿，2 次 / 日，最大剂量每日 4 揿。

茚达特罗[乙] Indacaterol (马来酸茚达特罗、昂润) 用于成人慢性阻塞性肺病 (COPD) 的维持治疗。致鼻咽炎、上呼吸道感染、咳嗽、头痛等。胶囊内容物仅供吸入,不得口服。不适用于哮喘的治疗。吸入粉雾剂:每粒胶囊 150μg。经口吸入:用药粉吸入器吸入,每次 150μg,1 次 / 日,每天在相同时间使用。

茚达特罗格隆溴铵[乙] (杰润) 用于成人慢性阻塞性肺疾病 (COPD)。胶囊内容物仅供吸入,不得口服。吸入粉雾剂:每粒胶囊含茚达特罗 110μg、格隆溴铵 50μg。经口吸入:用药粉吸入器吸入,每次 1 粒的药物,1 次 / 日。

乌美溴铵维兰特罗[乙] (欧乐欣) 用于慢性阻塞性肺病 (COPD) 的长期维持治疗。致鼻咽炎、呼吸道感染、过敏等。禁用于哮喘,不适用于儿童和青少年。勿摇晃易纳器。吸入粉雾剂:30 吸 (每吸含乌美溴铵 62.5μg,维兰特罗 25μg)。经口吸入:每次吸入 62.5μg/25μg,1 次 / 日,每天在同一时间给药。

氟替卡松维兰特罗 (万瑞舒) 用于成人哮喘、慢性阻塞性肺病 (COPD) 的维持治疗。致鼻咽炎、肺炎、头痛等。勿摇晃易纳器,吸药后用水漱口。吸入粉雾剂：14 吸、30 吸（每吸含氟替卡松 100μg 或 200μg，维兰特罗 25μg）。经口吸入：使用易纳器吸药，每次 100μg/25μg 或 200μg/25μg，1 次 / 日，每日规律用药。

　　氟替美维[乙]（全再乐）用于慢性阻塞性肺病（COPD）的维持治疗。致上呼吸道感染、鼻咽炎、头痛等。吸药后用清水漱口，以减少口咽念珠菌病的风险。吸入粉雾剂：30 吸（每吸含氟替卡松 100μg、乌美溴铵 62.5μg、维兰特罗 25μg）。经口吸入：使用易纳器吸药，每次 1 吸，1 次 / 日，每天在同一时间给药。

　　复方甲氧那明[乙] Asmeton（阿斯美）用于支气管哮喘、喘息性支气管炎。胶囊：含盐酸甲氧那明、那可丁、氨茶碱、氯苯那敏。8 岁以下禁用，勿与镇咳祛痰、抗组胺、抗感冒、镇静药同时服用。口服：2 粒 / 次，3 次 / 日，餐后服。

　　布地奈德[乙] Budesonide（布地缩松、普米克、普米克都保、普米克令舒）
【用途】支气管哮喘，鼻喷剂用于季节性和常年性过敏性鼻炎、鼻息肉。
【不良反应】声嘶、咳嗽、口咽念珠菌病、皮疹、皮炎、焦虑等。
【用药护理注意】1. 气雾剂用前充分振摇，喷药的同时吸气。2. 严禁对着粉吸入剂吸嘴呼气。3. 吸药后用水漱口，以防滋生真菌。4. 用鼻喷剂时，左手喷右侧鼻孔，右手喷左侧鼻孔，避免喷向鼻中隔。5. 混悬液不推荐用超声喷雾器。

【制剂】气雾剂：200 喷 (每喷 50μg)、100 喷 (每喷 200μg)。粉吸入剂：200 吸 (每吸 100μg)。混悬液：0.5mg (2ml)。鼻喷剂：120 喷 (每喷 32μg、64μg)。

【用法】经口吸入：气雾剂、粉吸入剂，每次 100~400μg，2 次 / 日。混悬液用合适的雾化器给药，每次 0.5~2mg，2 次 / 日。鼻喷吸入：每侧 128μg，早晨 1 次。

布地格福[乙]　用于慢性阻塞性肺疾病 (COPD) 的维持治疗。3 种药物的不良反应都可能出现。不应自行停止使用。吸入气雾剂：56 揿、120 揿 (每揿含布地奈德 160μg、格隆溴铵 7.2μg、福莫特罗 4.8μg)。经口吸入：每次 2 揿，2 次 / 日。

丙酸氟替卡松[乙]　Fluticasone Propionate (辅舒酮、辅舒碟、克廷肤) 成人及 1 岁以上儿童哮喘的预防性治疗，鼻喷剂用于季节性和常年性过敏性鼻炎，乳膏治炎症性、瘙痒性皮肤病。吸药后用水漱口，不能突然中断用药。气雾剂：每喷 50μg、125μg、250μg。鼻喷剂：每喷 50μg。乳膏：0.05%。经口吸入：气雾剂每次 100~1000μg，2 次 / 日。鼻喷吸入：每侧 100μg，早晨 1 次用药。外用：乳膏。

环索奈德 Ciclesonide（仙定、威菲宁）用于 12 岁以上哮喘的维持治疗，过敏性鼻炎。致支气管痉挛、嘶哑等。气雾剂使用前无需振荡。气雾剂：100 揿（每揿 100μg、200μg）。鼻喷剂：每喷 50μg。经口吸入：治哮喘，气雾剂每次 100~200μg，1 次 / 日。鼻喷吸入：治鼻炎，每侧 100μg（2 喷），1 次 / 日。

色甘酸钠[乙] Sodium Cromoglicate（色甘酸二钠、咽泰、咳乐钠、乐克净）
【用途】预防支气管哮喘、过敏性鼻炎，预防春季过敏性结膜炎（滴眼）。
【不良反应】口干、咽喉干痒、呛咳、胸部紧迫感、恶心、头晕等。
【用药护理注意】1. 粉雾胶囊不能吞服，吸药后屏气数秒。2. 粉雾剂易潮解，应防潮、避热保存。3. 可与 0.1mg 异丙肾上腺素合用。4. 停药应逐渐减量。
【制剂】气雾剂：200 揿（每揿 3.5mg）。粉雾胶囊：20mg。滴眼液：8ml。
【用法】经口吸入：气雾剂每次 3.5~7mg，3~4 次 / 日。鼻吸入：粉雾胶囊，每次 20mg，4 次 / 日，用专用喷吸器通过鼻吸入。滴眼：每次 1~2 滴，4 次 / 日。

孟鲁司特、曲尼司特、扎鲁司特、塞曲司特、普仑司特、异丁司特、他扎司特、酮替芬（见抗变态反应药，P575~577）

麻黄碱、异丙肾上腺素（见拟肾上腺素药，P329~330）

丙酸倍氯米松（见肾上腺皮质激素及促肾上腺皮质激素类药，P588）

（四）其他呼吸系统药

牛肺表面活性剂[乙] Calf Pulmonary Surfactant（珂立苏）用于新生儿呼吸窘迫综合征（RDS）。仅用于气管内给药。粉针：70mg。-10℃以下保存。气管内给药：首次给药40~100mg/kg。每70mg用注射用水2ml溶解成混悬液，按剂量抽吸入5ml注射器内，经细塑料导管经气管插管注入肺部，约需15分钟。预防性用药，最好在出生后30分钟内使用；治疗性用药，出现RDS早期征象后尽早给药。

猪肺磷脂[乙] Poractant Alfa（固尔苏、Curosurf）。

【用途】防治早产婴儿呼吸窘迫综合征（RDS）。

【不良反应、用药护理注意】1. 罕见肺出血、心动过缓、低血压等。2. 使用前将药瓶升温至37℃，轻轻转动，勿振摇。3. 抽吸后残余药液不要再次使用。

【制剂、用法】注射液：120mg（1.5ml）、240mg（3ml）。2~8℃保存。气管内给药：100~200mg/kg，尽早给药。通过气管内插管将药液滴注到下部气管。

吡非尼酮[乙] Pirfenidone（艾思瑞、Esbriet）

【用途】轻、中度特发性肺间质纤维化。

【不良反应】光过敏症、恶心、头晕、肝功能损害等，光照后可能致皮肤癌。

【用药护理注意】1. 用药后避免接触紫外线。2. 吸烟可降低疗效，需戒烟。

【制剂、用法】胶囊：100mg。口服：初始每次200mg，3次/日，餐后服。在两周时间内，通过每次增加200mg，最后达到维持量，每次600mg，3次/日。

尼达尼布[乙] Nintedanib（乙磺酸尼达尼布、维加特）治疗特发性肺纤维化（IPF）。致腹泻等，有严重肝损伤、出血和胃肠道穿孔风险。胶囊：100mg、150mg。口服：每次100~150mg，1次/12小时，与食物同服，不得咀嚼。

九、主要作用于消化系统的药物

（一）抗消化性溃疡药

1. 抗酸药

氢氧化铝 Aluminium Hydroxide（水合氢氧化铝、Algeldrate）

【用途】胃酸过多、胃及十二指肠溃疡，上消化道出血、高磷血症。

【不良反应】恶心、便秘、肠梗阻，长期大量使用致低磷血症、骨质疏松。

【用药护理注意】1. 服药后 1~2 小时内避免使用其他药物。2. 胃出血时宜用凝胶剂，片剂可与血液凝结成块。3. 药物影响磷的吸收。4. 连续使用不超过 7 天。

【制剂】片：0.3g。凝胶：4g（100ml），凝胶需密闭防冻保存。

【用法】口服：每次 0.6~0.9g，3 次 / 日，餐前 1 小时或睡前嚼碎服。凝胶：每次 5~8ml，3 次 / 日，餐前 1 小时或睡前服。

复方氢氧化铝[甲]（胃舒平）用于缓解胃酸过多引起的胃痛、胃灼热症状。老人长期使用可致骨质疏松，连续用药不超过 7 天。片：含氢氧化铝、三硅酸镁、颠茄流浸膏。口服：2~4 片 / 次，3 次 / 日，餐前半小时或胃痛时嚼碎服。

铝碳酸镁[乙] Hydrotalcite（碱式碳酸铝镁、达喜、海地特、泰德）

【用途】胃酸过多、胃及十二指肠溃疡，急、慢性胃炎。

【不良反应】胃肠不适、口渴、大便次数增加、便秘，血清电解质变化等。

【用药护理注意】1. 可能干扰多种药物的吸收，合用其他药物时应错开服药时间 1~2 小时以上。2. 避免同服酸性饮料。3. 长期使用者应定期监测血铝浓度。

【制剂】片、咀嚼片：0.5g。混悬液：10g（100ml）、20g（200ml）。

【用法】口服：每次 0.5~1g，3 次 / 日。混悬液每次 10ml，4 次 / 日。均餐后 1~2 小时、睡前或胃部不适时服，片剂应嚼碎后用温水吞服。

复方碳酸钙（罗内、Rennie）用于因胃酸分泌过多引起的胃痛、胃灼热感、反酸。连续使用不得超过 7 天。服本品后 1~2 小时内避免服其他药物。咀嚼片：含碳酸钙、重质碳酸镁。颗粒剂：含碳酸钙、维生素 D_3。口服：每次 1~2 片，2~3 次 / 日，餐后 1 小时嚼碎服。

铝镁加　Almagate（安达）中和胃酸药。致腹泻、便秘等，本品中的铝、镁几乎不吸收。咀嚼片：0.5g。混悬液：1.5g（15ml）。口服：混悬液每次 1.5g（1 袋），3~4 次 / 日，餐后 1~2 小时和睡前服，用前摇匀。

复方石菖蒲碱式硝酸铋（胃得乐）用于胃、十二指肠溃疡。片：含碱式硝酸铋、碳酸镁、碳酸氢钠、大黄、石菖蒲。服药期间大便呈暗色为正常现象。口服：3~4 片 / 次，3 次 / 日，餐后嚼碎服。疗程不超过 2 个月。

2. H₂ 受体阻断药

西咪替丁 Cimetidine（甲氰咪胍、甲氰咪胺、泰为美、泰胃美、Tagamet）

【用途】胃及十二指肠溃疡、上消化道出血、反流性食管炎等。

【不良反应】腹泻、眩晕、头痛、肌痛、男性乳房肿胀、性欲减退、皮疹、转氨酶升高、全血细胞减少等，偶见严重肝炎，静注偶见血压骤降、心脏早搏。

【用药护理注意】1. 与氨基糖苷类合用可能致呼吸抑制或呼吸停止。2. 不宜与氢氧化铝合用，因致吸收减少。3. 监测肾功能和血常规。

【制剂】片：0.2g、0.4g。缓释片：0.15g。胶囊：0.2g。注射液：0.2g（2ml）。

【用法】口服：每次 0.2g，2 次／日，餐时与睡前服，连用不超过 7 天。静滴：0.2g 用 5% 葡萄糖液、葡萄糖氯化钠注射液或生理盐水 250~500ml 稀释，每次 0.2~0.6g，不超过 2g/d。缓慢静注：每次 0.2g，用上述溶液 20ml 稀释，1 次／6 小时。

雷尼替丁[甲] Ranitidine（呋喃硝胺、善卫得）用于缓解胃酸过多所致的胃痛、胃灼热感。参阅西咪替丁。片、胶囊：150mg。注射液：50mg（2ml、5ml）。口服：每次 150mg，2 次／日，清晨、睡前服用，连用不超过 7 天。肌注、静注、静滴：每次 50mg，2 次／日，静滴速度为 25mg/h。

枸橼酸铋雷尼替丁　Ranitidine Bismuth Citrate（瑞倍）用于胃及十二指肠溃疡。用药期间粪便、舌呈黑色属正常。胶囊：0.2g，0.35g。片：0.2g，0.4g。口服：每次 0.35g 或 0.4g，2 次 / 日，饭前或饭后服，疗程 4 周。

法莫替丁[甲]　Famotidine（高舒达、信法丁、立复丁、卡玛特、捷可达）

【用途】胃及十二指肠溃疡、吻合口溃疡、反流性食管炎、上消化道出血。

【不良反应】头痛、头晕、便秘、腹泻，偶见皮疹、荨麻疹（应停药）、白细胞减少、转氨酶升高、罕见血压升高、心率加快、颜面潮红等。

【用药护理注意】1. 严重肝肾功能不全、孕妇、哺乳妇女禁用。2. 应排除肿瘤、胃底静脉曲张后再用药。3. 食物不影响口服吸收。4. 吸烟可降低本药的疗效。5. 注射液应现用现配。6. 有些注射剂含苯甲醇，可能引起新生儿"喘息综合征"。7. 长期使用应定期查肝肾功能和血常规。

【制剂】片：10mg、20mg。胶囊：20mg。散剂：10%。注射液：20mg（2ml）。

【用法】口服：每次 20mg，2 次 / 日，早、晚餐后或睡前服。维持量减半，睡前服。缓慢静注、静滴：上消化道出血，每次 20mg，用生理盐水或 5% 葡萄糖液 20ml 稀释静注（不少于 3 分钟）、250ml 稀释静滴，1 次 /12 小时，疗程 5 日。

尼扎替丁　Nizatidine（爱希、Axid）用于胃及十二指肠溃疡、胃食管反流性疾病。同法莫替丁。致腹痛、腹泻、恶心、皮疹、瘙痒、头痛、头晕、失眠、肝炎。胶囊、分散片：150mg。片：75mg，150mg。口服：每次150mg，2次/日，早、晚服，或每次300mg，1次/日，睡前服。维持量150mg/d，睡前顿服。

罗沙替丁　Roxatidine（罗沙替丁乙酸酯、瑞释）用于胃及十二指肠溃疡、吻合口溃疡，上消化道出血。致腹泻、皮疹等。缓释胶囊：75mg。粉针：75mg。口服：每次75mg，2次/日，早餐后及睡前服，或每次150mg夜间顿服。缓慢静注、静滴：消化道出血，每次75mg，用生理盐水或葡萄糖液溶解，1次/12小时。

拉呋替丁　Lafutidine（诺非、顺儒、宁维舒）用于胃及十二指肠溃疡。致便秘、腹泻、皮疹、白细胞增加、尿蛋白异常、肝功能损害等，胃溃疡先排除癌症后再用。片、胶囊、颗粒：10mg。口服：每次10mg，2次/日，餐后或睡前服。

乙溴替丁　Ebrotidine（依罗替丁）用于胃及十二指肠溃疡。致腹泻、便秘、皮疹、恶心等。胶囊：0.2g。口服：每次0.4~0.6g，1次/日，睡前服。

3. 质子泵抑制药

奥美拉唑[甲] Omeprazole（奥克、彼司克、金洛克、洛凯、洛赛克、沃必唑）

【用途】胃及十二指肠溃疡、出血，卓 - 艾综合征、反流性食管炎。

【不良反应】头痛、恶心、腹泻、腹胀、便秘、皮疹、眩晕、转氨酶升高。

【用药护理注意】1. 对本品过敏、严重肾功能不全、孕妇禁用。2. 食物延迟其吸收，但不影响吸收总量。3. 粉针用所附溶剂 10ml 溶解后静注；或用生理盐水、5% 葡萄糖液稀释后静滴，禁用其他溶剂稀释药物。4. 不要长期使用。

【制剂】肠溶片、肠溶胶囊：10mg、20mg。粉针：20mg、40mg。

【用法】口服：消化性溃疡，每次 20mg，1~2 次 / 日，早餐前或早晚服，不能嚼碎或掰开，疗程 2~4 周。静注、静滴：消化性溃疡出血，每次 40mg，用生理盐水或 5% 葡萄糖液 100ml 稀释，静滴 20~30 分钟或更长，1~2 次 / 日。

艾司奥美拉唑[乙] Esomeprazole（埃索美拉唑、左旋奥美拉唑、耐信）同奥美拉唑。肠溶片：20mg、40mg。粉针：40mg。口服：每次 20~40mg，1 次 / 日，至少于餐前 1 小时整片吞服，不能嚼碎，但可溶于水中服，微丸不能嚼碎。静注、静滴：每次 20~40mg，溶于 5ml 或 100ml 生理盐水中静注或静滴，1 次 / 日。

泮托拉唑[乙] Pantoprazole（潘妥洛克、泮立苏、诺森、潘美路）同奥美拉唑。肠溶片、肠溶胶囊：40mg。粉针：40mg、60mg。口服：每次 40mg，1 次 / 日，早餐前吞服，不能嚼碎。静滴：每次 40~80mg，用生理盐水或专用溶剂 10ml 溶解后加入 100~250ml 生理盐水中滴注，1~2 次 / 日，不用其他溶剂稀释。

兰索拉唑[乙] Lansoprazole（达克普隆、兰悉多、普托平）
【用途】胃及十二指肠溃疡、吻合口溃疡、反流性食管炎、卓 - 艾综合征。
【不良反应、用药护理注意】1. 不良反应参阅奥美拉唑。2. 静滴时使用孔径为 1.2μm 的过滤器去除沉淀物，用 5ml 注射用水溶解后以 100ml 生理盐水稀释。
【制剂】肠溶片、肠溶胶囊、口崩片：15mg、30mg。粉针：30mg。
【用法】口服：每次 15~30mg，1 次 / 日，早晨或晚上服，不能嚼碎，疗程 4~6 周。静滴：每次 30mg，2 次 / 日，滴注不少于 30 分钟，疗程不超过 7 天。

雷贝拉唑[乙] Rabeprazole(雷贝拉唑钠、波利特、济诺) 同奥美拉唑。肠溶片、肠溶胶囊：10mg、20mg。粉针：20mg。口服：每次 10~20mg，1 次 / 日，早晨空腹吞服，不能嚼碎。静滴：每次 20mg，1~2 次 / 日，用生理盐水溶解和稀释。

艾普拉唑[乙] Ilaprazole（壹丽安）治疗十二指肠溃疡。致腹泻、头晕等。肠溶片：5mg。口服：每次 10mg，1 次／日，早晨空腹吞服，不能嚼碎，疗程 4 周。

沃诺拉赞 Vonoprazan（富马酸沃诺拉赞、Takecab）用于胃及十二指肠溃疡、反流性食管炎。片：10mg、20mg。口服：每次 20mg，1 次／日。

4. 胃黏膜保护药

硫糖铝[乙] **Sucralfate**（胃溃宁、胃笑、维宁、迪先、舒克菲、舒可捷、素得）

【用途】胃及十二指肠溃疡、胃炎。

【不良反应】便秘、口干、恶心，偶见皮疹，长期和大量用药致低磷血症。

【用药护理注意】1. 服药前半小时及后 1 小时内不宜服抗酸药。2. 可与抗胆碱药合用。3. 餐前 1 小时及睡前服。片剂嚼碎或研成粉末后服能发挥最大效应。

【制剂】片、咀嚼片、胶囊：0.25g。颗粒剂：每袋 1g。混悬液：1g（5ml）、1g（10ml）、24g（120ml）、20g（200ml）、40g（200ml）。

【用法】口服：每次 1g，3~4 次／日，片剂嚼碎；颗粒剂用温开水制成混悬液口服；混悬液摇匀后取 5~10ml 加温开水 10ml 后服，2~4 次／日。

磷酸铝 Aluminium Phosphate（裕尔、吉福士、洁维乐）用于胃及十二指肠溃疡，胃酸过多。用前充分摇匀，与其他药物配伍应间隔 2 小时，给予足量的水可避免便秘。凝胶：每袋 20g。口服：每次 1~2 袋，2~3 次 / 日，用温开水或牛奶冲服。胃炎、胃溃疡在餐前半小时服；十二指肠溃疡在餐后 3 小时及疼痛时服。

鼠李铋镁 Roter（乐得胃）用于缓解胃酸过多引起的胃痛、胃灼热感、反酸。避免饮酒和油腻、油炸食物，服药期间大便呈黑色属正常。片：含硝酸铋、重质碳酸镁、碳酸氢钠、弗朗鼠李皮。口服：每次 2 片，3 次 / 日，饭后嚼碎服。

复方维生素 U Weisen-U（维仙优）用于胃酸过多、胃灼热等。用药期间勿进食高脂肪、荚豆类及刺激性食物。本品能妨碍磷的吸收。片：含维生素 U、淀粉酶、干燥氢氧化铝凝胶、氢氧化镁等。口服：每次 1 片，3 次 / 日，餐后服。

L- 谷氨酰胺呱仑酸钠 L-Glutamine and Sodium Gualenate Granules（复方谷氨酰胺、麦滋林）胃及十二指肠溃疡、胃炎。致恶心、呕吐、便秘、腹泻等。颗粒剂：每包 0.67g。口服：每次 1 包，3 次 / 日，餐后直接服，避免用水冲服。

复方铝酸铋[乙] Compound Bismuth Aluminate（新胃必治、胃铋治片、得必泰、Bisuc）用于缓解胃酸过多引起的胃痛、胃灼热感、反酸。忌饮酒和油腻饮食，服药期间大便呈黑色属正常，连续用药不超过 7 天。颗粒：每袋 1.3g。片：含铝酸铋、碳酸镁、碳酸氢钠、甘草浸膏、弗朗鼠李皮、茴香。口服：每次 1~2 片，3 次 / 日，餐后嚼碎服；颗粒每次 1~2 袋，3 次 / 日，餐后用温开水送服。

枸橼酸铋钾[甲] Bismuth Potassium Citrate（胶体次枸橼酸铋、迪乐、丽珠得乐、德诺、卫特灵、先瑞）

【用途】胃及十二指肠溃疡、吻合口溃疡、慢性胃炎。

【不良反应】恶心、呕吐、便秘、腹泻、头晕、皮疹，长期服用有肾毒性。

【用药护理注意】1. 严重肾功能不全、孕妇禁用。2. 服药前、后半小时不要喝牛奶、茶、酒、碳酸饮料（如啤酒）和服抗酸剂等。3. 药物使口中带氨味，舌、粪染成灰黑色。4. 连用不超过 2 个月。5. 颗粒剂加温开水并搅拌后服。

【制剂】片、胶囊：0.3g（含铋 110mg）。颗粒剂：1g（含铋 110mg）。

【用法】口服：每次 110mg（以铋计），4 次 / 日，餐前半小时和睡前服；或每次 220mg（以铋计），2 次 / 日，早餐前半小时和睡前各 1 次。疗程 2~4 周。

胶体果胶铋[甲、乙] Colloidal Bismuth Pectin（碱式果胶酸铋钾、维敏）用于胃及十二指肠溃疡、消化道出血、慢性萎缩性胃炎。服药后大便呈黑褐色属正常。胶囊：50mg、100mg。口服：每次 150mg，4 次 / 日，3 餐前 1 小时和睡前服，疗程 4 周。治消化道出血，将胶囊内药物倒出，用水冲开搅匀后服，日剂量 1 次服。

胶体酒石酸铋 Colloidal Bismuth Tartrate（比特诺尔）用于消化性溃疡、慢性结肠炎、溃疡性结肠炎。偶见便秘，肾功能不全、孕妇禁用，服药后大便呈黑褐色是正常。胶囊：55mg。口服：每次 165mg，4 次 / 日，3 餐前 1 小时和睡前服。

次水杨酸铋 Bismuth Subsalicylate（悉欣、艾悉）用急、慢性腹泻，缓解餐后饱胀等消化不良症状。分散片：262mg。干混悬剂：1.5g：151.2mg（以铋计）。口服：每次 2 片，3 次 / 日，吞服或嚼碎服；混悬剂每次 3g，3 次 / 日，温开水冲服。

胸腺蛋白 Thymus Protein（欣洛维）用于胃及十二指肠溃疡，慢性胃炎。致轻度腹泻、便秘、口干、头晕等，本品如有絮状沉淀忌用。口服液：30mg（6ml）。口服：每次 30mg，2 次 / 日，早、晚餐后 2~3 小时服，疗程 30 日。

丽珠维三联 用于胃及十二指肠溃疡、慢性胃炎。服药期间舌、粪呈灰黑色属正常。片：枸橼酸铋钾 0.11g（白色）、替硝唑 0.5g（绿色）、克拉霉素 0.25g（黄色）。口服：白色片每次 2 片，2 次 / 日，早、晚餐前 30 分钟服；黄色、绿色片均每次 1 片，2 次 / 日，早、晚餐后服，疗程 1 周。

替普瑞酮[乙] Teprenone（戊四烯酮、施维舒）用于胃溃疡、急性胃炎、慢性胃炎急性发作。偶见便秘、腹泻、头痛等，出现皮疹应停药，孕妇、小儿慎用。胶囊：50mg。颗粒剂：100mg。口服：每次 50mg，3 次 / 日，餐后 30 分钟内服。

瑞巴派特[乙] Rebamipide（膜固思达）用于胃溃疡，急、慢性胃炎。致头痛、便秘、腹泻、呕吐、皮疹、白细胞减少、肝功能异常等，出现皮疹、白细胞或血小板减少应停药。片、胶囊：0.1g。口服：每次 0.1g，3 次 / 日，早、晚及睡前服。

曲昔派特 Troxipide（殊奇、科芬奇）用于胃溃疡，改善急性胃炎、慢性胃炎急性发作期的胃黏膜病变。致便秘、腹胀、恶心、皮疹、肝功能异常等。胶囊：0.1g。口服：每次 0.1g，3 次 / 日，餐后服。

马来酸伊索拉定　Irsogladine Maleate（伊索拉定、盖世龙、科玛诺）用于胃溃疡、急性胃炎、慢性胃炎急性发作。偶见头晕、恶心、便秘、腹泻等，出现皮疹应停药，孕妇、儿童慎用。片：2mg、4mg。口服：4mg/d，分 1~2 次口服。

吉法酯[乙]　Gefarnate（惠加强 -G、Wycakon-G）用于急、慢性胃炎，胃及十二指肠溃疡，空肠溃疡。偶见口干、恶心、便秘、心悸等，孕妇、哺乳期慎用，用药期间忌饮酒、咖啡及进食过分油腻食物。片：50mg。口服：每次 50~100mg，3 次 / 日，餐后服，疗程 1 个月。

醋氨己酸锌　Zinc Acexamate（依安欣、安易）用于胃及十二指肠溃疡。致恶心、便秘、便稀、失眠、皮疹等，早孕期妇女禁用。胶囊：0.15g。口服：每次 0.15~3g，3 次 / 日，餐后服，疗程 4 周。

多司马酯　Dosmalfate（卫多美）用于胃及十二指肠溃疡。致恶心、呕吐、腹痛、腹泻、便秘、皮疹等，不要与其他药物同时口服，因本品可能影响这些药物的吸收从而影响治疗效果。片：0.5g。口服：每次 1.5g，2 次 / 日。

5. 前列腺素类

米索前列醇[甲] Misoprostol（米索普特、喜克馈、Cytotec）

【用途】胃及十二指肠溃疡，抗甲孕（与米非司酮合用）。

【不良反应】稀便、腹泻、腹部不适、头痛、眩晕、皮疹、月经过多等。

【用药护理注意】1. 对前列腺素类过敏、孕妇、青光眼、哮喘、有心肝肾疾患和肾上腺皮质功能不全禁用。2. 食物使本药吸收延迟，并可减少腹泻发生率。

【制剂、用法】片：0.2mg。口服：治溃疡，每次 0.2mg，4 次 / 日，三餐前和睡前服，疗程 4~8 周。抗甲孕用法参阅米非司酮（P617）。

罗沙前列醇 Rosaprostol（洛沙尔、Rosal）用于胃及十二指肠溃疡、胃炎。致恶心、呕吐、便秘、腹泻等。对本品过敏者、支气管哮喘、阻塞性支气管肺部疾病、青光眼禁用，孕妇、哺乳期妇女慎用。片：500mg。口服：每次500mg，4 次 / 日，疗程 4~6 周。

奥诺前列素 Omoprostil 用于胃溃疡。致腹泻、转氨酶升高等，孕妇禁用，出现皮疹应停药。胶囊：2.5μg。片：5μg。口服：每次 5μg，4 次 / 日，餐间和睡前服。

6. 其他

哌仑西平 Pirenzepine（盐酸哌仑西平、哌吡氮平、必舒胃、吡疡平、浠友）

【用途】胃及十二指肠溃疡、应激性溃疡、高酸性胃炎。

【不良反应】轻度口干、腹泻、便秘、视物模糊、头痛、嗜睡、皮疹等。

【用药护理注意】1. 孕妇、青光眼、前列腺增生禁用。2. H_2受体阻断药增强本药作用。3. 食物可减少本药吸收。4. 出现皮疹应停药。5. 忌饮酒、咖啡。

【制剂】片：25mg、50mg。

【用法】口服：每次 50mg，2 次 / 日，早、晚餐前 90 分钟服，疗程 4~6 周。

丙谷胺 Proglumide（二丙谷酰胺、丙谷酰胺）

【用途】胃及十二指肠溃疡、胃酸过多、胃炎。

【不良反应】偶见口干、腹胀、便秘、下肢酸胀、失眠等。

【用药护理注意】对肝、肾、造血系统无影响。避免烟、酒、刺激性食物。

【制剂】片、胶囊：0.2g。

【用法】口服：每次 0.4g，3~4 次 / 日，餐前 15 分钟及睡前服，疗程 4~6 周。

复方丙谷胺片 含丙谷胺、白芍等。口服：每次 3 片，3-4 次 / 日，餐前及睡前服。

维 U 颠茄铝 （斯达舒）缓解胃酸过多引起的胃烧灼感、胃痛。分散片、胶囊：含维生素 U50mg、氢氧化铝 140mg、颠茄 10mg。口服：每次 1 粒，3 次 / 日。

（二）助消化药

胃蛋白酶 Pepsin（胃液素、胃朊酶）

【用途】胃蛋白酶缺乏或消化功能减退引起的消化不良。

【用药护理注意】1. 不宜与碱性药同服。2. 易吸潮，吸潮后作用降低。

【制剂】片：120 单位。颗粒：480 单位 / 袋。口服液：14 单位 /1ml。

【用法】口服：每次 2~4 片，颗粒每次 1 袋，口服液每次 10ml，3 次 / 日，餐前或餐时服，同时服稀盐酸 0.5~2ml。

胃蛋白酶合剂 Mist. Pepsin（百布圣）含胃蛋白酶、稀盐酸等。口服：每次 10ml，2 岁以下每次 2.5~5ml，2 岁以上每次 5~10ml，3 次 / 日，餐前或餐时服。

稀盐酸 Dilute Hydrochloric Acid 用于胃酸缺乏。溶液：10%。须用水稀释至 1% 服用，以免刺激胃黏膜，本品可腐蚀牙齿使之脱钙，应使用吸管，服后用水漱口。口服：每次 0.5~2ml，3 次 / 日，餐前或餐时服，常与胃蛋白酶同用。

多酶片　用于消化不良。含胃蛋白酶、胰酶。不与酸性药同服，切勿嚼碎。口服：2~3 片 / 次，5 岁以下，半片 / 次，5~10 岁，1 片 / 次，3 次 / 日，餐前或餐时服。

胰酶[乙]　Pancreatin（胰液素、得每通）

【用途】消化不良、食欲不振，肝、胰腺疾病引起的消化障碍。

【不良反应】腹泻、便秘、胃不适感、恶心、皮疹。

【用药护理注意】1. 肠溶片不宜嚼碎，胶囊可打开服，但不能嚼碎微丸，以免被胃酸破坏。2. 不与酸性药物同服，常与碳酸氢钠合用。3. 本品有微臭味。

【制剂】肠溶片：0.3g。肠溶胶囊：0.15g。

【用法】口服：每次 0.3~0.6g，5 岁以上每次 0.3g，3 次 / 日，餐前或进餐时用少量水吞服。

米曲菌胰酶[乙]　（慷彼申、复合酶、复合多酶片、Combizym）用于消化不良。不可嚼碎，以免引起口腔溃疡，不与碱性或酸性药同服。糖衣片：含米曲菌酶、胰酶、蛋白酶、淀粉酶等。口服：成人和 12 岁以上儿童，每次 1 片，3 次，餐时或餐后用水整片吞服。

复方消化酶 （达吉、Dages）用于消化不良。偶见呕吐、软便、腹泻。胶囊、片：含胃蛋白酶、胰酶、淀粉酶等。口服：每次 1~2 粒，3 次 / 日，餐后服。

干酵母 Dried Yeast（食母生）

【用途】营养不良、消化不良、B 族维生素缺乏等。

【不良反应、用药护理注意】1. 过量服用可致腹泻。2. 不与碱性药物、磺胺类或单胺氧化酶抑制剂合用。3. 药物性状发生改变时禁用。

【制剂】片：0.2g、0.3g、0.5g。

【用法】口服：每次 0.5~1.6g，小儿每次 0.3~0.6g，3 次 / 日，餐后嚼碎服。

（三）胃肠解痉药

颠茄[甲] **Belladonna**

【用途】胃肠道痉挛性疼痛、胆绞痛、输尿管结石疼痛等。

【不良反应】同硫酸阿托品（见抗胆碱药，P323）。

【用药护理注意】1. 青光眼、前列腺肥大禁用。2. 不与促动力药合用。

【制剂】片：10mg。酊剂：0.03%。合剂：8%。浸膏：1%。

【用法】口服：片每次 10mg，疼痛时服，必要时 4 小时后可重复；酊剂每次 0.3~1ml，3 次 / 日，极量：每次 1.5ml，4.5ml/d；合剂每次 10~15ml，3 次 / 日；浸膏每次 8~16mg，3 次 / 日，极量：每次 50mg，150mg/d。

丁溴东莨菪碱[乙] Scopolamine Butylbromide（解痉灵、甘美多兰）

【用途】胃肠痉挛、蠕动亢进，胆或肾绞痛，胃十二指肠或结肠镜检术前。

【不良反应】口干、视力调节障碍、心悸、皮肤潮红、嗜睡、排尿困难等。

【用药护理注意】1. 严重心脏病、麻痹性肠梗阻禁用。2. 不与促胃肠动力药（甲氧氯普胺等）同用。3. 皮下、肌注要避开神经、血管，反复注射不要在同一部位。4. 静注速度不能太快。5. 出现过敏反应、眼睛疼痛发红要立即停药。

【制剂】胶囊、片：10mg。注射液：20mg（1ml）。粉针：20mg。

【用法】口服：每次 10mg，3 次 / 日。肌注、静注、静滴：每次 10~20mg，或每次 10mg，隔 20~30 分钟再给 10mg，静注、静滴用 5% 葡萄糖液或生理盐水稀释。

甲溴贝那替秦 Benactyzine Methobromide（溴甲贝那替秦、胃仙）

【用途】胃及十二指肠溃疡、胃酸过多、胆绞痛、多汗症。

【不良反应】口干、排尿困难、便秘、瞳孔扩大等。

【用药护理注意】青光眼、前列腺肥大禁用。开始治疗时注意饮食和休息。

【制剂、用法】片：10mg。口服：每次 10~20mg，3 次/日，餐后服。用于胃酸过多时，宜睡前再给 1 次药。

溴丙胺太林 Propantheline Bromide（丙胺太林、普鲁本辛）用于胃肠痉挛性疼痛。致口干、视物模糊、心悸、尿潴留、便秘、头痛等。青光眼、前列腺增生、尿潴留、手术前、哺乳期妇女禁用，味苦，不宜嚼碎服。片：15mg。口服：每次 15mg，疼痛时服，必要时 4 小时后可重复 1 次。

枸橼酸阿尔维林 Alverine Citrate（阿尔维林、斯莫纳）

【用途】肠易激综合征，胆道或肠痉挛、痛经、泌尿道结石的痉挛性疼痛。

【不良反应】偶见胃肠不适、嗜睡、头痛、口干、皮疹、低血压等。

【用药护理注意】1. 麻痹性肠梗阻、前列腺肿瘤患者禁用，孕妇慎用。2. 对青光眼、前列腺增生患者无禁忌。3. 用水整粒吞服，勿咀嚼。

【制剂、用法】胶囊：60mg。口服：每次 60~120mg，1~3 次/日。

复方枸橼酸阿尔维林 （乐健素）治疗胃肠胀气和疼痛等症状。仅供成年人用。胶囊：含枸橼酸阿尔维林、二甲硅油。口服：每次 1 粒，2~3 次 / 日，餐前服。

屈他维林 Drotaverine（盐酸屈他维林、诺仕帕、定痉灵）
【用途】胃肠、胆道、泌尿道及子宫痉挛。
【不良反应、用药护理注意】致恶心、头痛、头晕、心悸、低血压、过敏。
【制剂、用法】片：40mg。注射液：40mg（2ml）。注射液含乙醇。口服：每次 40~80mg，3 次 / 日。6 岁以上每次 40mg，2~3 次 / 日。肌注、缓慢静注：每次 40~80mg，必要时重复，最多 3 次 / 日，用葡萄糖液稀释。

盐酸美贝维林 Mebeverine Hydrochloride（美贝维林、杜适林）用于肠痉挛。片：135mg。口服：每次 135mg，3 次 / 日，餐前 20 分钟整片吞服，勿咀嚼。

曲美布汀[乙] Trimebutine（马来酸曲美布汀、舒丽启能、诺为、瑞健）
【用途】肠道易激综合征、慢性胃炎，胃肠运动功能紊乱引起的呕吐等。
【不良反应】偶见便秘、腹泻、口内麻木感、皮疹、头痛、心动过速等。

【用药护理注意】1. 孕妇、哺乳妇女慎用。2. 出现皮疹应停药并适当处理。

【制剂、用法】片、分散片、胶囊：0.1g。口服：每次 0.1~0.2g，3 次／日。

匹维溴铵[甲] Pinaverium Bromide（得舒特、耐特安、Dicetel）

【用途】肠易激综合征、胆道功能障碍有关的疼痛，钡剂灌肠前准备。

【不良反应】轻微胃肠不适，偶见瘙痒、皮疹、恶心、口干等。

【用药护理注意】1. 孕妇、儿童禁用。2. 应进餐时整片吞服，切勿掰开、嚼碎或含化。3. 不要卧位或睡前服药。4. 对青光眼、前列腺增生患者无禁忌。

【制剂、用法】片：50mg。口服：每次 50mg，3 次／日，进餐时用足量水服。

奥替溴铵 Otilonium Bromide（斯巴敏）用于肠易激综合征或痉挛性疼痛。对本品过敏、青光眼、前列腺增生禁用。片：40mg。口服：每次 40mg，2~3 次／日。

奥芬溴铵 Oxyphenonium Bromide（安胃灵）用于胃及十二指肠溃疡、胃酸过多。同阿托品。片：5mg。注射液：2mg（1ml）。口服：每次 5~10mg，3 次／日，餐前服。肌注：每次 1~2mg，1 次／6 小时。

硫酸阿托品、山莨菪碱（见抗胆碱药，P323~324）

（四）促胃肠动力药和止吐药、催吐药

甲氧氯普胺[甲] Metoclopramide（胃复安、灭吐灵、Paspertin）

【用途】中枢性呕吐、胃源性呕吐、化疗等引起的呕吐，腹气胀。

【不良反应】嗜睡、头晕、便秘、腹泻、体位性低血压、锥体外系反应等。

【用药护理注意】1.癫痫、嗜铬细胞瘤、进行放疗或化疗的乳腺癌患者、胃肠道出血、孕妇禁用。2.不与抗胆碱能药（阿托品等）、吩噻嗪类药合用。3.与西咪替丁合用时，服药时间应至少间隔1小时。4.遇光变黄色或黄棕色后，毒性增强。5.可增强乙醇的中枢抑制作用，用药期间避免饮酒。

【制剂】片：5mg、10mg。注射液：10mg（1ml）。

【用法】口服：每次5~10mg，5~14岁每次2.5~5mg，3次/日，餐前30分钟服。肌注、静注：每次10~20mg，不超过0.5mg/(kg·d)。

多潘立酮[甲] Domperidone（吗丁啉）用于消化不良、腹胀、嗳气、恶心、呕吐、腹部胀痛。致腹部痉挛、嗜睡、锥体外系反应、皮疹、心律失常

等。药品性状发生改变时禁用。片：10mg。口服：每次 10mg，3 次 / 日，餐前 15~30 分钟服，用药不超过 7 天。

莫沙必利[甲] Mosapride（枸橼酸莫沙必利、瑞琪、新络纳）用于功能性消化不良伴胃灼热、嗳气、恶心、呕吐、上腹胀等。致腹泻、口干、皮疹、头痛、心悸、肝功能损害等。片、分散片、胶囊：5mg。口服：每次 5mg，3 次 / 日，餐前服。

伊托必利[乙] Itopride（盐酸伊托必利、代林、瑞复啉）用于功能性消化不良引起的各种症状。致头痛、眩晕、腹痛、腹泻、皮疹等，出现 QT 间期延长应停药。片、胶囊：50mg。口服：每次 50mg，3 次 / 日，餐前 15~30 分钟。

普芦卡必利[乙] Prucalopride（琥珀酸普芦卡必利、力洛）治疗成年女性慢性便秘。致头痛等。片：1mg、2mg。口服：每次 2mg，1 次 / 日。餐前或后服。

盐酸阿扑吗啡[甲] Apomorphine Hydrochloride（阿扑吗啡、去水吗啡、丽科吉）
【用途】抢救意外中毒及不能洗胃患者，石油蒸馏液吸入者防吸入性肺炎，舌下片用于男性勃起功能障碍。

【不良反应】唾液过多、呕吐、皮肤苍白、低血压、头痛、嗜睡、呼吸抑制。

【用药护理注意】1. 胃饱满时催吐效果较好，催吐前先饮水 200~300ml。2. 舌下片用药前宜少量饮水湿润口腔，使药物易于溶解；含服 20 分钟未完全溶解时可咽下，本品吞服无效。3. 注射剂遇光不稳定，变为绿色或有沉淀时不能用。

【制剂】注射液：5mg（1ml）。舌下片（丽科吉）：2mg、3mg。

【用法】皮下注射：每次 2~5mg，极量每次 5mg。舌下含服：起始剂量每次 2mg，未达到治疗作用时增至每次 3mg，性交前 20 分钟用，一般约 10 分钟即可。

地芬尼多[甲]　Difenidol（盐酸地芬尼多）防治多种原因或疾病引起的眩晕、恶心、呕吐，如乘车时的晕动病。致口干、心悸、头昏、头痛、嗜睡等。片：25mg。口服：每次 25~50mg，3 次 / 日。预防晕动病应在出发前 30 分钟服药。

昂丹司琼、格拉司琼、托烷司琼、阿扎司琼、帕洛诺司琼、雷莫司琼（见抗肿瘤辅助药，P221~223）

舒必利（见抗精神失常药，P297）

（五）泻药和止泻药

硫酸镁[甲] Magnesium Sulfate（泻盐、硫苦）

【用途】作为抗惊厥药用于妊娠高血压综合征，降低血压，防治先兆子痫及子痫；低镁血症；口服用于导泻、利胆解痉；外用热敷消炎去肿。

【不良反应】潮热、低血压、中枢神经抑制、呼吸抑制，导泻过度致脱水。

【用药护理注意】1. 严重心功能不全、肾功能不全，呼吸衰竭、中枢神经抑制禁用，肠道出血、经期妇女、孕妇、急腹症病人禁用本品导泻。2. 不用于中枢抑制药中毒的急救。3. 导泻应多饮水。4. 静注较危险，应稀释后慢注，并在有经验的医师指导下使用，密切观察病人的意识、血压、呼吸、膝腱反射情况。

【制剂】注射液：1g（10ml）、2.5g（10ml）。溶液剂：3.3g（10ml）。

【用法】口服：导泻，每次 5~20g，用温水溶解成 200~400ml 后，清晨空腹服。利胆，每次 2~5g，3 次 / 日，餐前或两餐间服；或服用 33% 溶液，每次 10ml。肌注：抗惊厥每次 1g。静注、静滴：中重度妊娠高血压综合征、先兆子痫、子痫，首次 2.5~4g，用 25% 葡萄糖液 20ml 稀释后慢注，以后静滴维持，滴速 1~2g/h，不超过 30g/d，静滴用 5% 葡萄糖液或生理盐水稀释。

白色合剂　含硫酸镁、轻质碳酸镁等。口服：每次 15~30ml，3 次 / 日，餐前服。

比沙可啶 Bisacodyl（便塞停、乐可舒）用于急、慢性便秘和习惯性便秘。急腹症、孕妇禁用。服药前后 2 小时不能服牛奶或制酸药，进食 1 小时内不能服用。本药避免接触眼睛和黏膜。肠溶片：5mg。栓：10mg。口服：每次 5~10mg，1 次 / 日，整片吞服，不能嚼碎。塞入肛门：每次 1 枚栓剂（10mg），1 次 / 日。

聚卡波非钙[乙] Calcium Polycarbophil（保畅、利波非）用于缓解肠易激综合征（便秘型）的便秘症状。致呕吐、过敏、水肿、头痛，肝、肾功能异常等。本品服用后如噎住时，有可能膨胀堵塞喉和食管，因此应用 250ml 左右的水送服。片：0.5g。口服：每次 1g，3 次 / 日，饭后服，疗程不超过 2 周。

利那洛肽[乙] Linaclotide（令泽舒）治疗成人便秘型肠易激综合征（IBS-C）。胶囊：290μg。口服：每次 290μg，1 次 / 日，至少首餐前 30 分钟整粒吞服。

聚乙二醇 4000[乙] Macrogol 4000（聚乙二醇、福松）用于成人便秘。过量致腹泻。炎症性器质性肠病禁用，与其他药物间隔 2 小时服用，不宜长期使用。散剂：每袋 10g。口服：每次 1 袋，1~2 次 / 日，本品溶于 1 杯水中服用。

多库酯钠[乙] Docusate Sodium 用于偶发性便秘。致胃痉挛等，不与液体石蜡等矿物油同用，用药不超 1 周。胶囊：100mg。口服：100~300mg/d，分次服。

甘油[乙] Glycerol（丙三醇）

【用途】小儿、体弱者便秘、颅内压升高、青光眼。

【不良反应】口服有头痛、咽部不适、口渴、恶心、腹泻、血压轻微下降。

【制剂】栓剂：1.5g、2g。口服液：甘油与生理盐水各半，临用配制。

【用法】直肠给药：便秘，用栓剂每次 2g，小儿用 1.5g。灌肠：便秘用本品 50% 溶液。口服：降眼内压、颅内压，50% 甘油盐水，每次 200ml，1 次 / 日。

液状石蜡 Liquid Paraffin（石蜡油）润滑软化大便。久用影响脂溶性维生素的吸收，不宜长期服用。口服：每次 15~30ml，小儿每次 0.5ml/kg，睡前服。

开塞露[甲] Enema 治便秘。每支 10ml、20ml，分含甘油和含山梨醇、硫酸镁两种。用前将塑料容器顶端剪开，开口应光滑，涂油脂少许，然后缓慢插入肛门，将药液挤入直肠，每次 20mg，儿童每次 10ml。

地芬诺酯　Diphenoxylate（苯乙哌啶、氰苯哌酯、止泻宁）

【用途】急、慢性功能性腹泻，慢性结肠炎腹泻。

【不良反应】偶见口干、腹部不适、恶心、呕吐、嗜睡、烦躁、失眠等，久用有依赖性，过量致呼吸抑制、昏迷。

【用药护理注意】1. 属特殊管理麻醉药品。2. 青光眼、脱水者、2 岁以下、孕妇禁用，肝功能不全或正在服用成瘾性药物者慎用。3. 不与中枢抑制药合用。

【制剂、用法】**复方地芬诺酯**：每片含地芬诺酯 2.5mg、硫酸阿托品 0.025mg。口服：每次 1~2 片，2~3 次／日，首剂加倍，餐后服。久用有依赖性。

洛哌丁胺[甲]　**Loperamide**（盐酸洛哌丁胺、易蒙停、罗宝迈、腹泻啶）

【用途】控制急、慢性腹泻的症状。

【不良反应】胃肠道反应、头晕、嗜睡、过敏等，可致室速、猝死。

【用药护理注意】1. 急性溃疡性结肠炎、抗生素所致假膜性肠炎、5 岁以下禁用。2. 空腹或餐前半小时服可提高疗效。3. 出现便秘、肠梗阻时应立即停药。

【制剂】胶囊：2mg。

【用法】口服：首次 4mg，以后每腹泻 1 次服 2mg，不超过 16mg/d。

蒙脱石 [甲、乙] Dioctahedral Smectite（双八面体蒙脱石、必奇、思密达、肯特令）
【用途】急、慢性腹泻（儿童急性腹泻疗效好），食管炎、胃炎、结肠炎。
【不良反应】本药安全性好，偶见便秘、大便干结。
【用药护理注意】如与其他药物合用须间隔 1 小时。孕妇、哺乳期可服用。
【制剂】散剂：每袋 3g。分散片：1g。
【用法】口服：片、散剂每次 3g，3 次/日。1 岁以下 3g/d，1~2 岁 3~6g/d，2 岁以上 6~9g/d，都分 3 次服，将散剂倒入（片剂放入）50ml 温水中，摇匀服用。胃炎、结肠炎应餐前服；腹泻宜在两餐中间服；急性腹泻时立即服，首剂加倍；食管炎餐后服，服药后 1 小时内尽量避免饮水。

消旋卡多曲 Racecadotril Granules（丰海停、莫尼卡）用于急性腹泻。偶见嗜睡、皮疹、便秘、恶心和腹痛等。可与食物、水或母乳一起服用。片：30mg、100mg。胶囊：100mg。颗粒：10mg。口服：每次 100mg，儿童用颗粒剂 1.5mg/kg，3 次/日，单日总量不超过 6mg/kg，餐前服，连用不超过 7 天。

匹维溴铵（见胃肠解痉药，P460），**乳果糖**（见治疗肝胆疾病药，P474）

（六）肠道微生态药

乳酶生[甲] Lactasin（表飞鸣、加康特）

【用途】消化不良性腹胀、腹泻，小儿饮食不当所致的腹泻、绿便。

【用药护理注意】1. 不与抗菌药、吸附剂合用。2. 本品不应置于高温处。

【制剂】片：0.1g、0.15g、0.3g。胶囊：0.25g。

【用法】口服：每次 0.3~0.9g。1~3 岁，每次 0.15~0.3g；4~6 岁，每次 0.3~0.45g；7~9 岁，每次 0.3~0.6g，3 次 / 日，餐前服。

地衣芽孢杆菌活菌 （整肠生）用于细菌或真菌引起的急、慢性腹泻，肠道菌群失调。不与抗菌药合用。胶囊：0.25g、0.5g。口服：每次 0.5g，3 次 / 日，首剂加倍，儿童减半。可将药粉倒入少量温开水或奶液中服用，水温不超 40℃。

枯草杆菌、肠球菌二联活菌[乙] （美常安、妈咪爱）用于肠道菌群失调引起的腹泻、便秘，消化不良。与抗菌药同服可减弱其疗效，应分开服。肠溶胶囊：250mg。颗粒（妈咪爱）：1g。口服：胶囊，每次 1~2 粒，2~3 次 / 日；颗粒，2 岁以下每次 1 袋，2 岁以上每次 1~2 袋，1~2 次 / 日，用 40℃以下温开水或牛奶冲服。

　　蜡样芽孢杆菌活菌　（乐腹康、源首）用于婴幼儿腹泻，肠功能紊乱。应停用抗生素。胶囊、片：0.25g。口服：每次 2 粒，3 次／日，可加入少量温开水中服。

　　双歧杆菌活菌[乙]　Live Bifidobacterium（双歧杆菌、丽珠肠乐）用于肠菌群失调引起的腹泻、便秘。胶囊：0.35g。2~8℃避光保存。口服：每次 1~2 粒，2 次／日，早、晚餐后服，可将胶囊内药物倒于凉、温开水中服。

　　双歧杆菌乳杆菌三联活菌[乙]　（金双歧、Golden Bifid）用于肠道菌群失调引起的腹泻、便秘。用药期间如需用抗生素，应错开 2 小时服。片：0.5g（含长型双歧杆菌、保加利亚乳杆菌、嗜热链球菌）。2~8℃避光保存。口服：每次 2g，3~12 岁每次 1.5g，2 次／日，餐后服，可碾碎用温开水或温牛奶冲服。

　　双歧杆菌三联活菌[乙]　Live Combined Bifidobacterium, Lactobacillus and Enterococcus（双歧杆菌嗜酸乳杆菌肠球菌三联活菌、培菲康、贝飞达、Bifid Triple Viable）

　　【用途】肠道菌群失调引起的腹泻、腹胀，急、慢性腹泻，便秘。

　　【用药护理注意】1. 不与抗菌药合用。2. 可将胶囊内药物倒于温开水或温牛奶中服。3. 散剂用温开水冲服。4. 本药为活菌制剂，溶解时水温不超过 40℃。

【制剂】胶囊、肠溶胶囊：210mg。散剂：1g、2g。2~10℃避光保存。

【用法】口服：每次 2~4 粒，2 次／日，餐后服。儿童 1 岁以下，每次半粒，1~6 岁，每次 1 粒，6~13 岁，每次 1~2 粒，2~3 次／日。散剂，每次 1~2g，2~3 次／日。

双歧杆菌四联活菌[乙]（双歧杆菌嗜酸乳杆菌肠球菌蜡样芽孢杆菌四联活菌、思连康、普乐拜尔）

【用途】肠道菌群失调相关的腹泻、便秘，功能性消化不良。

【用药护理注意】1. 用药期间停用抗生素。2. 餐后用 40℃ 温开水或牛奶送服，可嚼碎或溶于水中服。3. 本药无毒。4. 开袋后不宜长期保存，应尽快服用。

【制剂、用法】片：0.5g（含婴儿双歧杆菌、嗜酸乳杆菌、粪肠球菌、蜡样芽孢杆菌）。2~8℃避光保存。口服：每次 3 片，3 次／日，婴幼儿酌减。

乳酸菌素 Lactobacillin（舒畅宁、为消）用于肠内异常发酵、肠炎、消化不良、小儿腹泻。本品为死菌制剂，可与抗菌药同用。片：0.4g、1.2g。颗粒剂：1g。口服：每次 1.2~2.4g，3 次／日，片剂嚼碎服，颗粒剂用温开水冲服。

复合乳酸菌 Lactobacillus Complex (聚克) 用于肠道菌群紊乱。偶见皮疹、便秘等。药物勿置于高温处。可与头孢菌素等多种抗生素合用。胶囊：0.33g (含乳酸杆菌、嗜酸乳杆菌和乳酸链球菌)。口服：每次 1~2 粒，1~3 次 / 日。

嗜酸乳杆菌 Lactobacillus Acidophilus (乐托尔、Lacteol Fort)
【用途】急、慢性腹泻的对症治疗。
【用药护理注意】1. 菌株已灭活，故与抗生素同服不影响疗效。2. 胶囊可吞服或将内容物倒于水中饮服；散剂可加入水中摇匀服。3. 适用于孕妇、哺乳期。
【制剂】胶囊：235mg。散剂：每袋 800mg。
【用法】口服：胶囊，成人和儿童每次 2 粒，2 次 / 日，成人首剂加倍；散剂，成人和儿童每次 1 袋，2 次 / 日，成人首剂加倍。

酪酸梭菌活菌 Clostridium Butyricum (宫入菌、米雅、宝乐安、阿泰宁、Miya) 用于腹泻、消化不良、便秘。勿与抗生素同服。片：350mg。散剂：0.5g、1g。胶囊：420mg。口服：片，每次 1~2 片，3 次 / 日；散剂，每次 0.5~1g，3 次 / 日，儿童每次 0.5g，2~3 次 / 日，用温开水冲服；胶囊，每次 2 粒，2 次 / 日。

（七）治疗肝胆疾病药

1. 治肝性脑病药

门冬氨酸鸟氨酸[乙][乙] L-Ornithine L-Aspartate（雅博司、瑞甘、阿波莫斯、甘安敏、Ornithine Aspartate、Hepa-Merz）

【用途】急、慢性肝病引起的血氨升高，肝性脑病。

【不良反应】胃肠道反应，减少用量或减慢滴速可减轻。

【用药护理注意】1. 严重肾功能不全禁用。2. 可用生理盐水或 5%、10% 葡萄糖液稀释，每 500ml 溶液中加入注射液不超过 6 支（即浓度＜6%）。粉针先用注射用水充分溶解。3. 大剂量使用时，应监测血、尿中的尿素含量。

【制剂】颗粒剂：3g。注射液：5g（10ml）。粉针：2.5g。

【用法】口服：每次 3g，1~3 次 / 日，溶于水或果汁中，餐后服。静滴：急性肝炎，5~10g/d；肝性脑病，20g/d，不超过 40g/d，滴速＜5g /h。

拉克替醇 Lactitol（天晴康欣）防治肝性脑病。致胃肠胀气、腹部胀痛和痉挛。出现不明原因腹痛、便血应停药。散剂：5g。口服：初始剂量 0.6g（kg·d），分 3 次餐时服或与饮料混合服用。以每日排软便 2 次为标准，调整服用剂量。

乳果糖[乙] Lactulose（半乳糖苷果糖、春克、杜密克）

【用途】肝性脑病、慢性便秘。

【不良反应】偶有腹部不适、腹胀、腹痛，剂量过大致恶心、呕吐。

【用药护理注意】不与抗酸药同服。本药可加入水、饮料或混在食物中服。

【制剂、用法】口服液：10g（15ml）、66.7g（100ml）、133.4g（200ml）；5g（10ml）、50g（100ml）。粉剂：5g，100g。口服：肝性脑病每次 20~33.4g，3 次 / 日；便秘每次 5~10g，1~2 次 / 日，早餐时顿服。灌肠给药：肝性脑病每次 200g 加 700ml 生理盐水，保留灌肠 30~60 分钟。

谷氨酸 Glutamic Acid（麸氨酸）肝性脑病辅助用药。致呕吐、腹泻、面部潮红。肾功能不全、无尿慎用。片：0.3g、0.5g。口服：每次 2~3g，3 次 / 日。

谷氨酸钠 Sodium Glutamate 用于血氨过多所致的肝性脑病及其他精神症状。常与谷氨酸钾合用。致碱血症、低血钾，静滴过快致呕吐、面红。注射液：5.75g（20ml）。静滴：每次 11.5g，每 20ml 加入 5%~10% 葡萄糖液 250ml，缓慢静滴，必要时 8~12 小时后重复给药，不超过 23g/d。

谷氨酸钾 Potassium Glutamate（卫甲）同谷氨酸钠。常与谷氨酸钠合用。注射液：6.3g（20ml），含钾相当 2.5g 氯化钾。静滴：每次 18.9g，用 5% 或 10% 葡萄糖液 50~1000ml 稀释，1~2 次 / 日。常与谷氨酸钠以 1 : 3 或 1 : 2 混合应用。

氨酪酸 Aminobutyric Acid（γ- 氨酪酸、γ- 氨基丁酸、异安芬、GABA）

【用途】脑卒中后遗症、脑动脉硬化症、头部外伤后遗症和一氧化碳中毒所致昏迷的辅助治疗，肝性脑病（现已少用）。

【不良反应】恶心、失眠，剂量过大、滴速过快可致呼吸抑制、低血压。

【用药护理注意】1. 必须充分稀释后慢滴，以免引起血压急剧下降而导致休克。2. 静滴过程监测血压。3. 静滴出现胸闷、气急、头昏、恶心时应立即停药。

【制剂】片：0.25g、0.5g。注射液：1g（5ml）。粉针：0.5g、1g。

【用法】口服：每次 1g，3 次 / 日。静滴：脑卒中后遗症，每次 0.5~1g，用 250~500ml 生理盐水稀释后慢滴。可用 5%~10% 葡萄糖液稀释。

乙酰谷酰胺（见大脑功能恢复药，P233）
左旋多巴（见抗帕金森病药，P313）

盐酸精氨酸[甲] Arginine Hydrochloride（精氨酸、阿及宁）用于肝性脑病忌钠者。肾功能不全禁用，静滴太快可致流涎、颜面潮红、呕吐等。注射液：5g（20ml）。静滴：每次 15~20g，用 5% 葡萄糖液 500~1000ml 稀释，4 小时内滴完。

复方氨基酸注射液（3AA） Compound Amino Acid Injection（3AA）（肝活命）。
【用途】肝性脑病、重症肝炎和肝硬化、慢性活动性肝炎。
【不良反应】输注过快可致心悸、恶心、呕吐、发热，甚至呼吸及循环衰竭。
【用药护理注意】遇冷易析出结晶，宜微温溶解。剩余药液切勿保存再用。
【制剂、用法】注射液：250ml。静滴：250~500ml/d，或用适量 5%~10% 葡萄糖液混合后慢滴，滴速不超过 40 滴 / 分。

14 氨基酸注射液 -800 14 Amino Acid Injection-800 用于重症肝炎，肝性脑病、肝功能不全的蛋白营养缺乏症。输注过快可致恶心、呕吐等，遇冷易析出结晶，可加温至接近正常体温后输注。注射液：250ml。静滴：每次 250ml，与等量 10% 葡萄糖液串联后慢滴，不超过 3ml/min，2 次 / 日，清醒后用量减半。

2. 治疗肝炎辅助用药

门冬氨酸钾镁[乙] Potassium Magnesium Aspartate（潘南金、脉安定）

【用途】电解质补充药。用于低血钾症、洋地黄中毒引起的心律失常，心肌炎后遗症、充血性心力衰竭，急、慢性肝炎和肝硬化、肝性脑病等的辅助治疗。

【不良反应】静滴过快可致恶心、呕吐、面部潮红、血管痛、血压下降等。

【用药护理注意】1. 肾功能不全、高钾血症禁用，除洋地黄中毒外，房室传导阻滞慎用。2. 不能肌注或静注。3. 电解质紊乱者，常规监测血镁、血钾浓度。

【制剂】片：含门冬氨酸钾、门冬氨酸镁分别为 79mg、70mg 或 158mg、140mg。口服液：10ml，含门冬氨酸钾 451mg。注射液：10ml，含门冬氨酸钾 452mg（含钾 103.3mg）、门冬氨酸镁 400mg。粉针：1g，含门冬氨酸钾、门冬氨酸镁各 0.5g。

【用法】口服：片剂每次 158mg（以门冬氨酸钾计），口服液每次 10ml，3 次/日，餐后服。静滴：注射液每次 10~20ml，粉针每次 1~2g，加入 5% 或 10% 葡萄糖液 250~500ml 中慢滴，必要时 4~6 小时后重复此剂量。

联苯双酯[甲] Bifendate（Biphenyldicarboxylate）

【用途】慢性迁延性肝炎伴丙氨酸氨基转移酶（ALT）升高。

【不良反应】轻度恶心，偶见皮疹、黄疸、胆固醇增高。

【用药护理注意】1. 出现黄疸应停药。2. 有效病例待 ALT 正常后再逐渐减量。

【制剂、用法】片：25mg，滴丸：1.5mg。口服：片剂每次 25~50mg，滴丸每次 7.5mg~15mg，3 次 / 日，连用 3~6 个月。

谷胱甘肽[乙] Glutathione (还原型谷胱甘肽、双益健、去白障、益视安)

【用途】各种肝病，肝损害的辅助治疗，防色素沉着，滴眼用于白内障。

【不良反应】偶见皮疹、食欲不振、恶心、呕吐、胃痛，滴眼致刺激感。

【用药护理注意】1. 粉针先溶于注射用水后，加入生理盐水或 5% 葡萄糖液 100ml、250~500ml 中立即静滴。2. 眼用药片用前溶于所附溶媒中用于滴眼，3 周内用完。3. 用药过程出现皮疹、面色苍白、血压下降、脉搏异常等应立即停药。

【制剂】片：0.1g。粉针：0.1g、0.3g、0.6g、0.9g、1.2g、1.8g。眼用片（益视安）：100mg（附溶媒 5ml）。

【用法】化疗患者：首次 $1.5g/m^2$，溶于 100ml 生理盐水中静滴，化疗前 15 分钟内滴完，第 2~5 日，肌注 0.6g/d。肝脏疾病：静注，每次 1.2g，1 次 / 日，疗程 30 天。口服：每次 0.4g，3 次 / 日。滴眼：每次 1~2 滴，3~5 次 / 日。

葡醛内酯[乙] Glucurolactone（葡萄糖醛酸内酯、肝泰乐、克劳酸、Glucurone）用于急、慢性肝炎的辅助治疗。致面红、胃肠不适，可与肌苷、维生素 C 等配伍。片：0.05g、0.1g。注射液：0.1g（2ml）。口服：每次 0.1~0.2g，3 次 / 日。肌注、静注：每次 0.1~0.2g，1~2 次 / 日。

多烯磷脂酰胆碱[乙] Polyene Phosphatidylcholine（必需磷脂、肝得健、易善复）
【用途】急、慢性肝炎，肝硬化，脂肪肝、肝性脑病。
【不良反应、用药护理注意】1. 致腹泻，注射过快可引起血压下降。2. 澄清溶液才可使用。3. 严禁用含电解质溶液（如生理盐水、林格液）稀释。
【制剂】复方制剂。注射液：232.5mg（5ml），2~8℃保存。胶囊：228mg。
【用法】口服：1~2 粒 / 次，3 次 / 日，随食物整粒吞下或用水送服。静注、静滴：1 支 / 日，严重病例2~4 支 / 日。用5% 或 10% 葡萄糖溶液，5% 木糖醇溶液稀释。

原卟啉钠 Protoporphyrin Disodium（保肝能、普乐满）用于急性肝炎，慢性迁延性、慢性活动性肝炎，肝硬化、胆囊炎胆石症。致皮肤色素沉着、头晕、皮疹等。服药后应避免日晒。肠溶片：10mg、20mg。口服：每次 10~20mg，3 次 / 日。

硫普罗宁[乙] Tiopronin（凯西莱、诺宁、海康博力、丁舒）

【用途】急、慢性肝炎，脂肪肝、酒精肝、药物性肝损害，重金属中毒。

【不良反应】胃肠反应、头晕、心慌、过敏反应、发热、疲劳感、蛋白尿等。

【用药护理注意】1. 对本品过敏、孕妇、哺乳期妇女、儿童禁用。2. 出现过敏、疲劳感和肢体麻木应停药。3. 定期查肝功能、血象，每3个月查尿常规1次。

【制剂】片：0.1g。粉针：0.1g（附5%碳酸氢钠）。注射液：0.2g（5ml）。

【用法】口服：每次0.1~0.2g，3次/日，餐后服。静滴：每次0.2g，溶于专用溶剂2ml后，加入生理盐水或5%~10%葡萄糖液250~500ml中，1次/日，用4周。

马洛替酯 Malotilate（二噻茂酯、马洛硫酯、慢肝灵、亚宝欣）

【用途】慢性肝炎、肝硬化、晚期血吸虫病肝损伤和肺结核并发低蛋白血症。

【不良反应】恶心、呕吐、腹胀、头痛，偶见皮疹、瘙痒、红细胞减少等。

【用药护理注意】1. 对本品过敏、孕妇、哺乳期妇女、小儿禁用。2. 定期查肝功能、血象。3. 用药期间血清转氨酶和胆红素明显升高时，应停药观察。

【制剂】片：0.1g。缓释片（亚宝欣）：0.15g。

【用法】口服：每次0.2g，3次/日，餐后服；缓释片每次0.3g，2次/日。

腺苷蛋氨酸[乙] Ademetionine（丁二磺酸腺苷蛋氨酸、思美泰、喜美欣）

【用途】肝硬化前和肝硬化所致肝内胆汁淤积，妊娠期肝内胆汁淤积。

【不良反应】胃灼热、腹痛、出汗、浅表性静脉炎，偶见昼夜节律紊乱。

【用药护理注意】1. 粉针临用前用所附溶剂溶解。2. 粉针结晶和药片由白色变为其他颜色时不能使用。3. 不与碱性、含钙或高渗溶液（如 10% 葡萄糖液）配伍。4. 静注必须非常缓慢。5. 肠溶片应整片吞服。6. 可用于妊娠和哺乳期。

【制剂】肠溶片：0.5g。粉针：0.5g（附溶剂）。低于 25℃ 保存。

【用法】缓慢静注、肌注：初始治疗，0.5~1g/d，分 2 次，共 2 周。避免在同一部位多次肌注。口服：维持治疗，每次 1~2g/d，在两餐间吞服。

甘草酸二铵[乙] Diammonium Glycyrrhizinate（甘利欣）

【用途】伴有丙氨酸氨基转移酶（ALT）升高的急、慢性病毒性肝炎。

【不良反应、用药护理注意】1. 呕吐、血压升高、皮疹等。2. 监测血压和血清钾、钠。3. 出现高血压、低血钾等应停药或减量。4. 注射剂未经稀释不能用。

【制剂、用法】胶囊：50mg。注射液：50mg（10ml）。粉针：150mg。口服：每次 150mg，3 次 / 日。静滴：每次 150mg，用 10% 葡萄糖液 250ml 稀释，1 次 / 日。

异甘草酸镁[乙] (天晴甘美) 用于慢性病毒性肝炎, 改善肝功能异常。出现发热、皮疹、高血压、血钠潴留、低钾血等应停药。注射液: 50mg(10ml)。静滴: 每次 0.1~0.2g, 用 5%、10% 葡萄糖液或生理盐水 250ml 稀释, 1 次 / 日, 用 4 周。

双环醇[乙] Bicyclol (百赛诺) 用于慢性肝炎所致的转氨酶升高。偶致头晕、皮疹, 皮疹明显者可停药观察, 必要时服用抗过敏药。片: 25mg、50mg。口服: 每次 25~50mg, 3 次 / 日, 疗程至少 6 个月, 停药应逐渐减量。

促肝细胞生长素[乙] Hepatocyte Growth Promoting Factors (肝复肽、威佳)

【用途】重型肝炎、慢性活动性肝炎、肝硬化的辅助治疗。

【不良反应】偶见低热、皮疹、过敏性休克等, 注射部位疼痛和皮肤潮红。

【用药护理注意】1. 粉针为乳白色或微黄色, 变成棕黄色则不能使用。溶后液有沉淀、混浊时禁用。2. 出现过敏或严重不良反应时应停药并给予对症处理。

【制剂】粉针: 20mg、40mg、60mg、80mg。注射液: 30μg(2ml)。10℃以下保存。

【用法】静滴: 粉针每次 80~100mg (注射液每次 120μg), 加入 10% 葡萄糖液 250ml 中, 1 次 / 日, 注射液分 1 或 2 次给药, 疗程 4~6 周。

齐墩果酸　Oleanolic Acid（庆四素）用于急、慢性肝炎的辅助治疗。个别致口干、腹泻、血小板轻度减少。片：10mg、20mg。口服：急性肝炎，每次20~40mg，3 次 / 日，疗程 1 个月。慢性肝炎，每次 40~80mg，3 次 / 日，疗程 3 个月。

水飞蓟宾[乙]　Silibinin（水飞蓟素、益肝灵、利肝素、利加隆、西利宾、水林佳）用于急、慢性肝炎，脂肪肝的肝功能异常恢复。偶致轻微腹泻。胶囊：35mg，140mg（利加隆）。**水飞蓟宾葡甲胺片**：50mg（相当水飞蓟宾35.6mg）。口服：每次 70~140mg，3 次 / 日，餐后用适量水送服，维持量减半。

疗尔健　Hepadif（乳清酸卡尼汀、利肝复）
【用途】急性、恶急性、慢性肝炎，脂肪肝、肝硬化、化学物引起肝中毒。
【不良反应】滴速过快可致注射局部疼痛、静脉炎、头晕、恶心、呕吐。
【用药护理注意】1. 粉针须稀释后缓慢静滴。2. 不与含电解质溶液（如林格液）混合，因会产生沉淀。3. 嘱脂肪肝患者治疗期间戒酒，不进食高蛋白食物。
【制剂】本品为复方制剂，含肉毒碱乳清酸盐、肝脏提取的抗毒成分、维生素 B_{12} 等。胶囊：451mg。粉针：942.05mg。

【用法】口服：每次 2 粒，2~3 次 / 日。静滴：1~2 支 / 日，用 4ml 注射用水溶解后，加入 5%~10% 葡萄糖液 250~500ml 中，摇匀至澄清后缓慢滴入，1 次 / 日。

托尼萘酸 （加诺、肝胆能）用于肝炎、胆管炎、胆囊炎、胆石症、黄疸等。致轻度腹泻、便秘，监测肾功能。片：112.5mg（α，4-二甲基苯甲醇烟酸酯 37.5mg、α-萘乙酸 75mg）。口服：每次 1~2 片，3 次 / 日，餐前 30 分钟服。

三磷腺苷、辅酶 Q10（见主要作用于循环系统的药物，P411）
肌苷（见促白细胞药，P548）

3. 利胆药
羟甲香豆素 Hymecromone （胆通）
【用途】胆囊炎、胆石症、胆道感染、胆囊术后综合征。
【不良反应】头晕、腹胀、腹泻、胸闷、皮疹等，大剂量致胆汁分泌过度。
【用药护理注意】肝功能不全、胆道梗阻慎用。炎症明显时应加用抗生素。
【制剂、用法】片：0.2g。胶囊：0.2g、0.4g。口服：每次 0.4g，3 次 / 日，餐前服。

羟甲烟胺 Nicotinylmethylamide（肝胆安、利胆素）用于胆囊炎、胆管炎等。偶见头晕、皮疹。本品性状改变时禁止使用。片：0.5g。口服：每次0.5~1g，3次/日，餐前服，连服2~4日后改为每次0.5g，3~4次/日。

熊去氧胆酸[甲] Ursodeoxycholic Acid（熊脱氧胆酸、护胆素、优思弗）
【用途】用于不宜手术治疗的胆固醇型胆结石、胆汁淤积性肝病等。
【不良反应】腹泻，偶见便秘、过敏反应、瘙痒、头痛、头晕、心动过缓。
【用药护理注意】1. 含铝抗酸剂使本品吸收减少。2. 低胆固醇饮食有利于本药的溶石作用。3. 治疗前3个月每4周查肝功能1次，随后每3个月查1次。
【制剂、用法】片：50mg、250mg。胶囊：250mg。口服：胆结石、胆汁淤积性肝病，每日450~600mg（8~10mg/kg），分2~3次，餐后及睡前服，疗程至少6个月。胆汁反流性胃炎，250mg/d，晚上睡前服，用10~14天。

去氢胆酸[乙] Dehydrocholic Acid（脱氢胆酸）用于胆囊及胆道功能失调，慢性胆囊炎的辅助治疗。致口苦、皮肤瘙痒，可出现呼吸困难、心搏骤停、心律失常等。片：0.25g。口服：每次0.25~0.5g，3次/日，餐后服。

奥贝胆酸 Obeticholic Acid（奥贝坦、Ocaliva、Obetan）用于原发性胆汁性胆管炎（PBC）。致皮肤瘙痒、疲劳、腹痛、皮疹、头晕、口咽疼痛、便秘等。片：5mg、10mg。口服：开始每次 5mg，1 次／日，可以或不与食物同服。最大剂量每次 10mg，1 次／日。

牛磺酸 Taurine（泰瑞宁）用于缓解感冒初期的发热，胆囊炎等，滴眼用于急性结膜炎。片、胶囊、颗粒：0.4g。滴眼液：10ml。口服：感冒，每次 1.2~1.6g，3 次／日，连用不超过 3 天。滴眼：每次 1~2 滴，3~5 次／日。

亮菌甲素 Armillarisin A（派捷、亮菌素）

【用途】急性胆道感染、病毒性肝炎，慢性浅表性、慢性萎缩性胃炎。

【不良反应、用药护理注意】1. 致轻微腹泻等。2. 溶液变黄时不能使用。

【制剂】片：5mg。注射液：1mg（2ml）。粉针：1mg、2.5mg、5mg。

【用法】口服：胆道感染，每次 10~40mg，4 次／日，7~14 天 1 疗程。肌注：每次 1~2mg，1 次／6~8 小时，每 1mg 用 1ml 生理盐水溶解。静滴：每次 2.5~5mg，用 5% 葡萄糖液或生理盐水稀释，1 次／日。

茴三硫　Anethol Trithione（胆维他、Trithioanethol）

【用途】胆囊炎、胆管炎、胆石症，急、慢性肝炎的辅助治疗。

【不良反应】腹胀、腹泻、过敏反应、荨麻疹样红斑，长期服用可致甲亢。

【用药护理注意】1. 出现荨麻疹样红斑应立即停药。2. 可使尿液变深黄色。

【制剂】片：12.5mg、25mg。胶囊：25mg。密闭、遮光、干燥处保存。

【用法】口服：每次 25mg，3 次 / 日，餐前服。

曲匹布通　Trepibutone（三丁乙酮、三乙氧苯酰丙酸、胆灵、抒胆通）

【用途】胆囊炎、胆石症、胆道运动障碍、胆囊术后综合征、慢性胰腺炎。

【不良反应】偶见恶心、呕吐、腹胀、腹泻、便秘、皮疹、瘙痒、眩晕等。

【用药护理注意】孕妇禁用。出现皮疹、瘙痒等过敏反应要立即停药。

【制剂、用法】片：40mg。口服：每次 40mg，3 次 / 日，餐后服，疗程 2~4 周。

非布丙醇　Febuprol（舒胆灵、苯丁氧丙醇）用于胆囊炎、胆石症。致胃部不适、腹泻等。若腹泻持续不断，应停药。片：50mg。胶丸：50mg、150mg。口服：每次 100~200mg，3 次 / 日，餐后服。

苯丙醇　Phenylpropanol（利胆醇）用于慢性胆囊炎的辅助治疗。偶见胃部不适，减量或停药后即消失。胆道完全阻塞者禁用，长期大量服用注意肝损害。胶丸：0.1g、0.2g。口服：每次0.1~0.2g，3次/日，餐后吞服。

（八）治疗胰腺炎药

生长抑素[乙]Somatostatin（思他宁、雪兰诺、易达生、索投善）

【用途】严重急性食管静脉曲张出血、严重急性上消化道出血，急性胰腺炎，胰腺术后并发症的防治，胰、胆、肠瘘和糖尿病酮症酸中毒的辅助治疗。

【不良反应】恶心、呕吐、腹痛、腹泻、眩晕、脸红、血糖轻微变化等。

【用药护理注意】1.对本品过敏、孕妇、哺乳期妇女、儿童禁用。2.用于胰岛素依赖型糖尿病患者时，每3~4小时查血糖1次。3.每3mg用生理盐水或5%葡萄糖液配制成足够使用12小时的药液。4.在连续用药过程中，应不间断地滴入，换药间隔不超过3分钟，最好用输液泵给药。5.不宜与其他药物混合使用。

【制剂】粉针：250μg、750μg、2mg、3mg。2~10℃避光保存。

【用法】治上消化道大出血、食管静脉曲张出血：先缓慢（3~5分钟）静注250μg（用1ml生理盐水配制），继以250μg/h的速度静滴，止血后连续给

48~72 小时。急性胰腺炎：及早使用，连续静滴 72~120 小时，滴速 250μg/h。防治胰腺术后并发症：手术开始时连续静滴 250μg/h，共 5 日。

乌司他丁[乙] Ulinastatin（尿抑制素、天普洛安、Urinastatin、Miraclid）

【用途】急性胰腺炎、慢性复发性胰腺炎，抢救急性循环衰竭辅助用药。

【不良反应】粒细胞减少、谷草和谷丙转氨酶升高、腹泻、瘙痒、血管痛。

【用药护理注意】1. 对本品过敏禁用，哺乳期应停止哺乳。2. 药物溶解后立即使用。3. 出现过敏症状应立即停药，并适当处理。

【制剂】粉针：2.5 万 U、5 万 U、10 万 U。

【用法】静滴：急性胰腺炎，每次 10 万 U，溶于生理盐水或 5% 葡萄糖液 500ml 中，1~3 次 / 日，症状缓解后减量。

甲磺酸加贝酯[乙] Gabexate Mesilate（加贝酯、Gabexate）

【用途】急性轻型（水肿型）胰腺炎，急性出血坏死型胰腺炎的辅助治疗。

【不良反应】注射局部疼痛、皮肤发红、静脉炎、皮疹，罕见过敏性休克。

【用药护理注意】1. 先备好抢救药品，出现过敏反应立即停药并治疗。2. 药液临用配制，多次使用应更换滴注部位。3. 药液勿注入血管外。

【制剂、用法】粉针：0.1g。仅供静脉滴注：开始 3 日每次 0.1g，3 次 / 日，症状减轻后改为 0.1g/d，疗程 6~10 日。本药先用 5ml 注射用水溶解，再用 5% 葡萄糖液或林格液 500ml 稀释慢滴，滴速控制在 1mg/(kg·h)，不超过 2.5mg/(kg·h)。

萘莫司他　Nafamostat（甲磺酸萘莫司他、萘莫他特）

【用途】急性胰腺炎、慢性胰腺炎急性恶化、外伤性胰腺炎。

【不良反应】偶见头晕、恶心、皮疹、瘙痒、血小板增加、白细胞减少、丙氨酸氨基转移酶升高、静脉炎、注射部位发红等。

【用药护理注意】1. 药物溶解后应立即使用。2. 出现过敏症状时应立即停药。

【制剂】注射液、粉针：10mg。

【用法】静滴：每次 10mg，溶于 5% 葡萄糖液 500ml 中，1~2 次 / 日。

卡莫司他　Camostat（甲磺酸卡莫司他、卡莫他特）慢性胰腺炎急性症状的缓解。偶见皮疹、食欲减退、腹部不适、便秘、口渴、血小板减少等。进行胃液引流、禁食、禁水等饮食限制者禁用。片：100mg。口服：每次 200mg，3 次 / 日。

曲匹布通 (见治疗肝胆疾病药, P487)

(九) 其他

奥曲肽[乙] Octreotide (醋酸奥曲肽、善宁、善得定、生长抑素八肽)

【用途】门脉高压引起的食管胃底静脉曲张出血、应激性溃疡及消化性溃疡出血、重症胰腺炎、预防胰腺术后并发症、突眼性甲亢、肢端肥大症等。

【不良反应】胃肠道反应、高血糖、胆结石、肝功能异常、注射部位疼痛。

【用药护理注意】1. 对本品过敏、孕妇、哺乳期妇女、儿童禁用。2. 使药液达到室温后使用，可减少用药后的局部不适。3. 在两餐之间及卧床休息时注射可减轻胃肠道反应。4. 同一部位避免重复皮下注射。5. 每 6~12 个月做胆囊超声波检查。6. 本品减少环孢素的吸收。7. 本品应 2~8℃ 避光保存。

【制剂】注射液: 0.05mg、0.1mg (1ml)、0.5mg (1ml)。粉针: 0.1mg。

【用法】食管胃底静脉曲张出血: 0.1mg 缓慢静注，随后以 0.025~0.05mg/h 的速度持续静滴，疗程最多 5 天，用生理盐水或葡萄糖液稀释。应激性及消化性溃疡出血: 每次 0.1mg，皮下注射，1 次/8 小时。重症胰腺炎: 每次 0.1mg，皮下注射，1 次/8 小时，共 5~14 日。

特利加压素[乙] Terlipressin（醋酸特利加压素、可利新、安立亭、翰唯）

【用途】食管静脉曲张出血、泌尿生殖系统出血。

【不良反应】偶见腹痛、头痛、皮肤苍白、血压升高、注射部位组织坏死。

【用药护理注意】1. 孕妇禁用。2. 用所附稀释液或每 1mg 用 5ml 生理盐水临用配制。已配制溶液应保存于 8℃以下，12 小时内用完。3. 本药仅能静脉注射，注意避免注射局部组织坏死。4. 监测血压、心率和血钠、血钾、血红蛋白。

【制剂、用法】粉针：1mg（附溶剂 5ml）。静注：首剂 2mg，缓注 > 1min，维持量 1~2mg/4~6h，延续 24~48h。建议每日最大剂量 120~150μg/kg。

美沙拉秦[乙] Mesalazine（5- 氨基水杨酸、颇得斯安、艾迪莎、莎尔福）

【用途】溃疡性结肠炎、克罗恩病、溃疡性直肠炎。

【不良反应】头痛、恶心、呕吐、腹泻，罕见急性胰腺炎、全血细胞减少等。

【用药护理注意】1. 胃及十二指肠溃疡，2 岁以下，严重肝、肾功能不全禁用。2. 片剂宜整片或掰开吞服，勿嚼碎或压碎服。3. 出现胸痛、气短和发热、急性腹痛等时立即停药。4. 监测血，尿常规，血清尿素氮、肌酐、高铁血红蛋白。

【制剂】缓释片、缓释颗粒：0.5g。肠溶片：0.4g、0.5g。栓剂：0.5g、1g。

【用法】口服：肠溶片，每次 0.5~1g，3 次 / 日，三餐前 1 小时服。缓释颗粒，急性期 4g/d，缓解期 1.5g/d，分 3~4 次，可餐时服，不要咀嚼；缓释片，每次 1g，4 次 / 日，维持治疗，每次 0.5g，3 次 / 日。直肠给药：每次 0.5~1g，1~2 次 / 日。

奥沙拉秦　Olsalazine（奥沙拉秦钠、奥柳氮钠、畅美、地泊坦、帕斯坦）
【用途】溃疡性结肠炎、克罗恩病等炎症性肠病。
【不良反应】腹泻、软便、腹部疼挛、头痛、失眠、恶心、关节痛、皮疹。
【用药护理注意】如漏服可立即补服，但不能同时服用两倍剂量的药物。
【制剂、用法】胶囊：0.25g。口服：开始 1g/d，分 2 次，逐渐增至 3g/d，分 3~4 次服，维持量 1g/d，分 2 次，应进餐时服。

巴柳氮钠　Balsalazide Sodium（巴柳氮、巴沙拉嗪、塞莱得、奥瑞欣、贝乐司）
【用途】轻、中度活动性溃疡性结肠炎。
【不良反应】腹痛、腹泻、恶心、呕吐、咳嗽、咽炎、头痛、关节痛等。
【用药护理注意】1. 不宜与抗生素同服。2. 用药后 2 周内，如仅出现排便次数增加，属正常现象，无需停药。3. 出现出血、咽喉痛、胸痛、发热时应停药。

【制剂、用法】片: 0.5g。胶囊、颗粒: 0.75g。口服: 片剂每次 1.5g, 4 次 / 日, 餐后及睡前服; 胶囊、颗粒每次 2.25g, 3 次 / 日, 餐前半小时服, 疗程 8 周。

二甲硅油[乙] Dimethicone (消胀片、消泡净)

【用途】各种原因引起的胃肠胀气 (用片剂)、肺水肿 (用气雾剂)。

【不良反应、用药护理注意】1. 温度高于 42℃时气雾剂瓶易胀裂, 其外防护套为防胀裂用, 勿撕下。2. 温度过低不能喷雾时, 可微加温后使用。

【制剂】片 (含二甲硅油、氢氧化铝): 25mg, 50mg。气雾剂: 1% (15ml)。

【用法】口服: 每次 50mg, 3~4 次 / 日, 餐后和睡前嚼碎服。雾化吸入: 将药瓶倒置, 在口鼻前 10~15cm 处, 按压瓶帽, 吸入雾状药液, 必要时反复使用。

西甲硅油[乙]Simethicone (柏西) 用于胃肠道中气体过多引起的不适症状。用前摇匀。乳剂: 30ml (25 滴 /1ml)。口服: 每次 2ml, 1~6 岁每次 1ml, 3~5 次 / 日。

柳氮磺吡啶 (见抗微生物药, P75)
阿达木单抗、英夫利西单抗 (见主要作用于中枢神经系统的药物, P284~285)

十、主要作用于泌尿系统的药物

（一）利尿药

呋塞米[甲]　Furosemide（速尿、速尿灵、利尿灵、呋喃苯胺酸、Lasix）

【用途】水肿性疾病（包括心、肝、肾性水肿），急性肺水肿，脑水肿，预防急性肾衰竭，高钾血症、高钙血症、高血压，急性药物、毒物中毒。

【不良反应】胃肠反应、过敏、视物模糊、体位性低血压、肝损害、耳毒性，水、电解质紊乱（低血钾、钠、钙、氯等），糖代谢紊乱，骨髓抑制等。

【用药护理注意】1. 低血钾、肝性脑病禁用。2. 宜从小剂量开始。3. 如每天用药 1 次，应早晨给药，以免夜间排尿次数增多。4. 本品为钠盐注射液，碱性较高，宜用氯化钠注射液稀释，不宜葡萄糖液。5. 本药不主张肌注。6. 注意补充钾盐。7. 定期查血压、听力、电解质、血糖、血尿酸、肾功能、肝功能。

【制剂】片：20mg。注射液：20mg（2ml）。

【用法】口服：开始 20~40mg/d，视情况可增至 60~120mg/d，分 2~3 次。静注：每次 20~40mg，1~2 次 / 日，必要时可追加剂量，用生理盐水 20ml 稀释，不与其他药物混合。小儿每次 0.5~1mg/kg，1~2 次 / 日。静滴：急性肾衰竭，每次 200~400mg，加生理盐水 100~200ml，滴速 < 4mg/min，不超过 1g/d。

复方呋塞米 Furosemide Composite（福洛必、FLB）用于心源性、肾性、肝性水肿等。片：含呋塞米 20mg、阿米洛利 2.5mg。口服：每次 1 片，1 次 / 日，必要时可增至每日 2 片，早晨服用效果较好。

托拉塞米[乙] Torasemide（伊迈格、丽泉、特苏尼、特苏敏）

【用途】水肿性疾病，慢性心力衰竭，急、慢性肾衰竭，高血压等。

【不良反应、用药护理注意】1. 参阅呋塞米。2. 致失钾程度较轻。3. 静注应缓慢。4. 本品不与其他药物混合。5. 如需长期用药应尽早从静脉给药转为口服。

【制剂、用法】片：5mg、10mg、20mg。粉针：10mg、20mg。注射液：10mg（1ml）、20mg（2ml）。口服：开始每次 5~10mg，1 次 / 日，早晨服，可逐渐增加剂量，不超过 200mg/d。静注、静滴：开始每次 5~10mg，肾性水肿每次 20mg，1 次 / 日，用 5% 葡萄糖液或生理盐水稀释，疗程不超过 1 周。

阿佐塞米 Azosemide（雅利）用于心、肝、肾性水肿。参阅呋塞米。致电解质紊乱、高尿酸血症、头晕、耳鸣等。不宜长期服用。片：30mg。口服：每次 30~60mg，1 次 / 日，早餐时服。

布美他尼[乙] Bumetanide（丁苯氧酸、丁尿胺、朗清、百畅、慧源）

【用途】水肿性疾病、高血压、预防急性肾衰竭、高钾血症、高钙血症等。

【不良反应】同呋塞米。低血钾发生率、影响糖代谢和耳毒性小于呋塞米。

【用药护理注意】1. 参阅呋塞米。2. 不宜加入酸性输液中，以免发生沉淀。

【制剂】片：1mg。注射液：0.5mg、1mg（2ml）。粉针：0.5mg、1mg。

【用法】口服：每次 0.5~1mg，1~3 次 / 日。肌注、静注：每次 0.5~1mg，必要时每隔 2~3 小时重复，最大剂量 10~20mg/d。静滴：每次 2~5mg，加入 500ml 生理盐水中。

环戊噻嗪 Cyclopenthiazide（环戊甲噻嗪、环戊氯噻嗪）同氢氯噻嗪，作用较强。突然停药可引起水、钠潴留。肝性脑病禁用。片：0.25mg。口服：每次 0.25~0.5mg，1~2 次 / 日。

甲氯噻嗪 Methyclothiazide（降压利）同氢氯噻嗪。治疗高血压时一般与降压药合用。片：2.5mg、5mg。口服：每次 2.5~10mg，1 次 / 日，早晨 8 时左右服药。

氢氯噻嗪（见抗高血压药，P379）

螺内酯[甲] Spironolactone（安体舒通、螺旋内酯固醇、Atisterone）

【用途】醛固酮升高的顽固性水肿（肝硬化腹水等），高血压辅助治疗等。

【不良反应】高血钾、胃肠反应、头痛、皮疹、乳房胀痛、低血钠等。

【用药护理注意】1. 肾衰竭、高钾血症禁用。2. 避免食用高钾食品，禁补钾。3. 常与氢氯噻嗪合用。4. 利尿作用需服药后 1~3 天才明显。5. 出现高钾血症应立即停药。6. 用药后不可驾驶车船或高空作业。7. 监测血钾、心电图。

【制剂、用法】片、胶囊：20mg。口服：治水肿性疾病，40~120mg/d，分2~4 次，餐时或餐后服，至少连服 5 日。

依普利酮 Eplerenone（迎苏心、Inspra）用于高血压、心肌梗死后心力衰竭。致高血钾、头晕、腹泻、咳嗽、转氨酶升高等。监测血钾。片：25mg、50mg。口服：高血压，开始每次 50mg，1 次 / 日，根据需要可增至每次 50mg，2 次 / 日。心肌梗死后心力衰竭，开始每次 25mg，4 周内逐渐增至每次 50mg，1 次 / 日。

氨苯蝶啶[甲] Triamterene（三氨蝶啶）

【用途】心力衰竭、肝硬化和慢性肾炎等引起的顽固性水肿或腹水。

【不良反应】高钾、高尿酸、低钠血症，皮疹、恶心、呕吐、嗜睡等。

【用药护理注意】1.严重肝、肾功能不全，高钾血症、无尿禁用。2.常与氢氯噻嗪合用。3.可出现淡蓝色荧光尿。4.避免食用高钾食品。5.出现高钾血症应立即停药。6.宜逐渐停药，防止反跳性钾丢失。7.定期查血钾、血尿素氮。

【制剂、用法】片：50mg。口服：开始每次25~50mg，2次/日，餐时或餐后服，如每日给药1次，应于早晨服。不超过300mg/d。

氨苯蝶啶氢氯噻嗪　用于多种原因引起的水肿或腹水。片：每片含氨苯蝶啶 50mg；氢氯噻嗪 25mg。口服：每次 1 片，2 次/日。

阿米洛利[乙]　Amiloride（盐酸阿米洛利、氨氯吡咪、蒙达清、必达疏）治疗水肿性疾病，难治性低钾血症的辅助治疗。单独使用时高钾血症较常见。片：2.5mg、5mg。口服：开始每次 2.5~5mg，1 次/日，餐时或餐后服。

复方阿米洛利　（武都力、Moduretic）片：含阿米洛利 2.5mg、氢氯噻嗪 25mg。口服：1~2 片/次，1 次/日，必要时 2 次，早晚各 1 次，与食物同服。

（二）脱水药

甘露醇 [甲、乙] Mannitol

【用途】组织脱水（降低眼内压等），降低眼内压，渗透性利尿等。

【不良反应】1. 水和电解质紊乱、肺水肿、寒战等。2. 偶见过敏反应（如皮疹、喷嚏、呼吸困难）。3. 快速大量静注可使血容量迅速增多，导致心力衰竭。4. 药物漏出血管外致局部组织肿胀、坏死。5. 大剂量久用致肾小管损害、血尿。

【用药护理注意】1. 活动性颅内出血、急性肺水肿禁用。2. 气温较低时易析出结晶，可用热水温热并用力振摇溶解，但注射时药液应与体温相等。3. 本品不宜加入电解质，因易引起沉淀。4. 静滴时如药液漏出血管外，可用 0.5% 普鲁卡因液局部封闭，并热敷处理。5. 监测血压、电解质、肾功能。

【制剂】注射液：20%（100ml）、20%（250ml）。

【用法】静注或快速静滴：20% 溶液每次 250~500ml，滴速 10ml/min。不超过 100g/d。口服：肠道准备，术前 4~8 小时，10% 溶液 1000ml 于 30 分钟内服完。

复方甘露醇注射液 （艾杰仕）同甘露醇。注射液：250ml（含甘露醇、葡萄糖、氯化钠）。静滴：每次 100~250ml，1~4 次 / 日，滴速 5~10ml/min。

异山梨醇　Isosorbide（易思清）用于各种原因引起的颅内压增高，利尿。致轻度恶心、腹泻等。口服溶液：50g（100ml）。口服：每次40~50ml，3 次/日。

甘油果糖氯化钠注射液[甲]（布瑞得、可立袋）用于颅内压增高、脑水肿。偶见瘙痒、头痛、高钠血症、低钾血症等。只能静脉给药，药液混浊变色时勿使用。注射液：250ml、500ml（含甘油 50g，果糖 25g，氯化钠 4.5g）。静滴：每次 250~500ml，1~2 次/日，每 500ml 滴注 2~3 小时。

尿素[甲] Urea（脲）用于脑水肿、脑疝、青光眼，外用治鱼鳞病、手足皲裂。致面色潮红、精神兴奋、烦躁不安，药液外漏致局部红肿起泡。本品用 5% 或 10% 葡萄糖液、10% 转化糖稀释，忌用注射用水溶解，以防溶血。注射液：30g（100ml）、60g（250ml）。软膏：10%。静滴：每次 0.5~1g/kg，稀释后于 20~30 分钟内滴完，12 小时后可重复给药。外用：软膏涂于患处，2~3 次/日。

甘油（见泻药与止泻药，P466）
葡萄糖（见调节水、电解质及酸碱平衡药，P664）

（三）治疗尿崩症药

加压素　Vasopressin（血管加压素、抗利尿激素、必压生、Pitressin）

【用途】中枢性尿崩症、食管静脉曲张出血。

【不良反应】腹痛、头晕、呕吐、脸色苍白、过敏反应、心悸、高血压等。

【用药护理注意】孕妇禁用，高血压、冠心病、心力衰竭、肾衰竭慎用。

【制剂】注射液：6mg（1ml）、12mg（1ml）；必压生，20U（1ml）。

【用法】皮下注射：尿崩症，每次 5~10U，2~3 次／日。静滴：食管静脉曲张出血，每次 400U 加 5% 葡萄糖液 500ml，滴速 0.4U/min。

鞣酸加压素[乙]　Vasopressin Tannate（长效尿崩停）

【用途】中枢性尿崩症。

【不良反应、用药护理注意】1. 致苍白、胸闷、腹泻、肠绞痛等。2. 注射前将药物摇匀。3. 瓶内玻璃珠起充分摇匀作用。4. 避免过量饮水。5. 禁止静脉注射。

【制剂】油质注射液：300U（5ml）。

【用法】深部肌注：开始每次 0.1ml，逐渐增至每次 0.2~0.5ml，注射 1 次可维持 3~6 日。注意更换注射部位。

去氨加压素[甲] Desmopressin（醋酸去氨加压素、弥凝、依地停、DDAVP）

【用途】中枢性尿崩症、肾脏浓缩功能测试、血友病出血、遗尿症。

【不良反应】头痛、眩晕、疲劳、腹痛、恶心、呕吐、短暂血压下降、反射性心动过速、面部潮红、水钠潴留、过敏反应等。

【用药护理注意】1. 心功能不全、不稳定性心绞痛、习惯性多饮、糖尿病、前列腺增生禁用。2. 注意防止发生水钠潴留。3. 治遗尿症时，用药前1小时至服药后8小时内限制饮水量。4. 监测尿量和尿渗透压。

【制剂】片：0.1mg、0.2mg。注射液：4μg（1ml）。鼻喷剂：每喷10μg。

【用法】尿崩症：口服，每次0.1~0.2mg，2~3次/日，首剂睡前服；静注，每次1~4μg，1~2次/日；鼻喷雾剂，10~40μg/d。遗尿症：口服，首剂睡前服0.1~0.2mg，连用3个月后至少停用1周，以便评估是否继续治疗；鼻喷剂，首剂睡前10μg，维持用药10~40μg/d，分1~3次。

垂体后叶粉 Powdered Posterior Pituitary（尿崩停）

【用途】尿崩症。

【不良反应】吸入过猛致喷嚏、鼻痒、咳嗽，过深致咽喉发紧、气短、胸闷，过多致腹胀痛，长期使用致鼻黏膜萎缩。

【用药护理注意】1. 呼吸道、副鼻窦疾患、哮喘禁用。2. 吸入时不能过猛、过深。3. 吸入后立即用温水反复漱口，以免引起咽喉部不良反应。

【制剂、用法】粉剂：1g（附小匙）。鼻腔吸入：用粉剂，每次 30~40mg（约1 小匙），将药粉倒在纸上，卷成纸卷，用手压住一侧鼻孔，将纸卷插入另一侧鼻孔，抬头轻轻将药粉吸入鼻腔内，3~4 次 / 日。

氢氯噻嗪（见抗高血压药，P379）

（四）尿路解痉药

黄酮哌酯　Flavoxate（盐酸黄酮哌酯、津源灵、舒尔达）

【用途】消除排尿困难、尿频、尿急、尿痛、尿失禁症状，肾结石疼痛等。

【不良反应】口干、恶心、便秘、视物模糊、嗜睡、头痛、心动过速、心悸。

【用药护理注意】1. 肠梗阻、胃肠出血、青光眼、阻塞性尿道疾病、12 岁以下禁用。2. 用药期间避免驾驶、高空作业。3. 餐后服可减轻胃肠道反应。

【制剂、用法】片、胶囊：0.2g。口服：每次 0.2g，3~4 次 / 日。

奥昔布宁[乙] Oxybutynin（尿多灵、盐酸奥昔布宁、奥宁、依静、捷赛）

【用途】缓解尿频、尿急、尿失禁、小儿遗尿状症。

【不良反应、用药护理注意】1.致口干、视物模糊、嗜睡、面潮红、瘙痒、乏力。2.缓释片不能嚼碎，但可沿中线掰成两半。3.高温环境下服用易引起中暑。

【制剂】片、胶囊：5mg。缓释片：10mg。

【用法】口服：每次 5mg，2~3 次 / 日，最多 4 次 / 日；缓释片初始量每次 5mg（半片），1 次 / 日，一般每隔 1 周增量 1 次 5mg，最大剂量 30mg/d。

酒石酸托特罗定[乙] Tolterodine Tartrate(托特罗定、舍尼亭、宁通、特苏安)

【用途】因膀胱过度兴奋引起的尿频、尿急或紧迫性尿失禁症状的治疗。

【不良反应】口干、消化不良、便秘、腹痛、头痛、皮肤干燥、过敏反应。

【用药护理注意】1.尿潴留、闭窄角型青光眼、重症肌无力、严重溃疡性结肠炎、中毒性巨结肠患者、对本品过敏禁用，哺乳期服药应停止哺乳。2.缓释片不能嚼碎，但可沿中线分成两半服。3.用药期间避免从事危险作业。

【制剂】片、胶囊：2mg。缓释片：4mg。缓释胶囊：2mg、4mg。

【用法】口服：每次 1~2mg，2 次 / 日；缓释片每次 4mg，1 次 / 日。

索利那新[乙] Solifenacin（琥珀酸索利那新、卫喜康）

【用途】有尿频、尿急、急迫性尿失禁的膀胱过度活动症。

【不良反应】口干、便秘、恶心、腹痛、眩晕、嗜睡、视物模糊、皮疹等。

【用药护理注意】1. 用前应确认引起尿频的原因。2. 避免驾驶和操作机械。

【制剂、用法】片：5mg、10mg。口服：初始剂量5mg，1次/日，如能耐受，可增至每次10mg，1次/日，整片用水送服，餐前或餐后服。

达非那新 Darifenacin（氢溴酸达非那新）用于有尿频、尿急、急迫性尿失禁的膀胱过度活动症。致口干、便秘、腹痛、眩晕、眼干、嗜睡等，应整片吞服，不能咀嚼、分开。缓释片：7.5mg、15mg。口服：每次7.5~15mg，1次/日。

米拉贝隆[乙] Mirabegron（贝坦利）用于膀胱过度活动症（OAB）患者尿急、尿频和/或急迫性尿失禁的对症治疗。致尿路感染、心动过速、恶心、腹泻、头痛等。缓释片：25mg、50mg。口服：每次50mg，1次/日，餐后整片用水送服。

米多君（见主要作用于循环系统的药物，P413）

曲司氯铵　Trospium Chloride（顺睦利）用于有尿频、尿急、急迫性尿失禁的膀胱过度活动症。致口干、便秘、腹痛、心悸等，乙醇增强本药的嗜睡作用，禁饮酒。片：20mg。口服：每次 20mg，2 次 / 日，餐前 1 小时或空腹整片服用。

非那吡啶[乙]　Phenazopyridine（盐酸非那吡啶、科力定、怡度）用于尿频、尿急、尿痛。致头痛、皮疹等。出现巩膜黄染应停药。使尿液呈橙红色属正常。片、胶囊：0.1g。口服：每次 0.1~0.2g，3 次 / 日，餐后服，连用一般不超 2 天。

（五）治疗前列腺疾病药

非那雄胺[乙]　Finasteride（非那甾胺、保列治、保法止、利尔泉）

【用途】轻、中度良性前列腺增生症（BPH），男性雄激素性秃发。

【不良反应】阳痿、性欲减退、射精量减少、乳房增大和压痛、皮疹等。

【用药护理注意】1. 孕妇、儿童禁用。2. 治疗前须排除前列腺癌。3. 男性服药后精液中有本品，应避免怀孕伴侣接触其精液。4. 孕妇不应触摸本品的裂片。

【制剂、用法】片：1mg、5mg。胶囊：5mg。口服：BPH 每次 5mg，1 次 / 日，空腹或与食物同服，疗程 6 个月。秃发每次 1mg，1 次 / 日。

依立雄胺 Epristeride（爱普列特、川流）

【用途】良性前列腺增生症（BPH），试用于男性型秃发。

【不良反应】恶心、食欲减退、头晕、失眠、性欲减退、射精量减少等。

【用药护理注意】1. 孕妇、儿童禁用。2. 治疗前须排除前列腺癌。

【制剂】片：5mg。

【用法】口服：每次 5mg，早、晚各 1 次，餐前或餐后服，疗程 3~6 个月。

度他雄胺 Dutasteride（安福达、Avodart）用于中、重度良性前列腺增生症（BPH）。致性欲减退、阳痿、乳房不适等。本品易透皮吸收，易引起胎儿畸形，孕妇严禁接触本品，药物可分泌入精液，应采取工具避孕。胶囊：0.5mg。口服：每次 0.5mg，1 次 / 日，应整粒吞服，因内容物对口咽黏膜有刺激作用。

普适泰[乙] Prostat（舍尼通、Cernilton）用于良性前列腺增生、慢性或非细菌性前列腺炎、前列腺疼痛。致腹胀、胃灼热、恶心等。妇女、儿童禁用。片：含水溶性花粉提取物 P5 和脂溶性花粉提取物 EA10。口服：每次 1 片，早、晚各 1 次，可餐前或餐后服，疗程 3~6 个月。

赛洛多辛[乙] Silodosin（优利福）治疗良性前列腺增生症（BPH）。致口干、心悸、体位性低血压、射精障碍、头晕、肝损害等。用药前应排除前列腺癌。胶囊：4mg。口服：每次 4mg，2 次 / 日，早晚餐后服，根据症状酌情减量。

西发通　Cefasabal（保前列）用于前列腺增生，急、慢性前列腺炎、膀胱炎。用药期间生活应规律，避免食用辛辣及易过敏食物。片：0.25g。口服：急性期每次 2 片，4 次 / 日，维持期每次 1 片，3 次 / 日，餐前用温开水送服。

酚苄明、坦洛新（见抗肾上腺素药，P333）
特拉唑嗪、多沙唑嗪、阿夫唑嗪、萘哌地尔（见抗高血压药，P365~367）

（六）改善男性性功能药
西地那非　Sildenafil（枸橼酸西地那非、万艾可、伟哥、金戈、瑞万托）
【用途】阴茎勃起功能障碍（阳痿，ED），肺动脉高压（PAH）。
【不良反应】头痛、面部潮红、消化不良、腹泻、视觉异常、皮疹、鼻塞、勃起时间延长等，有发生心肌梗死、心律失常等心血管不良反应的报道。

【用药护理注意】1. 儿童、妇女、心血管状态不宜进行性活动者禁用。2. 本品增强硝酸酯类的降压作用，服用任何剂型硝酸酯类者禁用。3. 服药后不宜从事驾车等危险作业。4. 持续勃起超过 4h 应立即就医。5. 性活动开始时如出现心绞痛、头晕、恶心等症状，须终止性活动。6. 久用会产生药物依赖和心理依赖。

【制剂】片：25mg、50mg、100mg、20mg。注射液：10mg（12.5ml）。

【用法】口服：ED 每次 50mg，性活动前 1 h（或 0.5~4h 内）服，最多 1 次 / 日。PAH 每次 20mg，3 次 / 日，间隔 4~6 小时。静注：PAH 每次 10mg，3 次 / 日。

伐地那非 Vardenafil（盐酸伐地那非、艾力达）用于阴茎勃起功能障碍（ED）。致头痛、面部潮红、消化不良、恶心、眩晕、鼻塞、嗜睡等，有致突发性耳聋的风险。不适用于妇女、儿童。片：5mg、10mg、20mg。口服：起始剂量每次 10mg，性生活前 25~60 分钟服，可与或不与食物同服，最多 1 次 / 日。

阿伐那非 Avanafil（Stendra）用于勃起功能障碍（ED）。参阅西地那非。片：50mg、100mg、200mg。口服：初始量每次 100mg，性活动前约 30 分钟服，可与或不与食物同服，最多 1 次 / 日，应使用最低有效剂量。

他达拉非　Tadalafil（希爱力、Cialis）用于阴茎勃起功能障碍（ED）。致头痛、消化不良、恶心等。片：5mg、10mg、20mg。口服：每次 10mg，性生活前 30 分钟服，不受进食的影响，最多 1 次 / 日，不要连续每日服用本品。

酚妥拉明（见抗肾上腺素药，P331）
盐酸阿扑吗啡（见主要作用于消化系统的药物，P462）
前列地尔（见抗血小板药，P554）

（七）其他

左卡尼汀[乙]　Levocarnitine（左旋卡尼汀、左旋肉碱、雷卡、东维力、誉利）
【用途】继发性左卡尼汀缺乏症。
【不良反应】恶心、呕吐、腹泻、头晕、咳嗽、高血压、癫痫、瘙痒等。
【用药护理注意】1. 口服液可与液体食物混合后服。2. 口服液含少量乙醇。
【制剂】注射液：1g、2g（5ml）。粉针：0.5g、1g。口服液：1g（10ml）。
【用法】口服：1~3g/d，分 2~3 次，餐时服。静注：起始剂量 10~20mg/kg，溶于 5~10ml 注射用水或生理盐水中，每次血透后给药。

包醛氧淀粉[乙] Coated Aldehyde Oxystarch（析清）尿素氮吸附药，用于各种原因造成的氮质血症。胃肠道反应少见。配合低蛋白饮食，不与碱性药物同服。本品受潮发霉后勿服用。粉剂：5g。胶囊：0.625g。口服：每次 5~10g，2~3 次 / 日，餐后用温开水调匀冲服；胶囊每次 8~16 粒，2~3 次 / 日。

复方 α- 酮酸[乙] Compound α-Ketoacid（开同、复方氨基酸片、肾灵）

【用途】预防和治疗因慢性肾功能不全而造成蛋白质代谢失调引起的损害。

【不良反应】长期服用致高钙血症。

【用药护理注意】1. 高钙血症禁用。2. 不与其他含钙药物并用。3. 环丙沙星等影响本品吸收，不宜同时服。4. 保证足够热量摄入（低蛋白、高热量饮食）。5. 为避免低磷血症，用药期间减少氢氧化铝用量。6. 定期查血钙、血磷浓度。

【制剂、用法】片：0.63g。口服：每次 4~8 片，3 次 / 日，进餐时整片吞服。

药用炭[乙]（爱西特）吸附药，用于急、慢性肾衰竭，食物、生物碱等引起的中毒及腹泻、胃肠胀气。致恶心、便秘等。与其他药物合用至少隔 2 小时。片：0.3g。口服：每次 3~10 片，3 次 / 日，餐前服。

碳酸司维拉姆[乙] Sevelamer Carbonate（诺维乐）用于控制正在接受透析治疗的慢性肾脏病（CKD）成人患者的高磷血症。致胆红素血症、转氨酶升高、肝细胞损害、恶心、呕吐等。片：0.8g。口服：每次 0.8~1.6g，3 次 / 日，随餐吞服。

聚苯乙烯磺酸钙[乙] Calcium Polystyrene Sulfonate（宜利宝、可利美特）用于急、慢性肾功能障碍引起的高钾血症。致便秘、肠梗阻、食欲缺乏、恶心、低血钾、高血钙等。监测血清电解质。散剂：5g、10g。口服：15~30g/d，分 2~3 次服。将 1 次用量混悬于 30~50ml 水中口服。

复方氨基酸注射液（9AA）（见营养药，P680）

十一、作用于血液及造血系统的药物
（一）抗贫血药
硫酸亚铁[甲] Ferrous Sulfate（硫酸低铁、施乐菲、Iron　Sulfate）
【用途】缺铁性贫血。
【不良反应】胃部不适、恶心、呕吐、便秘、腹泻等，过量致急性中毒。

【用药护理注意】1.非缺铁性贫血、血色素沉着症，严重肝、肾功能损害禁用。2.抗酸药、浓茶使铁盐沉淀，妨碍其吸收，不宜同服。3.稀盐酸和VitC能促进铁的吸收。4.服糖浆或溶液剂时应使用吸管，以防染黑牙齿。5.进食时或餐后服可减轻胃肠道反应。6.可致便秘和黑便，应预先告知病人。7.缓释片、控释片勿嚼碎或掰开。8.在湿空气中迅速氧化变黄时不能使用，应密封保存。

【制剂】片：0.3g。缓释片：0.25g、0.45g。控释片（施乐菲）：0.16g。糖浆剂：10ml、100ml（40mg/ml）。

【用法】口服：片每次0.3g，3次/日；糖浆1~5岁每次120mg（3ml），3次/日；缓释片每次0.45g，2次/日；控释片每次0.16g，1~2次/日。均为餐后服。

维铁缓释片　（福乃得）同硫酸亚铁。片：含硫酸亚铁525mg，烟酰胺、泛酸钙，维生素C、B$_1$、B$_2$、B$_6$等。口服：每次1片，1次/日，餐后整片吞服。

多糖铁复合物[乙]　Iron Polysaccharide Complex（多糖铁、力蜚能）用于缺铁性贫血。血色素沉着症、含铁血黄素沉着症禁用。胶囊：150mg。溶液：每瓶1.2g（60ml）。口服：每次150~300mg，6岁以上儿童每次100~150mg，1次/日。

十维铁咀嚼片（铁龙）用于铁及维生素的补充。参阅硫酸亚铁，偶致胃部不适。含富马酸亚铁和维生素 A、D、E、C、B$_1$、B$_6$ 等 10 种维生素。口服：1 片 / 日。

葡萄糖酸亚铁[乙] Ferrous Gluconate 同硫酸亚铁。致胃肠道反应、便秘等。糖浆：0.25g（10ml）、0.3g（10ml）。胶囊：0.25g、0.3g、0.4g。片：0.1g、0.3g。口服：每次 0.3~0.6g，儿童每次 0.1~0.2g，3 次 / 日，餐后服。

富马酸亚铁[乙] Ferrous Fumarate（富马铁）同硫酸亚铁。不良反应较轻，不得长期使用。片、胶囊：0.05g、0.2g。咀嚼片：0.1g、0.2g。口服：每次0.2~0.4g，儿童每次 0.1g，3 次 / 日，餐后服，咀嚼片可含服或嚼服。

琥珀酸亚铁[甲、乙]Ferrous Succinate（速力菲）

【用途】缺铁性贫血。

【不良反应、用药护理注意】参阅硫酸亚铁。对胃肠道刺激性较轻。

【制剂、用法】片：0.1g。缓释片：0.2g。颗粒：0.03g、0.1g。口服：每次0.1~0.2g，3 次 / 日，儿童每次 0.05~0.1g，1~2 次 / 日，餐后服。缓释片，0.2~0.4g/d。

蛋白琥珀酸铁 Iron Protein Succinylate（菲普利）同琥珀酸亚铁。口服液：40mg（15ml）。口服：15~30ml/d，儿童 1.5ml/(kg·d)，分 2 次，餐前服。

乳酸亚铁 Ferrous Lactate（丹珠、贴鑫、朴雪、拉克菲）用于缺铁性贫血。参阅硫酸亚铁。片：0.1g。口服液：0.1g（10ml）。糖浆：0.9g（60ml）。口服：片每次 0.2g，3 次 / 日，餐后服；口服液、糖浆每次 10~20ml，3 次 / 日，餐后服。

复方枸橼酸铁铵 Compound Ferric Ammonium Citrate 参阅硫酸亚铁，适用于儿童和不能吞服药片患者。服后应漱口或用吸管服，以保护牙齿。本品遇光易变质。糖浆剂：10ml、100ml、500ml，含枸橼酸铁铵 10g、维生素 B_1 0.1g、咖啡因 0.4g。口服：每次 10~20ml，3 次 / 日，儿童 1~2ml/(kg·d)，分 3 次，餐后服。

右旋糖酐铁[甲、乙] Iron Dextran（右旋酐铁、科莫非）
【用途】不宜口服铁剂的严重缺铁性贫血或急需纠正缺铁者。
【不良反应】面部潮红、头痛、头晕、胃肠道反应、寒战、肌肉酸痛等，个别有过敏反应，甚至过敏性休克，肌注局部疼痛，静注致静脉痉挛、静脉炎。

【用药护理注意】1. 不与口服铁剂合用。2. 静注或静滴应先缓慢输入 25mg
铁，如无不良反应，再给剩余量。3. 观察有无过敏反应。4. 静注防止溢出静脉，
肌注后不应按摩局部。禁止皮下注射。5. 需冷藏，久置稍有沉淀，不影响质量。

【制剂】注射液：25mg（2ml）、100mg（2ml、4ml）。

【用法】深部肌注：每次 25mg，1 次 / 日。静注、静滴：每次 100~200mg，
用生理盐水、5% 葡萄糖液 10~20ml 稀释静注或 100ml 稀释静滴，每周 2~3 次。

山梨醇铁[乙] Iron Sorbitex（Iron Sorbitol）同右旋糖酐铁。吸收较快，局部
反应较少，注射后口腔内有金属味，偶致过敏性休克，注射前准备急救药物（肾
上腺素）和设备。注射液：50mg（1ml）。深部肌注：每次 75~100mg，2~3 次 / 周。

叶酸[甲、乙] Folic Acid（维生素 M、斯利安、美天福）

【用途】巨幼细胞贫血，预防胎儿神经管畸形，妊娠期、哺乳期预防用药。

【不良反应】罕见过敏反应，长期大量使用可出现胃肠道症状。

【用药护理注意】1. 诊断不明确的贫血不用。2. 营养性巨幼细胞贫血常合
并缺铁，应同时补铁、蛋白质、B 族维生素。3. 不宜静注。4. 使尿呈黄色属正常。

【制剂】片：0.4mg、5mg。注射液：15mg（1ml）。

【用法】口服：治疗用每次 5~10mg，儿童每次 2.5~5mg，3 次 / 日。预防叶酸缺乏，每次 0.4mg，1 次 / 日。肌注：每次 15mg，1 次 / 日。

复方叶酸注射液：1ml（含叶酸和维生素 B_{12}）。肌注：每次 1~2ml，1 次 / 日。

亚叶酸钙[甲] Calcium Folinate（同奥）用作叶酸拮抗剂（如甲氨蝶呤等）的解毒剂，叶酸缺乏引起的巨幼红细胞性贫血，与氟尿嘧啶合用治结直肠癌。本药应避免光线直接照射。片：15mg。粉针：50mg、100mg。注射液：100mg（1ml、10ml）。MTX 的"解救"治疗：口服每次 5~15mg，肌注每次 9~15mg/m^2，均 1 次 /6~8 小时，用 2 日。巨幼细胞性贫血：口服 15mg/d。

腺苷钴胺[甲、乙] Cobamamide（辅酶维 B_{12}、辅酶维生素 B_{12}、腺苷）

【用途】巨幼细胞贫血、营养不良性贫血、妊娠期贫血、神经性疾患等。

【不良反应】偶见过敏反应，甚至过敏性休克，长期使用致缺铁性贫血。

【用药护理注意】1. 注射用制剂遇光易分解，开封或稀释后尽快使用，以免失效。2. 与葡萄糖注射液配伍禁忌。

【制剂】片：0.25mg。粉针：0.5mg、1mg、1.5mg。

【用法】口服：每次 0.5~1mg，3 次 / 日。肌注：每次 0.5~1.5mg，1 次 / 日。

甲钴胺[乙] Mecobalamin（弥可保、泛敏补、欧维）

【用途】巨幼细胞贫血（一般用注射液）、周围神经病。

【不良反应】恶心、腹泻、皮疹，肌注致头痛、出汗、局部疼痛、硬结等。

【用药护理注意】1. 对本品过敏禁用。2. 避免在同一部位反复注射。3. 注射液见光易分解，应避光室温保存，从避光保护袋取出后立即使用，不能放置。

【制剂】片、胶囊：0.5mg。注射液：0.5mg（1ml）。粉针：0.5mg。

【用法】口服：每次 0.5mg，3 次 / 日。肌注、静注：每次 0.5mg，3 次 / 周，2 个月后改为 1 次 /1~3 月。

维生素 B_{12}[甲] Vitamin B_{12}（氰钴胺）用于恶性贫血、巨幼细胞贫血、神经炎的辅助治疗。偶见皮疹、低血钾、高尿酸血症等，可能诱发痛风发作。禁止静脉给药。片：25μg。注射液：0.5mg、1mg（1ml）。肌注：每次 25~100μg，1 次 / 日。口服：25~100μg/d，分次服。

重组人促红素[乙] Recombinant Human Erythropoietin（重组人促红细胞生成素、红细胞生成素、促红素、阿法依泊汀、利血宝、怡泼津、怡宝、rhEPO）

【用途】慢性肾衰性贫血，恶性肿瘤或艾滋病引起的贫血等。

【不良反应】血压升高、头痛、发热、高血压性脑病、诱发癫痫发作，偶见心悸、瘙痒、皮疹、痤疮、转氨酶升高、关节痛、高钾血症等。

【用药护理注意】1. 对本品过敏、高血压失控者、铅中毒、孕妇禁用。癫痫、卟啉病、脑血栓形成慎用。2. 不与其他药物混合。3. 监测血压、血红蛋白、血钾、肾功能，注意有无血栓形成。4. 避光，2~8℃冷藏。不可冻结、勿振摇。

【制剂】注射液：2000 IU、3000 IU、4000 IU、5000 IU、6000 IU、10000 IU（1ml）。预充式注射器：2000 IU、5000 IU。粉针：2000 IU、3000 IU、4000 IU。

【用法】静注、皮下注射：开始剂量，血液透析者每次 100~150 IU/kg，每周 3 次。治疗过程根据红细胞压积或血红蛋白水平调整剂量。

重组人促红素-β[乙] Recombinant Human Erythropoietin-β（重组人红细胞生成素 β、倍他依泊汀、红细胞生成素 β、罗可曼）

【用途、不良反应】同重组人促红素。

【用药护理注意】因可发生过敏反应，应在医学监护下进行首次给药。

【制剂、用法】预充式注射器：2000IU、4000IU、5000IU、6000IU（0.3ml），10000IU、20000IU、30000IU（0.6ml）。2~8℃避光保存。皮下注射：开始每次20 IU/kg，3 次/周。静注：开始每次 40 IU/kg，3 次/周。不超过每周 720IU/kg。

罗沙司他[乙] Roxadustat（爱瑞草）用于慢性肾脏病引起的贫血。致头痛、背痛、疲劳、腹泻等。起始治疗需在医疗人员监督下进行。胶囊：20mg、50mg。口服：每次 100mg 或 120mg（体重 ≥ 60kg），空腹或与食物同服，3 次/周。

（二）促凝血药

亚硫酸氢钠甲萘醌[甲、乙] Menadione Sodium Bisulfite（维生素 K$_3$、Vitamin K$_3$）

【用途】维生素 K 缺乏所引起的出血性疾病，如新生儿出血、低凝血酶原血症等，胆绞痛，杀虫药敌鼠钠中毒的解救。

【不良反应】1. 胃肠道反应、肝损害。2. 大剂量致新生儿、早产儿溶血性贫血、黄疸、高胆红素血症。3.G-6-PD 缺乏者可诱发急性溶血性贫血。

【用药护理注意】1. 对肝硬化、晚期肝病出血无效。2. 肝功能不良者改用维生素 K₁。3. 不与碱性药合用。4. 不宜长期大量使用。5. 定期查凝血酶原时间。

【制剂】片：2mg。注射液：2mg（1ml）、4mg（1ml）。

【用法】口服：每次 2~4mg，3 次 / 日。肌注：止血，每次 2~4mg，4~8mg/d；解痉止痛，每次 8~16mg。

维生素 K₁[甲、乙] Vitamin K₁（叶氯醌）

【用途】维生素 K 缺乏所引起的出血。

【不良反应】注射剂可能引起过敏性休克等严重不良反应，肌注局部硬结。

【用药护理注意】1. 胆汁缺乏时口服吸收不良。2. 不能皮下注射才肌注或静注。3. 静注用 5% 葡萄糖液、5% 葡萄糖盐水或生理盐水稀释，速度 < 1mg/min。

【制剂、用法】片：10mg。注射液：2mg（1ml）、10mg（1ml）。口服：每次 10mg，3 次 / 日。皮下、肌注、缓慢静注：每次 10mg，1~2 次 / 日。

卡络磺钠[乙] Carbazochrome Sodium Sulfonate（新安络血、太司能）

【用途】泌尿道、上消化道、呼吸道和妇产科疾病出血，外伤、手术出血。

【不良反应】恶心、呕吐、眩晕、过敏反应，注射部位红、痛等。

【用药护理注意】用注射用水或生理盐水溶解，生理盐水稀释静滴。

【制剂用法】片：10mg。注射液：20mg（2ml）。粉针：20mg、40mg。口服：30~90mg/d，分 3 次。肌注：每次 20mg，2 次 / 日。静滴：每次 60~80mg。

氨甲苯酸[甲、乙] Aminomethylbenzoic Acid（止血芳酸、对羧基苄胺、抗血纤溶芳酸、安本、华苏凝、PAMBA）

【用途】纤维蛋白溶解过程亢进所致的出血，对慢性渗血效果好。

【不良反应】头晕、头痛等，过量可促进血栓形成，诱发心肌梗死。

【用药护理注意】1. 有血栓栓塞史、肾功能不全慎用。2. 对创伤性出血无止血作用。3. 与口服避孕药合用有增加血栓形成的危险。4. 监护血栓形成并发症。

【制剂】片：0.125g、0.25g。注射液：0.1g（10ml）。粉针：0.1g。氨甲苯酸氯化钠注射液（安本）、氨甲苯酸葡萄糖注射液（华苏凝）：0.2g（100ml）。

【用法】口服：每次 0.25~0.5g，3 次 / 日，极量：2g/d。静注、静滴：每次 0.1~0.3g，儿童每次 0.1g，用 5% 葡萄糖液或生理盐水 10~20ml 稀释后缓慢注射，不超过 0.6g/d，儿童不超过 0.3g/d。

氨甲环酸[甲、乙] Tranexamic Acid（止血环酸、凝血酸、卡维安、AMCHA）

【用途】急性或慢性、局限性或全身性纤维蛋白溶解亢进所致的出血等。

【不良反应、用药护理注意】1. 致视物模糊、头痛。2. 不能同一静脉通路输血。

【制剂】片、胶囊：0.25g。注射液：0.1g（2ml）、0.25g（5ml）。粉针：0.5g。

【用法】口服：每次 1~1.5g，2~4 次 / 日。静注、静滴：每次 0.25~0.5g，1~2 次 / 日，静注用 25% 葡萄糖液稀释，静滴用 5% 或 10% 葡萄糖液稀释。

氨基己酸[乙] Aminocaproic Acid（6- 氨基己酸、凯乃银、EACA）

【用途】纤维蛋白溶解亢进所致的出血。

【不良反应】恶心、呕吐、腹泻、鼻塞、结膜充血、皮疹、低血压、尿多等。

【用药护理注意】1. 有血栓形成倾向、栓塞性血管病史禁用，肾功能不全、泌尿道术后、血尿者慎用。2. 排泄较快，须持续给药，以免有效血药浓度迅速降低，故宜静滴，不能静注。3. 本药不能阻止小动脉出血。4. 静滴过程应监测血压。

【制剂】片：0.5g。注射液：1g、2g（10ml）。氨基己酸氯化钠注射液：100ml。

【用法】口服：每次 2g，3~4 次 / 日。静滴：每次 4~6g，用 5%~10% 葡萄糖液或生理盐水 100ml 稀释，15~30 分钟内滴完。维持量：1g /h，不超过 20g/d。

酚磺乙胺[乙] Etamsylate (止血敏、止血定、Dicynone) 防治手术前后的出血等。可与其他止血药合用，禁与氨基己酸混合注射，以免中毒。片: 0.25g、0.5g。注射液: 0.25g (2ml)、0.5g、1g。口服: 每次 0.5~1g, 2~3 次 / 日。肌注、静注、静滴: 每次 0.25~0.75g, 2~3 次 / 日, 用 5% 葡萄糖液或生理盐水稀释。

二乙酰氨乙酸乙二胺 Ethylenediamine Diaceturate (醋甘氨酸乙二胺、新凝灵、新凝血灵、新抗灵、迅刻) 用于各种出血。注射液: 0.2g (2ml)。肌注: 每次 0.2g, 1~2 次 / 日。静注: 每次 0.2~0.4g, 1~2 次 / 日。静滴: 每次 0.6g, 不超过 1.2g/d。用 5% 葡萄糖液或生理盐水 20ml 稀释静注、250~500ml 稀释静滴。

凝血酶[甲] Thrombin (纤维蛋白酶、舒平莱士、康立宁、Thrombase)
【用途】小血管或毛细血管渗血的局部止血，口服用于上消化道出血。
【不良反应】偶见局部过敏反应、低热反应。
【用药护理注意】1. 对本品过敏者禁用。2. 严禁注射给药。3. 只限局部或外用止血，药物必须直接与创面接触才能止血。4. 溶液应现配现用。5. 出现过敏症状立即停药。6. 使用前尽量清洁创面，减少创面血液。7. 应 2~8℃ 贮存。

【制剂】冻干粉剂（有效期 2.5 年）：100U、200U、500U、1000U、2000U。

【用法】局部出血：可直接用粉末或用灭菌生理盐水溶解成 50~200U/ml 的溶液，洒、喷、涂抹于创面，或用明胶海绵、纱条沾本品贴敷于创面。消化道出血：用温开水、生理盐水或牛奶（温度不超过 37℃）溶解成 10~100U/ml 的溶液，口服或局部灌注，为提高止血效果，宜先服制酸药或同时静脉给予抑酸药。

蛇毒血凝酶[乙] Haemocoagulase（立止血、血凝酶、巴曲亭、立芷雪、速乐涓）

【用途】各种原因的出血。

【不良反应】偶见过敏或过敏样反应（皮疹、寒战、心悸等）。

【用药护理注意】1.DIC 导致的出血、有血栓或栓塞史、妊娠前 3 个月禁用。2. 动脉或大静脉出血必须及时进行手术处理，应用本药可减少失血。3. 对疑有过敏或类过敏的患者应严密观察 24 小时，确诊后及时给予抗过敏处理。

【制剂】冻干粉针：1KU（KU：克氏单位）。注射液：1U（1ml）。

【用法】静注、肌注、皮下注射、口服或外用：每次 1~2KU，1~2 次 / 日，不超过 8 KU/d，儿童 0.3~0.5~1KU/d，静脉给药用所附溶剂溶解后，再用生理盐水进一步稀释。疗程一般为 1~2 天，多数不超过 3 天，病情需要可适当延长。

尖吻蝮蛇血凝酶[乙] Haemocoagulase Agkistrodon （苏灵）辅助用于外科手术浅表创面渗血的止血。致心悸、胸闷、血压降低、过敏等。粉针：1U。缓慢静注：单次给药 2U，每瓶用 1ml 注射用水溶解，注射时间不少于 1 分钟。

人凝血因子Ⅷ[甲] Human Coagulation Factor Ⅷ （抗血友病球蛋白、海莫莱士、格林艾特、康斯平、Antihemophilic Factor Ⅷ、Antihemophilic Globulin）
【用途】防治甲型血友病和获得性凝血因子Ⅷ缺乏而致的出血。
【不良反应】溶血性贫血、过敏反应，输注过快致头痛、血压下降、心衰。
【用药护理注意】1. 仅供静脉输注用。2. 药瓶内失去真空时不能使用。3. 稀释本品应使用塑料注射器。4. 应将药液温度升高至 25~37℃。5. 药物溶解后立即使用，溶液为澄清略带乳色，可有微量细小蛋白颗粒，如有大块不溶物，则不能使用。6. 输液器应带有滤网装置。7. 药液忌剧烈振荡。8. 监测脉搏，若明显加快，应减慢速度或暂停给药。9. 定期做抗体测定。10.2~8℃保存，禁冰冻。
【制剂】粉针（有效期 2 年）：100U、200U、300U、400U、1000U、附稀释剂。
【用法】静滴：中度出血，单剂量 10~15U/kg；大出血，首剂 30~50U/kg，维持量 20~25U/kg，1 次 /8~12 小时。用注射用水或 5% 葡萄糖液 100ml 溶解。

重组人凝血因子Ⅷ[乙] Recombinant Coagulation Factor Ⅷ（拜科奇）参阅人凝血因子Ⅷ。粉针：250IU、500IU、1000IU，2~8℃保存，附稀释液等。溶液应无色澄清或淡乳白色，否则不能用。静注：用量视病情而定，每次 10~50IU/kg。

重组人凝血因子Ⅶa[乙] Recombinant Human Coagulation Factor Ⅶa（诺其）用于凝血因子Ⅷ或Ⅸ的抑制物 > 5BU 的先天性血友病、预防外科手术或有创操作出血等。按使用说明书复溶，配成浓度 1mg/ml。本品不与输液混合，不用于静滴。粉针：1mg（50KIU）、1.2mg（60KIU）、2mg（100KIU）、5mg（250KIU）。静注：开始剂量 90μg/kg，1 次 /2~3 小时，用药间隔和疗程视情况而定。

人凝血酶原复合物[乙] Human Prothrombin Complex（凝血酶原复合物、康舒宁、普舒莱士、Prothrombin Complex）

【用途】防治因凝血因子 Ⅱ、Ⅶ、Ⅸ和Ⅹ缺乏引起的出血等。

【不良反应】静滴过快致短暂发热、寒战、头痛、呕吐、潮红、血压下降。

【用药护理注意】1. 仅供静脉滴注用。2. 药瓶内失去真空时不能使用。3. 使用前将本品及稀释液温热至 20~25℃，温度过低不易溶解。4. 溶解本品应使用塑料注射器。5. 溶解后立即使用，不能再放入冰箱。6. 药液忌剧烈振荡，以免蛋白变性。7. 输液器应带有滤网装置。8. 静滴时应密切观察血管内凝血或血栓的症状和体征，发现可疑情况立即停药或大幅度减少用量。9. 2~8℃保存，禁冰冻。

【制剂】粉针：100IU、200IU、300IU、400IU、1000IU（含因子Ⅱ、Ⅶ、Ⅸ、Ⅹ）。

【用法】静滴：用量视病情而定，一般 10~20IU/kg。用灭菌注射用水溶解后，用生理盐水或 5% 葡萄糖注射液 50~100ml 稀释，开始慢滴（15 滴 / 分），15 分钟后稍快（40~60 滴 / 分），一般 1 瓶 200U 药物 30~60 分钟滴完。

重组人凝血因子Ⅸ [乙] Recombinant Coagulation Factor Ⅸ（贝赋）控制和预防血友病 B 患者出血。粉针：250IU、500IU、1000IU、2000IU。2~8℃保存。静注：有治疗经验的医师监督下治疗，剂量个体化，用所附的 0.234% 氯化钠溶液复溶。

人纤维蛋白原 [乙] Human Fibrinogen（纤维蛋白原、法布莱士、格林法补）

【用途】产后大出血、手术、外伤、内出血等引起纤维蛋白原缺乏的出血。

【不良反应】偶见发热、皮疹、心动过速等，快速过量可致 DIC。

【用药护理注意】1. 仅供静脉输注用。2. 用前以 30~37℃（温度过低会造成

529

溶解困难并导致蛋白变性）灭菌注射用水按标示量（25ml）注入瓶内进行溶解，轻轻转动至全部溶解，忌剧烈振摇。3. 用带有滤网装置的输血器进行静脉滴注，以防不溶性蛋白质微粒被输入，有大块沉淀时不能使用。

【制剂】粉针：0.5g、1g、1.5g、2g。2~8℃避光保存，禁冰冻。

【用法】静滴：剂量根据出血程度确定。一般首次 1~2g，以每分 60 滴左右的速度滴入。如需要可继续给药。

硫酸鱼精蛋白[甲] Protamine Sulfate（鱼精蛋白）

【用途】肝素过量引起的出血、自发性出血。

【不良反应】胃肠道反应、过敏，高浓度或注射过快致低血压、呼吸困难。

【用药护理注意】1. 不与其他药物配伍。2. 本品口服无效，禁与碱性药物接触。3. 备好抢救休克的药物和设备。4. 根据凝血酶原时间决定是否再次用药。

【制剂】注射液：50mg（5ml）、100mg（10ml）。

【用法】缓慢静注：抗肝素过量，用量与最后 1 次肝素用量相当，本品 1mg 中和 100U 肝素，每次不超过 50mg，2 小时内不超过 100mg。静滴：抗自发性出血，5~8mg/(kg·d)，分 2 次，间隔 6 小时，用生理盐水 300~500ml 稀释。

重组人血小板生成素[乙]Recombinant Human Thrombopoietin（特比澳）

【用途】实体瘤化疗后所致的血小板减少症，原发免疫性血小板减少症。

【不良反应、用药护理注意】1.致发热、头晕、肌肉酸痛等。2.监测血常规。

【制剂】注射液：7500U（1ml）、15000U（1ml）。2~8℃避光保存。

【用法】皮下注射：恶性实体肿瘤化疗时，每次 300U/kg，1 次 / 日，化疗给药结束后 6~24 小时注射，连续应用 14 天。

艾曲泊帕[乙]Eltrombopag（艾曲泊帕乙醇胺、艾曲波帕、瑞弗兰）

【用途】慢性特发性血小板减少性紫癜（ITP）。

【不良反应】恶心、腹泻、皮疹、脱发、白内障、月经过多、肝毒性等。

【用药护理注意】每周监测血象至停药 4 周，监测肝功能。

【制剂、用法】片：25mg，50mg。口服：开始每次 25mg，1 次 / 日，空腹服，逐渐调整剂量，最大不超过 75mg/d。

人纤维蛋白黏合剂（护固莱士）用于创面止血。含人纤维蛋白原、凝血酶。将纤维蛋白原溶于注射用水、凝血酶溶于氯化钙溶液中。外用：喷涂或涂抹。

吸收性明胶海绵　Absorbable Gelatin Sponge 用于创面止血。片状，无菌包装。将渗血拭净，立即用干燥本品贴敷创面，再用干纱布加以压迫，即可止血。

奥曲肽、特利加压素（见主要作用于消化系统的药物，P491、P492）
加压素、去氨加压素（见治疗尿崩症药，P502、503）

（三）抗凝血药

枸橼酸钠　Sodium Citrate（柠檬酸钠）
【用途】体外抗凝。
【不良反应】大剂量致低钙血症、代谢性碱中毒而出现手足搐搦、血压下降。
【用药护理注意】大量输入含本品血液时，应注射适量钙剂，防低钙血症。
【制剂】注射液：0.25g（10ml）、5g（200ml）。
【用法】输血时防血凝：每 100ml 血中加入输血用枸橼酸钠注射液 0.25g。

肝素钠　Heparin　Sodium（肝素、海普林、Heparin）
【用途】血栓形成和栓塞、DIC 等，体外抗凝，乳膏外用治软组织损伤。

【不良反应】自发性出血、血小板减少、局部刺痛、局部血肿、过敏反应（发热、荨麻疹、哮喘等）等，罕见过敏性休克，长期使用致脱发、骨质疏松。

【用药护理注意】1. 对本品过敏、有出血倾向、严重肝肾功能不全、内脏肿瘤、溃疡病、细菌性心内膜炎、活动性结核、严重高血压、脑出血、外伤及手术后禁用。2. 皮下注射刺激性较大，可与 2% 普鲁卡因混合注射以减轻疼痛，并选用细针头皮下脂肪组织注射，注射处不宜搓揉，每次更换注射部位。3. 监测凝血时间。4. 多食含钾、钙食物。5. 乳膏勿直接涂于溃烂伤口和黏膜组织。

【制剂】注射液：1000U、5000U、12500U（2ml）。乳膏：20g（7000U）。

【用法】静滴：先静注 5000U，然后按 20000U~40000U/d，加入生理盐水 1000ml 中持续静滴。静注：首次 5000U~10000U，之后每 4 小时 100U/kg。皮下注射：首次 5000U~10000U，以后 8000U~10000U/8h。外用：乳膏涂患处。

肝素钙 Heparin Calcium（普通肝素钙、钙肝素、钙保明、自抗栓、凯瑞）
同肝素钠，皮下注射局部刺激较轻。注射液：2500U（0.3ml）、5000U（1ml）、7500U（1ml）、10000U（1ml）。静滴：首剂 5000U 静注，以后 20000~40000U/d，加生理盐水 1000ml 静滴。皮下注射：首次 5000~10000U，选择腹、腰部皮下注射。

达肝素钠[乙] Dalteparin Sodium （法安明、栓复欣、吉派林、诺易平）

【用途】防治血栓栓塞性疾病、血液透析时防血凝块形成。

【不良反应】皮肤黏膜、牙龈出血，血小板减少、高钾血症、转氨酶升高。

【用药护理注意】1. 禁止肌注。2. 用生理盐水或5%葡萄糖液配制，在12小时内使用。不与其他输液混合。3. 各药厂生产的制剂规格不同，也不等效，应参阅说明书使用，同一疗程不使用两种不同产品。4. 出现严重血小板减少应停药。

【制剂】注射液：2500IU、5000IU、7500IU（法安明），3200IU、4250IU、6400IU（栓复欣），3000IU、5000IU、10000IU（吉派林），1432IU（诺易平）。

【用法】腹壁皮下注射：防血栓栓塞，手术前2小时注射2500IU，术后每日早晨注射2500IU，共5~7日。静注：血透不超过4小时者，单次给药5000IU。

依诺肝素钠[乙] Enoxaparin Sodium （依诺肝素、克赛、Clexane）同达肝素钠。不同低分子肝素制剂不等效，同一疗程不使用两种产品。预填充注射器：2000AxaIU（0.2ml）、4000AxaIU（0.4ml）、6000AxaIU（0.6ml）、8000AxaIU（0.8ml）、10000AxaIU（1ml）。腹壁皮下注射：防血栓栓塞，手术前2小时注射1次2000AxaIU。治静脉血栓形成，100AxaIU/kg，1次/12小时。可静注，禁止肌注。

那屈肝素钙[乙] Nadroparine Calcium（低分子肝素钙、速碧林、Fraxiparine）

【用途】防治血栓栓塞性疾病、血液透析时防血凝块形成。

【不良反应】不同部位出血、转氨酶升高、过敏、血小板减少或增多等。

【用药护理注意】1. 同肝素钠。2. 皮下注射取卧位，交替注入腰部左侧或右侧前后部位的皮下组织，捏起该部位组织形成一褶裥，垂直注入皮下，注射过程保持皮肤皱褶，注射前不可推或拉注射器活塞，以免剂量不准或引起血肿。3. 在血透中，通过血管内注射给药。4. 禁止肌注。5. 本品过量用鱼精蛋白对抗。

【制剂】注射液：0.2ml（2050IU）、0.3ml（3075IU）、0.4ml（4100IU）、0.6ml（6150IU）、0.8ml（8200IU）、1ml（10250IU）。

【用法】皮下注射：防血栓栓塞，每次 0.3ml（3075IU），1 次 / 日，共 7 日，手术前 2~4 小时注射第 1 次。治深静脉血栓，每次 0.1ml/10kg，1 次 /12 小时，共 10 日。血透开始时通过动脉端给药：体重 51~70kg 者，单次 0.4 ml，约 65IU/kg。

磺达肝癸钠[乙] Fondaparinux Sodium（戊聚糖钠、安卓、Arixtra）

【用途】骨科大手术（如髋、膝关节置换）后预防深静脉血栓、心肌梗死。

【不良反应】出血、贫血、血小板减少、肝酶升高、发热、呕吐、皮疹等。

【用药护理注意】1. 不能肌注。2. 体重低于 50kg 者出血风险增加，应慎用。

【制剂】注射液：2.5mg（0.5ml）。

【用法】皮下注射：每次 2.5mg，1 次 / 日，术后 6~8 小时使用，疗程 5~9 天。

华法林钠〔甲〕 Warfarin Sodium（华法林、华法令、华福灵、Warfarin）

【用途】防治深静脉血栓及肺栓塞，心梗辅助治疗。

【不良反应】出血（鼻衄、齿龈出血、血尿）、过敏、胃肠不适、坏疽等。

【用药护理注意】1. 禁忌证参阅肝素钠。2. 许多药物可使本药增效而增加出血倾向，VitK、利福平等可减弱本品的抗凝作用，菠菜、卷心菜富含 VitK，应注意。3. 用药期间碱性尿者尿色可呈红色至橘红色，注意与血尿鉴别。4. 禁饮酒。5. 定期查血象、凝血酶原时间和肝肾功能、大便和尿潜血。

【制剂】片：1mg、2mg、2.5mg、3mg、5mg。

【用法】口服：第 1~3 日，3~4mg/d，3 日后给维持量，2.5~5mg/d。

双香豆素 Dicoumarol 同华法林。长期使用者，停药须逐渐减量，如突然停药，少数可致栓塞形成。片：50mg。口服：每 1 日 0.1~0.2g，第 2 日起 0.05~0.1g/d。

比伐芦定 Bivalirudin（泰加宁、泽朗）作为抗凝剂用于成人择期经皮冠状动脉介入治疗（PCI）。不能肌注。粉针：250mg。静注、静滴：进行 PCI 前静注 0.75mg/kg，然后立即静滴 1.75mg/(kg·h) 至手术完毕（不超过 4 小时）。用 5% 葡萄糖液或生理盐水稀释至 5mg/ml。静注 5 分钟后，监测活化凝血时间。

阿加曲班[乙] Argatroban（诺保思泰、达贝）
【用途】缺血性脑梗死急性期、慢性动脉闭塞症。
【不良反应】消化道或脑出血、血管痛、血压升高、头痛、过敏性休克等。
【用药护理注意】1. 选用较大静脉。2. 监测凝血功能，有出血时立即停药。
【制剂】注射液：10mg（2ml）、10mg（20ml）。
【用法】静滴：缺血性脑梗死，开始 2 日，60mg/d，用生理盐水稀释，24 小时持续滴注，以后 5 日每次 10mg，早、晚各 1 次，每次滴注 3 小时。

达比加群酯[乙] Dabigatran Etexilate（甲磺酸达比加群酯、泰毕全）
【用途】预防成人非瓣膜性房颤患者的卒中和全身性栓塞（SEE）。
【不良反应、用药护理注意】1. 致出血、贫血、过敏反反、腹痛、腹泻、血小板减少等。2. 餐时或餐后整粒吞服。3. 漏服若距下次用药 6 小时以上应补服。

【制剂、用法】胶囊：110mg、150mg。口服：每次 110~150mg，2 次 / 日。

利伐沙班[乙] Rivaroxaban （拜瑞妥）

【用途】防静脉血栓形成（VTE），治成人深静脉血栓形成（DVT）等。

【不良反应】出血、贫血、恶心、腹痛、转氨酶升高、皮疹、头痛、无力等。

【用药护理注意】1. 如漏服应立即补服。2. 生物利用度和吸收随剂量增高而下降，尤其是空腹。3. 如伤口已止血，首次用药应在术后 6~10 小时之间，髋和膝关节大手术者，疗程分别为 35 天和 12 天。4. 本药不被透析清除。

【制剂、用法】片：10mg、15mg、20mg。口服：每次 10~20mg，1 次 / 日，10mg 可与或不与食物同服，15mg 或 20mg 应与食物同服，药片可以压碎服。

阿哌沙班[乙] Apixaban （艾乐妥）用于髋或膝关节置换术后，预防静脉血栓形成（VTE）。致出血、贫血等。片：2.5mg。口服：每次 2.5mg，2 次 / 日，服药不受进餐影响，药片可以压碎服，如漏服应立即补服。首次用药应在术后 12~24 小时之间，髋和膝关节置换者，疗程分别为 32~38 天和 10~14 天。

依度沙班 Edoxaban（Savaysa、Lixiana）参阅利伐沙班。片：15mg、30mg、60mg。口服：每次30~60mg，1次/日。

链激酶 Streptokinase（溶栓酶、法链吉、去链吉、Streptase）

【用途】血栓栓塞性疾病（深静脉或周围动脉栓塞、肺栓塞、新鲜心梗等）。

【不良反应】出血（注射部位血肿等）、发热、头痛、过敏、全身不适等。

【用药护理注意】1. 禁忌证同肝素钠。2. 禁与其他抗凝药同用，忌与生物碱、蛋白质沉淀剂配伍。3. 用药期间避免不必要肌注、动静脉穿刺，因可引起血肿。4. 现配现用，溶解时不可剧烈振荡，以免活力降低。5. 用药前半小时先肌注异丙嗪25mg、静注地塞米松2.5~5mg，以防过敏反应等不良反应，治疗结束时可给予右旋糖酐40，以防再出现血栓。6. 治深静脉血栓时，滴注部位以患肢为宜。7. 用药后可产生抗体，5天~1年内重复给药疗效降低，1年内不重复给药。

【制剂】粉针：10万U、15万U、20万U、25万U、30万U、50万U。

【用法】静滴：心梗，150万U溶于生理盐水或5%葡萄糖液100ml中，60分钟匀速滴完。深静脉血栓，初始量25万U，30分钟滴完，然后以1万U/h的速度滴注72小时。

重组链激酶[甲] Recombinant Streptokinase （思凯通）用于急性心肌梗死等血栓性疾病。致发热、呕吐、出血、皮疹等。溶解时避免剧烈振荡，发生血压下降应减慢滴速，用链激酶后 5 天至 12 个月内不用本品。粉针：10 万 IU、50 万 IU、150 万 IU，2~8℃保存。静滴：150 万 IU 溶于 5% 葡萄糖液 100ml 中滴注 1 小时。

尿激酶[甲] Urokinase （雅激酶、尿活素、天普洛欣、UK）

【用途】急性心肌梗死、肺栓塞、脑血管栓塞、外周动静脉血栓等。

【不良反应】出血、过敏反应、头痛、恶心、呕吐、发热、ALT 升高等。

【用药护理注意】1. 严重肝肾功能障碍、严重高血压、出血倾向、低纤维蛋白原血症禁用。2. 现配现用，用注射用水 5ml 溶解后，加入生理盐水或 5% 葡萄糖液中，切勿用力摇晃。3. 禁止肌注。4. 出现出血、过敏反应立即停药。

【制剂】粉针：5000U、1 万 U、5 万 U、10 万 U、20 万 U、25 万 U、50 万 U、100 万 U、150 万 U。2~8℃保存。

【用法】急性心肌梗死：静滴，将 200 万 ~300 万 U 用生理盐水配制后，滴注 45~90 分钟。肺栓塞：首剂 4400U/kg，以 90ml/h 的速度 10 分钟滴完，继以 4400U（kg·h）连续静滴 2 小时或 12 小时。

重组人尿激酶原[乙] Recombinant Human Prourokinase（普佑克）

【用途】急性 ST 段抬高性心肌梗死的溶栓治疗。

【不良反应、用药护理注意】1. 致出血、过敏、心律失常等。2. 药物加入生理盐水后轻轻翻倒 1~2 次，不可剧烈摇荡，以免溶液产生泡沫、降低疗效。

【制剂、用法】粉针：5mg（50 万 IU）。2~8℃ 避光保存。静注、静滴：1次量 50mg，先将 20mg（4 支）用 10ml 生理盐水溶解后，3 分钟内静注完，其余 30mg（6 支）溶于 90ml 生理盐水，30 分钟内静滴完毕。

重组葡激酶 Recombinant Staphylokinase（施爱克、葡激酶）用于冠状动脉血栓引起的急性心肌梗死的溶栓治疗。致出血、心律失常、过敏反应、肝功能损害等。宜采用上肢末端血管，穿刺后压迫 30 分钟，并密切观察。粉针：5mg。4℃以下保存。静滴。每次 10mg，用生理盐水 50ml 溶解，30 分钟内静脉滴入。

蚓激酶[乙] Lumbrokinase（博洛克、普恩复）用于缺血性脑血管病中纤维蛋白原增高及血小板聚集率增高。致恶心、头痛、皮肤瘙痒、皮疹等。肠溶胶囊、肠溶片：30 万 U。口服：每次 60 万 U，3 次 / 日，饭前半小时服，1 疗程 3~4 周。

巴曲酶[乙] Batroxobin（东菱精纯抗栓酶、东菱抗栓酶、东菱克栓酶、东菱迪芙、Defibrin）用于急性脑梗死、各种闭塞性血管病、改善末梢及微循环障碍。致注射部位出血等。注射液：5BU（0.5ml）、10BU（1ml），BU为巴曲酶单位。5℃以下保存，避免冻结。静滴：通常首次10BU，以后隔日1次5BU，疗程1周。临用前用生理盐水100~200ml稀释，滴注1h以上。

蝮蛇抗栓酶 Ahylysantinfarctase（清栓酶）用于脑血栓形成、血栓闭塞性脉管炎、深部静脉炎、大动脉炎等。致患肢胀麻、酸痛、头痛、发热等。用药前须皮试（用生理盐水稀释成0.0025U/ml，用0.1ml）。冻干粉针：0.25U。静滴：每次0.008U/kg，用生理盐水或5%葡萄糖液250ml稀释，滴速40滴/分，1次/日。

降纤酶[乙] Defibrase（去纤维蛋白酶、克塞灵、去纤酶、Defrine）
【用途】脑血栓形成、四肢动静脉血栓形成、心肌梗死、肺栓塞等。
【不良反应】皮下出血点、齿龈出血、头晕、乏力、皮疹、微量蛋白尿等。
【用药护理注意】1.有出血病灶禁用。2.用药前须皮试（本品0.1ml用生理盐水稀释至1ml，皮内注射0.1ml）。3.注意出血倾向。4.滴速过快可致胸痛、心悸。5. 用药后 5~10 日内减少活动，以防意外创伤。6. 出现过敏现象立即停药。

【制剂】粉针：5U、10U，10℃以下保存。

【用法】静滴：急性发作期，每次 10U，1 次 / 日，用 3~4 日，用注射用水或生理盐水溶解后，加入 100~250ml 生理盐水中，滴 1 小时以上，开始滴速宜慢。

阿替普酶[乙] Alteplase（重组组织型纤溶酶原激活剂、组织型纤维蛋白溶酶原激活剂、爱通立、Actilyse、Recombinant Tissue Plasminogen Activator、rt-PA）

【用途】急性心肌梗死（AMI）、肺栓塞。

【不良反应】注射部位、胃肠道、泌尿生殖道、颅内出血，心律失常。

【用药护理注意】1. 不与其他药物配伍或共用一条静脉通路。2. 不用葡萄糖液稀释。3. 静注液浓度 1mg/ml，静滴液浓度 1mg/5ml。4. 已配制溶液在 2~8℃中最长存放 24 小时。5. 用药期间应避免血管穿刺。6. 监测心电图、生命体征。

【制剂】粉针：20mg、50mg（附灭菌注射用水 20ml、50ml）。

【用法】AMI：90 分钟加速给药法，体重 > 67kg 者，先静注 15mg，随后 30 分钟内滴入 50mg（体重 ≤ 67kg 者按 0.75mg/kg），剩余 35mg（体重 ≤ 67kg 者按 0.5mg/kg）在 60 分钟内滴完。总剂量 100mg。

瑞替普酶[乙] Reteplase（重组人组织型纤溶酶原激酶衍生物、派通欣）用于急性心肌梗死、肺栓塞。常致出血。即配即用，用 10ml 灭菌注射用水溶解，旋转药瓶应避免摇动，不与其他药物共用一条静脉通路。粉针：5MU。2~8℃保存，勿冷冻。静注：每次 10MU，给药 2 次，每次慢注 2 分钟以上，两次间隔 30 分钟。

替奈普酶[乙] Tenecteplase（重组人 TNK 组织型纤溶酶原激活剂、铭复乐、TNKase、rhTNK-tPA）用于 ST 段抬高型急性心肌梗死。致出血、心律失常等。配药不可剧烈摇荡。粉针：16mg(铭复乐)，50mg。2~8℃保存。静注：铭复乐，单次给药 16mg，用无菌注射用水 3ml 溶解，不用生理盐水或葡萄糖液，5~10 秒注完。TNKase，体重 < 60kg 者单次 30mg，用生理盐水 6ml 溶解。

舒洛地特 Sulodexide（伟素、Vessel Due F）
【用途】有血栓形成危险的血管疾病。
【不良反应】口服致胃肠反应，注射部位疼痛、烧灼感、血肿，罕见过敏。
【用药护理注意】1. 对本品、肝素、肝素样药品过敏、出血性疾病、孕妇禁用。2. 定期监测凝血指标。

【制剂】注射液：600LSU。胶囊：250LSU。LSU (Lipasemic Unit) 为酯酶单位。

【用法】肌注、静注：每次 600LSU，1 次 / 日，用 15~20 日。口服：每次 250LSU，2 次 / 日，距用餐时间要长，可在早上和晚上 10 时服。先用注射剂治疗 15~20 日，再改口服维持 30~40 日，45 至 60 天为 1 疗程，1 年至少使用 2 疗程。

（四）促白细胞药

重组人粒细胞巨噬细胞刺激因子[乙] Recombinant Human Granulocyte-Macrophage Colony Stimulating Factor（粒细胞 / 巨噬细胞集落刺激因子、沙格司亭、莫拉司亭、先特能、生白能、激因子、特尔立、里亚尔、吉姆欣、Sargramostim、rhGM-CSF）

【用途】各种原因引起的白细胞或粒细胞减少症。

【不良反应】发热、皮疹、水肿、口炎、骨痛、肌痛、恶心、腹泻、呼吸困难、静脉炎、嗜睡、肾功能减退、低血压、心律失常等。

【用药护理注意】1. 对本品过敏、自身免疫性血小板减少性紫癜、骨髓及外周血中存在过多原始细胞禁用。2. 应在医疗监护下使用。3. 皮下注射用 1ml 注射用水或生理盐水溶解，忌剧烈振荡；静滴用上述方法溶解后，再以生理盐水或 5% 葡萄糖液 50~100ml 稀释，浓度应 ≥ 7μg/ml，若低于此浓度，应在稀释液中先加入浓度为 0.1% 的人血白蛋白,以避免输液系统对本药的吸附。

【制剂】粉针:50μg、75μg、100μg、150μg、300μg、400μg。2~8℃保存。

【用法】癌症化疗致白细胞减少:皮下注射,注射后皮肤反应隆起约 1cm²,化疗停止 24~48h 后使用,每次 3~10μg/kg,1 次 / 日,共 5~7 天。骨髓移植:缓慢静滴,每次 5~10μg/kg,1 次 / 日。再障:皮下注射或静滴,每次 3μg/kg,1 次 / 日。

重组人粒细胞刺激因子[乙] Recombinant Human Granulocyte Colony Stimulating Factor (非格司亭、非雷司替、惠尔血、优保津、保粒津、格拉诺赛特、吉粒芬、吉赛欣、瑞白、津恤力、瑞血新、Filgrastim、rhG-CSF、G-CSF)

【用途】骨髓移植、肿瘤化疗后及其他原因引起的中性粒细胞减少。

【不良反应】骨痛、腰痛、头痛、过敏、低热、恶心、呕吐、转氨酶升高。

【用药护理注意】1. 对本品过敏禁用。2. 用所附注射用水 1ml 溶解,忌振荡,静注用 5% 葡萄糖液或生理盐水稀释,浓度应 ≥ 15μg/ml,不与其他注射液混合。3. 须在化、放疗停用 24 小时后使用。4. 定期查血象,中性白细胞过多应减量或停药,幼稚细胞过多立即停药。5.2~8℃避光保存,忌冻结和剧烈振摇。

【制剂】粉针、注射液:50μg、75μg、100μg、150μg、250μg、300μg、450μg。

【用法】皮下注射、静注：白血病化疗，每次 2.5~5μg/kg，1 次 / 日。实体瘤化疗，每次 2~3μg/kg，1 次 / 日。骨髓移植：于移植后 2~5 日起，每次 5μg/kg（或 300μg/m²），1 次 / 日。静滴剂量同皮下注射，但临床较少应用。

聚乙二醇化重组人粒细胞刺激因子[乙] PEG-rhG-CSF（新瑞白、津优力）用于中性粒细胞减少症。致发热、骨骼肌肉痛等。用前检查药液是否澄清透明，有悬浮物或变色时不用。勿冻结、禁振荡。注射液、预装式注射器：3mg（1ml）。2~8℃保存。皮下注射：每个化疗周期抗肿瘤药给药结束 48 小时后注射 6mg（或 100μg/kg），每个化疗周期 1 次。勿在使用细胞毒药前 14 天到化疗后 24h 内用。

茜草双酯　Rubidate
【用途】各种原因引起的白细胞减少症。
【不良反应】口干、头痛、食欲缺乏、乏力等。
【用药护理注意】1. 与维生素 B_4、鲨肝醇、利血生等有协同作用。2. 遇光分解变色，受潮或遇碱会被破坏，性状发生改变时，禁止使用。
【制剂、用法】片：0.1g、0.2g。口服：每次 0.4g，2~3 次 / 日，餐后服。

维生素 B$_4$ [乙] Vitamin B$_4$（腺嘌呤、Adenine）用于各种原因引起的白细胞减少症，急性粒细胞减少症。片：10mg，25mg。口服：每次 10~20mg，3 次 / 日。

辅酶 A [乙] Coenzyme A（达诺安、Co A）用于白细胞减少症、原发性血小板减少性紫癜、功能性低热等。粉针：50U、100U、200U。静滴：每次 50~200U，50~400U/d，临用前溶于 5% 葡萄糖液 500ml 中慢滴。肌注：每次 50~100U，用生理盐水 2ml 溶解后注射，1 次 / 日。

肌苷 [甲] Inosine（次黄嘌呤核苷、茵乃斯、甘可、百能）

【用途】白细胞、血小板减少，急慢性肝炎、心脏疾病的辅助治疗。

【不良反应】胃部不适、轻度腹痛，静注偶有恶心、颜面潮红。

【用药护理注意】1. 不与细胞色素 C 等配伍。2. 可与葡萄糖液、生理盐水、氨基酸混合静注或静滴。3. 与止血敏、维生素 C 配伍时，应先稀释后混合。

【制剂】片：100mg，200mg。注射液：100mg（2ml）、200mg（5ml）。

【用法】口服：每次 200~600mg，3 次 / 日。静注、静滴：每次 200~600mg，1~2 次 / 日。肌注：每次 100~200mg，1~2 次 / 日。

小檗胺 Berbamine（升白安）用于各种原因引起的白细胞减少症。本品对热和光不稳定，应避光、密封保存。片：28mg。口服：每次 4 片，3 次 / 日。

利可君[乙] Leucogen 预治白细胞减少症及血小板减少症。本品性状发生改变时，禁止使用。片：10mg、20mg。口服：每次 20mg，3 次 / 日。

（五）抗血小板药

双嘧达莫[甲] Dipyridamole（双嘧哌胺醇、潘生丁、达尔康、Persantin）

【用途】抗血小板聚集，预防血栓形成，心肌缺血的诊断性试验。

【不良反应】头痛、头晕、恶心、呕吐、腹泻、面红、皮疹、低血压等。

【用药护理注意】1. 休克者禁用。2. 除葡萄糖液外，不与其他药物混合注射。3. 用药期间不宜饮茶和咖啡，以免茶碱对抗腺苷作用，促使冠状动脉收缩。

【制剂】片：25mg。注射液：10mg（2ml）。

【用法】口服：每次 25~50mg，3 次 / 日，餐前 1 小时服。深部肌注：每次 10mg，1 次 /6 小时。静滴：心肌缺血的诊断性试验，用 5% 或 10% 葡萄糖液稀释，滴速 0.142mg（kg·min），共滴注 4 分钟。

噻氯匹定　Ticlopidine（抵克立得、力抗栓、防聚灵、利血达、敌血栓）
【用途】防治因血小板高聚集状态所致的心、脑及其他动脉循环障碍性疾病。
【不良反应】消化道症状、皮疹、齿龈出血、白细胞减少、肝功能损害等。
【用药护理注意】1. 出血性疾病、白细胞或血小板减少禁用。2. 出现发热、咽喉炎、口腔溃疡时应停药。3. 手术前 10~14 日应停药。4. 监测血象。
【制剂、用法】片、胶囊：250mg。口服：每次 250mg，1~2 次 / 日，餐时服。

曲克芦丁[乙] Troxerutin（维脑路通、维生素 P4）用于缺血性脑血管病、血栓性静脉炎、毛细血管出血等。致胃肠道反应等。服药期间避免阳光直射。片：60mg，180mg。胶囊：120mg。注射液：60mg（2ml）。口服：每次 120~180mg，3 次 / 日。肌注：每次 60~150mg，2 次 / 日，疗程 20 日。静滴：每次 240~480mg，1 次 / 日，用 5%~10% 葡萄糖液、生理盐水或低分子右旋糖酐稀释。

西洛他唑[乙]　Cilostazol（培达、邦平）
【用途】慢性动脉闭塞症引起的溃疡、疼痛、冷感和间歇性跛行等症状。
【不良反应】头痛、心悸、血压升高、呕吐、皮疹、出血、肝肾功能异常等。

【用药护理注意】1. 加强原有抗高血压的治疗。2. 出现过敏症状应停药。

【制剂】片：50mg，100mg。胶囊：50mg。

【用法】口服：每次 50~100mg，2 次 / 日，餐前半小时或餐后 2 小时服。

氯吡格雷[乙] Clopidogrel（硫酸氢氯吡格雷、泰嘉、波立维）

【用途】预防动脉粥样硬化血栓形成事件等。

【不良反应】出血、恶心、便秘、腹泻、皮疹、头痛，偶见血小板减少等。

【用药护理注意】1. 患者应告诉医生正在服用本品。2. 术前 1 周停止使用本品。3. 如漏服 12 小时内应补服。4. 慎与肝素合用。5. 监测白细胞和血小板计数。

【制剂】片：25mg、75mg（泰嘉）、75mg（波立维）。

【用法】口服：每次 50~75mg，1 次 / 日，可与或不与食物同服。

奥扎格雷[乙] Ozagrel（奥扎格雷钠、睛尔、丹奥、翰佳、康恩）

【用途】急性脑梗死，蛛网膜下腔出血术后血管痉挛及并发脑缺血。

【不良反应】出血倾向、恶心、呕吐、皮疹、肝功能障碍、血压下降等。

【用药护理注意】1. 脑出血、脑梗死并出血、有出血倾向、严重高血压，严重心、肺、肝、肾功能障碍禁用。2. 禁与含钙输液混合，以免出现白色混浊。

【制剂】粉针：20mg、40mg、80mg。注射液：40mg（2ml）、80mg（4ml）。奥扎格雷钠氯化钠注射液、奥扎格雷钠葡萄糖注射液：80mg（100ml、250ml）。

【用法】静滴：每次 80mg，溶于生理盐水或 5% 葡萄糖液 500ml 中，1~2 次/日，连续用药 2 周。

阿那格雷 Anagrelide（盐酸阿那格雷、安归宁、Xagrid、Agrylin）用于原发性血小板增多症。致头痛、腹泻、心悸等。胶囊：0.5mg、1mg。口服：每次 0.5mg，2 次/日。每周可增加 0.5mg/d，最大剂量不超 10mg/d，每次不超 2.5mg。

沙格雷酯[乙] Sarpogrelate（盐酸沙格雷酯、安步乐克）

【用途】改善慢性动脉闭塞症引起的溃疡、疼痛、冷感等缺血性症状。

【不良反应】恶心、反酸、腹痛、皮疹、出血、粒细胞、血小板减少等，

【用药护理注意】1. 出血患者、孕妇禁用。2. 定期查血常规和血小板。

【制剂、用法】片：100mg。口服：每次 100mg，3 次/日，餐后服。根据年龄、症状的不同适当增减药量。

替格瑞洛[乙] Ticagrelor（倍林达、泰仪）

【用途】急性冠脉综合征（ACS），有心肌梗死史且伴血栓形成高危因素者。

【不良反应】出血、胃肠道反应、头痛、呼吸困难、咳嗽、血尿酸升高等。

【用药护理注意】1. 患者应告诉医生正在服用本品。2. 本品应避免中断使用，如需临时停用，应尽快恢复用药。3. 监测心电图。4. 本品不被透析清除。

【制剂、用法】片：90mg。口服：开始单次负荷量180mg，维持量每次90mg，2次/日，维持治疗12个月，餐前或餐后服，片剂可碾碎成细粉末，并用半杯水混合后饮服。除非有明确禁忌，本品应与阿司匹林联合用药。

替罗非班[乙] Tirofiban（盐酸替罗非班、欣维宁、艾卡特）

【用途】不稳定型心绞痛或非 Q 波心肌梗死、预防心脏缺血事件。

【不良反应】出血、头痛、发热、过敏、血小板减少、心动过缓、水肿等。

【用药护理注意】1. 本品仅供静脉使用。2. 监测血小板、是否有潜在出血等。

【制剂】粉针：12.5mg。注射液：5mg（100ml）、12.5mg（50ml、250ml）。

【用法】静滴：与肝素联用，溶于生理盐水或 5% 葡萄糖注射液中，浓度50μg/ml。最初 30 分钟 0.4μg/(kg·min)，再按 0.1μg/(kg·min) 维持，疗程 2~5 天。

依替巴肽[乙]　Eptifibatide（泽悦、翰安）用于急性冠状动脉综合征（ACS）、经皮冠状动脉介入治疗（PCI）患者。致出血、过敏等。注射液：10mg（5ml）、20mg（10ml）。2~8℃保存。ACS：静注 180μg/kg，随后静滴 2μg/(kg·min)，最多持续 72 小时。将 3 瓶 10ml 本品加入生理盐水或 5% 葡萄糖盐水 50ml 中静滴。

阿昔单抗　Abciximab（Reopro）用于经皮冠状动脉干预防心脏缺血并发症。致出血、过敏等。注射液：10mg（5ml）。2~8℃保存。静注、静滴：PCI 治疗前 10~60 分钟静注 0.25mg/kg，继以 0.125μg/(kg·min) 静滴，持续 12 小时。用生理盐水或 5% 葡萄糖液稀释，用 0.2μm 或 0.5μm 的注射器滤膜过滤静注和静滴。

前列地尔　Alprostadil（前列腺素 E_1、保达新、凯威捷、凯时、比法尔）
【用途】心肌梗死，血栓性脉管炎，闭塞性动脉硬化，阴茎勃起功能障碍。
【不良反应】低血压、面红、头晕、皮疹、休克、阴茎疼痛、持续勃起等。
【用药护理注意】1. 严重心功能不全、有出血可能、孕妇禁用。2. 溶液须临用前配制。3. 不与其他药物混合。4. 乳膏用于阳痿，先张开尿道，将给药管中的乳膏挤入尿道中，手持阴茎保持向上约 30 秒，以便乳膏在尿道口吸收。5. 阴茎海绵体内注射应在医生指导下进行。6. 注射后有异常勃起应及时就医。

【制剂】粉针：20μg、30μg、100μg。注射液：5μg（1ml）、10μg（2ml）。2~8℃保存。乳膏（比法尔）：250mg（0.4%）。尿道栓：1mg。2~8℃保存。

【用法】静注：每次 5~10μg，用生理盐水或 5% 葡萄糖液 10ml 稀释。静滴：动脉闭塞性疾病，100~200μg/d，溶于 250ml 或 500ml 生理盐水或 5% 葡萄糖液中慢滴。阴茎海绵体内注射：勃起障碍，每次 10~20μg，阴茎背侧面近根部 1/3 处注射。尿道口给药：性交前 5~20 分钟将乳膏滴入尿道。栓剂从 0.25mg 起用。

贝前列素 [乙] Beraprost（贝前列素钠、德纳）用于慢性动脉闭塞症引起的溃疡、疼痛、冷感。致出血倾向、头痛、腹泻、皮疹、心悸、颜面潮红、肝功能异常、休克等。片：20μg。口服：每次 40μg，3 次 / 日，餐后服。

吲哚布芬 [乙] Indobufen（易抗凝、辛贝）用于动脉硬化性缺血性心、脑血管和周围动脉病变，静脉血栓形成。致恶心、呕吐、上腹不适、胃肠道出血等，出血性疾病、对本品过敏、孕妇、哺乳期妇女禁用。注射液：0.2g（2ml）。片：0.2g。口服、肌注、静注：每次 0.1~0.2g，2 次 / 日，餐后口服。

阿司匹林（见解热镇痛抗炎及抗痛风药，P265）

氯贝丁酯（见调节血脂及抗动脉粥样硬化药，P403）

伊洛前列素、依前列醇（见降低肺动脉高压药，P409）

（六）血浆及血浆代用品

人血白蛋白[乙] Human Albumin（健康人血白蛋白、血清白蛋白、安普莱士）

【用途】失血性休克、创伤性休克，防治低蛋白血症等。

【不良反应】偶见过敏反应等，大剂量可致脱水、心力衰竭、肺水肿。

【用药护理注意】1.严重贫血、心力衰竭禁用。2.有混浊或开瓶暴露超过4小时不能用。3.不分次或给第二人输注。4.出现发热、寒战、荨麻疹时停止注射。5.不与缩血管药合用。6.直接输注或用5%葡萄糖液、生理盐水（肾病者不用生理盐水）稀释成5%~10%浓度。粉针用5%葡萄糖液溶解成10%的浓度。

【制剂】注射液：10%（50ml）、20%（10ml、25ml、50ml、100ml）、25%（50ml）。2~8℃保存，勿置0℃以下。冻干粉针：5g、10g。10℃以下保存。

【用法】静滴、缓慢静注：每次5~10g，滴速不超过2ml/min，开始15分钟滴速缓慢，逐渐加速。静滴时选用有滤网的输液器。

补血康 Biseko 用于低蛋白血症、手术前后、肾病、肾炎、营养不良等。药液必须澄明方可输注，瓶塞穿刺后立即使用，出现头痛、呼吸困难、颈静脉怒张应立即停药。注射液：5%（50ml）。2~8℃储存。静滴：每次50ml。

冻干健康人血浆 Freeze Dried Human Plasma（冻干人血浆）
【用途】失血性休克、严重烧伤及低蛋白血症。
【用药护理注意】1.本品溶解后不能剧烈振摇。2.血浆瓶破损、标签不清、溶解后明显混浊或有不溶物时不能使用。3.溶解后的血浆应在3小时内输完，剩余不能再用。4.10℃以下避光保存。
【制剂】冻干针剂（有效期5年）：每瓶相当于400ml全血，附稀释液。
【用法】静滴：用0.1%枸橼酸溶液、灭菌注射用水或5%葡萄糖液溶解稀释至200ml（为黄色微带混浊的液体），用带滤网的输血器或漏斗纱布过滤。

羟乙基淀粉（200/0.5）氯化钠[乙] Hydroxyethyl Starch 200/0.5（贺斯）
【用途】手术、创伤、感染等引起的血容量不足和休克，治疗性血液稀释。
【不良反应】凝血障碍、发热、寒战，偶见难治性瘙痒、过敏反应等。

【用药护理注意】1. 使用时保持药液温度接近 37℃。2. 剩余药液不能再用（因有空气进入）。3. 开始 10~20ml 应缓慢滴入，并密切观察患者反应。4. 用量和滴速根据失血量、血液浓缩程度及其血液稀释效应而定。5. 出现过敏样反应立即停止输注并采取常规急救措施。6. 监测肾功能和血清电解质。

【制剂】羟乙基淀粉（200/0.5）氯化钠注射液：3%、6%、10%（500ml）。

【用法】静滴：每次 250~1000ml。用于血容量不足或休克时每日最大剂量：3% 为 66ml/kg、6% 为 33ml/kg、10% 为 20ml/kg。最大滴速：20ml/(kg·h)。

羟乙基淀粉（130/0.4）氯化钠[乙] Hydroxyethyl Starch 130/0.4（万汶）同羟乙基淀粉（200/0.5）氯化钠，对凝血和肾功能的影响较轻。注射液：6%（250ml、500ml）。静滴：每日最大剂量为 33ml/kg。

低分子羟乙基淀粉 用于补充血容量，改善微循环障碍。参阅羟乙基淀粉（200/0.5）氯化钠。一次用量不能过大，以免发生自发性出血，使用时保持药液温度接近 37℃。**羟乙基淀粉 20 氯化钠注射液、羟乙基淀粉 40 氯化钠注射液**：6%（250ml、500ml）。静滴：250~500ml/d。

琥珀酰明胶[乙] Succinylated Gelatin（长源雪安）用于低血容量休克早期治疗。偶见过敏反应，未用完药液不能再用，快速输入时将液体加温，但不超过37℃。注射液：20g（500ml）。静滴：每次 200~1000ml，用量视病情而定。

聚明胶肽 Polygeline（血代、血脉素）用于低血容量性休克。偶见荨麻疹、低血压、寒战等，温度较低时本药黏度增加，可稍加温后使用，本药含钙。注射液：1.6g（250ml）、3.2g（500ml），2~25℃保存。静滴：每次 500~1000ml。

右旋糖酐 40 Dextran 40（低分子右旋糖酐、欣润络）

【用途】各种休克、血栓栓塞性疾病（脑血栓、血栓闭塞性脉管炎等）。

【不良反应】出血倾向、发热、皮疹、淋巴结肿大等，个别致过敏性休克。

【用药护理注意】1. 询问药物过敏史，过敏体质者应做皮试。2. 充血性心力衰竭、少尿或无尿、有出血性疾患、其他血容量过多患者禁用。3. 首次使用滴速宜慢，并应严密观察 5~10 分钟。4. 不与维生素 C、K、B_{12} 和双嘧达莫等配伍。

【制剂】右旋糖酐 40 葡萄糖注射液（含葡萄糖 5%）、右旋糖酐 40 氯化钠注射液（含氯化钠 0.9%）：10%，10g（100ml）、25g（250ml）、50g（500ml）；6%，

6g（100ml）、15g（250ml）、30g（500ml），25℃以下保存。

【用法】静滴：每次 250~500ml，1 次 / 每日或隔日，成人和儿童均不宜超过 20ml/（kg·d）或 1500ml/d。抗休克时滴速为 20~40ml/min。

右旋糖酐 70 Dextran 70（中分子右旋糖酐）

【用途】防治低血容量休克、预防手术后血栓形成和血栓性静脉炎。

【不良反应、用药护理注意】同右旋糖酐 40，更易致出血。

【制剂】右旋糖酐 70 葡萄糖注射液（含葡萄糖 5%）：30g（500ml）。右旋糖酐 70 氯化钠注射液（含氯化钠 0.9%）：30g（500ml）。滴眼液：5mg（5ml）。

【用法】静滴：每次 500ml，用于休克，滴速 20~40ml/min，不超过 1500ml/d。

右旋糖酐 20 Dextran 20

【用途】休克、血管栓塞性疾病、预防术后静脉血栓。

【不良反应】过敏反应、发热、寒战、淋巴结肿大、关节炎、出血倾向等。

【用药护理注意】同右旋糖酐 40。避免用量过大。过敏体质者用前应皮试。

【制剂】右旋糖酐 20 葡萄糖注射液（含葡萄糖 5%）：30g（500ml）。右旋糖酐 20 氯化钠注射液（含氯化钠 0.9%）：30g（500ml）。

【用法】静滴：每次 250~1000ml，用于休克时，滴速 20~40ml/min。

（七）其他血液系统用药

普乐沙福 Plerixafor（释倍灵、Mozobil）

【用途】非霍奇金淋巴瘤和多发性骨髓瘤的外周干细胞收集。

【不良反应、用药护理注意】1. 致头晕、呼吸困难、过敏反应等。2. 药物有颗粒或变色时不能使用。3. 与 G-CSF 联合用药。4. 用药后至少观察 30 分钟。

【制剂、用法】注射液：24mg（1.2ml）。皮下注射：每次 0.24mg/kg，血浆分离置换开始前约 11 小时注射，持续 4 天。患者接受 G-CSF 每天 1 次、共给药 4 天后开始本品治疗。

依达赛珠单抗 Idarucizumab（泰毕安、Praxbind）用于接受达比加群酯治疗的患者需要快速逆转其抗凝效果时。致头痛、低血钾、发热等，有血栓栓塞风险。注射液：2.5g（50ml）。2~8℃保存。静滴、静注：推荐剂量为 5g，两瓶 2.5g 连续静滴（每次 5~10 分钟），或静脉快速注射。输注前后用生理盐水冲洗输液管。

十二、抗变态反应药

（一）抗组胺药

马来酸氯苯那敏[甲、乙] Chlorphenamine Maleate（氯苯那敏、扑尔敏）

【用途】皮肤过敏症、过敏性鼻炎、药物过敏、虫咬、感冒等。

【不良反应】嗜睡、疲劳、乏力、咽干、胸闷、出血倾向、烦躁、药疹等。

【用药护理注意】同苯海拉明。可与食物、牛奶同服。用药后不宜驾驶。

【制剂】片：4mg。控释胶囊：8mg。注射液：10mg（1ml）、20mg（2ml）。

【用法】口服：每次4mg，1~3次/日。儿童0.35mg/(kg·d)，分3~4次。控释胶囊：每次8mg，2次/日。肌注：每次5~20mg，1~2次/日。

苯海拉明[甲] Diphenhydramine（盐酸苯海拉明、苯那君、Benadryl）

【用途】皮肤黏膜过敏性疾病、过敏性鼻炎、晕车、晕船、虫咬性皮炎等。

【不良反应】头晕、头痛、困倦、嗜睡、口干、恶心、皮疹、粒细胞减少。

【用药护理注意】1.前列腺肥大、重症肌无力、闭角型青光眼、妊娠早期、哺乳期妇女、新生儿禁用。2.用药期间不宜从事危险作业。3.不能皮下注射，因有刺激性。4.本品含苯甲醇，儿童禁止肌注。5.防晕动症应在旅行前1~2小时服用。

【制剂】片：25mg。注射液：20mg（1ml）。乳膏：20g。糖浆。

【用法】口服：每次 25~50mg，2~3 次 / 日，餐后服。深部肌注：每次 20mg，1~2 次 / 日。口服糖浆适用于儿童。外用：乳膏。

茶苯海明[乙]Dimenhydrinate（乘晕宁、晕海宁、舟车宁）防治晕动病，如晕车、晕船、晕机所致的恶心、呕吐。致嗜睡、头痛、口干、皮疹等，可与食物或牛奶同服，饮酒可增强镇静等不良反应，禁饮酒。片：25mg、50mg。口服：每次 25~50mg，3 次 / 日，不超过 200mg/d，如乘车船，可提前 30 分钟服 25~50mg。

异丙嗪[甲] Promethazine（盐酸异丙嗪、非那根、普鲁米近、Phenergan）

【用途】各种过敏，晕车、晕船和妊娠呕吐，哮喘（与氨茶碱合用）等。

【不良反应】嗜睡、困倦、口干、口苦、胃肠刺激症状、痰液黏稠、皮炎。

【用药护理注意】1. 因可致 2 岁以下儿童呼吸抑制甚至死亡，故 2 岁以下禁用。2. 与茶碱及生物碱类药配伍禁忌。3. 可与食物或牛奶同服，以减轻胃肠刺激。4. 静注时避免药液漏出血管外。5. 用药期间停止危险作业。6. 避免饮酒。

【制剂】片：12.5mg、25mg。注射液：25mg（1ml）、50mg（2ml）。

【用法】口服：每次 12.5~25mg，儿童每次 0.125~1mg/kg，2~3 次 / 日，餐后服。肌注、静注：每次 25~50mg，儿童每次 0.25~1mg/kg。静注稀释至 0.25% 浓度。

阿司咪唑 Astemizole（苄苯哌咪唑、速力敏）用于季节性过敏性鼻炎。因不良反应原因，已趋少用。主要不良反应为变态反应和心脏毒性，可致过敏性休克和心律失常。片：3mg。口服：12 岁以上每次 3mg，1 次 / 日，空腹服。

氯雷他定[甲、乙] Loratadine（开瑞坦、诺那他定、氯羟他定、百为坦、百为哈）

【用途】过敏性鼻炎、急慢性荨麻疹及其他过敏性皮肤病。

【不良反应】头痛、嗜睡、头晕、乏力、口干、高或低血压、心悸、皮疹。

【用药护理注意】1. 对本品过敏禁用，孕妇、哺乳期妇女慎用，2 岁以下安全性未确定。2. 皮试前 48 小时应停用本品。3. 食物可增加本品生物利用度 40% 左右。

【制剂】片、胶囊：10mg。糖浆：60mg（60ml）、100mg（100ml）。

【用法】口服：每次 10mg，1 次 / 日，或每次 5mg，2 次 / 日，晨、晚各服 1 次。12 岁以下体重大于 30kg 者，剂量同成人；体重小于 30kg 者，每次 5mg，1 次 / 日。可将药片研碎后服。

氯雷他定伪麻黄碱 Loratadine and Pseudoephedrine (复方氯雷他定、开瑞能、琦克、氯雷伪麻) 用于缓解过敏性鼻炎、感冒症状。致嗜睡、失眠、头痛、口干等,硫酸伪麻黄碱有成瘾性,不宜长期使用。缓释片:含氯雷他定 5mg、硫酸伪麻黄碱 120mg。口服:每次 1 片,2 次/日,整片吞服,12 岁以上剂量同成人。

地氯雷他定[乙] Desloratadine (恩理思、芙必叮、地恒赛、地洛他定)
【用途】过敏性鼻炎、过敏性结膜炎、荨麻疹。
【不良反应】困倦、头痛、嗜睡、头晕、乏力、口干、心悸、恶心、腹泻。
【用药护理注意】1. 皮试前 48 小时停用本品。2. 进食不影响服药效果。
【制剂】片:2.5mg、5mg。分散片、胶囊:5mg。干混悬剂:0.5g;2.5mg。
【用法】口服:每次 5mg,1 次/日。干混悬剂每次 2 袋,每袋加水 10ml。

枸地氯雷他定 Desloratadine Citrate Disodium (贝雪、恩瑞特、瑞普康) 用于缓解慢性特发性荨麻疹及常年性过敏性鼻炎的全身及局部症状。致口干、嗜睡、困倦、乏力等。皮试前 48 小时停用本品。片、胶囊:8.8mg。口服:每次 8.8mg,1 次/日。进食不影响服药效果。

奥洛他定[乙] Olopatadine (盐酸奥洛他定、阿洛刻) 用于过敏性鼻炎、荨麻疹、皮肤病伴发的瘙痒，滴眼用于过敏性结膜炎。致嗜睡、倦怠感、口干、腹痛，ALT 和 AST 升高等。片、胶囊：5mg。滴眼液：5mg (5ml)。口服：每次5mg，2 次 / 日，早晨和晚上睡前服。滴眼：每次 1~2 滴，2 次 / 日，间隔 6~8 小时。

非索非那定 Fexofenadine (盐酸非索非那定、阿特拉、瑞非) 用于季节性过敏性鼻炎、慢性特发性荨麻疹。致头痛、嗜睡、疲乏、恶心等。不与含铝、镁制酸药同时服。片、胶囊：60mg。口服：每次 60mg，2 次 / 日，或每次 180mg，1 次 / 日。

赛克利嗪 Cyclizine (苯甲嗪、迈神、Marezine) 用于晕动症引起的呕吐，放疗、外伤、妊娠等引起的眩晕呕吐。致口干、嗜睡、心率加快等，会导致药物依赖。片：50mg。口服：每次 50mg，最多 3 次 / 日，如乘车船，提前 30 分钟服。

西替利嗪[乙] Cetirizine (盐酸西替利嗪、西替立嗪、仙特明、赛特赞、疾立静、比特力、伊维妥、斯特林、西可韦、福宁)

【用途】过敏性鼻炎、过敏性结膜炎、荨麻疹、过敏性皮肤瘙痒。

【不良反应】偶见头痛、口干、嗜睡、胃肠不适等，罕见过敏反应。

【用药护理注意】1. 孕妇、哺乳期妇女禁用，1岁以下慎用。2. 食物不影响吸收。3. 用药期间不宜饮酒。4. 不宜从事危险作业。5. 出现过敏反应立即停药。

【制剂】片、胶囊：10mg。口服滴剂：5ml、10ml（10mg/ml）。

【用法】口服：每次10mg，1次/日，或每次5mg，早、晚各服1次。

左西替利嗪[乙] Levocetirizine（盐酸左西替利嗪、优泽、畅然）用于过敏性鼻炎、慢性特发性荨麻疹。致嗜睡、头痛、疲倦、口干等。片、胶囊：5mg。口服液：5mg（10ml）。口服：每次5mg，1次/日，空腹、餐中或餐后均可服用。

去氯羟嗪[乙] Decloxizine（盐酸去氯羟嗪、克敏嗪、克喘嗪）

【用途】急慢性荨麻疹、皮肤划痕症、血管神经性水肿、支气管哮喘等。

【不良反应】偶见嗜睡、口干、便秘、失眠、长期用药可产生耐药性。

【用药护理注意】1. 新生儿禁用。2. 避免从事危险作业。3. 不宜饮酒。

【制剂】片：25mg、50mg。

【用法】口服：每次25~50mg，不超过3次/日。

美喹他嗪 Mequitazine（波丽玛朗）用于过敏性鼻炎、过敏性结膜炎、荨麻疹、过敏性皮肤病等。偶见困倦、头痛、视物模糊、便秘等。用药期间不宜饮酒。片：5mg、3mg。口服：每次 3~5mg，2 次 / 日，早、晚服，或睡前服 10mg。

美克洛嗪 Meclozine（敏可静、美其敏）用于晕动症引起的呕吐。致嗜睡，服药后不驾车。片：25mg。口服：每次 25mg，2 次 / 日，晕动病乘车前 1 小时服。

曲吡那敏 Tripelennamine（去敏灵、扑敏宁）用于过敏性皮炎、湿疹、过敏性鼻炎、哮喘。致嗜睡、头痛、皮疹、粒细胞减少，局部应用可引起皮炎。片：25mg、50mg。口服：每次 25mg，3 次 / 日，餐后服，不宜嚼碎。

曲普利啶[乙] Triprolidine（盐酸曲普利啶、刻免、克敏、吡咯吡胺、Actidil）用于荨麻疹、过敏性鼻炎、皮肤瘙痒等。致口干、便秘、腹痛、轻微嗜睡等。用药期间不能同时服用单胺氧化酶（MAO）抑制药，不宜饮酒，不宜从事危险作业。片、胶囊：2.5mg。口服：每次 2.5~5mg，2 次 / 日。

赛庚啶 [甲] Cyproheptadine（盐酸赛庚啶、普力阿克丁、Periactin）

【用途】过敏性疾病，如荨麻疹、湿疹、过敏性鼻炎、皮肤瘙痒。

【不良反应】嗜睡、口干、头晕、恶心、便秘、食欲增强、光敏性增加等。

【用药护理注意】1. 对本品过敏、青光眼禁用，孕妇、哺乳期妇女、年老体弱、2岁以下慎用。2. 止痒作用较强。3. 不宜从事危险作业。4. 避免饮酒。

【制剂】片：2mg。糖浆：40mg（100ml）。乳膏：20g：100mg。

【用法】口服：每次2~4mg，2~3次/日。2~6岁儿童每次1mg。外用：乳膏。

左卡巴斯汀 [乙] Levocabastine（盐酸左卡巴斯汀、立复汀、Livostin）

【用途】过敏性鼻炎（鼻喷剂），过敏性结膜炎（滴眼液）。

【不良反应】偶见轻微头痛、嗜睡、鼻刺激感、口干等，罕见过敏反应。

【用药护理注意】1. 对本品过敏者禁用，肾功能不全、孕妇慎用。2. 鼻喷剂为微悬浮液，用前须摇匀，喷药时应将药物吸入。3. 滴眼液开启后应1个月内使用。4. 滴眼液含氯苄烷胺，滴眼期间不戴隐形眼镜。

【制剂】鼻喷剂：10ml（0.5mg/ml），每揿50μg。滴眼液：4ml（2mg）。

【用法】喷鼻：每侧鼻孔每次2喷，2次/日。滴眼：每次每侧1滴，2次/日。

阿伐斯汀[乙] Acrivastine（艾克维斯定、新敏灵、欣民立、欣西、Semprex）

【用途】过敏性鼻炎、荨麻疹、皮肤划痕症等。

【不良反应】偶见皮疹、恶心、腹泻，罕见嗜睡、乏力等。

【用药护理注意】1. 对本品过敏者禁用，12 岁以下不推荐用，孕妇、哺乳期妇女慎用。2. 与乙醇或中枢神经系统抑制药合用，不良反应增多。

【制剂】胶囊：8mg。

【用法】口服：每次 8mg，1~3 次 / 日。12 岁以上用量同成人。

咪唑斯汀[乙] Mizolastine（皿治林、奥尼捷）

【用途】荨麻疹等皮肤过敏症状，季节性、常年性过敏性鼻炎。

【不良反应】头痛、口干、乏力、腹泻、嗜睡、焦虑、抑郁、低血压等。

【用药护理注意】1. 严重肝病、心脏病，低血钾禁用，孕妇、哺乳期妇女慎用。2. 不与咪唑类抗真菌药（如酮康唑）、大环内酯类抗生素（如红霉素）合用，因可使本药血药浓度中度升高。3. 药片不能掰开或嚼碎服用。

【制剂】缓释片：10mg。

【用法】口服：成人和 12 岁以上儿童，每次 10mg，1 次 / 日。

氯马斯汀 Clemastine (富马酸氯马斯汀、吡咯醇胺、克立马丁、斯诺平)

【用途】过敏性鼻炎、荨麻疹、湿疹及其他过敏性皮肤病。

【不良反应】嗜睡、恶心、呕吐、食欲缺乏、动作不协调、心悸、低血压。

【用药护理注意】1. 新生儿、早产儿、下呼吸道感染者禁用。2. 用药期间不宜驾车、操纵机器和高空作业。3. 老人易出现头晕、低血压。4. 禁饮酒。

【制剂】片、胶囊：1.34mg (含氯马斯汀 1mg)。口服液：8.04mg (60ml)。糖浆剂：0.67mg (5ml)。注射液：2ml：2mg (按氯马斯汀计)。

【用法】口服：每次 1.34mg，早、晚各 1 次。肌注：每次 2mg，1~2 次/日。

依巴斯汀[乙] Ebastine (苏迪、开思亭) 用于过敏性鼻炎、荨麻疹、其他过敏性瘙痒性皮肤病。致困倦、口干、头痛、肝功能异常等。服本药者如需做皮试，应停药 3~5 天，以免出现假阴性。片：10mg。口服：每次 10~20mg，1 次/日。

依匹斯汀 Epinastine (凯莱止、爱理胜) 用于过敏性鼻炎、荨麻疹、湿疹、皮炎、支气管哮喘，滴眼液用于过敏性结膜炎。致困倦、头痛、心悸、胃肠功能紊乱等。片、胶囊：10mg。滴眼液：0.05%。口服：每次 10~20mg，1 次/日。

氮卓斯汀 Azelastine（盐酸氮卓斯汀、狄克敏、爱赛平、敏奇）用于过敏性鼻炎、过敏性结膜炎。致嗜睡、头晕、口干、咳嗽、便秘，滴眼致灼痛、口苦，滴眼期间不戴隐形眼镜。片：1mg、2mg。鼻喷剂：10ml（10mg）。滴眼液：5ml（2.5mg）。口服：每次 2mg，2 次 / 日，早餐前 1 小时及晚临睡前服。喷鼻：每次每侧 1 喷，早晚各 1 次。滴眼：每次 1 滴，2 次 / 日。

贝他斯汀[乙]Bepotastine（苯磺贝他斯汀、坦亮）
【用途】过敏性鼻炎、荨麻疹、皮肤病引起的瘙痒，过敏性结膜炎（滴眼）。
【不良反应】困倦、口渴、恶心、胃痛、腹泻、ALT 升高，滴眼致眼刺激等。
【用药护理注意】1. 避免驾车等有危险的机械操作。2. 不要盲目长期服用。
【制剂】片：10mg。滴眼液：5ml、10ml（1.5%）。
【用法】口服：每次 10mg，2 次 / 日。滴眼：患眼每次 1 滴，2 次 / 日。

司他斯汀 Setastine（盐酸司他斯汀、齐齐）用于荨麻疹、过敏性鼻炎和其他急慢性过敏性反应症状。致疲劳、头晕、困倦、口干等。用药期间禁饮酒。片：1mg。口服：每次 1mg，2 次 / 日，睡前服或服后休息。

依美斯汀[乙]Emedastine（富马酸依美斯汀、埃美丁）用于过敏性鼻炎、荨麻疹，过敏性结膜炎（滴眼）。致嗜睡、困乏、口渴、腹痛等。避免驾车等有危险的机械操作。缓释胶囊：2mg。滴眼液：5ml（0.05%）。口服：每次 1~2mg，2 次 / 日，早饭后和睡前，整粒用水送服。滴眼：患眼每次 1 滴，2 次 / 日。

组织胺人免疫球蛋白 Human Histaglobulin

【用途】支气管哮喘、过敏性皮肤病、荨麻疹等过敏性疾病。

【不良反应】一般无不良反应，少数过敏体质者可发生哮喘症状加剧。

【用药护理注意】1. 仅供皮下注射，严禁静脉输注。2. 复溶后出现混浊、异物或摇不散的沉淀、安瓿有裂纹时禁用。3. 临用时将 20~25℃ 灭菌注射用水 2ml 注入本品瓶内，充分溶解后皮下注射。

【制剂】粉针：12mg（2ml）。2~8℃ 保存。

【用法】皮下注射：每次 2ml，1 次 /4~7 日，儿童 1 次 /6~10 日，3~5 次 1 疗程。

苯噻啶（见镇痛药，P263）

多塞平（见抗精神失常药，P304）

（二）其他抗变态反应药

氯化钙[乙] Calcium Chloride

【用途】钙缺乏、过敏性疾病、镁中毒和氟中毒的解救、高钾血症。

【不良反应】1. 静注过快致全身发热感、呕吐、血压下降、心律失常甚至心跳停止。2. 药液漏出血管外致局部剧痛、组织坏死。

【用药护理注意】1. 用强心苷期间或停药后 7 日内，禁用本品。2. 其 5% 溶液不能直接静注，须用等量 10%~25% 葡萄糖液稀释后慢注，速度不超过 50mg/min。3. 禁止肌注或皮下注射。4. 药液漏出血管外时，用 0.5% 普鲁卡因液局部封闭。

【制剂】注射液：0.3g（10ml）、0.5g（10ml）、0.6g、1g（20ml）。

【用法】缓慢静注：低钙血症，每次 0.5~1g，必要时 1~3 日后重复给药。

葡萄糖氯化钙注射液 用于血钙降低引起的手足搐搦、荨麻疹等。注射液：20ml（含氯化钙、葡萄糖）。静注：每次 10~20ml，1 次 / 每日或隔日。禁止肌注。

氯化钙溴化钠注射液 （痒苦乐民）用于皮肤瘙痒症。有强烈刺激性。注射液：5ml（含氯化钙、溴化钠）。缓慢静注：每次 5ml，1~2 次 / 日。禁止肌注。

葡萄糖酸钙[甲、乙] Calcium Gluconate 同氯化钙。不宜肌注。不与洋地黄类药合用，注射液一般不用于小儿。片：0.1g，0.5g。口服液：1g（10ml）。注射液：1g（10ml）。口服：每次 0.5~2g，3 次／日。缓慢静注：10% 注射液每次 10~20ml，用 5%~25% 葡萄糖液稀释 1 倍后缓慢注入，速度不超过 2ml/min。

戊酮酸钙 Calcium Levulinate（果糖酸钙）用于低血钙、过敏性疾病。同氯化钙。注射液：1g（10ml）。缓慢静注：每次 1g，加等量葡萄糖液稀释。

孟鲁司特[乙] Montelukast（孟鲁司特钠、顺尔宁）
【用途】哮喘的预防和长期治疗，过敏性鼻炎。
【不良反应、用药护理注意】致头痛、头晕、腹泻等。进食不影响吸收。
【制剂、用法】片：10mg。咀嚼片：4mg，5mg。颗粒：4mg。口服：每次 10mg，1 次／日。咀嚼片，6~14 岁每次 5mg，2~5 岁每次 4mg，1 次／日。晚临睡前服。

曲尼司特 Tranilast（利喘贝、利喘平、曲可伸）
【用途】支气管哮喘、过敏性鼻炎、瘢痕疙瘩、增生性瘢痕。

【不良反应】胃肠道反应、头痛、嗜睡、皮疹、膀胱刺激症状、肝功能异常。

【用药护理注意】1.孕妇禁用，肝、肾功能异常者慎用。2.用药期间不驾车和操作机械。3.出现过敏、膀胱刺激症状或肝功能异常应及时停药。

【制剂、用法】片、胶囊：100mg。口服：每次100mg，3次/日。

扎鲁司特　Zafirlukast（安可来、Accolate）用于哮喘的预防和治疗。致头痛、胃肠道反应、过敏。孕妇慎用，不推荐12岁以下使用。食物降低本品生物利用度。片：20mg、40mg。口服：每次20mg，2次/日，餐前1小时或餐后2小时服。

塞曲司特　Seratrodast（畅诺、畅同、茎康诺）用于支气管哮喘。致心悸、嗜睡、头晕等。激素依赖性患者服用本药应逐渐减少激素用量，不可骤然停用。片：40mg。颗粒：40mg、80mg。口服：每次80mg，1次/日，晚餐后服。

普仑司特　Pranlukast（安施达）用于支气管哮喘的预防和治疗。本药不能缓解急性发作，致皮疹、瘙痒、呕吐、腹痛、腹泻、肝功能异常等，食物增加本药吸收。胶囊：112.5mg。口服：每次225mg，2次/日，早、晚餐后服。

异丁司特　Ibudilast（维畅、司易可）用于轻、中度支气管哮喘。致食欲缺乏、嗳气、眩晕、皮疹、皮肤瘙痒、心悸等。缓释胶囊、缓释片：10mg。口服：每次 10mg，2 次 / 日，整粒吞服，禁止嚼碎。

他扎司特　Tazanolast（佐泰）用于支气管哮喘。致皮疹、瘙痒（须停药）、头痛、心悸、胃部不适。胶囊：70mg。口服：每次 70mg，3 次 / 日，餐后服。

酮替芬[乙]　Ketotifen（富马酸酮替芬、噻喘酮、萨地同、敏喘停、仰舒迪）

【用途】支气管哮喘、过敏性鼻炎、急慢性荨麻疹等。

【不良反应】口干、胃肠不适、嗜睡、疲倦、头晕、局部皮肤水肿等。

【用药护理注意】1. 不停用其他已使用的平喘药。2. 起效慢，须连用 2~4 周才缓解哮喘症状，应先告知病人。如需停用，应在 2~4 周逐渐减量。3. 不与降血糖药、镇静药合用。4. 禁饮酒。5. 避免驾驶等危险作业。

【制剂】片、分散片、胶囊：1mg。口服液：1mg（5ml）。鼻喷剂：每喷 0.15mg。

【用法】口服：每次 1mg，早、晚各 1 次。4~6 岁，每次 0.4mg，6~9 岁，每次 0.5mg，9~14 岁，每次 0.6mg，1~2 次 / 日。鼻吸入：鼻喷剂，每次 1~2 喷，1~3 次 / 日。

粉尘螨注射液 （粉尘螨）

【用途】过敏性哮喘、过敏性鼻炎等脱敏治疗。

【不良反应】局部红肿、皮疹、轻微哮喘、过敏性休克等。

【用药护理注意】1. 肾功能严重低下、严重心血管疾病禁用。2. 准备肾上腺素等抢救过敏性休克药械。3. 先用 1∶100000 药液（将 1∶10000 药液用生理盐水稀释10 倍）0.1ml 作皮试，观察半小时，如皮疹直径大于 10mm，第 1 次剂量应比规定剂量适当减少，治疗 5~10 次后再按规定剂量给药。4. 每次注射后需观察半小时。

【制剂】注射液：0.1mg（1ml，1∶10000）、0.2mg（1ml，1∶5000）。

【用法】皮下注射：1 次 / 周，15 周为 1 疗程，第 1~3 周，用 1∶100000 浓度，各周剂量为 0.3、0.6、1ml；第 4~6 周，用 1∶10000 浓度，各周剂量为 0.1、0.3、0.6ml；第 7~15 周，用 1∶5000 浓度，前 2 周剂量为 0.3、0.6ml，以后每周 1ml。

奥马珠单抗[乙] Omalizumab （奥马佐单抗、茁乐、Xolair）

【用途】确诊为 IgE（免疫球蛋白 E）介导的哮喘患者。

【不良反应】疼痛、疲劳、眩晕、骨折、皮炎、过敏，注射部位肿胀、瘙痒。

【用药护理注意】1. 仅供皮下注射，不能静注或肌肉注射。在上臂三角肌区皮下注射，如不能在三角肌区注射，也可在大腿部注射。2. 开始治疗前，应检测血清 IgE 水平，以确定给药剂量。3. 至少经过 12~16 周治疗后才能显示有效性。治疗 16 周时，应由医师对患者的治疗有效性进行评价，以确定是否继续给药。

【制剂】粉针：150mg。2~8℃保存。

【用法】皮下注射：根据 IgE 水平，1 次 /4 周，每次给药 75~600mg，按需要分 1~4 次注射，每个注射部位不超过 150mg，每 75mg 用 0.6ml 注射用水溶解。

肾上腺素（见拟肾上腺素药，P326）

色甘酸钠（见平喘药，P436）

肾上腺皮质激素药（见肾上腺皮质激素及促肾上腺皮质激素类药，P583）

十三、内分泌系统药

(一) 脑垂体激素及其类似物

重组人生长激素[乙] Recombinant Human Somatropin（基因重组人生长激素、人生长激素、健豪宁、安苏萌、珍怡、赛增、思真、诺德人体生长激素、rhGH）

【用途】生长激素缺乏症、性腺发育不全所致的生长障碍、烧伤、骨折等。

【不良反应】发热、头痛、转氨酶升高，注射部位红肿、皮下脂肪萎缩等。

【用药护理注意】1. 肿瘤患者禁用。2. 粉针用注射用水溶解，可轻摇，勿剧烈振荡，以免变性。3. 溶解后溶液含颗粒物时禁用。4. 注射部位应经常交替。

【制剂】粉针：2.5IU、3IU、4IU、4.5IU、8IU、10IU。注射液：4IU（1ml）、16 IU（1ml）、15 IU（3ml）、30 IU（3ml）。预填充注射笔：16 IU。2~8℃保存。

【用法】皮下注射：儿童生长激素缺乏，每次 0.1~0.15 IU/kg，或每次 0.025~0.035mg/kg，1 次 / 日，晚上睡前注射，疗程 3 个月至 3 年。烧伤，每次 0.2~0.4 IU/kg，1 次 / 日，用药 2 周。

聚乙二醇重组人生长激素 Polyethylene Glycol Recombinant Human Somatropin（金赛增）用于内源性生长激素缺乏所引起的儿童生长缓慢。致外周水肿、关节肿痛等。上臂、大腿或腹部脐周皮下注射，注完后将针头在皮下停留至少 6 秒。注射液：54 IU（9mg/1.0ml）。2~8℃保存。皮下注射：每次 0.2mg/kg，1 次 / 周。

亮丙瑞林[乙] Leuprorelin（醋酸亮丙瑞林、抑那通、利普安、贝依）

【用途】前列腺癌、绝经前乳腺癌、子宫内膜异位症、子宫肌瘤等。

【不良反应】头痛、潮热、多汗、肝损害、阳痿、皮疹、注射部位硬结等。

【用药护理注意】1. 用所附的溶剂配制，摇动以不起泡沫为限。2. 仅供皮下注射，上臂、腹部、臀部皮下，每次换位。3. 用 7 号注射针头。4. 注射后嘱患者不得按摩注射部位。5. 静注可诱发血栓。6. 乙醇加重本药的不良反应，禁饮酒。

【制剂】注射用微球：1.88mg、3.75mg。预充式注射器：11.25mg。

【用法】皮下注射：前列腺癌、绝经前乳腺癌，每次 3.75mg，1 次 /4 周，或用预充式注射器装，每次 11.25mg，1 次 /12 周。子宫肌瘤每次 1.88mg，1 次 /4 周。

曲普瑞林[乙] Triptorelin（醋酸曲普瑞林、色氨瑞林、达菲林、达必佳）

【用途】激素依赖性前列腺癌、子宫肌瘤、子宫内膜异位症、女性不孕症。

【不良反应】男性致潮红、阳痿、性欲减退；女性致阴道干涩、出血、头痛。

【用药护理注意】1. 用药前确保未孕。2. 缓释剂仅供肌注，每次更换注射部位。3. 双羟萘酸曲普瑞林每 3 个月肌注 1 次。4. 用药期间女性的月经停止来潮。

【制剂】注射液、粉针：0.1mg。缓释剂：3.75mg。双羟萘酸曲普瑞林：15mg。

【用法】皮下注射：每次 0.5mg，1 次 / 日，7 日后改维持量 0.1mg/d。肌注：用缓释剂，每次 3.75mg，在月经第 1~5 日开始，1 次 /4 周，连用不超过 6 个月。

戈那瑞林[乙] Gonadorelin (促性激素释放素、促黄体生成素释放激素)

【用途】下丘脑性闭经所致不育、小儿隐睾症、垂体兴奋试验。

【不良反应】恶心、多胎妊娠、呼吸困难、皮疹、注射部位炎症或发硬等。

【用药护理注意】1. 腺垂体瘤患者禁用,注射液、喷鼻液含苯甲醇,对苯甲醇过敏者禁用。2. 妊娠时须停药。3. 注射液 2~8℃避光保存。

【制剂】注射液:0.5mg。粉针:25μg、0.1mg、0.8mg。喷鼻液:10g (20mg)。

【用法】静滴:治不孕,于月周经期的第 2~4 天给药,每次按 5~20μg/min 的速度,共给药 90 分钟,用生理盐水或 5% 葡萄糖液稀释。静注:垂体兴奋试验,每次 25μg (女性) 或 100μg (男性),溶于生理盐水 2ml 中注射。喷鼻:治小儿隐睾症,于 1~2 岁间,每侧鼻孔 1 喷 / 次,3 次 / 日,3 餐前喷用,4 周 1 疗程。

戈舍瑞林[乙] Goserelin (醋酸戈舍瑞林、高瑞林、诺雷得) 用于前列腺癌、乳腺癌、子宫内膜异位症。致面部发热、阳痿、皮疹、注射部位淤血等。用药期间采用非激素避孕。10.8mg 植入剂仅用于男性,女性不适用。缓释植入剂:3.6mg、10.8mg。腹前壁皮下注射:每次 3.6mg,1 次 /28 天,或每次 10.8mg,1 次 /12 周。注射部位为上腹壁,也可在下腹中线,可先局部使用麻醉剂。

丙氨瑞林[乙] Alarelin（阿拉瑞林）用于子宫内膜异位症。粉针：25μg、150μg。用药期间采取避孕措施，出现淋漓出血应调整剂量。皮下、肌注：月经来潮第1、2日起，每次150μg，1次/日，用2ml生理盐水溶解，3~6个月1疗程。

醋酸兰瑞肽[乙] Lanreotide Acetate（索马杜林）用于肢端肥大症、类癌对症治疗。致腹泻、呕吐等。粉针：40mg，2~8℃保存。肌注：每次40mg，1次/14天。

生长抑素、奥曲肽（见主要作用于消化系统的药物，P488、P491）

（二）肾上腺皮质激素及促肾上腺皮质激素类药

氢化可的松[甲、乙] Hydrocortisone（氢可的松、皮质醇、可的素、Cortisol）

【用途】休克和危重病的抢救、肾上腺皮质功能减退、自身免疫性疾病、过敏性疾病、器官移植排斥反应、白血病，外用治过敏性皮炎、虹膜睫状体炎等。

【不良反应】1. 类肾上腺皮质功能亢进（向心性肥胖、痤疮、高血压、水钠潴留）。2. 肾上腺皮质萎缩或功能不全。3. 诱发和加重感染。4. 诱发和加重溃疡。5. 抑制生长发育。6. 诱发精神病。7. 诱发高血压和动脉粥样硬化。

【用药护理注意】1. 肾上腺皮质功能亢进、抗菌药物不能控制的细菌或真菌感染、活动性消化性溃疡、新近胃肠吻合术、精神病、高血压、骨折、糖尿病、产褥期、孕妇、角膜溃疡禁用。2. 严重感染、重度结核病必须与足量有效的抗菌药或抗结核药合用。3. 出现胃酸过多时，可同服抗酸药。4. 氢化可的松注射液含 50% 乙醇，必须充分稀释至 0.2mg/ml 后静滴，有中枢抑制症状或肝功能不全者慎用。5. 低盐、低糖、高蛋白饮食，适当加服钙剂及维生素。6. 定期查血压、体重、心率、血钾等。7. 停药时应逐渐减量，不能骤停。8. 滴眼液用前摇匀。

【制剂】片：4mg、10mg、20mg。**氢化可的松注射液**：10mg（2ml）、25mg（5ml）、50mg（10ml）、100mg（20ml）。**注射用氢化可的松琥珀酸钠**：50mg、100mg（按氢化可的松计）。**醋酸氢化可的松**：片，20mg；注射液，125mg（5ml）；眼膏，0.5%；滴眼液，3ml（15mg）。**丁酸氢化可的松乳膏**：10g（10mg）。

【用法】口服：肾上腺皮质功能减退，20~25mg/d，清晨服 2/3，午后服 1/3。肌注：20~40mg/d。静滴：每次 100mg，1 次／日，加 25 倍的生理盐水或 5% 葡萄糖液 500ml 稀释慢滴，可同时加维生素 C 0.5~1g。注射用氢化可的松琥珀酸钠，临用前以生理盐水或 5% 葡萄糖液稀释，可供肌注、静注、静滴、关节腔注射。醋酸氢化可的松注射液，摇匀后供关节腔注射。外用：眼膏、滴眼液、乳膏。

醋酸可的松[甲、乙] Cortisone Acetate （可的松、考的松、皮质素）

【用途】肾上腺皮质功能减退症的替代治疗，过敏性结膜炎（滴眼液）等。

【不良反应、用药护理注意】1. 同氢化可的松。2. 需经肝活化，肝功能不全不用。3. 关节腔内注射无效。4. 滴眼液管勿接触手和眼睛。5. 滴眼不超 2 周。

【制剂、用法】片：5mg，25mg。注射液（混悬液）：125mg（5ml）。滴眼液：3ml（15mg）。口服：替代疗法，25~37.5mg/d，上午 8 时前服 2/3，下午 2 时前服 1/3。肌注：25mg/d。滴眼：每次 1~2 滴，3 次 / 日，用前摇匀。

醋酸泼尼松[甲] Prednisone Acetate （泼尼松、强的松、去氢可的松）

【用途】主要用于过敏性和自身免疫性炎症性疾病。

【不良反应】同氢化可的松，较少而轻。

【用药护理注意】1. 同氢化可的松。2. 本品需经肝脏代谢活化为泼尼松龙才有效，故肝功能不良者效果差。3. 外科病人尽量不用，以免影响伤口愈合。

【制剂】片：5mg。眼膏：0.5%。

【用法】口服：每次 5~10mg，10~60mg/d。抗炎、抗过敏，5~40mg/d，早晨 8 时 1 次服，或早晨服全日量的 2/3，中午服 1/3。小儿 1~2mg/(kg·d)，分 2~4 次。

泼尼松龙[乙] Prednisolone (氢化泼尼松、强的松龙、百力特)

【用途】同泼尼松。滴眼液 (百力特) 用于对类固醇敏感的眼部炎症。

【不良反应、用药护理注意】1. 同泼尼松。2. 醋酸泼尼松龙注射液供关节腔内注射或肌注，不得静脉注射。3. 本品无需经肝脏活化。

【制剂】片：5mg。注射液：10mg (2ml)。醋酸泼尼松龙注射液：25mg (1ml)、125mg (5ml)。滴眼液：5ml (50mg)、10ml (100mg)。

【用法】口服：15~40mg/d，晨起 1 次服，发热者分 3 次服，维持量 5~10mg/d。小儿开始 1mg/(kg·d)，分 3 次。静滴：每次 10~20mg，加入 5%~10% 葡萄糖液 500ml 中。肌注、关节腔内注射：醋酸泼尼松龙 10~40mg/d。滴眼：每次 1~2 滴。

甲泼尼龙[甲、乙] Methylprednisolone (甲基泼尼松、甲基强的松龙、甲强龙)

【用途、不良反应、用药护理注意】1. 同泼尼松。2. 避免在三角肌注射，因此部位皮下萎缩发生率高。3. 粉针稀释液含苯甲醇。4. 注射液遇光分解，应避光。

【制剂】片：2mg、4mg。注射用甲泼尼龙琥珀酸钠：40mg、125mg、500mg。

【用法】口服：开始每次 4~48mg，1 次 / 日，维持量 4~8mg/d。肌注、静注、静滴：用甲泼尼龙琥珀酸钠，溶于 5% 葡萄糖液或生理盐水中缓慢静注、静滴。

地塞米松〔甲、乙〕 Dexamethasone（氟美松、利美达松、多力生、意可贴）

【用途】同泼尼松，地塞米松棕榈酸酯注射液用于类风湿性关节炎。

【不良反应】较大量使用易引起糖尿、类库欣综合征、精神症状、精神病。

【用药护理注意】1. 同氢化可的松。2. 醋酸地塞米松可肌注、关节腔注射、腔内注射或静注，地塞米松磷酸钠可肌注、关节腔注射、静注或静滴。

【制剂】片：0.75mg。醋酸地塞米松注射液：2.5mg（0.5ml）、5mg（1ml）、25mg（5ml）。地塞米松磷酸钠注射液、粉针：1mg、2mg、5mg（1ml）。地塞米松棕榈酸酯注射液：4mg（1ml）。粘贴片（意可贴）：0.3mg。软膏：0.05%。

【用法】口服：每次0.75~3mg，2~4次/日，维持量0.75mg/d。肌注：醋酸地塞米松，每次1~8mg，1次/日。静注、静滴：地塞米松磷酸钠，每次2~20mg，静滴时加入5%葡萄糖液中；地塞米松棕榈酸酯（不采用静滴），静注每次4mg，1次/2周，用5%葡萄糖液或生理盐水稀释。外用：粘贴片，将白色面贴于患处。

倍他米松〔乙〕 Betamethasone（倍氟美松、施利me、Celestone）

【用途】过敏性和自身免疫性疾病（活动性风湿病等），乳膏治过敏性皮炎。

【不良反应、用药护理注意】参阅氢化可的松。不用于肾上腺皮质功能减退。

【制剂】片：0.5mg。倍他米松磷酸钠注射液：2.63mg（相当倍他米松 2mg）、5.26mg（相当倍他米松 4mg）。乳膏：15g（15mg）。搽剂：0.025%（105ml）。

【用法】口服：开始 1~4mg/d，分 3~4 次，维持量 0.5~1mg/d。肌注、静注：2~20mg/d，分次给药。外用：乳膏涂患处，2~4 次／日；搽剂外用治白癜风。

复方倍他米松[乙] Betamethasone Compound（得宝松）注射液（含二丙酸倍他米松 5mg、倍他米松磷酸钠 2mg）：1ml。用前振摇，不得静脉及皮下注射。本品含苯甲醇。臀部深部肌注：开始每次 1~2ml，必要时可重复给药。关节内注射：大关节（膝、髋、肩）每次 1~2ml；中关节（肘、腕、踝）每次 0.5~1ml；小关节（足、手、胸）每次 0.25~0.5ml。皮损内注射：0.2ml/cm²，1 周总量不超过 1ml。

丙酸倍氯米松 Beclomethasone Dipropionate（二丙酸倍氯米松、倍氯米松、必可酮、倍乐松、倍氯松、伯克纳、安得新、必酮碟）

【用途】炎症性皮肤病（如湿疹、牛皮癣），支气管哮喘、过敏性鼻炎。

【不良反应】外用致红斑、丘疹等，口腔吸入致口干、声音嘶哑，鼻吸入致鼻烧灼感、喷嚏、鼻出血，长期使用致口腔、咽喉部白念珠菌感染。

【用药护理注意】1. 对本品过敏、严重高血压、糖尿病、胃十二指肠溃疡者等禁用。2. 哮喘持续状态疗效不佳。3. 气雾剂用于口腔喷雾，鼻喷剂仅限鼻腔喷雾。4. 每次喷吸药物应与深吸气配合。5. 口腔吸入后应立即漱口，以减轻刺激、防止滋生真菌。6. 起效较慢，应定时使用。7. 长期使用停药应逐渐减量。

【制剂】气雾剂：每揿 50µg（200 揿）。鼻喷剂：每揿 50µg（200 揿）。粉雾胶囊：200µg。乳膏：10g（2.5mg）。

【用法】口腔喷雾：每次 50~100µg，3~4 次 / 日，不超过 1mg/d，儿童不超过 400µg/d。鼻腔喷雾：每次每侧 100µg，2 次 / 日。粉雾吸入：每次 200µg，3~4 次 / 日。

曲安奈德[乙] Triamcinolone Acetonide（曲安缩松、康宁克通 -A、康宁乐）

【用途】过敏性皮炎、神经性皮炎、湿疹、关节痛、支气管哮喘、过敏性鼻炎、肩周炎、急性扭伤、瘢痕等。

【不良反应】长期外用致皮肤萎缩、痤疮，关节腔注射致关节损害，长期用于眼部致眼内压升高。其他参阅氢化可的松。

【用药护理注意】1. 参阅氢化可的松。2. 不用于肾上腺皮质功能减退的替代治疗。3. 用前摇匀，药物抽吸后要及时注射，以免在针管沉集，有颗粒或结块时不用。4. 注射液为混悬液，不能静注。5. 皮损内注射不宜太浅。

【制剂】注射液：10mg（1ml）、40mg（1ml）、50mg（5ml）。鼻喷剂。每揿55μg。醋酸曲安奈德鼻喷剂：每揿120μg。霜剂：5g。软膏、乳膏、滴眼液。

【用法】肌注：每次20~100mg，1次/周。皮下、关节腔内注射：每次2.5~5mg。皮损内注射：每处0.2~0.3mg，多部位单次总量不超过20mg。鼻腔喷雾：每次每侧鼻孔110μg（2揿），1次/日，用前振摇5次以上。外用：霜剂、软膏。

曲安西龙[乙] Triamcinolone（去炎松、阿赛松、氟羟强的松龙）

【用途】同泼尼松。可用于对皮质激素禁忌的伴有高血压或水肿的关节炎。

【不良反应、用药护理注意】1. 参阅氢化可的松。2. 致厌食、头痛、嗜睡等，一般不引起水肿、高血压、满月脸。3. 特发性血小板减少性紫癜禁止肌注。

【制剂】片：1mg、2mg、4mg、8mg。混悬注射液：50mg（5ml）、125mg（5ml）、200mg（5ml）。软膏：0.1%、0.5%。

【用法】口服：开始4~48mg/d，维持量4~8mg/d。可于早晨8~9时将全天剂量1次服用。肌注：每次40~80mg，1次/1~4周。皮下注射：每次5~20mg。关节腔内注射：每次5~40mg，1次/1~7周。外用：软膏。

莫米松[乙] Mometasone（糠酸莫米松、艾洛松、内舒拿）用于神经性皮炎、接触性皮炎、银屑病、湿疹，鼻喷剂治过敏性鼻炎。致瘙痒、皮肤萎缩等。不用于破损皮肤，先揿喷雾器6~7次，直到有喷雾再给药。鼻喷剂：50μg（60揿、140揿）。乳膏、软膏：0.1%（5g）。鼻腔喷雾：每侧鼻孔2喷，1次/日。外用：1次/日。

氟轻松 Fluocinonide（醋酸氟轻松、肤轻松、氟西奈德、仙乃乐、Fluocinolone）
【用途】湿疹、神经性皮炎、皮肤瘙痒症、日光性皮炎、接触性皮炎等。
【不良反应、用药护理注意】1. 外用可通过完整皮肤吸收。2. 真菌、病毒、结核性皮肤病禁用。3. 皮肤病并发细菌感染者，需同用抗生素。4. 面部和皮肤皱褶部位慎用，因短期应用也可造成皮肤萎缩。5. 涂药后可轻揉促其渗入皮肤。
【制剂】乳膏：10g（2.5mg）。
【用法】局部外用：先将皮肤洗净，然后薄薄涂药，2~4次/日。

丙酸氯倍他索[乙] Clobetasol Propionate（氯倍米松、特美肤）用于神经性皮炎、接触性皮炎、扁平苔藓、湿疹等。孕妇、儿童及面部、腋窝、腹股沟处不用，有皮肤刺激应停药。乳膏：10g，25g。外用：薄涂患处，1~2次/日，疗程不超2周。

丁酸氯倍他松 Clobetasone Butyrate（丁氯倍他松）用于湿疹、过敏性皮炎。不用于面部、破损皮肤。软膏：0.05%。外用：涂患处，1~3 次 / 日，不超 7 天。

卤米松[乙] Halometasone（澳能）用于对皮质类固醇治疗有效的非感染性炎症性皮肤病。本品不能与眼结膜或黏膜接触，避免长期连续使用。乳膏：10g，15g。外用：薄涂患处，1~2 次 / 日。

卤米松三氯生[乙]（新适确得）乳膏：10g。外用：涂患处，1~2 次 / 日。

哈西奈德[乙] Halcinonide 用于湿疹、银屑病等。孕妇慎用，皮肤有感染禁用。用前洗去鳞屑。软膏、乳膏、溶液：0.1%。外用：涂患处，早晚各 1 次。

去氧皮质酮 Desoxycortone（醋酸去氧皮质酮、脱氧皮质酮、去氧可的松）
【用途】原发性肾上腺皮质功能减退症的替代治疗。
【不良反应】过量致水肿、高血压、心力衰竭、低血钾等。
【用药护理注意】1. 用药期间严格控制水和钠摄入量，给予低钠、高钾饮食。2. 监测体重、血压、有无水肿，肺部有无湿啰音，查血钠、血钾。

【制剂】油注射液：5mg（1ml）、10mg（1ml）。微结晶混悬液：250mg（5ml）。

【用法】肌注：油注射液开始 2.5~5mg/d，1 次或分 2 次，维持量 1~2mg/d；微结晶混悬液每次 25~100mg，1 次 /3~4 周。

促皮质素[甲] Corticotrophin（促肾上腺皮质激素、ACTH）

【用途】促皮质素兴奋试验，红斑性狼疮等胶原性疾患。

【不良反应】1. 高血压、月经障碍、血糖升高、头痛、精神异常等。2. 静脉给药可发生过敏反应，甚至过敏性休克。

【用药护理注意】1. 不与中性和偏碱性注射液（生理盐水、谷氨酸钠、氨茶碱）配伍，以免发生混浊。2. 观察过敏反应，备好抢救用品。3. 必要时做皮试。4. 短效制剂用于静滴、肌注，长效制剂仅供肌注。5. 停药应逐渐减量。

【制剂】粉针：25U、50U。氢氧化锌促皮质素（长效制剂）：40U（1ml）。

【用法】静滴：每次 12.5~25U，溶于 5% 葡萄糖液 500ml 中，滴注 6~8 小时，1 次 / 日。肌注：每次 25U，2 次 / 日；长效制剂，每次 20~60U，1 次 / 日。

布地奈德、丙酸氟替卡松（见平喘药，P434~435）

（三）雄激素及同化激素

甲睾酮　Methyltestosterone（甲基睾丸素、甲基睾丸酮、Android）

【用途】男性性腺功能减低、绝经后女性晚期乳腺癌的姑息治疗。

【不良反应】用量过大致女性男性化（胡须生长、痤疮等）、肝损害、水肿、前列腺肥大、睾丸萎缩、血钙过高等，舌下含服可致口腔炎。

【用药护理注意】1. 前列腺癌、孕妇、哺乳期妇女禁用。心、肝、肾功能不全，前列腺肥大、高血压慎用。2. 有过敏反应及女性病人出现男性化征象应停药。

【制剂】片：5mg。含片：5mg、10mg。

【用法】口服、舌下含服：男性性腺功能减低，每次 5mg，2 次 / 日；绝经后晚期乳腺癌姑息治疗，每次 25mg，1~4 次 / 日。

美雄酮　Metandienone（去氢甲睾酮、去氢甲基睾丸素、大力补、尼乐宝）

【用途】骨质疏松症、慢性消耗性疾病、发育迟缓等。

【不良反应】胃肠道反应、水钠潴留、肝功能障碍、女性男性化等。

【用药护理注意】1. 肝功能不全、肾病、高血压、前列腺癌、孕妇禁用。2. 宜同时服用适量蛋白质、糖和维生素，以提高疗效。3. 出现过敏反应立即停药。

【制剂】片：1mg、2.5mg、5mg。

【用法】口服：开始 10~30mg/d，分 2~3 次。维持量 5~10mg/d，连用 4~8 周为 1 疗程，停 4~8 周可再用。

丙酸睾酮[甲] Testosterone Propionate（丙酸睾丸素、丙酸睾丸酮、Andronate）

【用途、不良反应】同甲睾酮。

【用药护理注意】1. 同甲睾酮。2. 注射液如有结晶析出，可加温溶解后使用。3. 应深部肌注，注射时将皮肤横向撑开，注意更换注射部位。4. 不能静注。

【制剂】注射液：10mg（1ml）、25mg（1ml）、50mg（1ml）。

【用法】深部肌注：男性性腺功能低下，每次 25~50mg，2~3 次 / 周。乳腺癌，每次 50~100mg，3 次 / 周。功能性子宫出血，每次 25~50mg，1 次 / 日，共 3~4 次。

十一酸睾酮[乙] Testosterone Undecanoate（十一酸睾丸素、安特尔、乐仕）

【用途】睾丸功能减退、男性体质性青春期延迟、再生障碍性贫血（再障）等。

【不良反应】男子乳房发育、水肿、痤疮、精子减少、皮疹，肌注局部硬结。

【用药护理注意】1. 前列腺癌、肝肾功能不全、孕妇、哺乳期禁用。2. 与适量蛋白质、糖和维生素合用可提高疗效。3. 胶囊应整粒吞服。4. 定期检查前列腺。

【制剂】胶囊：40mg。注射液：250mg（2ml）。

【用法】口服：每次 120~160mg/d，早晚餐时或餐后服。肌注：一般剂量每次 250mg，1 次 / 月，疗程 4~6 个月。再障，首次 1g，以后每次 0.5g，2 次 / 月。

复方睾酮酯注射液：1ml，含十一酸睾酮 150mg，丙酸睾酮 20mg，戊酸睾酮 80mg。用于睾丸切除术后和更年期。肌注：每次 50~100mg，1 次 /2~4 周。

苯丙酸诺龙 Nandrolone Phenylpropionate（苯丙酸去甲睾酮、多乐宝灵）

【用途】慢性消耗性疾病、乳腺癌姑息治疗。

【不良反应】轻微男性化、闭经、月经紊乱、肝功能障碍、水钠潴留等。

【用药护理注意】1. 前列腺癌、高血压、孕妇禁用，肝功能不全慎用。2. 不宜作营养品使用。3. 应深部肌注。4. 慢性消耗性疾病给予充足热量、蛋白质、维生素饮食。5. 定期查体重、足踝情况，有水肿、黄疸或女性男性化应立即停药。

【制剂】注射液：10mg（1ml）、25mg（1ml）、50mg（1ml）。

【用法】深部肌注：每次 25mg，1 次 /1~2 周。乳腺癌，每周 25~100mg。

癸酸诺龙 Nandrolone Decanoate (长效多乐宝灵)用于慢性消耗性疾病等。同苯丙酸诺龙。注射液:10mg(1ml)、25mg(1ml)。深部肌注:每次25~50mg,1次/3周。

司坦唑醇[乙] Stanozolol (吡唑甲氢龙、康力龙)

【用途】慢性消耗性疾病、重病或术后体弱、骨质疏松、再障、小儿发育不良、白细胞减少症、血小板减少症、高脂血症等。

【不良反应】下肢、颜面水肿,呕吐,长期使用致肝功能障碍、诱发肝癌。

【用药护理注意】1.严重心、肝、肾疾病,前列腺癌、高血压、孕妇禁用。2.出现痤疮等男性化反应须停药。3.定期查肝功能、凝血功能、血清铁、体重。

【制剂、用法】片:2mg。粉针:2mg。口服:每次2mg,2~3次/日。儿童减半。

达那唑[乙] Danazol (炔睾醇、炔睾酮、安宫唑、丹那唑、Danocrine)

【用途】子宫内膜异位症、纤维囊性乳腺病、男性乳房发育、性早熟等。

【不良反应】体重增加、水肿、头痛、痤疮、血栓、肝功能障碍、闭经等。

【用药护理注意】1.心、肝、肾功能不全,孕妇、哺乳期妇女禁用。2.女性出现男性化症状应立即停药。3.怀孕应中止妊娠。4.定期查肝功能。

【制剂、用法】胶囊：100mg、200mg。口服：子宫内膜异位症，从月经周期第 1~3 天开始，每次 200~400mg，2 次 / 日，连用 3 个月。纤维囊性乳腺病，每次 50~200mg，2 次 / 日，用 3~6 个月。

羟甲烯龙 Oxymetholone（康复龙）同司坦唑醇。儿童必须在医生观察下用药，不超过 30 天，成人不超 90 天。片：2.5mg、5mg。口服：5~10mg/d，分 1~3 次服。

（四）雌激素、孕激素、促性腺激素及避孕药
1. 雌激素及抗雌激素类药
己烯雌酚[甲] Diethylstilbestrol（乙菧酚、人造求偶素）

【用途】补充体内雌激素不足（如萎缩性阴道炎、卵巢切除后），闭经、回乳，晚期乳腺癌、晚期前列腺癌的姑息治疗。

【不良反应】恶心、厌食、乳房胀痛、子宫出血和肥大、血栓、头晕等。

【用药护理注意】1. 肝肾功能不全、乳腺癌（晚期除外）、血栓栓塞、孕妇禁用。2. 应详细说明用法，漏服可致子宫出血。3. 可减少多种维生素的吸收。

【制剂】片：0.5mg、1mg、2mg。注射液：0.5mg（1ml）、1mg（1ml）、2mg（1ml）。

【用法】口服：补充雌激素，月经第 5 日起，0.25~0.5mg/d，用 20 日停 1 周。人工月经周期，月经第 5 日起，0.25mg/d，连用 20 日，第 14 日起加用黄体酮 10mg/d，两药同时停用，用 3 个周期。肌注：每次 0.5~1mg，0.5~6mg/d。

氯烯雌醚 Chlorotrianisene（泰舒）用于更年期综合征、青春期功能性子宫出血。致胃部不适、乳房胀痛等。孕妇、不明原因阴道出血、乳腺癌禁用。滴丸：4mg。口服：更年期综合征，4~12mg/d，分 2~3 次，餐后服，20~22 日 1 疗程。

雌二醇[乙] Estradiol（诺坤复、康美华、伊尔、爱斯妥、更乐、松奇）
【用途】雌激素缺乏引起的各种症状、晚期前列腺癌等。
【不良反应】恶心、呕吐、乳房胀痛、子宫内膜过度增生、子宫出血等。
【用药护理注意】1.肝、肾功能不全、孕妇等禁用。2.治疗前进行全身和妇科检查。3.凝胶剂供外用，不能口服；最好在早晨或晚间沐浴后使用，均匀涂于乳房以外的躯干部、上肢、大腿内侧，皮肤清洁、完整，涂后 2 分钟再穿衣，禁用于乳房、外阴、黏膜。4.贴片不可贴于乳房，应经常更换贴片部位。
【制剂】片：1mg。控释贴片：2mg、3.8mg、4mg、7.6mg、7.9mg，缓释贴片：

2.5mg。半水合雌二醇贴片：1.5mg。凝胶剂（爱斯妥）：0.06%（30g）。

【用法】口服：缓解雌激素缺乏症状，开始1~2mg/d。外用：控释贴片、缓释贴片，周效贴每周1贴，3~4日效贴3~4日1贴。连用3周，停止1周。凝胶剂，每次1.25~2.5g（1g凝胶含雌二醇0.6mg），1次/日，每月用24~28日。

苯甲酸雌二醇[乙] Estradiol Benzoate（苯甲酸求偶二醇、女性素、保女荣）同雌二醇，可用于产后退奶。注射液用前充分摇匀。注射液：1mg（1ml）、2mg（1ml）。软膏：1.5g：1.35mg。肌注：绝经期综合征，每次1~2mg，2~3次/周；子宫出血，每次1~2mg，1次/日，1周后继用黄体酮。退奶，2mg/d，用2~3日。外用：每次1.5g（含苯甲酸雌二醇1.35mg），涂于干净皮肤上，1次/日。

雌二醇片/雌二醇地屈孕酮片复合包装[乙]（芬吗通）用于自然或术后绝经所致的紊乱症状的短期治疗。片：1/10mg（砖红色片含雌二醇1mg，黄色片含雌二醇1mg、地屈孕酮10mg），2/10mg（砖红色片含雌二醇2mg，黄色片含雌二醇2mg、地屈孕酮10mg）。口服：1片/日，疗程28天。前14天，每日服砖红色片1片，后14天，每日服黄色片1片。通常从1/10mg开始，视情况增加至2/10mg。

雌二醇片 / 雌二醇炔诺酮片复合包装 （诺康律）用于雌激素乏综合征。片：28 片装。蓝色 12 片，含雌二醇 2mg；白色 10 片，含雌二醇 2mg、醋酸炔诺酮 1mg；红色 6 片，含雌二醇 1mg。口服：月经第 5 日起，1 片 / 日，先服蓝色片。

雌二醇炔诺酮 （诺更宁）用于雌激素缺乏综合征、预防妇女绝经后骨矿物质丢失。定期检查肝功能。片：28 片装（日历型）。每片含雌二醇 2mg 或 1mg、醋酸炔诺酮为 1mg 或 0.5mg。口服：停经 1 年后开始使用，1 片 / 日，连续口服。

戊酸雌二醇[乙] Estradiol Valerate（补佳乐、扑佳华、协坤）

【用途】补充雌激素不足、晚期前列腺癌、预防骨质疏松。

【不良反应】恶心、头痛、乳房胀痛、异常子宫出血、体重增加等。

【用药护理注意】1. 肝肾功能不全、乳腺肿瘤、卵巢癌、肝肿瘤、血栓栓塞性疾病、孕妇禁用。2. 治疗前行全身和妇科检查。3. 出现头痛、血压升高、全身瘙痒等立即停药。4. 发生异常子宫出血，应积极查找病因。

【制剂】注射液：5mg（1ml）、10mg（1ml）。片（补佳乐）：1mg。

【用法】肌注：每次 5mg，1 次 /4 周。口服：1mg/d，餐后服，共 20~25 日。

雌二醇屈螺酮 （安今益）用于绝经超过 1 年的女性所出现的雌激素缺乏症状的激素替代治疗。片：含雌二醇 1mg 和屈螺酮 2mg。口服：1 片 / 日。用少量液体整片吞服，用药时间不受饮食影响。最好在每日同一时间服药。

复方戊酸雌二醇 （逸维仙）治疗围绝经期和绝经后妇女性激素缺乏综合征。用药前进行内科、妇科检查。片：含戊酸雌二醇 2mg，炔诺酮 0.7mg。口服：停经 1 年后开始用本药。每次 1 片，1 次 / 日，月经第 5 天服药，1 个月服 20 天。

戊酸雌二醇片 / 雌二醇环丙孕酮片复合包装[乙] （克龄蒙、Climen）

【用途】本品雌孕激素联合使用建立人工月经周期，用于治疗主要与自然或人工绝经相关的雌激素缺乏。

【不良反应】头痛、腹痛、恶心、过敏、月经出血模式改变、体重改变等。

【用药护理注意】每日在相同时间内服药。如漏服，应在 24 小时内补服。

【制剂、用法】片：21 片装（日历型）。其中白色 11 片，含戊酸雌二醇 2mg；橙红色 10 片，含戊酸雌二醇 2mg 和醋酸环丙孕酮 1mg。口服：自月经第 5 天起，1 片 / 日，11 片白片、10 片橙红色片，服 21 天，停 7 天后开始另一周期。

雌三醇 Estriol（伊特乐、欧维婷）

【用途】雌激素缺乏引起的泌尿生殖道萎缩性症状，绝经后阴道手术前、后。

【不良反应】乳房胀痛、下腹胀，阴道灼热、分泌物异常、瘙痒等。

【用药护理注意】1.出现黄疸、血压升高、妊娠等应停药。2.忘记用药且不是在下次用药当日，应立即补上。3.每日使用不超过 1 次，不宜长期连续使用。

【制剂】栓剂：0.5mg。乳膏：15g：15mg。

【用法】阴道给药：每次栓剂 1 枚或乳膏 0.5g（雌三醇 0.5mg），置入阴道深处，每晚睡前 1 次，连用 2~3 周。根据症状缓解情况，可用维持量，2 次 / 周。

结合雌激素[乙] Conjugated Estrogens（结合型雌激素、妊马雌酮、倍美力）

【用途】与绝经相关的血管舒缩症状、外阴和阴道萎缩、功能性子宫出血。

【不良反应】关节痛、脱发、皮疹，乳房增大、疼痛，突破性出血、闭经。

【用药护理注意】1.孕妇、不明原因阴道出血、血栓栓塞性疾病、患雌激素依赖性肿瘤者禁用。2.可与生理盐水或右旋糖酐配用，忌与酸性溶液配伍。3.软膏剂不与乳胶阴茎套同时使用，因可致避孕失败。4.嘱病人每月自我检查乳房。

【制剂】片：0.3mg、0.45mg、0.625mg。软膏：14g（每克含结合雌激素

0.625mg）。注射液：20mg（1ml）。

【用法】口服：0.3~0.625mg/d，通常从 0.3mg/d 开始，连续用药或用药 25 天，停药 5 天。阴道给药：软膏，每次 0.5~1g（含结合雌激素 0.625mg），每晚 1 次，3 周 1 疗程。肌注：功能性子宫出血每次 20mg，起效后改口服 2.5~7.5mg/d。

炔雌醇[甲] Ethinylestradiol（乙炔雌二醇）用于补充雌激素不足、晚期乳腺癌（绝经期后妇女）、避孕。维生素 C 可提高本品生物利用度。片：5μg、20μg、50μg、500μg。口服：每次 0.02~0.05mg，每晚 1 次。乳腺癌，每次 1mg，3 次 / 日。

尼尔雌醇[乙] Nilestriol（雌三醚、戊炔雌三醇、雷塞、维尼安）

【用途】雌激素缺乏引起的绝经期或更年期综合征，老年性阴道炎。

【不良反应】白带增多、乳房肿胀、恶心、头痛、高血压、突破性出血等。

【用药护理注意】1. 有雌激素依赖性肿瘤史、血栓病、高血压、孕妇禁用。2. 除突破性出血量过多外，一般不须停药。3. 长期用药至少每年体检 1 次。

【制剂】片：1mg、2mg、5mg。

【用法】口服：每次 5mg，1 次 / 月，症状改善后维持量每次 1~2mg，2 次 / 月。

普罗雌烯[乙] Promestriene（更宝芬、露芬）用于雌激素不足导致的阴道萎缩，乳膏用于外阴、前庭部及阴道环部的萎缩性病变。致局部刺激、过敏等。阴道胶囊、胶丸：10mg。乳膏：15g、30g（1%）。阴道内给药：10mg/d，将湿润过的阴道胶囊放入阴道深处，疗程20天。局部外用：涂患处，1~2次/日。

替勃龙[乙] Tibolone（7-甲异炔诺酮、利维爱、Livial）用于自然绝经和手术绝经所引起的各种症状。致头痛、阴道出血、胃肠不适等。孕妇、激素依赖性肿瘤、静脉血栓、原因不明的阴道流血、严重肝病禁用。片：2.5mg。口服：每次2.5mg，1次/日，味苦，整片吞服，勿嚼碎，每天在同一时间服药。

2. 孕激素及抗孕激素类药

黄体酮[甲、乙] Progesterone（孕酮、助孕素、安胎针、安琪坦、雪诺同、琪宁）
【用途】月经失调、习惯性流产、黄体功能不足、人工周期（与雌激素合用）。
【不良反应】恶心、呕吐、痤疮、乳房肿胀、疼痛等，大剂量致水钠潴留。
【用药护理注意】1. 血栓栓塞性疾病、肝功能损害禁用。2. 出现黄疸立即停药。3. 长期应用可致子宫内膜萎缩、月经量减少。4. 注射剂为油溶液，如天冷析出结晶，可加温溶解后使用。5. 肝病者不能口服。6. 监测肝功能。

【制剂】胶囊、胶丸：100mg。注射液：10mg（1ml）、20mg（1ml）。栓：25mg。

【用法】肌注：习惯性流产，自妊娠开始，每次 10~20mg，2~3 次 / 周，用至妊娠第 4 个月。口服：每次 100mg，早晚各 1 次。阴道给药：每次 1 枚，1~2 次 / 日。

烯丙雌醇[乙] Allylestrenol（多力姆）用于先兆流产、习惯性流产、先兆早产。偶致体液潴留、恶心、头痛，可降低糖耐量。糖尿病孕妇应定期查血糖。片：5mg。口服：先兆流产，每次 5mg，3 次 / 日，餐后服，连用 5~7 至症状消失。

甲羟孕酮[甲、乙] Medroxyprogesterone（醋酸甲羟孕酮、安宫黄体酮、羟甲孕酮、甲孕酮、普维拉、得普乐、Provera、MPA、DMPA）

【用途】功能性子宫出血、闭经、痛经、子宫内膜异位症、先兆流产，避孕（注射剂）。（本品还可治晚期乳腺癌等，见抗恶性肿瘤药，P182）

【不良反应】乳房胀痛、不规则子宫出血、过敏、水肿、视力障碍、脱发。

【用药护理注意】1. 肝、肾功能不全，血栓性静脉炎、心肌梗死、脑梗死、孕妇禁用。2. 发生血栓栓塞、眼疾病或偏头痛时停止用药。3. 注射液用前摇匀。

【制剂】片：2mg、4mg、10mg。注射液：150mg（1ml）。

【用法】口服：痛经，月经第 6 天起，每次 2~4mg，1 次 / 日，用 20 日。闭经，4~8mg/d，用 5~10 日。肌注：避孕，月经的前 5 天用，每次 150mg，1 次 /3 个月。

环丙孕酮　Cyproterone（醋酸环丙孕酮、色普龙、安君可、环丙氯地孕酮）

【用途】男性性欲亢进、妇女多毛症、痤疮、各种性变态、前列腺癌。

【不良反应】胃肠道反应、头痛、贫血、男子女性型乳房、男性不育等。

【用药护理注意】1. 用药前应全面体检。2. 对慢性酒精中毒者无效。

【制剂】片：25mg、50mg。乳膏：1%。注射液：20mg。

【用法】口服：控制性欲，每次 50mg，2 次 / 日，餐后服；治前列腺癌，开始 300mg/d，分 2~3 次，维持量 200~300mg/d。外用：用乳膏，治痤疮，2 次 / 日。

炔雌醇环丙孕酮[乙]　Ethinylestradiol and Cyproterone（达英 -35、Diane-35）用于避孕、痤疮、多毛症。肝损害、孕妇、男性禁用，服药前、服药中应体检及妇科检查。片：含环丙孕酮 2mg、炔雌醇 0.035mg。口服：1 片 / 日，每天约在同一时间服药，用 21 日，停药 7 日后开始下一盒药。漏服时间在 12 小时内应尽快补服。

甲地孕酮[甲] Megestrol（醋酸甲地孕酮、去氢甲孕酮、妇宁）

【用途】避孕药，痛经、闭经、功能性子宫出血（其他用途见 P182）。

【不良反应】体重增加、水肿、恶心、呕吐、头晕、皮疹、阴道出血等。

【用药护理注意】参阅炔诺酮（P613）。

【制剂】(妇宁) 片、膜、纸片：1mg、4mg。**复方甲地孕酮片**（避孕片二号）：含甲地孕酮 1mg、炔雌醇 0.035mg。**甲地孕酮探亲避孕片**：2mg。

【用法】口服：治闭经，每次 4mg，2~3 次 / 日，连服 2~3 日，停药 2~7日。短效避孕用复方甲地孕酮，从月经第 5 日起，1 片 / 日，连用 22 为 1 周期，停药后 2~4 日来月经。探亲避孕用甲地孕酮探亲避孕片，同居当日中午服 2mg，当晚 2mg，以后每晚 2mg，至探亲结束次日再服 2mg。

地屈孕酮[乙] Dydrogesterone（去氢黄体酮、达芙通）

【用途】内源性孕酮不足引起的痛经、子宫内膜异位症、月经紊乱、功能失调性子宫出血等，孕激素缺乏所致先兆性或习惯性流产、黄体不足所致不孕症。

【不良反应】轻微阴道出血、闭经、乳房疼痛、呕吐、头痛、肝功能改变。

【用药护理注意】1. 用于流产时应确定胎儿是否存活。2. 用药期间出现不正常阴道出血时，应做进一步检查。3. 定期进行全面体检。4. 服药不受进食影响。

【制剂、用法】片：10mg。口服：痛经，从月经周期的第 5~25 日，每次 10mg，2 次 / 日；功能性出血，止血每次 10mg，2 次 / 日，连用 5~7 日；习惯性流产，每次 10mg，2 次 / 日，直至妊娠 20 周。

地诺孕素[乙] Dienogest（唯散宁、Visanne） 治疗子宫内膜异位症。致头痛、乳房不适、心境抑郁、痤疮等。片：2mg。口服：每次 2mg，1 次 / 日，可于月经周期的任意一天开始使用本品，餐后或空腹服，最好每天于同一时间服用。

普美孕酮 Promegestone（消各通）

【用途】黄体功能不足所致疾患（如痛经、子经内膜异位症、月经紊乱等）。

【不良反应】闭经、突破性出血、皮脂溢出、体重增加、胃肠道症状等。

【用药护理注意】1. 肝病、孕妇、有血栓病史禁用，高血压、糖尿病、哺乳期慎用。2. 出现黄疸、复视、视网膜血管病变、静脉血栓、严重头痛应停药。

【制剂】片：0.125mg、0.25mg、0.5mg。

【用法】口服：0.125~0.5mg/d，于月经周期的第 16~25 日服用。

诺美孕酮 Nomegestrol（去甲甲地孕酮）用于黄体功能不足所致疾患。参阅普美孕酮。片：5mg。口服：每次5mg，1次/日，于月经周期第16~25日服用。

3. 促性腺激素

绒促性素[甲] Chorionic Gonadotrophin（绒膜激素、绒毛膜促性腺激素、普罗兰、波热尼来、波热尼乐、宝贝朗源、HCG）

【用途】不孕症、黄体功能不全、功能性子宫出血、习惯性流产、隐睾症。

【不良反应】卵巢过度刺激综合征（下腹痛、下肢水肿、呕吐等）、卵巢肿大、头痛、乳房胀大、多胎妊娠、痤疮、阴茎与睾丸胀大等，偶见过敏反应。

【用药护理注意】1.垂体肿瘤、性早熟、诊断未明的阴道出血、子宫肌瘤、卵巢囊肿、前列腺癌、血栓栓塞性疾病禁用。2.溶液极不稳定且不耐热，应临用前以注射用水或生理盐水2ml溶解。3.不宜长期使用。4.可使妊娠试验假阳性。

【制剂】粉针：500U、1000U、2000U、5000U。20℃以下保存。

【用法】肌注：促排卵，于尿促性素末次给药后1天或氯米芬末次给药后5~7天注射1次5000~10000U，用3~6周期，如无效应停药。黄体功能不全，自排卵之日起，每次1500U，1次/隔日，用5次。妊娠后维持原剂量至妊娠7~10周。

重组人绒促性素 Recombinant Human Chorionic Gonadotropin alfa（艾泽）用于体外授精（IVF）之前进行超促排卵的妇女、无排卵或少排卵妇女。致卵巢过度刺激综合征、头痛、恶心、呕吐、腹痛等。预充注射笔：250μg（0.5ml）。2~8℃保存。皮下注射：在最后一次注射 FSH 或 hMG 制剂 24~48 小时后，注射 250μg。注射后针头停留在皮肤内至少 10 秒，每次应选择不同注射部位。

尿促性素[乙] Menotrophin（绝经促性素、喜美康、乐宝得、贺美奇、HMG）

【用途】无排卵性不孕症（与绒促性素合用）、闭经、男性精子缺乏症。

【不良反应】卵巢过度刺激综合征、卵巢增大、多胎妊娠、流产、发热等。

【用药护理注意】1. 如想怀孕，可在用绒促性素当天和第 2 天同房。2. 如卵巢明显增大，应避免同房。3. 有卵巢过度刺激综合征应停药。4. 每天测基础体温。

【制剂】粉针（以 FSH 计）：75U、150U。高纯度尿促性素粉针（贺美奇）：75IU，含 75IU 卵泡刺激素（FSH）和 75IU 黄体生成素（LH）。（附溶剂）

【用法】肌注：从月经第 3~5 日起，每次 75~150U，1 次 / 日，连用 7 日，至雌激素水平增高、卵泡成熟后，肌注绒促性素 5000~10000U 以诱导排卵。

氯米芬[乙]　Clomifene（枸橼酸氯米芬、氯蔗酚胺、克罗米芬、法地兰）

【用途】无排卵型不育症、避孕药引起的闭经及月经紊乱、黄体功能不全，精子缺乏的男性不育症等。

【不良反应】面部潮红、下腹痛、腹胀、皮疹、乳胀、痛经、肝功能障碍。

【用药护理注意】1. 肝功能不全、卵巢囊肿、妇科肿瘤、精神抑郁、血栓性静脉炎等禁用。2. 用药期间每天测基础体温，一旦受孕立即停药。3. 每天在同一时间服药，漏服立即补服，如接近下次服药时间，则该次药量要加倍。4. 治男性不育之前检查精液、内分泌。5. 致视物模糊，对驾驶员或机械操作有影响。

【制剂】片、胶囊：50mg。

【用法】口服：有月经者从经期第 5 日起（无月经者任意一天起），每日 1 次 50mg，用 5 日，连用 3 个周期 1 疗程。男性不育症，25mg/d，连用 25 日。

重组人促黄体激素 α　Recombinant Human Lutropin Alfa（乐芮）与卵泡刺激素（FSH）联用于黄体生成素（LH）和 FSH 严重缺乏的患者。致卵巢过度刺激综合征（OHSS）、头痛、嗜睡、恶心、腹痛等。将溶剂注入本品冻干粉小瓶中，轻轻旋转溶解，勿振摇。1ml 溶剂最多可溶解 3 支冻干粉针。粉针：75IU。皮下注射：75IU/d。

亮丙瑞林、曲普瑞林、戈那瑞林、戈舍瑞林、丙氨瑞林（见脑垂体激素及其类似物，P580~583）

4. 避孕药

炔诺酮[乙] Norethisterone（妇康、去甲脱氢羟孕酮）

【用途】口服避孕药，功能失调性子宫出血、月经不调、子宫内膜异位症。

【不良反应】恶心、头晕、乏力、突破性出血、下腹痛、面部水肿、皮疹。

【用药护理注意】1. 与利福平、氨苄西林、对乙酰氨基酚等同服易致突破性出血、避孕失败。2. 哺乳期服药可能使乳汁减少。3. 避孕时漏服或迟服会致避孕失败，每天须定时服药，若漏服应在 24 小时内补服 1 次。4. 服药期间禁吸烟。

【制剂】片：0.625mg。滴丸：3mg。**复方炔诺酮片**：含炔诺酮 0.6mg、炔雌醇 0.035mg。**炔诺酮探亲片**：含炔诺酮 5mg。

【用法】短效避孕：口服复方炔诺酮，从月经周期第 5 日起，1 片 / 日，晚餐后服，连用 22 日。探亲避孕：同房当晚服炔诺酮滴丸或探亲片，每晚 1 丸（片），连用 10~14 日，若需延长，接服复方炔诺酮。功能性子宫出血：每次 5mg，1 次 /8 小时，连用 3 日，止血后改为 1 次 /12 小时，7 日后改为每次 2.5~3.75mg，用 2 周。

左炔诺孕酮 Levonorgestrel (惠婷、毓婷、安婷) 紧急避孕。致恶心、呕吐、头痛、乳胀、突破性出血、闭经等。肝、肾病，高血压、孕妇、40岁以上禁用。可能使下次月经提前或延期。片：0.75mg、1.5mg。口服：房事后72小时内服0.75mg，间隔12小时再服0.75mg。房事后72小时内尽早服1.5mg。

左炔诺孕酮炔雌醇 (特居乐) 女性口服避孕。三相片：黄色6片，含左炔诺孕酮0.05mg/炔雌醇0.03mg；白色5片0.075mg/0.04mg；棕色10片0.125mg/0.03mg。口服：从月经第3日起，每晚1片，按黄色、白色、棕色片顺序，共服21日。以后各服药周期均于停药第8日按上述顺序重复服用。不得漏服。若停药7天，连续两月闭经者，应咨询医师。

屈螺酮炔雌醇 (优思明、优思悦) 用于女性避孕。致不规则阴道出血、恶心、乳房胀痛等。片：含屈螺酮3mg、炔雌醇0.03mg。片 (Ⅱ)：优思悦，24片浅粉色含屈螺酮3mg、炔雌醇0.02mg，4片白色不含激素。口服：在月经来潮的第1天开始服，也可在第2~5天开始，服药前7天加用屏障避孕。按包装所标示顺序，每天大约在同一时间服1片，连服21天，停药7天。片 (Ⅱ) 连服28天。

复方孕二烯酮 (敏定偶) 用于女性口服避孕。致恶心、呕吐、腹胀、乳房胀等。有乳腺癌、生殖器官癌、心、肝、肾疾病、血栓栓塞、孕妇、哺乳期妇女等禁用。片：共 28 片，其中 21 片白色，含孕二烯酮 0.075mg、炔雌醇 0.03mg，7 片红色，无药理活性。口服：自月经第 1 日起，1 片 / 日，先服白色、再服红色片，每天在同一时间服药，如漏服，除按规定服药外，应在 24 小时内加服 1 片。

孕三烯酮 [乙] Gestrinone (甲地炔诺酮、内美通、言昌)

【用途】子宫内膜异位症、避孕、抗早孕。

【不良反应】头晕、头痛、体重增加、痤疮、多毛、乳房缩小、突破性出血。

【用药护理注意】1. 治疗子宫内膜异位症时，应排除妊娠可能，治疗期间采取避孕措施 (禁用口服避孕药)，发现怀孕，立即停药。2. 定期查肝、肾功能。

【制剂】片、胶囊：2.5mg。

【用法】口服：子宫内膜异位症，每次 2.5mg，2 次 / 周，在月经第 1 日开始用药，第 4 日第 2 次，以后每周在相同时间服药，连用 24 周。如漏服 1 次，立即补服；漏服 1 次以上，应暂停用药，待下次月经周期第 1 天重新开始用药。

去氧孕烯炔雌醇 Desogestrel and Ethinylestradiol（妈富隆）用于避孕。致恶心、呕吐、头晕等，吸烟可增加本药发生心血管不良反应的危险。片：含去氧孕烯 0.15mg、炔雌醇 0.03mg。口服：自月经第 1 日开始，1 片 / 日，连服 21 日，停药 7 日后开始下一周期。漏服时要补服。即同时服 2 片。漏服超过 12 小时，避孕效果可能降低。

双炔失碳酯 Anordrin（53 号抗孕片）探亲或新婚夫妇避孕。致恶心、呕吐、头晕、嗜睡等类早孕反应。复方双炔失碳酯肠溶片：含双炔失碳酯 7.5mg、咖啡因 20mg、维生素 B_6 30mg。口服：每次房事后服 1 片，应吞服，勿嚼碎，第一次房事后次日晨加服 1 片，以后每天最多 1 片，每月不少于 12 片。如探亲结束还未服完 12 片，则需每日服 1 片，至服满 12 片。

壬苯醇醚 Nonoxinol（乐乐迷、维丝芳）外用短效避孕。致分泌物增多及烧灼感。房事后 6~8 小时不要取出药物和冲洗阴道。膜剂：50mg。栓：80mg、100mg。凝胶：4%（3g、5g、30g）。阴道给药：药膜，房事前 10 分钟，将 1 张药膜揉成松软小团推入阴道深处；栓，每次 1 粒，房事前 5 分钟塞入阴道；凝胶，每次 3~5g。

孟苯醇醚 Menfegol（欣生宝、避孕灵）外用短效避孕。有局部烧灼感。泡腾片（欣生宝）：60mg。阴道给药：房事前 5 分钟放入 1 片，可持续 1 小时。

米非司酮[乙] Mifepristone（息百虑、息隐、含珠停）

【用途】终止闭经 49 天内的妊娠、紧急避孕。

【不良反应】恶心、呕吐、眩晕、下腹痛、偶见皮疹、一过性肝功能异常。

【用药护理注意】1. 心、肝、肾疾病，肾上腺功能不全、长期服甾体激素（如可的松）者等禁用。2. 罕见严重感染和出血。3. 空腹或进食 2 小时后服，服药后禁食 2 小时。4. 用药后 8~15 天应随诊。5. 不能作为常规避孕药。

【制剂】片：10mg、25mg、100mg、200mg。

【用法】口服：早孕，200mg 顿服（或每次 25mg，2 次 / 日，连服 3 日）；第 3 或第 4 日清晨于阴道后穹窿放卡前列甲酯栓 1mg，卧床 1 小时，或 36~48 小时后空腹服米索前列醇 0.6mg，门诊观察 6 小时。紧急避孕，房事后 72 小时内服 25mg。

卡前列甲酯[乙] Carboprost Methylate（卡孕、PGO$_5$）终止早期、中期妊娠（与其他药物合用）。致胃肠道反应，应在医师监护下使用，使用前药栓应放置室内加温，避免用手直接接触无包装的栓剂，以免通过皮肤吸收。栓剂：0.5mg、1mg，低于 - 5℃保存。阴道给药：用法参阅米非司酮。

卡前列素 Carboprost 用于抗早孕、中期妊娠引产。致呕吐、腹痛、腹泻、头痛等。膜：2mg。栓：1mg，8mg。阴道给药：抗早孕，与米非司酮合用，栓剂 1mg 放于阴道后穹窿，卧床休息 2 小时，门诊观察 6 小时。

米索前列醇（见抗消化性溃疡药，P452）

(五) 治疗糖尿病药
1. 胰岛素与胰岛素类似物
胰岛素 Insulin（普通胰岛素、正规胰岛素、常规胰岛素、Regular Insulin、RI）
【用途】糖尿病、纠正细胞内缺钾。
【不良反应】1. 低血糖（饥饿感、出汗、面色苍白等）。2. 过敏反应（偶见过敏性休克）。3. 注射部位皮肤发红、皮下结节、脂肪萎缩。4. 胰岛素抵抗。
【用药护理注意】1. 本品有多种制剂、含量，用前要仔细看清。2. 不应从冰箱取出即用，否则吸收率降低，且易致疼痛和皮肤发红、硬结，应提前 30 分钟取出待用。3. 与中效或长效胰岛素混合时，先抽吸本品，再抽吸中、长效，混合后 15 分钟内注入。4. 须经常更换注射部位。5. 告诉病人随身带粮食或糖果，以防低血糖。6. 发生过敏性休克用肾上腺素抢救。7. 监测血糖，及时调整剂量。

【制剂】注射液：400U（10ml）、800U（10ml）。4~8℃保存，防冻结。

【用法】皮下注射：剂量依病情而定，从小剂量（每次 2~4U）开始，一般 3 次 / 日，餐前 15~30 分钟给药，必要时睡前加注 1 次小量，用量从大到小依次为早餐、晚餐、午餐、夜宵。必要时可静滴、静注、肌注给药。

重组人胰岛素^[甲] Recombinant Human Insulin（人正规胰岛素、生物合成人胰岛素、中性人胰岛素、诺和灵 R、优泌林 R、甘舒霖 R、优思灵 R、重和林 R）

【用途】糖尿病。

【不良反应】同胰岛素。较少导致脂肪萎缩、局部过敏和胰岛素抵抗。

【用药护理注意】1. 本品为短效的人胰岛素。2. 笔芯必须装入笔式胰岛素注射器使用，仅供皮下注射。3. 皮下注射通常选择腹壁（肚脐周围 5cm 内除外），也可选择大腿（前侧和外侧）、臀肌、三角肌，同一部位每月注射不超过 1 次。

4. 每次注射前应检查笔芯中是否有足够的药物,剂型是否正确。5. 药液为澄清、无色,没有可见固体颗粒方可使用。6. 注射时将皮肤捏起,注射后不要按摩注射部位,以免损伤皮下组织和造成胰岛素渗出。7. 用笔式注射器注射后,针头需在皮下停留至少10秒,并压住注射按钮直至针头从皮肤拔出,注射立刻除去针头。8. 使用中的笔芯不要冷藏,在25℃以下可保存28天。9. 本品冷冻过不能用。

【制剂】注射液:400 IU(10ml)。笔芯、特充:300 IU(3ml)。2~8℃保存。

【用法】皮下注射:从小剂量开始,3次/日,餐前15~30分钟注射。

精蛋白锌胰岛素[甲] Protamine Zinc Insulin(长效胰岛素、精锌胰岛素、PZI)

【用途、不良反应、用药护理注意】1. 参阅胰岛素。2. 本品为含有硫酸鱼精蛋白与氯化锌的胰岛素的灭菌混悬液。3. 禁止静脉给药。4. 用前须滚动药瓶,使胰岛素混匀,不要用力摇动,以免产生气泡。5. 与常规胰岛素合用时,应先抽取常规胰岛素,后抽取本品。6. 特别要防止夜间低血糖的发生。

【制剂】注射液:400U(10ml)、800U(10ml)。2~10℃保存。

【用法】皮下注射:剂量依病情而定,起始量每次4~8U,一般用量每次10~20U,1次/日,早餐前30~60分钟注射。

低精蛋白锌胰岛素[甲]　Isophane Insulin（中效胰岛素、中性低精蛋白锌胰岛素、低精锌胰岛素、万苏林、NPH）参阅胰岛素。禁止静脉或肌注给药。静置后分两层，用前轻轻摇匀。注射液：400U（10ml）。笔芯：300U（3ml）。2~10℃保存。皮下注射：剂量依病情而定，一般 4~8U/d，1 次 / 日，早餐前30~60 分钟注射，必要时晚餐前再注射 1 次，用量超过 40U/d，应分 2 次注射。

精蛋白重组人胰岛素[甲、乙]　Isophane Protamine Recombinant Human Insulin（精蛋白生物合成人胰岛素、精蛋白锌重组人胰岛素 - 中效型、诺和灵 N、甘舒霖 N、优思灵 N、重和林 N、优泌林 - 中效）

【用途】糖尿病。

【不良反应、用药护理注意】1. 参阅重组人胰岛素。2. 禁止静脉给药。3. 本品含重组人胰岛素、硫酸鱼精蛋白、氯化锌等。4. 用前将笔芯或装有笔芯的注射器上下摇动 10 次以上。5. 本品为中效人胰岛素，作用时间约 24 小时。

【制剂】注射液：400 IU（10ml）。笔芯：300IU（3ml）。2~8℃保存。

【用法】皮下注射：剂量依病情而定。通常 0.3~1.0 IU/（kg·d），开始一般每次 4~8 IU，1 次 / 日，早餐前 30~60 分钟注射。

精蛋白重组人胰岛素混合（30/70）[甲] Premixed Protamine Recombinant Human Insulin（30/70）（精蛋白生物合成人胰岛素-预混 30R、精蛋白锌重组人胰岛素混合、30/70 混合重组人胰岛素、精蛋白锌胰岛素-30R、诺和灵 30R、甘舒霖 30R、优思灵 30R、万苏林 30R、优泌林 70/30、重和林 M30）

【用途、不良反应、用药护理注意】1. 参阅重组人胰岛素。2. 禁止静脉给药。3. 本品含重组人胰岛素 30%、精蛋白重组人胰岛素 70%。为双相胰岛素制剂，包括短效和中效人胰岛素。4. 检查笔芯是否与医生建议规格一致。5. 用前摇匀。6. 注射部位间隔 1cm 左右。7. 注射后 0.5 小时起效，作用时间达 24 小时。

【制剂】注射液：400 IU（10ml）。笔芯：300 IU（3ml）。2~8℃保存。

【用法】皮下注射：剂量依病情而定。通常 0.3~1.0 IU/(kg·d)，开始每次 4~8 IU，必要时晚餐前再注早餐剂量的 1/2。注射后 30 分钟内必须进餐。

精蛋白重组人胰岛素混合（40/60）[甲] Isophane Protamine Recombinant Human Insulin Mixture（40/60）（甘舒霖 40R）参阅精蛋白重组人胰岛素。笔芯：300 IU（3ml）。2~8℃保存。本品含重组人胰岛素 40%、精蛋白重组人胰岛素 60%。皮下注射：剂量依病情而定。每天给药 1~2 次，注射后 30 分钟内必须进餐。

精蛋白重组人胰岛素混合 (50/50) [甲] Premixed Protamine Recombinant Human Insulin (50/50) (精蛋白生物合成人胰岛素 - 预混 50R、50/50 混合重组人胰岛素、诺和灵 50R、甘舒霖 50R、优思灵 50R)

【用途、不良反应、用药护理注意】1. 参阅重组人胰岛素。2. 禁止静脉给药。3. 本品含重组人胰岛素、精蛋白重组人胰岛素各 50%。4. 笔芯未装入注射器前摇 20 次，每次注射前摇 10 次。5. 注射后 0.5 小时起效，作用时间达 24 小时。

【制剂】笔芯：300U（3ml）。2~8℃保存。

【用法】皮下注射：开始每次 4~8U，早餐前 30 分钟注射。每天给药 1~2 次。

门冬胰岛素 [乙] Insulin Aspart (诺和锐)

【用途、不良反应、用药护理注意】1. 参阅重组人胰岛素。2. 注射后 10~20 分钟起效，作用持续 3~5 小时。3. 注射后 10 分钟内进食。4. 可由医务人员经静脉给药，输注液为生理盐水或 5% 葡萄糖液，浓度 0.05~1.0 U/ml。5. 禁止肌注。

【制剂】笔芯、特充：300U（3ml）。2~8℃保存。

【用法】皮下注射：一般 0.5~1U/(kg·d)，紧邻 3 餐前（餐前 5~10 分钟）注射，必要时也可在餐后立即给药。可经胰岛素泵连续腹壁皮下输注。

门冬胰岛素 30[乙] Insulin Aspart 30 (诺和锐 30)

【用途、不良反应、用药护理注意】1. 参阅重组人胰岛素。2. 本品含门冬胰岛素 30%、精蛋白门冬胰岛素 70%。3. 从冰箱取出后等达到室温再摇匀。4. 注射后 10~20 分钟起效,作用持续 24 小时。5. 禁止静脉、肌注或胰岛素泵给药。

【制剂】笔芯、特充:300U (3ml)。2~8℃保存。

【用法】皮下注射:剂量依病情而定。一般 0.5~1U/(kg·d),餐前 0~10 分钟注射,或餐后立即给药。推荐起始量为早、晚餐前各 6U 或晚餐前 12U。

门冬胰岛素 50[乙] Insulin Aspart 50 (诺和锐 50) 参阅重组人胰岛素、门冬胰岛素 30。本品含门冬胰岛素、精蛋白门冬胰岛素各 50%。笔芯:300U (3ml)。2~8℃保存。皮下注射:剂量依病情而定。紧邻餐前注射,或餐后立即给药。

赖脯胰岛素[乙] Insulin Lispro (优泌乐、速秀霖) 参阅重组人胰岛素。注射后 15~20 分钟起效,作用持续 4~5 小时。笔芯:300U (3ml),2~8℃保存。皮下注射:剂量依病情而定。3 餐前 15 分钟内注射,也可在餐时、餐后立即注射。可经静脉给药,输注液为生理盐水或 5% 葡萄糖液,浓度 0.01~1.0 U/ml。

精蛋白锌重组赖脯胰岛素混合（25R）[乙]（优泌乐 25）本品含赖脯胰岛素 25%、精蛋白锌赖脯胰岛素 75%。禁止静脉给药。用前将笔芯在手心中旋转 10 次，不得剧烈振摇。作用持续 16~24 小时。笔芯：300U（3ml）。2~8℃保存。皮下注射：剂量依病情而定。早、晚餐前 0~15 分钟注射，也可在餐后立即给药。

精蛋白锌重组赖脯胰岛素混合（50R）[乙]（优泌乐 50）同精蛋白锌重组赖脯胰岛素混合（25R）。本品含赖脯胰岛素、精蛋白锌赖脯胰岛素各 50%。禁止静脉给药。笔芯：300U（3ml）。2~8℃保存。皮下注射：剂量依病情而定。

甘精胰岛素[乙] Insulin Glargine（来得时、长秀霖、优乐灵）

【用途、不良反应、用药护理注意】1. 参阅重组人胰岛素。2. 首次使用前须置于室温中 1~2 小时后使用。3. 禁止静脉注射。4. 不能与其他胰岛素或稀释液混合。5. 作用持续 30 小时，平稳、无峰值。6.2~8℃保存，防冻结。

【制剂】注射液：1000U（10ml）。笔芯、预填充注射液：300U（3ml）。

【用法】皮下注射：剂量依病情而定。每天固定时间（傍晚或早餐前）给药，1 次 / 日，单次最大剂量为 40U。

地特胰岛素[乙] Insulin Determir（诺和平）
【用途、不良反应、用药护理注意】1. 参阅重组人胰岛素。2. 本品仅供皮下注射，禁止静脉、肌注或胰岛素泵给药。3. 如本品不呈无色澄明液体时不能使用。4. 作用维持 24 小时。5. 根据血糖调整用量，通常 3 天调整 1 次，每次 2U。
【制剂】笔芯、预填充注射液：300U（3ml）。2~8℃保存。
【用法】皮下注射：起始剂量为 10U 或 0.1~0.2U/kg，1~2 次 / 日，若每日 2 次，第 2 次给药可在晚餐时、睡前或早晨注射 12 小时后。

德谷胰岛素[乙] Insulin Degludec（诺和达）参阅重组人胰岛素。禁止静脉、肌注或胰岛素泵给药。作用持续 42 小时，无峰值。笔芯、畅充：300U（3ml）。2~8℃保存。皮下注射：起始剂量为 10U/d。是一种基础胰岛素，可以在每天任何时间给药，1 次 / 日，最好在每天相同时间给药，两次给药间隔至少 8 小时。

谷赖胰岛素[乙] Insulin Glulisine（艾倍得）参阅重组人胰岛素。预填充笔：300U（3ml）。2~8℃保存。作用持续 3~5 小时。皮下注射：剂量需个体化调整。餐前 0~15 分钟内或餐后立即给药。

2. 磺酰脲类

格列本脲[甲] Glibenclamide (优降糖、达安疗、Glyburide)

【用途】饮食控制不满意的轻、中度 2 型糖尿病。

【不良反应】低血糖、胃肠道反应、皮疹、肝功能损害、骨髓抑制等。

【用药护理注意】1. 肝肾功能不全、白细胞减少、对本品过敏、孕妇禁用。2. 应同时控制饮食。3. 如漏服，应尽快补服，若已接近下次服药时间，则不必补服或加倍用药。4. 不能睡前服药。5. 告知病人发生低血糖的症状。6. 磺酰脲类与乙醇合用易发生低血糖，并增强乙醇毒性。7. 定期查肝肾功能、血糖、血常规、眼科。

【制剂、用法】片：2.5mg。口服：开始每次 2.5mg，早餐前或早餐及午餐前各 1 次，轻症 1.25mg，3 次 / 日，3 餐前 30 分钟服，每隔 1 周按疗效调整剂量。一般用量 5~10mg/d，不超过 15mg/d。

格列齐特[乙] Gliclazide (甲磺吡脲、达美康) 同格列本脲。用于 2 型糖尿病。片：80mg。胶囊：40mg。缓释片、缓释胶囊：30mg。口服：开始每次 40~80mg，早、晚两餐前服，不超过 240mg/d。缓释剂每次 30~120mg，1 次 / 日，早餐时或早餐前整粒吞服。如漏服，应尽快补服，如接近下次用药时间则不补服。

格列吡嗪[甲、乙] Glipizide（美吡达、瑞易宁、思乐克、依必达、优哒灵、迪沙）
【用途、不良反应、用药护理注意】1.同格列本脲，不良反应较少，常见胃肠道反应。2.控释片、缓释片（胶囊）应整片（粒）吞服。3.控释片不必餐前给药，宜在早餐时服。4.服控释片后粪便中可出现包裹片剂的不溶性外壳。
【制剂】片、胶囊：2.5mg、5mg。控释片、缓释片、缓释胶囊：5mg。
【用法】口服：2.5~20mg/d，餐前30分钟服，超过15mg/d时，分3餐前服；控释、缓释制剂每次5~10mg，1次/日，早餐前30分钟服，控释片早餐时服。

格列喹酮[甲] Gliquidone（糖适平、糖肾平、卡瑞林、环苯脲酮）同格列本脲。适用于老人或合并轻、中度肾功能减退者。片、胶囊：30mg。口服：开始每次15~30mg，早餐前1次或更大剂量分别于三餐前30分钟服，不超过180mg/d。

格列美脲[甲] Glimepiride（亚莫利、迪北、万苏平）参阅格列本脲。片：1mg、2mg。胶囊：2mg。口服：每次1~4mg，1次/日，早餐前即服或早餐时服，若不吃早餐，可在首次主餐时服，不必在餐前30分钟服。应整片吞服，不宜嚼碎，用足量水（约半杯）送服，若漏服1次，下次服药时不应加大剂量。

3. 双胍类

盐酸二甲双胍[甲] Metformin Hydrochloride（二甲双胍、美迪康、格华止、倍顺）

【用途】单纯饮食控制无效的 2 型糖尿病，尤其是肥胖和伴高胰岛素血症。

【不良反应】消化道反应、皮疹、味觉异常、低血糖，少见乳酸性酸中毒。

【用药护理注意】1. 肠溶制剂能减轻胃肠反应，可于餐前服。2. 避免与碱性溶液或饮料同服。3. 避免饮酒。4. 监测血糖、尿酮体、血肌酐、血乳酸浓度。

【制剂】片：0.25g、0.5g、0.85g。胶囊、肠溶片：0.25g。缓释片：0.5g。

【用法】口服：开始每次 0.25g，2~3 次 / 日，餐时或餐后即服，根据病情逐渐加量，不超过 2g/d。缓释片每次 0.5g，1 次 / 日，晚餐时或餐后整片吞服。

二甲双胍格列本脲（联合唐定、双平乐、瑭结终、君复乐、一孚芸）片、胶囊：（Ⅰ）含盐酸二甲双胍 0.25g、格列本脲 1.25mg。片：（Ⅱ）含盐酸二甲双胍、格列本脲分别为 0.25g、2.5mg；0.5g、5mg；0.5g、2.5mg。口服：开始每次 1~2 片，1~2 次 / 日，餐时服。每日不超过盐酸二甲双胍 2g、格列本脲 20mg。

二甲双胍格列齐特（度和、齐致平）片：含盐酸二甲双胍 0.25g、格列齐特 40mg。口服：开始每次 1~2 片，2~3 次 / 日，餐时服，每日不超过 8 片。

二甲双胍格列吡嗪[乙]（唐苏、维唐平）片、胶囊：含盐酸二甲双胍 0.25g、格列吡嗪 2.5mg。口服：从较低剂量开始，每次 1~2 片，1~2 次 / 日，与食物一起服用。每日最大剂量二甲双胍 2g、格列吡嗪 10mg。

二甲双胍维格列汀[乙]（宜合瑞）片：（Ⅰ）含二甲双胍 850mg、维格列汀为 50mg；（Ⅱ）含二甲双胍 1000mg、维格列汀 50mg。口服：每次 1 片，2 次 / 日，餐时或餐后服可减轻二甲双胍胃肠反应。维格列汀不超过 100mg/d。

西格列汀二甲双胍[乙]（捷诺达）片：（Ⅰ）含西格列汀 50mg、二甲双胍 500mg；（Ⅱ）含西格列汀 50mg、二甲双胍 850mg。口服：每次 1 片，2 次 / 日，餐中服。每日最大剂量为西格列汀 100mg、二甲双胍 2000mg。

沙格列汀二甲双胍[乙]（安立格）缓释片：（Ⅰ）含沙格列汀 5mg、二甲双胍 1000mg；（Ⅱ）含沙格列汀 5mg、二甲双胍 500mg；（Ⅲ）含沙格列汀 2.5mg、二甲双胍为1000mg。口服：每次1片，1次/日，晚餐时服，整片吞服，不要压碎或咀嚼。每日最大剂量为沙格列汀5mg、二甲双胍2000mg。

利格列汀二甲双胍[乙]（欧双宁）片：（I）含利格列汀2.5mg、二甲双胍500mg；（II）含利格列汀2.5mg、二甲双胍850mg。口服：每次1片，2次/日，随餐服用。每日不超过利格列汀5mg、二甲双胍2000mg。

瑞格列奈二甲双胍[乙]（孚来和）片：（I）含瑞格列奈1mg、二甲双胍500mg；（II）含瑞格列奈2mg、二甲双胍500mg。口服：每次1片，2~3次/日，餐前15分钟内服。每次不超过瑞格列奈4mg、二甲双胍1000mg，每日不超过瑞格列奈8mg、二甲双胍2000mg。若漏餐，应针对此餐减少1次服药。

二甲双胍马来酸罗格列酮（文达敏）片：含二甲双胍500mg、马来酸罗格列酮2mg。口服：一般起始剂量为罗格列酮每日4mg，加现用的二甲双胍剂量。每次1片，2次/日，与食物同服。每日最大剂量为罗格列酮8mg、二甲双胍2000mg。

吡格列酮二甲双胍[乙] （复瑞彤、卡双平）片：含吡格列酮 15mg、二甲双胍 500mg。口服：每次 1 片，1~2 次/日，与食物同服可降低二甲双胍的胃肠反应。每日不超过吡格列酮 45mg、二甲双胍 2000mg。

4. 格列奈类

瑞格列奈[乙] Repaglinide （诺和龙、孚来迪）

【用途】2 型糖尿病。

【不良反应、用药护理注意】1.致低血糖、胃肠反应、过敏、肝酶升高。2.孕妇、哺乳期、1 型糖尿病、酮症酸中毒禁用。3.导致低血糖时可用碳水化合物纠正。

【制剂、用法】片：0.5mg、1mg、2mg。分散片：0.5mg。口服：每次 0.5~4mg，3 次/日，主餐前 15 分钟内服，不进餐时不服药，不超过 16mg/d。

那格列奈[乙] Nateglinide （唐力、迪方、齐复、贝加、芙格清）参阅瑞格列奈。若于餐前 30 分钟以上服药，可能在进食前诱发低血糖，餐后给药可影响本药快速吸收。片、分散片：30mg、60mg、120mg。胶囊：30mg。口服：每次 60~120mg，3 次/日，主餐前 1~15 分钟服，从小剂量开始。不进餐时不服药。

米格列奈钙[乙] Mitiglinide Calcium （快如妥、法迪、法艾斯、诺唐平）

【用途】改善2型糖尿病患者餐后高血糖。

【不良反应、用药护理注意】1. 致低血糖，乳酸、丙酮酸升高等。2. 餐前30分钟以上服药，可能餐前诱发低血糖。3. 餐后服药因不能快速吸收而降低效果。

【制剂、用法】片：5mg、10mg。口服：每次10mg，3次/日，餐前5分钟内服。

5. 二肽基肽酶-4（DPP-4）抑制剂

西格列汀[乙] Sitagliptin （磷酸西格列汀、西他列汀、捷诺维、Januvia）

【用途】2型糖尿病。可与二甲双胍联用。

【不良反应、用药护理注意】1. 致上呼吸道感染、低血糖、鼻咽炎、头痛、过敏、胰腺炎等。2. 酮症酸中毒、1型糖尿病禁用。3. 食物不影响本药吸收。

【制剂、用法】片：25mg、50mg、100mg。口服：每次100mg，1次/日。

沙格列汀[乙] Saxagliptin （安立泽、Onglyza）用于2型糖尿病。参阅西格列汀。致上呼吸道感染、低血糖、鼻咽炎、头痛、胰腺炎等。片：2.5mg、5mg。口服：每次2.5~5mg，1次/日，用药时间不受进餐影响。不得切开或掰开服用。

利格列汀^[乙] Linagliptin（欧唐宁）用于 2 型糖尿病。可与二甲双胍和磺酰脲类药联用。参阅西格列汀。片：5mg。口服：每次 5mg，1 次 / 日，可在每天的任意时间服用，餐时或非餐时均可。如漏服，下次服药时无需服双倍剂量。

维格列汀^[乙] Vildagliptin（佳维乐）用于 2 型糖尿病。可与二甲双胍、磺酰脲类或胰岛素联用。参阅西格列汀。片：50mg。口服：每次 50mg，1~2 次 / 日，早晨或早、晚服，餐时或非餐时服；或每次 100mg，1 次 / 日。不超过 100mg/d。

阿格列汀^[乙] Alogliptin（苯甲酸阿格列汀、尼欣那）用于 2 型糖尿病。可与二甲双胍、磺酰脲类或胰岛素联用。参阅西格列汀。片：6.25mg、12.5mg、25mg。口服：每次 25mg，1 次 / 日，餐时或非餐时服均可。

6. 噻唑烷二酮类（TZDs）

罗格列酮^[乙] Rosiglitazone（马来酸罗格列酮、文迪雅、维戈洛、圣奥、太罗）

【用途】2 型糖尿病。可与二甲双胍、磺酰脲类或胰岛素联用。

【不良反应】上呼吸道感染、头痛、背痛、水肿等，致心力衰竭的危险。

【用药护理注意】1.酮症酸中毒、1型糖尿病、心衰等禁用。2.与胰岛素或其他降血糖药合用低血糖发生率升高。3.服药与进食无关。4.不能掰开服用。

【制剂】片：2mg、4mg、8mg。分散片：4mg。

【用法】口服：每次4mg，1~2次/日，空腹或餐时吞服，不超过8mg/d。

吡格列酮[乙] Pioglitazone（瑞彤、艾汀、万苏敏）同罗格列酮。致心力衰竭的危险。有促排卵作用，应采取避孕措施。片、分散片、口腔崩解片、胶囊：15mg。口服：每次15~30mg，1次/日，服药不受进食影响，最大剂量45mg/d。

7. α- 糖苷酶抑制药（AGI）

阿卡波糖[甲][乙] Acarbose（抑葡萄糖苷酶、拜唐苹、卡博平）

【用途】2型糖尿病，与胰岛素联合应用于血糖不稳定的1型糖尿病。

【不良反应】腹胀、腹痛、腹泻、便秘、皮疹、水肿、肝酶升高、黄疸等。

【用药护理注意】1.孕妇、哺乳期妇女、18岁以下禁用。2.避免与抗酸药同时服用。3.出现低血糖时应给予葡萄糖（单糖），不用蔗糖等双糖类治疗。

【制剂】片：50mg、100mg。胶囊、咀嚼片[乙]：50mg。

【用法】口服：从小剂量开始，一般每次 50~100mg，3 次 / 日，前几口饭与片剂一起咀嚼服或餐前即刻整片（粒）吞服。服药与进餐间隔过长，则药效较差。

伏格列波糖[乙] Voglibose（倍欣）改善糖尿病餐后高血糖。致腹泻、腹胀、腹痛、低血糖等。出现低血糖时应给予葡萄糖（单糖），不用蔗糖等双糖类治疗。片、胶囊：0.2mg。口服：每次 0.2mg，3 次 / 日，餐前即服。

米格列醇[乙] Miglitol（奥恬苹、瑞舒）用于 2 型糖尿病。致腹痛、腹泻、皮疹等，出现低血糖时应给予葡萄糖（单糖），不用蔗糖等双糖治疗。片：50mg。口服：开始每次 25mg，3 次 / 日，三餐开始时服用，最大剂量 100mg，3 次 / 日。

8. 钠 - 葡萄糖协同转运蛋白 2（SGLT2）抑制剂

达格列净[乙] Dapagliflozin（安达唐）

【用途】2 型糖尿病。

【不良反应】鼻咽炎、低血压、流感、恶心、背痛、皮疹、泌尿道感染、生殖器真菌感染、肾功能损害、血脂异常、酮症酸中毒、膀胱癌等。

【用药护理注意】1. 不适用于治疗 1 型糖尿病或糖尿病酮症酸中毒。2. 与胰岛素和胰岛素促泌剂合用可增加低血糖风险。3. 监测血压、肾功能、血脂。

【制剂、用法】片：5mg、10mg。口服：开始每次 5mg，1 次 / 日，早晨服，不受进食限制。需加强血糖控制且耐受 5mg 者可增至每次 10mg，1 次 / 日。

恩格列净(乙) Empagliflozin（欧唐静）用于 2 型糖尿病。参阅达格列净。片：10mg、25mg。口服：每次 10mg，1 次 / 日，早晨服，空腹或进食后给药。耐受本品者剂量可以增至每次 25mg，1 次 / 日。

卡格列净(乙) Canagliflozin（怡可安）用于 2 型糖尿病。参阅达格列净。可能增加下肢截肢风险。片：100mg，300mg。口服：开始每次 100mg，1 次 / 日，当天第 1 餐前服用。需加强血糖控制且耐受 100mg 者可增至每次 300mg，1 次 / 日。

9. 胰高血糖素样肽 -1（GLP-1）受体激动剂

艾塞那肽(乙) Exenatide（依克那肽、百泌达、百达扬、Byetta）

【用途】用二甲双胍和磺酰脲类治疗后血糖仍控制不佳的 2 型糖尿病。

【不良反应】腹泻、恶心、呕吐、头晕、头痛、低血糖等，可能致胰腺炎。

【用药护理注意】1.皮下注射选择腹壁、大腿（前侧和外侧）、上臂。2.不可静脉或肌注。3.溶液有颗粒、浑浊或变色时不用。4.注射笔不应在餐后给药。5.注射笔用前确认剂量。6.注射笔开始使用后，在不高于25℃条件下可保存30天。每支含60次药量，用30天，余液应丢弃。7.注射用微球如漏且距离下次用药3天以上，应尽快注射，此后恢复7天1次。8.怀疑有胰腺炎时应停药。

【制剂】预填充注射液：5μg×60次、10μg×60次。2~8℃保存。注射用微球：2mg。2~8℃保存，在不高于25℃条件下可保存4周。

【用法】皮下注射：起始剂量5μg，2次/日，早餐和晚餐前60分钟内注射。注射用微球每次2mg，1次/周，可在一天任何时间注射，空腹或进食后均可。

利司那肽[乙] Lixisenatide（利时敏）用于二甲双胍或联合磺脲类和（或）基础胰岛素治疗血糖控制不佳的成年2型糖尿病。参阅艾塞那肽。不可静脉或肌注。开始使用后应低于30℃保存，有效期14天。预装注射笔：10μg（50μg/ml）、20μg（100μg/ml），3ml/支。2~8℃保存。皮下注射：起始剂量每次10μg，1次/日，每日任何一餐前1小时内注射，用14天，第15天起用维持量每次20μg，1次/日。

聚乙二醇洛塞那肽[乙] Polyethylene Glycol Loxenatide（孚来美）单药或与二甲双胍联合用于成人 2 型糖尿病。参阅艾塞那肽。不可静脉或肌注。忘记注射且距离下次用药超过 3 天，应立即补充注射。注射液：0.1mg、0.2mg（0.5ml）。2~8℃保存。皮下注射：开始每次 0.1mg，1 次 / 周。血糖控制不满意，可增至每次 0.2mg，1 次 / 周。可在每日任何时间（餐前或餐后）使用。

贝那鲁肽[乙] Benaglutide（谊生泰）用于成人 2 型糖尿病。不可静脉或肌注。首次使用后在 25℃以下可保存 7 天。注射液：2.1ml：4.2mg（42000U）。2~8℃保存。皮下注射：开始每次 0.1mg（50μl），3 次 / 日，餐前 5 分钟注射，2 周后剂量应增至每次 0.2mg（100μl），3 次 / 日。

利拉鲁肽[乙] Liraglutide（诺和力）
【用途】二甲双胍或磺酰脲类治疗后血糖仍控制不佳的成年 2 型糖尿病。
【不良反应】高血压、低血糖、恶心、腹泻、头痛、甲状腺 C 细胞增生等。
【用药护理注意】1. 不用于 1 型糖尿病、酮症酸中毒。2. 首次使用后，在 30℃以下贮藏或在 2~8℃冷藏，有效期 30 天。3. 禁静脉或肌注。4. 怀疑胰腺炎应停药。

【制剂、用法】预填充注射笔：18mg (3ml)，可选择剂量为 0.6mg、1.2mg、1.8mg。2~8℃保存。皮下注射：每次 0.6mg，1 次 / 日，1 周后改为每次 1.2mg，1 次 / 日。可在每日任何时间（与进食无关）使用，维持每日注射时间恒定。

索马鲁肽 Semaglutide（司美格鲁肽、Ozempic、Rybelsus）用于 2 型糖尿病。预填充注射笔（Ozempic）：2mg (1.5ml)。每次可注射 0.25mg、0.5mg 或 1mg。2~8℃保存。片（Rybelsus）：7mg、14mg。皮下注射：腹部、大腿或上臂，开始每次 0.25mg，4 周后增至每次 0.5mg，1 次 / 周。口服：每次 7~14mg，1 次 / 日。

度拉糖肽[乙] Dulaglutide（度拉鲁肽、度易达、Trulicity）用于 2 型糖尿病。致甲状腺 C 细胞肿瘤风险。预填充注射笔：0.75mg、1.5mg (0.5ml)。2~8℃保存。皮下注射：每次 0.75mg，1 次 / 周，可增至每次 1.5mg，1 次 / 周。一天任意时间注射。

10. 胰淀粉样多肽类似物

普兰林肽 Pramlintide（胰淀素类似物、Symlin）用于 1 型和 2 型糖尿病的辅助治疗。有增加胰岛素诱导的严重低血糖的风险。严禁与胰岛素混合，应分别给药。预填充注射液：15μg、30μg、45μg、60μg、120μg。2~8℃保存。皮下注射：1 型糖尿病起始量每次 15μg，2 型糖尿病为 60μg，3 次 / 日，临主餐前给药。

11. 糖尿病并发症用药

胰激肽原酶[乙] Pancreatic Kininogenase（怡开、达顺、多美乐）

【用途】微循环障碍性疾病，如糖尿病引起的肾病、视网膜病、周围神经病、眼底病及缺血性脑血管病。

【不良反应】皮疹、皮肤瘙痒、胃不适、倦怠等，停药后消失。

【用药护理注意】1. 注射过程备抢救过敏休克药品。2. 注射剂型含苯甲醇。

【制剂】肠溶片：60U、120U。粉针：40U。

【用法】口服：每次 120~240U，3 次 / 日，空腹整片吞服。肌注：每次 10~40U，临用前加注射用水或生理盐水 1.5ml 溶解，1 次 / 日或隔日。

依帕司他[乙] Epalrestat（唐林、伊衡）用于糖尿病神经性病变。致过敏、恶心、呕吐、头晕，血肌酐和胆红素、肝酶升高等，服药后尿液呈褐红色或黄褐色属正常现象。片、胶囊：50mg。口服：每次 50mg，3 次 / 日，餐前服。

阿柏西普[乙] Aflibercept（艾力雅）用于糖尿病性黄斑水肿（DME）。眼内注射溶液：40mg（1ml）。2~8℃保存。眼玻璃体内注射：每次 2mg（0.05ml），1次/4 周，连用 5 个月后改为 1 次/8 周，治疗 12 个月后根据视力延长治疗间隔。

（六）升血糖药

高血糖素[乙] Glucagon（胰高血糖素、盐酸高血糖素、果开康）

【用途】低血糖症、心源性休克。

【不良反应】高血糖、低血钾、恶心、呕吐、过敏反应、肝损害等。

【用药护理注意】警惕血糖过高。本品有效仍应注意补充葡萄糖。

【制剂】粉针：1mg、10mg（分别附溶媒 1ml 和 10ml）。2~8℃保存。

【用法】肌注、皮下注射、静注：低血糖，单次 0.5~1mg，5 分钟见效，静注用注射用水稀释。静滴：心源性休克，用 5% 葡萄糖液稀释，滴速 1~12mg/h。

生物合成高血糖素[乙] Biosynthetic Glucagon（诺和生）用于糖尿病患者发生的严重低血糖、胃肠道检查时抑制胃肠道蠕动。粉针：1mg（1IU）。2~8℃保存。皮下、肌内、静脉注射：用于低血糖，每次 1mg。应尽快口服糖。

（七）甲状腺疾病用药

1. 甲状腺激素

左甲状腺素钠[甲] Levothyroxine Sodium（左甲状腺素、优甲乐、雷替斯、T_4）

【用途】甲状腺功能减退症、单纯性甲状腺肿、甲状腺肿切除术后等。

【不良反应】心动过速、心悸、震颤、头痛、多汗、失眠、过敏、腹泻等。

【用药护理注意】1. 大豆油会降低本药的吸收，故空腹给药可提高生物利用度。2. 可将药片捣碎制成混悬液服用。3. 监测 T_3、T_4、FT_3、FT_4、超敏 TSH。

【制剂】片：25μg、50μg、100μg。注射液：0.1mg（1ml）、0.2mg（2ml）。

【用法】口服：开始每次 25~50μg，1 次 / 日，早餐前 30 分钟服，每 2~4 周递增 25~50μg，最大剂量 150~300μg/d，维持量 75~125μg/d。静注：黏液性水肿昏迷。

碘塞罗宁 Liothyronine（碘塞罗宁钠、三碘甲状腺原氨酸钠、甲碘安、特初新、T_3）用于黏液性水肿及其他严重甲状腺功能不足，甲状腺功能诊断用药。参阅甲状腺片。服药不受进食影响。片：20μg。口服：甲状腺功能减退，开始 10~25μg/d，分 2~3 次，每 1~2 周递增 10~25μg，维持量 25~50μg/d。

甲状腺片[甲] Thyroid Tablets（甲状腺粉、干甲状腺）

【用途】各种原因引起的甲状腺功能减退症。

【不良反应】手震颤、多汗、心悸、心绞痛、心律失常、头痛、失眠等。

【用药护理注意】1. 甲亢、心绞痛、冠心病、快速型心律失常禁用。2. 密切注意心脏情况，心率超过 100 次 / 分或心律明显变化时应报告医生。3. 本品激素含量不恒定，更换批号时注意观察疗效和不良反应。4. 不吃含碘量过高食物。

【制剂】片：10mg、40mg、60mg。

【用法】口服：开始 10~20mg/d，逐渐增加，维持量 40~120mg/d，少数人需 160mg/d，分 3 次服。儿童完全替代量，1 岁以内 8~15mg/d；1~2 岁 20~45mg/d；2~7 岁 45~60mg/d，开始剂量为完全替代量的 1/3，逐渐加量。

2. 抗甲状腺药

丙硫氧嘧啶[甲] Propylthiouracil（丙基硫氧嘧啶、普洛德、敖康欣、PTU）

【用途】甲亢内科治疗、甲亢术前准备、^{131}I 放疗辅助治疗、甲状腺危象。

【不良反应】荨麻疹、头痛、关节痛、胃肠道反应，可致严重的白细胞减少症、粒细胞缺乏症、再障，罕见肝损害、肾炎、间质性肺炎。

【用药护理注意】1. 结节性甲状腺肿合并甲亢、甲状腺癌、严重肝功能损害、白细胞严重缺乏、哺乳期妇女禁用。2. 服药间隔时间尽量平均。3. 避免服用含碘药物和食物。4. 放射性碘治疗前 4~5 日停用本药,治疗后 3~7 日可恢复用药。5. 出现粒细胞缺乏、肝功能损害、严重皮疹时应停药。6. 定期查血象、肝功能。

【制剂】片:50mg、100mg。肠溶胶囊:50mg。

【用法】口服:甲亢,每次 50~100mg,3 次 / 日,极量每次 200mg,600mg/d。维持量视病情而定,一般 50~150mg/d。

甲巯咪唑[甲] Thiamazole (他巴唑、赛治、佳琪亚、Tapazole) 同丙硫氧嘧啶。片:5mg、10mg、20mg。乳膏:10g。口服:甲亢,开始 20~40mg/d,分 1~2 次餐后服,2~6 周后减为维持量 2.5~10mg/d,保守治疗疗程通常 6 个月至 2 年 (平均 1 年)。乳膏用于甲亢,涂于甲状腺表面皮肤:每次 0.1~0.2g,3 次 / 日。

卡比马唑 Carbimazole (甲亢平、新唛苄唑) 同甲巯咪唑。但不用于甲状腺危象。片:5mg。口服:开始 30mg/d,根据病情调节剂量,最大剂量为 60mg/d。维持量 5~15mg/d,分次服。疗程一般 12~18 个月。

3. 碘与碘制剂

复方碘口服溶液 Compound Iodine Oral Solution （卢戈氏液、Lugol's Solution）

【用途】甲状腺危象、甲亢术前准备，单纯性甲状腺肿（小剂量）。

【不良反应】过敏反应、关节痛、淋巴结肿大、金属味、喉部烧灼感等。

【用药护理注意】1. 对碘过敏、活动性肺结核、孕妇禁用，肾功能不良慎用。2. 口服时需放在食物内，不直接接触口腔黏膜，鼻饲需用冷开水稀释后用。3. 不与酸性药物配伍（如阿司匹林）。4. 大量饮水和增加食盐能加速碘排泄。

【制剂】溶液剂：含碘5%、碘化钾10%，每1ml含碘50mg、碘化钾100mg。

【用途】口服：甲亢术前准备，术前2周起，每次3~5滴，3次/日；甲状腺危象，服丙硫氧嘧啶后1~2小时，加服本品首剂30~60滴（1.8~3.6ml），以后5~10滴/6~8小时。单纯性甲状腺肿，2~3滴（0.12~0.18ml）/日，2周1疗程。

碘酸钾 Potassium Iodate 用于缺碘人群补碘、防治地方性甲状腺肿。偶见上腹部不适、过敏反应等，甲亢、对碘过敏禁用。片：0.3mg（含碘177.9μg）、0.4mg（237.2μg）。颗粒剂：0.15mg（含碘88.95μg）。口服：成人和4岁以上，每次0.3~0.4mg，4岁以下，每次0.15mg，1次/日。颗粒剂用温开水冲服。

卵磷脂络合碘 Iodized Lecithin（沃丽汀）用于碘缺乏性甲状腺肿、甲状腺功能减退症、中心性浆液性脉络膜视网膜病变、玻璃体积血等。片：1.5mg（含碘 0.1mg）。胶囊：0.1mg。口服：剂量以含碘计，每次 0.1~0.3mg，2~3 次。

十四、妇产科用药

（一）子宫收缩药及引产药

缩宫素[甲] Oxytocin（催产素、奥赛托星、Pitocin）

【用途】催产、引产、产后出血和子宫复旧不良，经鼻给药用于催乳。

【不良反应】过敏、心律失常、恶心、呕吐，子宫强直性收缩、高血压。

【用药护理注意】1. 胎位不正、骨盆狭窄、瘢痕子宫禁用。2. 用于引产或催产时，应在医院有适当监护条件下静滴。3. 静滴用生理盐水或 5% 葡萄糖液稀释，浓度为 0.01U/ml。4. 鼻喷雾剂仅用于产后 1 周催初乳。5. 20℃ 以下保存。

【制剂】注射液：2.5U（0.5ml）、5U（1ml）、10U（1ml）。鼻喷剂：5ml（200U）。

【用法】静滴：催产、引产，每次 2.5~5U，滴速 0.002~0.005U/min，开始更慢，根据宫缩、血压、胎心音调整滴速。肌注：产后出血，每次 5~10U。极量：每次 20U。鼻吸入：鼻喷雾剂，哺乳前 2~3 分钟，采用坐姿，两侧鼻孔各喷 1 次。

卡贝缩宫素[乙] Carbetocin（巧特欣）用于硬膜外或腰麻下剖宫产术后，预防子宫收缩乏力和产后出血。致恶心、腹痛、瘙痒、面红、呕吐、热感、低血压、头痛等。注射液：100μg（1ml），2~8℃保存。静注：婴儿娩出后单剂量注射100μg。

马来酸麦角新碱[甲] Ergometrine Maleate（麦角新碱、Ergonovine）
【用途】产后出血、子宫复旧不良、月经过多。
【不良反应】血压升高、剧烈头痛、恶心、呕吐、出冷汗、面色苍白。
【用药护理注意】1.高血压、冠心病、孕妇等禁用。2.不常规静注，以免致突发高血压，静注需稀释药物。3.尼古丁使本品血管收缩作用加强，禁止吸烟。
【制剂】片：0.2mg、0.5mg。注射液：0.2mg（1ml）、0.5mg（1ml）。
【用法】肌注、静注：每次0.2~0.3mg。静注用25%葡萄糖液稀释，极量每次0.5mg，1mg/d。可子宫壁或宫颈注射。口服：每次0.2~0.5mg，2次/日。

甲麦角新碱 Methylergometrine（马来酸甲麦角新碱、美飞占）同麦角新碱。片：0.2mg。注射液：0.2mg（1ml），2~10℃保存。口服：每次0.2~0.4mg，2~4次/日。肌注、静注：每次0.2mg，必要时2~4小时注射1次，不超过5次。

垂体后叶素 Pituitrin （催生针、必妥生）

【用途】产后出血、子宫复旧不良，食管、胃底静脉曲张破裂出血等。

【不良反应】血压升高、心悸、胸闷、面色苍白、出汗、腹痛、过敏等。

【用药护理注意】1. 高血压、冠心病、心衰、有过敏反应史禁用，胎位不正、骨盆狭窄、产道梗阻禁用本药引产。2. 出现以上不良反应立即停药。3. 静滴注意药物浓度和滴速，一般每分钟 20 滴。滴速过快易致腹痛、腹泻。4. 监测血压。

【制剂】注射液：5U（1ml）、10U（1ml）。2~10℃保存，避免冰冻。

【用法】肌注：每次 5~10U。静滴、缓慢静注：每次 5~10U，加入 5% 葡萄糖液或生理盐水 500ml 中慢滴，加入 5% 葡萄糖液 20ml 静注，极量，每次 20U。

卡前列素氨丁三醇[乙] Carboprost Tromethamine （欣母沛、安列克、Hemabate）

【用途】宫缩弛缓引起的产后出血和妊娠 13~20 周的引产。

【不良反应、用药护理注意】1. 致呕吐、腹泻、恶心、体温升高、皮疹、面部潮红、高血压等。2. 本药应在医疗监护下使用。3. 勿与其他缩宫药合用。

【制剂、用法】注射液：250μg（1ml），2~8℃保存。深部肌注：中期引产，每次 250μg，间隔 1.5~3.5 小时可再注射 250μg，连用不超 2 天。

地诺前列酮[乙] Dinoprostone (欣普贝生、普比迪、前列腺素 E_2、PGE_2)

【用途】中期妊娠及足月妊娠引产、促宫颈成熟。

【不良反应】腹泻、恶心、呕吐、发热、畏寒、头痛、静脉炎、高血压等。

【用药护理注意】1. 胎膜已破者禁用阴道栓。2. 栓剂从冰箱取出后应置室温内加温后再用。3. 避免用手接触无包装的栓剂，以免通过皮肤吸收。4. 严密观察子宫收缩频率、时间、张力和强度。5. 监测体温、脉搏和血压。

【制剂】注射液:2mg (附含碳酸钠 1mg 的溶液、氯化钠注射液 10ml)。凝胶:3g (含地诺前列酮 0.5mg)。2~8℃冷藏。栓:10mg，-10~-20℃冷冻保存。

【用法】静滴:每次 2mg 和含碳酸钠 1mg 的溶液加入氯化钠注射液 10ml 中，摇匀后加入 5% 葡萄糖液 500ml 中，中期引产滴速 4~8μg/min，足月引产 1μg/min。阴道给药:促宫颈成熟，将栓剂 1 枚横置于后穹隆，放置后孕妇卧床 20~30 分钟。

地诺前列素 Dinoprost (安普诺维、前列腺素 $F_{2α}$) 参阅地诺前列酮。用药前给予止吐药、止泻药，以减少胃肠道反应。注射液:5mg (1ml)、20mg (4ml)、40mg (8ml)。2~8℃保存。羊膜腔内注射:中期引产，每次 40mg，给药 1 次。静滴:用 5% 葡萄糖液配成 50μg/ml 浓度，滴速 2.5μg/min，总量 1~4mg。

依沙吖啶[甲、乙] Ethacridine（乳酸依沙吖啶、利凡诺、雷佛奴尔、Rivanol）

【用途】终止 12~26 周妊娠，外伤及感染创面消毒（用溶液）。

【不良反应】出血较多、体温升高、过敏等，过量致肾衰竭。

【用药护理注意】1. 忌用生理盐水稀释。2. 水溶液不稳定，遇光分解变色。

【制剂】注射液：50mg（2ml）、100mg（10ml）。粉针：100mg。溶液：0.1%。

【用法】羊膜腔内注射：妊娠 16 周以后，每次 50~100mg。宫腔内羊膜外给药：不良反应较大，感染发生率较高，已少用。外用：用溶液洗涤或涂抹。

米索前列醇（见抗消化性溃疡药 P452）

米非司酮、卡前列甲酯、卡前列素（见雌激素、孕激素、促性腺激素及避孕药 P617~618）

（二）抗早产药

利托君[乙] Ritodrine（盐酸利托君、羟苄羟麻黄碱、利妥特灵、柔托扒、安宝）

【用途】预防妊娠 20 周以后的早产。

【不良反应】心率增快、心悸、恶心、头痛、皮疹、升高血糖、低血钾等，

【用药护理注意】1. 必须在有抢救条件的医院住院，在医生密切观察下使用。2. 糖尿病者可用生理盐水稀释药物。3. 静滴浓度 100mg/500ml（0.2mg/ml），开始滴速 0.05mg/min（5 滴 / 分，20 滴 /ml），每 10 分钟增加 0.05mg/min，通常保持在 0.15~0.35mg/min。4. 静滴时保持左侧卧位，以减少低血压危险。5. 溶液变色或出现沉淀、结晶时禁用。6. 心率＞ 140 次 / 分应立即停药并进行处理。

【制剂】片：10mg。注射液：50mg（5ml）、150mg（10ml）。

【用法】静滴：100mg 加入 5% 葡萄糖液 500ml 中，滴速从慢到快。口服：静滴结束前 30 分钟用，最初 24 小时为 10mg/2h。维持量：10mg/6h，不超过 120mg/d。

阿托西班[乙] Atosiban（醋酸阿托西班、依保）

【用途】妊娠 24~33 周，胎心率正常的 18 岁以上孕妇推迟其即将来临的早产。

【不良反应】恶心、头痛、头晕、心悸、低血压、高血糖、呕吐、潮热等。

【用药护理注意】1. 可用生理盐水、Ringer's 乳酸溶液、5% 葡萄糖液稀释。配制时从稀释液输液袋（100ml/袋）取出 10ml 溶剂，再加入本药 10ml（7.5mg/ml），配成浓度为 75mg/100ml 的输注液。2. 宜使用微量泵或带可调节速度的输液器。

【制剂】注射液：6.75mg（0.9ml）、37.5mg（5ml），2~8℃ 保存。

【用法】静注、静滴：先单剂量静注 6.75mg，随后以 300μg/min 的速度静滴 3 小时，再以 100μg/min 的速度静滴维持，最长 45 小时。总剂量不超过 330mg。

烯丙雌醇（见雌激素、孕激素、促性腺激素及避孕药，P606）

（三）其他

聚甲酚磺醛 [乙] Policresulen（爱宝疗、益宝疗、地瑞舒林、Albothyl）

【用途】各类阴道炎、宫颈糜烂、尖锐湿疣、局部出血，皮肤伤口局部治疗。

【不良反应】有局部刺激症状，很快自行消失。

【用药护理注意】1. 用药期间避免房事，月经期停止用药。2. 不用刺激性肥皂洗患处。3. 栓剂上有斑点不影响疗效。4. 外用药，禁止内服，不与眼部接触。

【制剂】溶液：36%（10ml、25ml、50ml、100ml）。阴道栓：90mg。

【用法】宫颈糜烂：1. 按 1：5 比例用水稀释后阴道冲洗；2. 将浸有原液（不稀释）的棉签插入宫颈管内，转动数次取出，再将浸有原液纱布块敷贴于病灶处 1~3 分钟，1~2 次 / 周；3. 阴道栓用水浸湿后插入阴道，1 枚 / 隔日，晚间睡前用药。外科、耳鼻喉科：用于止血，将浸有本品溶液的纱布压在出血部位 1~2 分钟。

653

氯喹那多 / 普罗雌烯[乙] Chlorquinaldol/Promestriene (可宝净、百喻) 用于多种阴道感染 (除淋球菌感染外) 引起的白带增多。偶有刺激、瘙痒、过敏反应等。孕妇禁用。阴道片: 含氯喹那多 200mg、普罗雌烯 10mg。阴道给药: 将药片湿润后送至阴道深部, 每晚 1 片, 连用 18 日, 月经期也应连续用药。

硫酸普拉睾酮钠 Sodium Prasterone Sulfate (普拉睾酮、蒂洛安) 用于晚期妊娠需促进子宫颈成熟者。致眩晕、耳鸣、口干、呕吐等。本药低于 20℃ 难以溶解, 可用 30~40℃ 水浴加热溶解。不用生理盐水溶解药物, 因可产生混浊。粉针: 0.1g。缓慢静注: 每次 0.1~0.2g, 1 次 / 日, 连用 3 天, 用 10~20ml 注射用水或 5% 葡萄糖液溶解, 须充分振荡使药物完全溶解。

阴道用乳杆菌活菌 Live Lactobacillus Capsule for Vaginal Use (定君生) 用于由菌群紊乱而引起的细菌性阴道病。治疗期间不可冲洗阴道、避免性生活。勿同时使用抗生素。胶囊: 0.25g。2~8℃ 保存。阴道给药: 清洁外阴后, 戴上指套, 将本品放入阴道深部, 每次一粒, 1 次 / 每晚, 连用 10 天为 1 疗程。

十五、维生素类

维生素 A$^{[乙]}$ Vitamin A（维生素甲、维他命 A、视黄醇）

【用途】维生素 A 缺乏症（夜盲症、眼干燥症等）、补充生理需要。

【不良反应】大量摄入致急性中毒（异常激动、嗜睡、头痛、呕吐、脱皮等），长期使用可致慢性中毒（骨关节痛、肿胀、皮肤瘙痒、颅内压增高等）。

【用药护理注意】1. 维生素 A 过多症禁用，婴幼儿对本药较敏感，应慎用。2. 鼓励病人多食含维生素 A 丰富的食物，如绿色、黄色蔬菜和肝、蛋黄、黄油。

【制剂】软胶囊：5000U、2.5 万 U。糖丸：2500U。

【用法】口服：预防用量，男性 5000U/日，女性 4000U/日，4~6 岁 2500U/日，7~10 岁 3500U/日。眼干燥症，2.5 万 ~5 万 U/日，使用 1~2 周。

维生素 D$_2$ $^{[甲]}$ Vitamin D$_2$（骨化醇）

【用途】防治维生素 D 缺乏症、佝偻病、骨软化症、特发性手足搐搦症。

【不良反应】长期大量使用引起高血钙、食欲缺乏、呕吐、腹泻、多尿等。

【用药护理注意】1. 监测血清钙浓度。2. 避免同时用含钙、磷、镁、维生素 D 制剂。3. 治低钙血症前先控制血清磷浓度。4. 久置空气中遇光或热后即被破坏。

【制剂】胶丸：5000U、1 万 U。片：5000U。注射液：20 万 U（1ml）、40 万 U（1ml）。

【用法】口服：维生素 D 依赖性佝偻病，1 万 ~6 万 U/ 日。肌注：1 次 30 万 ~60 万 U，重症者可隔 2~4 周后重复注射 1 次。

维生素 D₃^{〔甲〕} Vitamin D₃（胆骨化醇）同维生素 D₂。注射液：15 万 U（3.75mg，0.5ml）、30 万 U（7.5mg，1ml）、60 万 U（15mg，1ml）。肌注：每次 30 万 ~60 万 U，小儿每次 15 万 ~30 万 U，必要时 2~4 周后重复 1 次。

维生素 AD^{〔乙〕} Vitamin A and D（鱼肝油制剂、贝特令、伊可新）

【用途】佝偻病、小儿手足搐搦症、夜盲症，褥疮（外用）。

【不良反应、用药护理注意】同维生素 A、D₂、D₃。长期过量服用可致中毒。

【制剂】胶丸：含维生素 A 3000U、维生素 D 300U。浓缩胶丸：含维生素 A 1 万 U、维生素 D 1000U。滴剂（胶囊型）：含维生素 A 和维生素 D₃ 为 2000U、700U；1800U、600U；1500U、500U。滴剂：每 1g 含维生素 A 和维生素 D₃ 为 5 万 U、5000U；9000U、3000U；5000U、500U。

【用法】口服：胶丸每次 1 粒，1~2 次 / 日；滴剂，每次 0.1~0.3ml（2~6 滴），

1 次 / 日，小儿酌减；滴剂（胶囊型），每次 1 粒，1 次 / 日，将软囊滴嘴开口后，内容物滴入口中服（开口方法：将滴嘴在开水中浸泡 30 秒），也可吞服、嚼服。

维生素 B₁[甲、乙] Vitamin B₁（硫胺）

【用途】脚气病、周围神经炎、甲亢、心肌炎、营养不良、高热辅助治疗。

【不良反应】过量致头痛、烦躁等，注射偶见皮疹、瘙痒、过敏反应。

【用药护理注意】禁止静注。不与碱性药物配伍，不与含鞣酸的食物同服。

【制剂】片：5mg、10mg。注射液：50mg（1ml）、100mg（2ml）。

【用法】口服：每次 5~10mg，3 次 / 日。肌注：重型每次 50~100mg，3 次 / 日。

维生素 B₂[甲、乙] Vitamin B₂（核黄素）

【用途】维生素 B₂ 缺乏所致口角炎、舌炎、眼结膜炎、阴囊炎、唇干裂等。

【用药护理注意】1. 甲氧氯普胺、乙醇减少本药吸收。2. 宜餐时或餐后服，空腹服吸收不佳。3. 服药后尿液呈黄绿色。4. 注射液含苯甲醇。5. 遇光易变质。

【制剂】片：5mg、10mg。注射液：1mg（2ml）、5mg（2ml）、10mg（2ml）。

【用法】口服：每次 5~10mg，3 次 / 日。肌注：每次 5~10mg，1 次 / 日。

维生素 B₆[甲] Vitamin B₆（吡多辛、盐酸吡多醇）

【用途】维生素 B₆ 的补充，异烟肼、肼屈嗪引起的周围神经炎，妊娠和化疗引起的呕吐，白细胞减少症、婴儿惊厥、痤疮、酒渣鼻（局部涂抹）等。

【不良反应】维生素 B₆ 依赖综合征，注射致头痛、腹痛，罕见过敏反应。

【用药护理注意】不能超量服用，用药不超 3 周。遇光或高温时药物易失活。

【制剂、用法】片：10mg。注射液：25mg（1ml）、50mg（1ml）、100mg（2ml）。软膏：1.2%（10g）。口服：10~20mg/d。肌注、皮下注射、静注：每次 50~100mg，1 次 / 日，静注时加 5% 葡萄糖液 20ml。外用：软膏涂患处，2~3 次 / 日。

复合维生素 B[乙] Compound Vitamin B 片：含维生素 B₁、B₂、B₆ 和烟酰胺、泛酸钙等。服药后尿液可能呈黄色。口服：每次 1~3 片，儿童每次 1~2 片，3 次 / 日。

烟酰胺[乙] Nicotinamide（尼克酰胺、普扶林）

【用途】糙皮病、冠心病、病毒性心肌炎、房室传导阻滞等。

【不良反应】头晕、恶心、呕吐、皮肤潮红、瘙痒、高血糖、高尿酸等。

【用药护理注意】1. 不宜肌注，因可致剧痛。2. 妊娠期服过量可致畸胎。

【制剂】片：50mg、100mg。注射液：50mg（1ml）、100mg（1ml）。

【用法】口服：每次 50~200mg，500mg/d。静滴：每次 50~100mg，防心脏传导阻滞可增至每次 300~400mg，加入 10% 葡萄糖液 250ml 中滴注，1 次/日。

烟酸[乙] Nicotinic Acid(本悦) 用于糙皮病、脑动脉血栓形成、高脂血症。片：50mg、100mg。缓释片：0.5g。注射液：20mg（2ml）、100mg（2ml）。口服：每次 50~100mg，5 次/日，餐后服。降血脂用缓释剂，每次 0.5g，1 次/日，整粒吞服，不可掰开或嚼碎。缓慢静注：糙皮病，每次 25~100mg，2 次/日。

维生素 E Vitamin E（生育酚、产妊酚、来益）

【用途】习惯性和先兆流产、不育症，注射液用于棘红细胞增多症。

【不良反应】视物模糊、头晕、恶心、腹泻、月经过多、闭经、影响性功能，偶见血栓性静脉炎、低血糖。

【用药护理注意】1. 不与香豆素及其衍生物合用。2. 针剂用前摇匀。

【制剂】片：10mg、50mg。胶丸、软胶囊：50mg、100mg。注射液：5mg(1ml)、50mg(1ml)。

【用法】口服：每次 10~100mg，2~3 次/日。肌注：每次 5~50mg，1 次/日。

维生素 C[甲、乙] Vitamin C（抗坏血酸、维生素丙、力度伸）

【用途】防治坏血病，急慢性传染病及紫癜辅助治疗，克山病患者发生心源性休克，酸化尿液，肝硬化、各种贫血、过敏性皮肤病、口疮等。

【不良反应】恶心、呕吐、胃酸增多、皮疹、泌尿系结石，大量可致溶血。

【用药护理注意】1.大量长期服用不能突然停药，宜逐渐减量停药。2.肌注致剧痛，故少用。3.与虾（含砷）同服可发生砷中毒。4.如制剂变黄，不可使用。

【制剂】片：0.05g、0.1g。泡腾片：1g。注射液：0.1g（2ml）、0.5g（2ml）。

【用法】口服：片，每次 50~100mg，3 次 / 日，餐后服；泡腾片，1g/d，溶解后服。静滴：每次 0.25~0.5g，用 5%~10% 葡萄糖液或生理盐水稀释，1 次 / 日。

水溶性维生素[乙]（Soluvit N、水乐维他）用于长期肠外全营养病人补充水溶性维生素。粉针剂：含维生素 B_1、B_2、B_6、B_{12} 和维生素 C、烟酰胺、叶酸、甘氨酸、泛酸、生物素等，8~15℃ 避光保存。静滴：成人和体重大于 10kg 儿童，1 瓶 / 日。临用前用 10ml 注射用水或葡萄糖液溶解后，再用葡萄糖液稀释。

脂溶性维生素[乙]（成人用维他利匹特、儿童用维他利匹特，Vitalipid N）

注射液：10ml（分儿童用和成人用），含维生素 A、D_2、E、K_1。2~10℃避光保存。

静滴：10ml/d，11 岁以下用儿童剂型 1ml/(kg·d)，不超过 10ml/d，加入脂肪乳注射液 500ml 中，轻轻摇匀后输注，应在 24 小时内用完。

甲钴胺、维生素 B_{12}（见抗贫血药，P519）

维生素 B_4（见促白细胞药，P548）

骨化三醇、阿法骨化醇（见钙、磷代谢调节药，P671）

十六、调节水、电解质及酸碱平衡药

氯化钾[甲] Potassium Chloride（补达秀、施乐凯）

【用途】低钾血症、洋地黄中毒引起频发性、多源性早搏或快速心律失常。

【不良反应】胃肠道反应、高钾血症，静滴时可致疼痛、静脉炎，静滴过量致疲乏、肌张力降低、反射消失、周围循环衰竭、心率减慢甚至心脏停搏。

【用药护理注意】1. 严禁静注。2. 注射液未经稀释不得静滴，静滴浓度不超过 0.3%，滴速不超过 90 滴 / 分。3. 低血钾时，将氯化钾加入生理盐水静滴，如血钾已正常，则将氯化钾加入葡萄糖液静滴。4.10% 口服液可稀释于温开水或饮料中服。5. 控释片应吞服，不能嚼碎。6. 补钾时应检查肾功能和尿量。

【制剂】片：0.25g、0.5g。缓释片：0.5g。口服液：10%。颗粒剂：10g（含钾 1.5g）。注射液：1g（10ml）、1.5g（10ml）。

【用法】口服：片、缓释片、口服液，每次 0.5~1g，2~3 次 / 日，餐后服。静滴：10%~15% 注射液 10ml，用生理盐水或 5%~10% 葡萄糖液 500ml 稀释后慢滴。

枸橼酸钾[乙] Potassium Citrate（可维加）同氯化钾。缓释片用于肾小管性酸中毒伴钙结石，低枸橼酸尿所致的草酸钙肾结石。颗粒：2g（含钾 1.46g）。缓释片：1.08g（10mEq）。口服：颗粒每次 1~2 包，用温开水溶解后服，3 次 / 日；枸橼酸尿症，缓释片每次 10mEq，3 次 / 日，与食物同服或餐后 30 分钟内整片吞服。

氯化钠[甲] Sodium Chloride

【用途】缺钠性脱水，溶解和稀释注射用药品，冲洗眼、鼻、伤口等。

【不良反应】过量致高血钠、低血钾，水肿、血压升高、胸闷、呼吸困难。

【用药护理注意】1. 水肿性疾病，急性肾衰竭少尿期、慢性肾衰竭尿量减少而对利尿药反应不佳，高血压、低钾血症慎用。2. 药液浑浊或有异物、瓶身有裂痕、颈部接口与密封盖焊接不牢等勿使用。3. 夏季开瓶 24 小时后不宜再用。

【制剂、用法】生理盐水（等渗氯化钠注射液）：0.9%（2ml、10ml、50ml、100ml、250ml、500ml）。口服、静滴：用量视病情而定，一般 500~1000ml/d。

浓氯化钠注射液[甲] Concentrated Sodium Chloride Injection 用于低钠血症、低渗性脱水等。参阅氯化钠注射液。禁止肌注和皮下注射。注射液：10%（10ml、100ml）。静滴：一般临用前以 5% 葡萄糖液或生理盐水稀释成 3%~5% 溶液。

复方氯化钠注射液[甲] Compound Sodium Chloride Injection（林格液、Ringer's Solution）用于补充体液和钠、氯、钾、钙，可替代生理盐水。参阅氯化钠注射液。给药过快、过多可致血压升高等。注射液：100ml、250ml、500ml、1000ml。含氯化钠 0.85%、氯化钾 0.03%、氯化钙 0.033%。静滴：用量视病情而定。

葡萄糖氯化钠注射液[甲] Glucose and Sodium Chloride Injection 用于补充体液、热量和维持体内电解质平衡。不用于输血具冲洗，因可使红细胞破裂。注射液：100ml、250ml、500ml。含葡萄糖 5%、氯化钠 0.9%。静滴：用量视病情定。

663

乳酸钠林格注射液[甲] Sodium Lactate Ringer's Injection（平衡盐水）

【用途】调节体液、酸碱平衡、电解质。

【不良反应、用药护理注意】1. 乳酸性酸中毒等禁用。2. 本品含钙，与含枸橼酸盐的血液混合会产生凝血。同含磷酸离子、碳酸离子混合可产生沉淀。

【制剂、用法】注射液：250ml、500ml。含氯化钠 0.6%、氯化钾 0.03%、氯化钙 0.02%、乳酸钠 0.31%。静滴：用量视病情而定。

葡萄糖[甲] Glucose（右旋糖）

【用途】补充热能和体液，低血糖症、高钾血症，高渗液可利尿、降颅压。

【不良反应】长期单纯给葡萄糖可致电解质紊乱，高渗葡萄糖可致静脉炎。

【用药护理注意】1. 不与血液混合输注。2. 冬季可将安瓿加热至与体温相等的温度。3. 高渗溶液应缓慢注射。4. 长期大量使用注意电解质平衡。5. 多次注射使静脉内膜增生、硬化，应经常换用血管。6. 口服葡萄糖粉易吸潮、发霉。

【制剂】注射液：5%（等渗），10%、20%、25%、50%（高渗）。

【用法】静滴：补充热能，用 10%~25% 葡萄糖注射液。等渗失水，用 5% 葡萄糖注射液。静注：组织脱水、低血糖，用 50% 葡萄糖注射液，每次 20~50ml。

口服补液盐 Oral Rehydration Salts（ORS）用于腹泻引起的脱水。颗粒剂：ORS Ⅰ，14.75g（大袋葡萄糖、氯化钠；小袋氯化钾、碳酸氢钠）；ORS Ⅱ，13.95g（葡萄糖、氯化钠、氯化钾、枸橼酸钠）；ORS Ⅲ，5.125g（其组分同ORS Ⅱ）。口服：临用前，将大、小袋药物（ORS Ⅰ）或整袋药（ORS Ⅱ）溶于 500ml 温开水中，ORS Ⅲ 每包溶于 250ml 温开水中，均分次于 4~6 小时服完。

直肠透析液 用于肾盂肾炎、尿毒症等的酸中毒。含氯化钠、氯化钾、碳酸氢钠、葡萄糖等。直肠内滴入：每次 1000ml，15~20 滴 / 分，天冷时可微温后用。

甘油磷酸钠[乙] Sodium Glycerophosphate（格利福斯）防治低磷血症。本品系高渗溶液，未经稀释不能输注。注射液：2.16g（10ml）。静滴：2.16g/d，加入复方氨基酸注射液或 5%、10% 葡萄糖液 500ml 中，4~6 小时内缓慢滴注。

碳酸氢钠[甲] Sodium Bicarbonate（重碳酸钠、小苏打、重曹）
【用途】中和胃酸、碱化尿液、代谢性酸血症、高钾血症、真菌性阴道炎。
【不良反应】嗳气、继发性胃酸增加、碱血症、尿频、尿急、心律失常等。

【用药护理注意】1. 充血性心力衰竭、肾衰竭、水肿、少尿或无尿慎用。2. 忌与含钙药物、乳及乳制品合用，因可致乳－碱综合征。3. 中和胃酸时产生大量二氧化碳，有引起胃穿孔的危险。4. 浓度为 1.5% 是等渗。

【制剂】片：0.3g、0.5g。注射液：0.5g（10ml）、12.5g（250 ml）。

【用法】口服：制酸每次 0.3~1g，3 次 / 日，痛时或餐后 1~3 小时，连用不超 7 天。静滴：用 5% 碳酸氢钠溶液 100~200ml。阴道冲洗或坐浴：4% 溶液，1 次 / 每晚。

氯化铵（见祛痰药，P418）

谷氨酸钾（见治疗肝胆疾病药，P475）

氯化钙、葡萄糖氯化钙注射液、葡萄糖酸钙（见抗变态反应药，P574~575）

十七、钙、磷代谢调节药

依替膦酸二钠[乙] Etidronate Disodium（羟乙膦酸钠、邦得林、依膦、根德）

【用途】绝经后骨质疏松症、增龄性骨质疏松症。

【不良反应】偶见腹部不适、腹泻、呕吐、口炎、咽喉烧灼感、皮疹等。

【用药护理注意】1. 中、重度肾衰竭禁用。2. 需间隙、周期用药，服药 2 周后停药 11 周，停药期间需补充钙剂。3. 服药时和服药后不宜取卧位，须用多量水（非矿化水）送服。4. 服药前后 2 小时不宜进食，避免服抗酸药、高钙食品（如奶制品）和含铁、钙、铝、镁等制剂。5. 有皮肤瘙痒等过敏症状时应停药。

【制剂、用法】片、胶囊：200mg。口服：每次 200mg，2 次 / 日，两餐间服。

阿仑膦酸钠[乙] Alendronate Sodium（阿屈膦酸钠、固邦、福善美、天可）

【用途、不良反应】同依替膦酸二钠。不良反应主要为胃肠道反应。

【用药护理注意】1. 同依替膦酸二钠。2. 不能在临睡前、起床前或躺着服药，药片不能咀嚼或在口中溶化，因为会使口腔咽喉部破溃，须用 200~250ml 白开水（不用矿泉水）送服，服药 30 分钟后才可进食。3. 出现食管疾病症状（如吞咽困难、胸骨后疼痛、胃灼热加重等）时应停药。4. 服药期间需补充钙剂。

【制剂】片：10mg、70mg。

【用法】口服：10mg/d，或每次 70mg，1 次 / 周，早餐前 0.5 小时服，疗程 6 个月。

阿仑膦酸钠维 D₃（福美加）片：含阿仑膦酸钠 70mg、维生素 D₃ 2800IU；片（II）：含阿仑膦酸钠 70mg、维生素 D₃ 5600IU。口服：每次 1 片，1 次 / 周。

帕米膦酸二钠[乙] Pamidronate Disodium（帕米膦酸钠、阿可达、博宁）

【用途】骨质疏松症、高钙血症，恶性肿瘤溶骨性骨转移疼痛。

【不良反应】恶心、呕吐、头晕、发热、低钙血症，轻微肝肾功能改变等。

【用药护理注意】1. 对本品过敏禁用。2. 禁止静注。3. 用注射用水溶解后，再经稀释才可静滴。4. 不与其他二膦酸盐类药物合用。5. 监测血钙、磷水平。

【制剂】粉针：15mg、30mg（附注射用水）。注射液：15mg（5ml）。

【用法】静滴：每次 30~60mg，稀释于不含钙的生理盐水或 5% 葡萄糖液中，滴注 4 小时以上，浓度不超过 15mg/125ml，滴速不超过 15mg/h。通常 1 次 /4 周。

帕米膦酸二钠葡萄糖[乙]（仁怡）注射液：250ml（含帕米膦酸二钠 30mg）。

氯膦酸二钠[乙] Clodronate Disodium（氯屈膦酸二钠、氯屈膦酸钠、氯甲双膦酸二钠、洛屈、德维、固令、骨膦、迪盖钠、Bonefos）

【用途】恶性肿瘤引起的高钙血症和骨质溶解，骨质疏松症。

【不良反应】初期有腹痛、腹泻、恶心、眩晕、低血钙、肾功能损害等。

【用药护理注意】1. 孕妇、严重肾损害、骨软化症禁用，儿童慎用。2. 不与食物、牛奶、抗酸药、钙剂、铁剂同服，以免降低活性。3. 禁止静注。

【制剂】胶囊：0.2g、0.4g。片：0.4g。注射液：0.3g（5ml）。粉针：0.3g。

【用法】口服：开始 1.6g/d，早晨餐前 1 小时整粒吞服。静滴：0.3g/d，用生理盐水或 5% 葡萄糖液 500ml 稀释，滴注 3~4 小时。

伊班膦酸[乙] Ibandronic Acid（邦罗力、艾本）用于绝经后骨质疏松症，肿瘤引起的高钙血症或骨痛。致发热、肌肉骨骼疼痛等，不与含钙溶液混合。注射液：1mg（1ml）、2mg（2ml）、6mg（6ml）。静滴：单次给药 1~4mg，最高剂量 6mg，每 2mg 稀释于不含钙的生理盐水或 5% 葡萄糖液 250ml 中滴注 2 小时以上。

唑来膦酸[乙] Zoledronic Acid（艾朗、密固达、择泰、天晴依泰、博来宁）
【用途】恶性肿瘤引起的高钙血症或骨痛、绝经后骨质疏松、变形性骨炎。
【不良反应】发热、头痛、恶心、肌肉骨骼疼痛、呼吸困难、低血压等。
【用药护理注意】1. 禁与含钙溶液配伍。2. 治疗中维持尿量在 2 L/d。
【制剂】粉针：4mg。注射液：1mg（1ml）、4mg（5ml）、5mg（100ml）。
【用法】静滴：每次 4mg，1 次 /3~4 周，用注射用水 5ml 溶解后，稀释于不含钙的生理盐水或 5% 葡萄糖液 100ml 中。骨质疏松，每次 5mg，1 次 / 年。

利塞膦酸钠[乙] Risedronate Sodium（唯善、吉威、积华固松）

【用途】防治绝经后妇女骨质疏松症。

【不良反应、用药护理注意】致上消化道紊乱等。不能站立或端坐者禁用。

【制剂、用法】片：5mg，35mg。胶囊：5mg。口服：每次 5mg，1 次 / 日，或每次 35mg，1 次 / 周。餐前至少 30 分钟直立位用清水（约 200ml）送服，服药后 30 分钟内不宜卧床，2 小时内不食用含钙食物、药物。勿嚼碎或含服本品。

鲑鱼降钙素 Salmon Calcitonin（密钙息、密盖息、金尔力、Salcatonin）

【用途】骨质疏松症、变形性骨炎、高钙血症。

【不良反应】面部潮红、恶心、呕吐、腹痛、腹泻、多尿、寒战、过敏反应。

【用药护理注意】1. 怀疑对降钙素过敏者用药前应皮试。取本药 10U，用生理盐水稀释至 1ml，皮下注 0.1ml（约 1U）。2. 鼻喷雾后用鼻子深吸气几次。3. 喷鼻剂使用后应室温贮藏。4. 有喘息、耳鸣等过敏症状应停药。5.2~8℃保存。

【制剂、用法】注射液：50U(1ml)、100U(1ml)。喷鼻剂：50U/ 喷、100U/ 喷。皮下注射、肌注：骨质疏松，每次 50~100U，1 次 / 日。静滴：高钙血症危象，5~10U/(kg·d)，溶于生理盐水 500ml 中。鼻腔喷雾：每次 100U，1 次 / 日。

依降钙素[乙] Elcatonin（益盖宁、鳗鱼降钙素类似物）同鲑鱼降钙素。注射液：10U（1ml）、20U（1ml）。肌注：骨质疏松，每次 10U，2 次／周，或每次 20U，1 次／周。

骨化三醇[乙] Calcitriol（罗盖全、溉纯、盖三淳）

【用途】绝经后和老年性骨质疏松症、佝偻病、慢性肾透析患者低钙血症。

【不良反应】注射部位疼痛、红肿、过敏反应、高钙血症或钙中毒。

【用药护理注意】1. 与高血钙有关的疾病禁用。2. 不与含镁药物和维生素 D 类合用。3. 监测血钙、磷和血肌酐、血尿素氮浓度、尿钙水平。

【制剂】胶囊：0.25μg、0.5μg。胶丸：0.25μg。注射液：1μg（1ml）、2μg（1ml）

【用法】口服：一般用量 0.25~0.5μg/d。骨质疏松，每次 0.25μg，2 次／日。静注：肾透析低钙血症，每次 0.5μg（0.01μg/kg），3 次／周，在透析后从血液透析管给予，隔 2~4 周可增加剂量 0.25~0.5μg。

阿法骨化醇[乙] Alfacalcidol（阿法 D₃、立庆、萌格旺、龙百利、霜叶红）

【用途】骨质疏松症、甲状旁腺功能低下、抗维生素 D 性佝偻病。

【不良反应】胃肠道反应、肝功能异常、皮疹、头痛、失眠、高钙血症。

【用药护理注意】1. 高钙血症禁用。2. 与钙剂合用可能致血钙升高。3. 避免同时使用维生素 D 及类似物。4. 监测血钙、磷、肌酐、尿素氮，尿钙、肌酐。

【制剂】片、胶丸：0.25μg、0.5μg。胶囊：0.25μg、0.5μg、1μg。

【用法】口服：每次 0.5~1μg，1 次 / 日。

依普黄酮 Ipriflavone（固苏桉、力拉）改善原发性骨质疏松症的症状。致恶心、呕吐、口炎、眩晕、贫血、过敏、消化性溃疡、黄疸等。低钙血症禁用，服药期间需补钙。片、胶囊：200mg。口服：每次 200mg，3 次 / 日，餐后服。

特立帕肽 TeriparatideI（复泰奥、Forsteo）

【用途】有骨折高发风险的绝经后妇女骨质疏松症。

【不良反应】肢体疼痛、头晕、恶心、心悸、贫血、低血压，骨肉瘤风险。

【用药护理注意】1. 如膳食不能满足需要，应补充钙和维生素 D。2. 病人终身仅可接受一次 24 个月的治疗。3. 本品使用后继续 2~8℃贮存，最多存 28 天。

【制剂】注射液：20μg（80μl），每支笔芯含 2.4ml，可注 28 次。2~8℃保存。

【用法】皮下注射：取坐或卧位，大腿或腹部皮下，20μg/d。最长用 24 个月。

重组特立帕肽 Recombinant Teriparatide(欣复泰、珍固) 同特立帕肽。粉针：200U（20μg）。2~8℃保存。皮下注射：每次 200U（20μg），1 次 / 日。使用前将 1ml 注射用水沿瓶壁缓慢加入本品，轻微摇转使之全部溶解，切勿剧烈震荡。

一氟磷酸谷酰胺 – 葡萄糖酸钙 – 枸橼酸钙 Glutamine Monofluoro Phosphate Calcium Gluconate and Calcium Citrate（一氟磷酸谷酰胺 + 钙、特乐定、Tridin）

【用途】骨质疏松症。

【不良反应】胃部不适、关节疼痛（尤其是下肢）等。

【用药护理注意】1. 孕妇、哺乳期妇女、25 岁以下、肾功能不全、高血钙、高尿钙、骨软化症者禁用，四肢骨折时不用。2. 餐后嚼碎服可减少胃部不适。

【制剂】咀嚼片（有效期 5 年）：每片含一氟磷酸谷酰胺 134.4mg、右旋葡萄糖酸钙 500mg、枸橼酸钙 500mg。

【用法】口服：每次 1 片，3 次 / 日，餐后嚼碎服，疗程 3 个月以上。

雷奈酸锶 Strontium Ranelate（欧思美）用于绝经后骨质疏松症。致恶心、腹泻等。干混悬剂：2g。口服：每次 2g，1 次 / 日。放水中制成混悬液，睡前空腹服。

氨基葡萄糖[乙] Glucosamine（盐酸氨基葡萄糖、硫酸氨基葡萄糖、奥泰灵、普力得、葡立）防治全身所有部位的骨关节炎。致胃肠不适、过敏反应等。片、胶囊：0.24g、0.75g。硫酸氨基葡萄糖片、胶囊：0.25g。口服：每次0.75g，2次/日，或每次0.24~0.48g（0.5g），3次/日。餐时或餐后服，疗程4~12周。

雷洛昔芬[乙] Raloxifene（盐酸雷洛昔芬、易维特、贝邦）预防和治疗绝经后妇女骨质疏松症。致下肢痛性痉挛、潮热、出汗等，致静脉血栓栓塞风险。宜同时补充钙和维生素D。片：60mg。口服：每次60mg，1次/日，用药不受食物影响。

碳酸钙[乙] Calcium Carbonate（协达利、纳诺钙、纳诺卡、凯思立、兰达）
【用途】孕妇、哺乳期妇女、老年骨质疏松症补钙，高磷血症、胃酸过多。
【不良反应、用药护理注意】致嗳气、便秘。富含纤维食物可抑制钙吸收。
【制剂】片：0.25g、0.3g、0.5g。胶囊：0.25g。咀嚼片：0.125g、0.5g。混悬液：148ml（每5ml含碳酸钙0.4g）。
【用法】口服：补钙，0.25~1.25g/d，咀嚼片，0.5~1g/d，嚼碎服。分1~2次餐后服。高磷血症，1.5~13g/d，分次于进餐时服。

碳酸钙 D₃[乙] Calcium Carbonate and Vitamin D₃（碳酸钙 - 维生素 D₃、钙尔奇 D、凯思立 D、迪巧、逸得乐、朗迪）

【用途】骨质疏松、低钙血症、补钙。

【不良反应、用药护理注意】参阅碳酸钙和维生素 D₃（P674、P656）。

【制剂】片：钙尔奇 D600，含碳酸钙 1.5g（含钙 600mg），维生素 D₃ 125U。咀嚼片：钙尔奇 D300，含碳酸钙 0.75g（含钙 300mg），维生素 D₃ 60U。凯思立 D，含碳酸钙 1.25g（含钙 500mg），维生素 D₃ 200U。颗粒：含碳酸钙 0.75g（含钙 300mg），维生素 D₃ 100U；含碳酸钙 1.25g（含钙 500mg），维生素 D₃ 200U。

【用法】口服：每次 500~600mg（以钙计），1~2 次 / 日，餐后服或咀嚼后咽下。

维 D₂ 磷酸氢钙 用于儿童、孕妇、哺乳期妇女钙的补充。片：含维生素 D₂ 500U，磷酸氢钙 150mg（含钙 36mg）。口服：成人及儿童每次 1 片，1 次 / 日，咀嚼后服。

乳酸钙 Calcium Lactale 防治钙缺乏症（手足搐搦症等），小儿、妊娠期补充钙盐，过敏性疾病辅助治疗。同服维生素 D，以促进吸收。片、颗粒：0.5g。口服：每次 0.5~1g，小儿每次 0.25~0.5g，2~3 次 / 日。颗粒每次 0.5g，1~2 次 / 日。

碳酸镧[乙] Lanthanum Carbonate（福斯利诺）用于慢性肾衰患者高磷血症。致头痛、胃肠道反应、低钙血症、过敏等。咀嚼片：0.5g、0.75g、1g。口服：多数每日 1.5~3g 可将血磷控制在可接受水平，起效剂量为 0.75g/d。与食物同服或餐后立即服，应咀嚼后咽下，可以碾碎药片以方便咀嚼，勿整片吞服。

地舒单抗（见抗恶性肿瘤药，P207）
氯化钙、葡萄糖酸钙、戊酮酸钙（见抗变态反应药，P574~575）
戊酸雌二醇（见雌激素、孕激素、促性腺激素及避孕药，P601）

十八、营养药
复方氨基酸注射液（18AA） Compound Amino Acid Injection（18AA）（绿安）
【用途】营养不良、低蛋白血症、外科术后。
【不良反应】滴注过快致恶心、呕吐、胸闷、发热、发冷、心悸、头痛等。
【用药护理注意】1. 严重肝肾功能不全、氨基酸代谢障碍禁用。2. 有沉淀、混浊、变色不用。3. 开瓶后一次性使用，剩余药液不能贮存再用。4. 遇冷析出结晶时，可置 50~60℃水浴中缓慢摇动，使结晶溶解并冷却至 37℃再使用。

5. 可与中等浓度葡萄糖液或脂肪乳注射液同时串输，以降低本药渗透压。

【制剂】注射液：5%（250ml、500ml），12%（250ml）。不超过 20℃ 保存。

【用法】静滴：5% 溶液每次 250~500ml，滴速 40~50 滴 / 分；12% 溶液每次 250ml，滴速 20~30 滴 / 分。

复方氨基酸注射液（18AA-Ⅰ）（凡命、Vamin）参阅复方氨基酸注射液（18AA）。滴速应缓慢。注射液：250ml、500ml，由 18 种氨基酸与钾、钠、钙、镁等无机盐组成，5~25℃ 保存。静滴：250~750ml/d，40~50 滴 / 分。

小儿复方氨基酸注射液（18AA-Ⅰ）Paediatric Compound Amino Acid Injection（18AA-Ⅰ）参阅复方氨基酸注射液（18AA）。适用于早产儿、低体重儿、各种需要静脉营养的小儿。注射液：20ml、100ml、250ml。静滴：开始 15ml/（kg·d），以后增至 30ml/（kg·d），外周静脉应用时可用 10% 葡萄糖液稀释后缓慢滴注。

小儿复方氨基酸注射液（18AA-Ⅱ）参阅复方氨基酸注射液（18AA）。本品适合婴幼儿。注射液：50ml、100ml、250ml。缓慢静滴：20~35ml/kg，1 次 / 日。

677

复方氨基酸注射液（18AA-Ⅱ）（乐凡命、Novamin）参阅复方氨基酸注射液（18AA）。注射液：5%、8.5%、11.4%（250ml、500ml）。缓慢静滴：5%和8.5%可经中心静脉或外周静脉滴注，11.4%单独应用须经中心静脉滴注，如与其他营养制剂混合或串输，也可经外周静脉输注。一般5%1000ml的输注时间为5~7小时，约35~50滴/分，8.5%或11.4%的输注时间8小时，约30~40滴/分。

复方氨基酸注射液（18AA-Ⅲ）同复方氨基酸注射液（18AA）。注射液：250ml。静滴：周围静脉输注，250~750ml/d，缓慢滴注，25滴/分。经中心静脉输注，750~1000ml/d。为提高氨基酸的利用率，应与葡萄糖液或脂肪乳剂并用。

复方氨基酸注射液（18AA-Ⅳ）（爱欣森）同复方氨基酸注射液（18AA）。本品含葡萄糖（7.5%）。注射液：250ml、500ml。静滴：500~1000ml/d。

复方氨基酸注射液（18AA-Ⅴ）同复方氨基酸注射液（18AA）。本品含木糖醇（5%）。注射液：100ml（含木糖醇5g）、250ml（含木糖醇12.5g）、500ml。静滴：每次500ml，30~40滴/分。

复方氨基酸注射液（18AA-Ⅶ）（绿支安）同复方氨基酸注射液（18AA）。本品含醋酸 80mmol/L，大量给药或与电解质并用时注意电解质平衡。注射液：200ml。静滴：每次 200~400ml，25 滴 / 分，老年应减慢滴速、减少用量。

复方氨基酸注射液（14AA）参阅复方氨基酸注射液（18AA）。用于营养不良、低蛋白血症。注射液：250ml（含总氨基酸 7.5g 或 21.2g）。静滴：250~500ml/d，15~20 滴 / 分，可与 5%~10% 葡萄糖液混匀后慢滴。

复方氨基酸注射液（17AA-Ⅲ）（普达深）用于肝性脑病（亚临床、Ⅰ级、Ⅱ级），高氨血症。本品含醋酸根离子，严重肾功能不全、非肝功能障碍导致的氨基酸代谢异常禁用。注射液：500ml。静滴：每次 500ml，1 次 / 日，45~55 滴 / 分。

复方氨基酸注射液（6AA）用于肝性脑病、慢性迁延性肝炎、慢性活动性肝炎及亚急性与慢性重型肝炎引起的氨基酸代谢紊乱。注射液：250ml。静滴：每次 250ml，1~2 次 / 日，与等量 10% 葡萄糖液稀释后慢滴，不超过 40 滴 / 分。
复方氨基酸注射液（3AA）、14 氨基酸注射液 -800（见治疗肝胆疾病药，P476）

复方氨基酸注射液（20AA）用于防治肝性脑病。每天检查注射部位是否出现炎症。注射液：500ml。中心静脉输注：推荐平均剂量 7~10ml/(kg·d)，滴速 1ml/(kg·h)。宜同时补充非蛋白能量物质（脂肪、葡萄糖）、维生素等。

复方氨基酸注射液（15AA）用于大面积烧伤、创伤及严重感染等应激状态下肌肉分解代谢亢进、消化系统功能障碍、营养恶化及免疫功能下降患者的营养支持。注射液：6.9%、8%（250ml）。静滴：250~500ml/d，用等量 5%~10%葡萄糖液混合后慢滴，15~20 滴 / 分。

复方氨基酸注射液（17AA-Ⅰ）用于手术、严重创伤、大面积烧伤引起的氨基酸严重缺乏、多种疾病引起的低蛋白血症。严重肝、肾功能不全禁用。大量应用注意电解质和酸碱平衡。遇冷析出结晶，应微温溶解，等冷至 37℃后使用。注射液：250ml、500ml。静滴：250~1000ml/d，40 滴 / 分。

复方氨基酸注射液（9AA） Compound Amino Acid Injection（9AA）（肾安注射液、肾必氨注射液、复合氨基酸 9R 注射液、复方肾病用氨基酸）

【用途】急性和慢性肾功能不全患者的肠道外支持。

【不良反应】滴速过快可致恶心、呕吐、心悸、寒战、发热等。

【用药护理注意】1. 除可与葡萄糖液混合外，不能与其他药物混合。2. 开瓶药液应一次用完。3. 遇冷出现结晶时，可置于 50℃温水中加热使结晶溶解，凉至 37℃左右再用。4. 注意补充足量葡萄糖，给低蛋白、高热量饮食。

【制剂、用法】注射液：250ml。静滴：250~500ml/d，滴速不超过 15 滴 / 分。

复方氨基酸注射液（18AA- Ⅸ）（普舒清）用于急慢性肾功能不全出现低蛋白血症、低营养状态和手术前后的氨基酸补充。肝性脑病、高氨血症禁用，大量快速给药可引起酸中毒。注射液：200ml。静滴：每次 200ml，1 次 / 日，15~25 滴 / 分。

丙氨酰谷氨酰胺[乙] Alanyl Glutamine[N(2)-L- 丙氨酰 -L- 谷氨酰胺、重太]

【用途】需要补充谷氨酰胺患者的肠外营养。

【不良反应】输注过快致寒战、恶心、呕吐等，应立即停药。

【用药护理注意】1. 本品为高浓度溶液（粉针每 1g 先用 5ml 注射用水溶解），必须与载体溶液（可配伍的氨基酸溶液或含有氨基酸的溶液）混合后才能滴注。

本品与载体溶液的比例为 1:5，本品浓度不超过 3.5%。2. 连用不超过 3 周。

【制剂】注射液：10g（50ml）、20g（100ml）。粉针：10g、20g。

【用法】静滴：0.3~0.4g/（kg·d），每 100ml 应加入至少 500ml 载体溶液。

脂肪乳注射液（C14-24）（英脱利匹特）用于胃肠外营养补充能量及必需脂肪酸。可配制含葡萄糖、氨基酸等"全合一"营养混合液。注射液：10%、20%、30%（100ml、250ml）。静滴：1~1.5g/（kg·d），最初 10 分钟 20 滴/分，维持 40~60 滴/分。

中/长链脂肪乳注射液（C6-24）[乙]（力能）

【用途】需要接受胃肠外营养和（或）必需脂肪酸缺乏的患者。

【不良反应】体温轻度升高、头痛、寒战、过敏反应、血压升高或降低等。

【用药护理注意】1. 使用前摇匀。2. 可单独输注或配制成"全合一"营养混合液输注。3. 可与复方氨基酸注射液和葡萄糖液一起输注，应保证药品可配伍。

【制剂】注射液：10%（250ml、500ml）、20%（250ml、500ml）。

【用法】静滴：10% 10~20ml/（kg·d）或 20% 5~10ml/（kg·d）。最大滴速为 10% 1.25ml/（kg·h）或 20% 0.625ml/（kg·h），开始使用时用较慢速度。

中/长链脂肪乳注射液（C8-24）[乙]（辰松、天泽）参阅中/长链脂肪乳注射液（C6-24）。注射液：10%、20%（250ml、500ml）。外周或中心静脉输入：10% 10~20ml/（kg·d）或 20% 5~10ml/（kg·d）。最初 30 分钟滴速 10% 0.5~1ml/（kg·h）（10~15 滴/分），20% 0.25~0.5ml/（kg·h）。每天剂量在 24 小时内，至少 16 小时滴完。可与葡萄糖和氨基酸溶液同时输注。

中/长链脂肪乳注射液（C8-24Ve）[乙]（力保肪宁）参阅中/长链脂肪乳注射液（C6-24）。注射液：20%（100ml、250ml）。外周或中心静脉输入：输入前加热至室温，5~10ml/（kg·d），最初 15 分钟滴速 0.25~0.5ml/（kg·h）。

脂肪乳氨基酸（17）葡萄糖（11%）注射液[乙]（卡文）。用于不能经口/肠道摄取营养成人患者。使用前拉开腔室间可剥离封条，使 3 个腔室内液体混合均匀。为避免静脉炎，每日更换输液针位置。注射液：1440ml（总能量 1000kcal）、1920ml（总能量 1400kcal）、2400ml（总能量 1700kcal），含 11% 葡萄糖、复方氨基酸 18AA-Ⅰ或 17AA、20% 脂肪乳。外周或中心静脉输注：20~30kcal/（kg·d），滴速不超过 3.7ml/（kg·h），输注时间为 12~24 小时。

脂肪乳氨基酸（17）葡萄糖（19%）注射液[乙]（卡全）参阅脂肪乳氨基酸（17）葡萄糖（11%）注射液。注射液：1026ml（总能量900kcal）、1540ml、2053ml、2566ml，含19%葡萄糖、复方氨基酸18AA-Ⅰ、20%脂肪乳。仅推荐经中心静脉输注：滴速不超过2.6ml/(kg·h)，输注时间为12~24小时。

ω-3鱼油脂肪乳 ω-3 Fish Oil Fat Emulsion（尤文）用于补充长链ω-3脂肪酸（尤其是EPA与DHA）。致出血时间延长、发热。注射液：50ml（精制鱼油5g、卵磷脂0.6g）、100ml。静滴：1~2ml/(kg·d)，最大滴速0.5ml/(kg·h)，用前摇匀。

多种微量元素注射液（Ⅱ）[乙]（安达美、信泰美、Addamel）

【用途】肠外营养的添加剂。

【用药护理注意】1.肾功能障碍和不耐受果糖者禁用，婴儿不宜用。2.过量摄入有害。3.未经稀释不能输注，输注速度不宜过快。4.不添加其他药物，以免发生沉淀。5.10ml能满足每天对铬、铜、铁、锰、钼、硒、锌、氟和碘的需要。

【制剂、用法】注射液：10ml。0~25℃避光保存。静滴：每次10ml，加入500ml复方氨基酸注射液或葡萄糖液中慢滴，静滴时间6~8小时，1次/日。

多种微量元素注射液（Ⅰ）[乙] 用于婴幼儿、小儿对微量元素的基本需要。注射液：10ml。0~25℃保存。静滴：婴幼儿，1ml/(kg·d)，每5ml用复方氨基酸注射液或5%~10%葡萄糖液100ml稀释，输注时间不少于8小时。

十九、免疫调节药物

（一）免疫抑制药

环孢素[甲、乙] Ciclosporin（环孢菌素A、环孢菌素、环孢素A、赛斯平、山地明、新赛斯平、新山地明、丽珠环明、田可、强盛、Cyclosporin A、CsA）

【用途】器官或骨髓移植的排斥反应或移植物抗宿主反应，自身免疫性疾病。

【不良反应】胃肠道反应、高血压、肾毒性、肝损害、神经毒性、过敏反应。

【用药护理注意】1. 本品可增加感染机会，可引发淋巴瘤或其他肿瘤。2. 口服液打开后应在2个月内服完，可用牛奶或果汁稀释，宜用玻璃杯盛药物，用专用细管吸药。3. 服药不受进食影响。4. 可与肾上腺皮质激素合用，不与其他免疫抑制剂合用，避免使用减毒活疫苗。5. 避免服用含钾药物和高钾饮食；避免同服葡萄柚汁。6. 每日监测血压，定期查血象、电解质、血脂，肝、肾功能。

【制剂】软胶囊、胶囊：10mg、25mg、50mg。口服液：10%（50ml）。注

射液：250mg（5ml）。滴眼液：3ml（30mg）。

【用法】口服：于移植前 12 小时起，10~15mg/（kg·d），分 2 次服，持续 1~2
周后逐渐减量，维持量 2~6mg/（kg·d）。静滴：3~5mg/（kg·d），用 5% 葡萄糖液
或生理盐水按 1：20~1：100 的比例稀释，用药不超 2 周，后改为口服维持。
注射后严密观察病人 30 分钟，以防过敏。外用：滴眼液，每次 1~2 滴，4~6 次 / 日。

吗替麦考酚酯[乙] Mycophenolate Mofetil（麦考酚吗乙酯、骁悉、赛可平）

【用途】预防急性器官排斥反应，包括肾、肝、心脏和骨髓移植。

【不良反应】高血压、头痛、胃肠道反应、骨髓抑制、肺炎、高或低血钾等。

【用药护理注意】1. 本品有增加感染和淋巴瘤或其他肿瘤的风险。2. 孕妇禁
用。3. 制酸药使本品吸收减少。4. 避免吸入和皮肤直接接触本品粉末。5. 因可能
致皮肤癌，应避免暴露于阳光或紫外线下。6. 监测全血细胞计数，第 1 月每周 1
次，第 2、3 月每月 2 次，随后每月 1 次。7. 用药期间及停药 6 周内应避孕。

【制剂】胶囊、分散片：250mg。片：500mg。粉针：500mg。

【用法】口服：肾移植每次 1g，2 次 / 日，于移植 72 小时内开始，空腹服。
静滴：每次 1g，2 次 / 日，用 5% 葡萄糖液溶解后再稀释，最终浓度为 6mg/ml。

麦考酚钠[乙] Mycophenolate Sodium（米芙）

【用途】与环孢素和皮质类固醇合用，预防肾移植成年患者急性排斥反应。

【不良反应、用药护理注意】1. 参阅吗替麦考酚酯。2. 没有医生指导，本品与吗替麦考酚酯不可互换。3. 不要碾碎、咀嚼或切割药片。

【制剂、用法】肠溶片：180mg、360mg。口服：每次720mg，2次／日，进食前1小时或进食后2小时空腹整片吞服，应保持药片肠溶衣完整。

西罗莫司[乙] Sirolimus（雷帕霉素、赛莫司、宜欣可、瑞帕明、雷帕鸣）

【用途】预防肾移植患者器官排斥反应。

【不良反应】高血压、胃肠道反应、贫血、关节痛、胸痛、皮疹、高钾血症等。

【用药护理注意】1. 本药可能增加感染和淋巴瘤的发生率。2. 将口服液稀释于60ml清水或橙汁中，充分搅拌后立即饮用。3. 口服液出现浑浊时，可将其置于室温中振摇直至浑浊消失。4. 因增加皮肤癌的易感性，应避免暴露于阳光或紫外线下，可穿防护衣。5. 皮肤不慎接触本药时，应用肥皂或水彻底清洗。

【制剂】口服液：50mg（50ml）、60mg（60ml）。片：1mg。胶囊：0.5mg。

【用法】口服：首次负荷量6mg，维持量每次2mg，1次／日，固定时间服。

他克莫司[乙] Tacrolimus（他克罗姆、普乐可复、普特彼、FK506）

【用途】器官（肝、肾）移植的抗排斥反应，软膏外用治特应性皮炎。

【不良反应】肾毒性、神经毒性、高血压、高血钾、高尿酸、过敏反应等。

【用药护理注意】1. 本药可能增加感染和淋巴瘤的发生率。2. 孕妇禁用，2岁以下不用软膏剂，哺乳期应停止哺乳。3. 静滴后 30 分钟内应观察有无过敏反应。4. 必要时可将胶囊内容物悬浮于水中鼻饲给药。5. 避免与肾毒性的药物合用。6. 本品可致视觉及神经系统紊乱，出现不良反应者不能从事危险作业。

【制剂】胶囊：0.5mg、1mg、5mg。注射液：5mg（1ml）。软膏：0.03%。

【用法】口服：肝移植，开始 0.1~0.2mg/(kg·d)；其他器官移植，开始0.15~0.3mg/(kg·d)，分早晚 2 次，餐前 1 小时或餐后 2~3 小时服。静滴：肝移植，开始 0.01~0.05mg/(kg·d)；肾移植，开始 0.05~0.1mg/(kg·d)，滴 24 小时以上，用 5% 葡萄糖液或生理盐水稀释，浓度 0.004~0.1mg/ml。外用：软膏。

贝拉西普 Belatacept（Nulojix）用于预防成人肾移植患者的器官排斥反应。可致移植后淋巴组织增生性疾病的风险增加。粉针：250mg。2~8℃保存。静滴：每次 10mg/kg。用生理盐水或 5% 葡萄糖液 100ml 稀释，最终浓度 2~10mg/ml。

硫唑嘌呤[甲] Azathioprine (依木兰、义美仁、AZP)

【用途】器官移植时抑制排斥反应、自身免疫性疾病等。

【不良反应、用药护理注意】1. 主要毒性是骨髓抑制，致胃肠道反应、脱发、中毒性肝炎、致畸、致肿瘤等。2. 孕妇禁用。3. 服药不受进食影响，用药后避免暴露于阳光或紫外线下。4. 用药开始2个月，每周查血象1次。

【制剂、用法】片：50mg。口服：器官移植，2~5mg/(kg·d)，维持量1~3mg/(kg·d)，1次/日，餐后用足量水吞服。

咪唑立宾[乙] Mizoribine (布累迪宁) 用于抑制肾移植时的排斥反应。致胃肠道反应、骨髓抑制、肝肾功能异常、皮疹、肺炎等，服药不受进食影响。片：25mg、50mg。口服：初始量2~3mg/(kg·d)，维持量1~3mg/(kg·d)，分1~3次。

雷公藤多苷[甲] Tripterygium Glycosides (雷公藤甙、雷公藤总苷)

【用途】类风湿关节炎、系统性红斑狼疮、皮肌炎、肾病综合征等。

【不良反应】胃肠道反应、皮疹、月经紊乱、骨髓抑制、肾功能损害等。

【用药护理注意】1. 孕妇、哺乳期妇女禁用，未婚慎用。2. 用药可以骤停，无反跳现象。3. 服药期间应避孕。4. 注意口腔护理，避免溃疡。5. 监测血常规。

【制剂、用法】片：10mg。口服：每次 10~20mg，3 次 / 日，餐后服。

抗人 T 细胞免疫球蛋白[乙] Anti-human T Lymphocyte Immunoglobulin（抗人淋巴细胞免疫球蛋白、抗人 T 细胞兔免疫球蛋白、抗人 T 细胞猪免疫球蛋白、ALG）

【用途】防治器官移植的排斥反应、重型再障、自身免疫性疾病。

【不良反应】发热、寒战、呕吐、低血压、静脉炎、荨麻疹、过敏性休克。

【用药护理注意】1. 过敏体质禁用。2. 用前或已停用 1~2 周者需皮试，用 1：1000（兔）或 1：100（猪）的 ALG 0.1ml 皮内注射。3. 准备急救用品以防治过敏性休克。4. 避免同时滴注血液、血液制品。5. 不推荐用葡萄糖液稀释本药。6. 应选用大静脉输注。7. 因 T 淋巴细胞的破坏，有体温轻度上升、寒战等，短期内自行消退。8. 长期使用可诱发肿瘤。9. 每日或隔日查血常规。10. 2~8℃ 避光保存。

【制剂、用法】注射液：猪 ALG 250mg(5ml)、兔 ALG 100mg(5ml)。粉针：兔 ALG 25mg。静滴：猪 ALG，每次 20~30mg/kg，1 次 /1~3 日，共 5 次，稀释于 250~500ml 生理盐水中，开始 5~10 滴 / 分，10 分钟后无不良反应再逐渐加速。兔 ALG，2~5mg/(kg·d)，稀释于 250~500ml 生理盐水中，用 10~14 天。

兔抗人胸腺细胞免疫球蛋白[乙] Rabbit Anti-human Thymocyte Immunoglobulin (抗胸腺细胞免疫蛋白、抗胸腺细胞球蛋白、即复宁、Thymoglobuline、ATG)

【用途】防治器官移植的排斥反应、再障、移植物抗宿主病(GvHD)。

【不良反应】发热、呕吐、血小板和白细胞减少、高血压、头痛、关节痛等。

【用药护理注意】1. 本品用所附溶剂5ml溶解后,用生理盐水或5% 葡萄糖液稀释至50~500ml(通常比例50ml/瓶)。2. 选用大静脉,滴注时间不短于4小时。3. 输药期间必须始终严密监控患者,减慢滴速或增加稀释液量可降低或减轻副反应的发生。4. 发生超敏反应立即终止滴注,并永久性停止使用本品。

【制剂】粉针:25mg,2~8℃避光保存,附5ml稀释液。

【用法】静滴:肾、胰、肝移植后,1~1.5mg/(kg·d),连用2~9日。

抗人T细胞CD₃鼠单抗 Mouse Monoclonal Antibody against Human CD₃ Antigen of T Lymphocyte(莫罗单抗 - CD₃、Muromonab- CD₃)

【用途】防治器官移植的急性排斥反应。

【不良反应】发热、呕吐、白细胞下降、皮疹、肺部感染、单纯疱疹等。

【用药护理注意】1. 准备急救用品。2. 体温超过37.8℃者应先降低体温。

691

【制剂、用法】粉针：5mg。4~10℃保存。静滴：5~10mg/d，用5~14天。用1ml生理盐水溶解本品，溶液应清亮、无颗粒，再稀释于100ml生理盐水中。

巴利昔单抗[乙] Basiliximab（舒莱、Simulect）

【用途】预防肾移植后急性排斥反应。

【不良反应】便秘、尿道感染、疼痛、恶心、外周性水肿、高血压、贫血等。

【用药护理注意】1.每20mg用注射用水5ml溶解静注，或再用生理盐水或5%葡萄糖液稀释至50ml后静滴。2.稀释液室温下可保存4小时，2~8℃保存24小时。

【制剂、用法】粉针：10mg，20mg，2~8℃保存。静滴、静注：每次20mg，共2次，移植前2小时内第1次，术后4天第2次，稀释后滴注20~30分钟。

抗Tac单抗 Daclizumab（赛尼哌、达利珠单抗、达昔单抗、Zenapax）

【用途】预防肾移植后急性排斥反应。

【不良反应】胃肠功能紊乱、高血压、低血压、水肿、胸痛、巨细胞感染等。

【用药护理注意】1.稀释时应轻轻翻转，不要振摇，以防起泡。2.稀释液室温下可保存4小时，2~8℃保存24小时。3.不与其他药物配伍或同一静脉通道输注。

【制剂】注射液：25mg（5ml），2~8℃避光保存。

【用法】静滴：每次 1mg/kg，加生理盐水 50ml，滴注 15 分钟，移植前 24 小时内用首剂，以后每 14 日 1 次，共 5 次。

咪喹莫特 Imiquimod（艾达乐、丽科杰）用于成人外生殖器和肛周尖锐湿疣。乳膏：每支 2g、3g，0.25g/ 袋。致局部皮肤炎症等。外用：临睡前用，均匀薄涂于患处，轻轻按摩，用药处不要封包，保留 6~10 小时后洗去，3 次/ 周。

特立氟胺[乙] Teriflunomide（奥巴捷）治疗复发型多发性硬化症。有肝毒性和致畸性风险，致头痛、腹泻、脱发、皮疹、高血压等。服用前应采用结核菌素皮肤试验或血液试验筛选潜伏性结核病感染者。急、慢性感染患者不宜使用。片：7mg、14mg。口服：每次 7mg 或 14mg，1 次/ 日，餐前、餐后或餐时服。

甲氨蝶呤、羟基脲，环磷酰胺、苯丁酸氮芥（见抗恶性肿瘤药，P143、P147，P152，P154），**来氟米特**（见解热镇痛抗炎与抗风湿及治痛风药，P283）
醋酸泼尼松（见肾上腺皮质激素及促肾上腺皮质激素类药，P585）

（二）免疫增强药

转移因子 Transfer Factor（斯诺诺、TF）

【用途】难治性病毒或真菌感染及恶性肿瘤的辅助治疗，自身免疫性疾病。

【不良反应】短暂发热，注射局部酸胀痛、硬结，轻度风疹样皮疹。

【用药护理注意】1. 对不满 1 个月婴儿不起作用。2. 肝病者慎用。3. 药品性状发生改变时禁用。

【制剂】注射液：2ml（多肽 3mg、核糖 100μg）。粉针、胶囊：含多肽 3mg、核糖 100μg。口服液：10ml（多肽 10mg、核糖 300μg）。

【用法】皮下注射：以淋巴回流较丰富的上臂内侧腋窝处或大腿内侧腹股沟下端为宜，也可选择上臂三角肌处，每次 2~4ml 或粉针 1~2 支，1 次 /1~2 周。口服：口服液每次 10~20ml，2~3 次 / 日。胶囊每次 3~6mg，2~3 次 / 日。

人免疫球蛋白[乙] Human Immunoglobulin [丙种球蛋白、人血丙种球蛋白、人免疫球蛋白（pH4）、蓉生肌丙、蓉生静丙、伽玛莱士、博欣、γ- Globulin]

【用途】原发性免疫球蛋白缺乏、自身免疫性疾病，预防麻疹、传染性肝炎。

【不良反应】过敏反应、暂时性体温升高、头痛、心悸、局部疼痛、硬结等。

【用药护理注意】1. 1岁以内不用。2. 肌注用注射液不能用于静滴，静脉注射用只能作静脉滴注。3. 开瓶后一次用完，有异物或摇不散的沉淀不用。4. 粉针用注射用水溶解至规定容积（每1g溶解至20ml），再用5%葡萄糖液稀释1~2倍，开始滴速1ml/min（约20滴/分），15分钟后无不良反应再逐渐加快，不超过3ml/min。5. 出现面红、胸闷、呼吸困难时应立即停药。6. 2~8℃避光保存，严禁冻结。

【制剂】注射液（肌注用）：0.15g（1.5ml）、0.3g（3ml）。粉针（肌注用）：0.15g、0.3g。粉针（静脉注射用）：1g、1.25g、2.5g、5g。注射液（静脉注射用）：1g（20ml）、1.25g（25ml）、2.5g（50ml）、5g（100ml）。

【用法】肌注：每次0.3~0.6g。预防麻疹，5岁以下，每次0.15~0.3g；6岁以上最大剂量不超过0.6g，一次注射预防效果为2~4周。静滴：原发性免疫球蛋白缺乏或低下，首剂400mg/kg，维持量200~400mg/kg，1次/4周；重症感染，200~300mg/(kg·d)，连用2~3日。静脉注射用注射液可直接或稀释1~2倍后滴注。

细菌溶解产物 Bacterial Lysates（泛福舒）用于预防呼吸道反复感染及慢支急性发作。可将胶囊内容物加入果汁、牛奶中服。胶囊：7mg（成人）、3.5mg（儿童）。口服：7mg/d，6个月至12岁3.5mg/d，空腹服，连用10日，停20日。

胸腺法新 Thymalfasin（胸腺肽 α1、日达仙、迈普新、基泰、Zadaxin）

【用途】慢性乙型肝炎、作为免疫损害者的疫苗增强剂。

【不良反应】少见恶心、高热、注射部位灼热感、血清转氨酶短暂升高等。

【用药护理注意】1. 孕妇、哺乳期妇女、18 岁以下慎用。2. 用药前根据说明书确定是否皮试。3. 不能肌注或静脉给药。4. 须现配现用。5. 慎与其他免疫调节剂同时应用。6. 不与其他药物混合注射。7. 如与 α 干扰素在同一天使用，一般早上用本药，晚上用干扰素。8. 治疗慢性乙肝期间应定期（如每月）检查肝功能。

【制剂】粉针：1.6mg（附 1ml 注射用水），2~8℃保存。

【用法】皮下注射：每次 1.6mg，用所附的注射用水溶解，2 次／周，两次相隔 3~4 日。作为疫苗增强剂使用，第 1 针在注疫苗后即刻，连用 4 周（共 8 针）。

胸腺肽 Thymopolypeptides（胸腺素、胸腺多肽、康司艾、迪赛、Thymosin）

【用途】原发或继发性 T 细胞缺陷病、自身免疫性疾病、肿瘤辅助治疗等。

【不良反应】发热、局部红斑、硬结、肌肉痛，注射剂可能致过敏性休克。

【用药护理注意】1. 首次注射前和停药后再用须皮试（配成 25μg/ml 溶液，皮内注射 0.1ml）。2. 有混浊、不散沉淀或异物禁用。3. 出现皮疹时应停药。

【制剂】粉针：5mg、10mg、20mg。注射液：20mg（2ml）。肠溶片：5mg。

【用法】肌注、皮下注射：每次 10~20mg，1 次 / 日。静滴：20~80mg/d，溶于生理盐水或 5% 葡萄糖液 500ml 中。口服：每次 5~30mg，1~3 次 / 日。

胸腺五肽 Thymopentin（胸腺喷丁、翰宁、欧宁、和信、替波定）

【用途】免疫缺陷病、肿瘤化疗后、慢性乙肝、自身免疫性疾病等。

【不良反应】恶心、发热、头晕、胸闷、无力等，注射部位疼痛和硬结。

【用药护理注意】1. 肌注用生理盐水或注射用水作溶媒，用生理盐水时病人疼痛较轻。2. 本药不与其他任何药物混合使用。3. 注射液应 2~8℃保存。

【制剂、用法】粉针：1mg。注射液：1mg（1ml）。肌注、静滴：每次 1mg，肌注溶于 1ml 生理盐水，静滴溶于 250ml 生理盐水中，1~2 次 / 日，疗程 15~30 日。

重组人干扰素 α2a[乙] Recombinant Human Interferon α2a（基因工程干扰素 α2a、因特芬、罗荛愫、福慷泰、奥平、淑润、忆林）

【用途】某些病毒性疾病（如乙肝、丙肝等）、肿瘤（如毛细胞白血病等）。

【不良反应】流感样症状、胃肠反应、嗜睡、白细胞减少、低血压、过敏等。

【用药护理注意】1.粉针用注射用水沿瓶壁注入溶解，避免产生气泡。溶解后当日用完，液体为无色透明，有混浊时禁用。2.用栓剂时禁止坐浴及性生活，经期停用。3.发生过敏反应立即停药。4.监测血压、心率、血象。5.禁饮酒。

【制剂】注射液、粉针：100万IU、300万IU、500万IU（注射液每支1ml，粉针剂附1ml注射用水），2~8℃保存。阴道栓（奥平）：6万IU，2~8℃保存。

【用法】皮下注射、肌注：每次300万~500万IU，3次/周，用量视病情而定。阴道给药：慢性宫颈炎，栓每次1粒，置于阴道后穹窿，1次/隔日，睡前用。

重组人干扰素 α1b[乙] Recombinant Human Interferon α1b（基因工程干扰素 α1b、赛若金、运德素、干扰灵、滴宁、Sinogen）

【用途、不良反应】参阅重组人干扰素 α2a，滴眼液治疗眼部病毒性疾病。

【用药护理注意】1.参阅重组人干扰素 α2a。2.每支（10~50μg）用注射用水1ml溶解。3.宜夜间给药，不得静注。4.滴眼液开盖后1周内用完。

【制剂】注射液：10μg、20μg（0.5ml）、30μg、40μg、50μg（1ml）。粉针：10μg、20μg、30μg、40μg、50μg、60μg。2~8℃保存。滴眼液：20万IU（2ml）。

【用法】皮下注射、肌注：每次30~50μg，1次/每日或隔日。滴眼：每次1滴。

重组人干扰素 α2b[乙] Recombinant Human Interferon α2b（基因工程干扰素 α2b、安达芬、安福隆、甘乐能、利分能、利能、凯因益生、Interferon α-2b）

【用途、不良反应】参阅重组人干扰素 α2a，软膏、乳膏治疗尖锐湿疣。

【用药护理注意】1. 参阅重组人干扰素 α2a。2. 本药可用生理盐水或林格液、氨基酸注射液、5% 碳酸氢钠液稀释，但不能用 5% 葡萄糖液。

【制剂】粉针、注射液：100 万 IU、300 万 IU、500 万 IU、600 万 IU。软膏：5g（25 万 IU）。乳膏：5g（100 万 IU）。栓：10 万 IU。均须 2~8℃ 保存。

【用法】皮下注射、肌注、静滴、病灶内注射：每次 100 万 ~600 万 IU，1 次 / 日或隔日。静滴时用 1ml 灭菌注射用水溶解后，加入 50ml 生理盐水中，滴注 30 分钟以上，静滴前、后进行约 10 分钟的生理盐水输注。外用：乳膏涂患处。

重组人干扰素 β1a Recombinant Human Interferon β1a（利比）用于多发性硬化症（过去两年至少 2 次复发）。致假流感样症状、注射部位炎症及反应等，每次变换注射部位。粉针：11μg（300 万 IU）；注射液（预充式）：22μg（600 万 IU）、44μg（1200 万 IU），2~8℃ 保存。皮下注射：多发性硬化症，每次 44μg，3 次 / 周。肌注：乙肝，每次 500 万 U/m^2，3 次 / 周，用 6 个月。

重组人干扰素 β1b Recombinant Human Interferon β1b（倍泰龙）用于近两年有两次及以上复发的复发缓解型多发性硬化症。溶解药物时不要摇动，配制后每1ml 含本品 250μg，粉针：0.3mg，配稀释液。皮下注射：每次 250μg，1 次/隔日。

聚乙二醇干扰素 α2a[乙] Peginterferon α2a（派罗欣）用于慢性乙型或丙型肝炎。参阅重组人干扰素 α2a。上肢皮下注射生物利用度较低。注射液：135μg、180μg（0.5ml），2~8℃保存。腹部或大腿皮下注射：每次 180μg，1 次/周，共 48 周。

聚乙二醇干扰素 α2b[乙] Peginterferon α2b（佩乐能）用于慢性乙型或丙型肝炎。参阅重组人干扰素 α2a。粉针：50μg、80μg、100μg，2~8℃保存。复溶后体积 0.5ml。皮下注射：慢性乙肝，每次 1μg/kg，1 次/周，共 24 周；慢性丙肝，体重 < 65kg 者，每次 40μg，体重 >65kg 者，每次 50μg，1 次/周，同时口服利巴韦林。

干扰素 αn1 Interferon αn1（惠福仁）用于毛细胞白血病、慢性乙型或丙型肝炎。同重组人干扰素 α2a。粉针：300 万 IU，须冷藏保存。肌注、皮下注射：毛细胞白血病，每次 300 万 IU，1 次/日；慢性肝炎，每次 1000 万 IU，3 次/周。

重组集成干扰素 α Interferon Alfacon-1 (复合 α 干扰素、干复津) 用于 18 岁或以上代偿期肝病患者的慢性丙型肝炎感染。致类似流感症状，药液避免剧烈摇动。注射液：9μg (0.3ml)、15μg (0.5ml)，2~8℃保存，勿冷冻。皮下注射：每次 9μg，3 次 / 周，连用 24 周，两次注射之间至少间隔 48 小时。

重组人干扰素 γ Recombinant Human Interferon γ (克隆伽玛、伽玛、丽珠因得福、上生雷泰) 用于类风湿性关节炎等。致发热等。用注射用水 1ml 溶解，有不溶物不用。过敏体质者用药前应皮试 (5000IU 皮内注射)。粉针：50 万 IU、100 万 IU、200 万 IU，2~8℃保存。肌注、皮下注射：开始每天 50 万 IU，3~4 天后无不良反应，增至每天 100 万 IU，第 2 个月改为隔天 150 万 IU，疗程 3 个月。

重组人白介素 -2[乙] Recombinant Human Interleukin-2 (重组人白细胞介素 -2、阿地白介素、悦康仙、安特鲁克、英路因、欧耐特、金路康、Interleukin-2、IL-2)
　【用途】恶性肿瘤的免疫治疗、乙型肝炎、自身免疫性疾病等。
　【不良反应】发热、寒战、胃肠道反应、低血压、心律失常、体液潴留等。
　【用药护理注意】1. 对本品过敏，严重低血压、心肾功能不全、幼儿禁用，孕妇慎用。2. 用 1ml 专用溶解液溶解后，再用生理盐水稀释。3. 溶解后液体透明，有混浊、不散沉淀或异物不用。4. 配制后应 1 次用完，不得多次使用。

【制剂】粉针 (有效期 2 年)：5 万 IU、10 万 IU、20 万 IU、50 万 IU、100 万 IU、200 万 IU (附溶解液 1 支)，2~8℃保存。

【用法】静滴：肿瘤，每次 10 万 ~20 万 IU/m²，用 500ml 生理盐水稀释，1 次 / 日，4~6 周 1 疗程；肝炎，每次 2.5 万 ~5 万 IU，用 100~250ml 生理盐水稀释，1 次 / 日，每周用药 5 日，3 周为 1 疗程。可局部、皮下及动脉插管注射。

卡介菌多糖核酸 BCG Polysaccharide and Nucleic Acid (迪苏) 防治感冒、慢性支气管炎和哮喘。有摇不散的凝块或异物时不用。注射液：1ml (卡介菌多糖 0.35mg，核酸不低于 30μg)。深部肌注：每次 1ml，2~3 次 / 周，3 个月 1 疗程。

必思添 Biostim 用于预防慢性反复呼吸道感染。少数有胃肠道症状，1 岁以下和免疫缺陷者禁用，可打开胶囊将内容物与液体或易消化食物混合同服。胶囊：1mg。口服：疗程 3 个月。第 1 次治疗 8 日，每次 2mg，1 次 / 日，停服 3 周，第 2 次和第 3 次均连服 8 日，停服 3 周，每次 1mg，1 次 / 日。

脾多肽 / 糖肽　Polyerga（保尔佳）用于原发和转移性恶性肿瘤、免疫缺陷病及免疫功能低下疾病。孕妇禁用，勿与蛋白分解酶类同时使用。片：100mg。注射液：30μg（1ml）。肌注：冲击疗法，每日 30μg 或隔日 60μg；一般疗法，每次 30μg，3 次 / 周，隔日注射。均可合并口服，每次 100mg，3 次 / 日。

左旋咪唑（见驱肠虫药，P140）
香菇多糖、乌苯美司、甘露聚糖肽（见恶性抗肿瘤药物，P217、219）

二十、减肥药

奥利司他　Orlistat（塞尼可、卡优平、艾丽）

【用途】肥胖症（体重指数 ≥ 24）、高脂血症。

【不良反应】油性斑点、腹痛、胃肠排气增多、脂肪泻，肝功能异常等。

【用药护理注意】1. 结合运动和控制饮食才能达到良好效果。2. 没有证据证明加大用量能增强疗效。3. 性状改变时禁用。4. 补充复合维生素应错后 2 小时。

【制剂、用法】胶囊：120mg。片：60mg。口服：每次 60~120mg，3 次 / 日，餐时或餐后 1 小时内服，如果不进餐或食物中不含脂肪，则省一次服药。

二十一、消毒防腐药

乙醇　Alcohol（酒精）

【用途】皮肤、黏膜、金属医疗器械灭菌消毒，高温退热、防褥疮等。

【不良反应】1. 对破损的皮肤、黏膜有强烈的刺激性。2. 过敏反应。

【用药护理注意】1. 浓度超过 90% 时杀菌作用减弱。2. 本品易燃、易挥发和吸收空气中水分，用后将容器盖紧。3. 不宜消毒被大量血、脓、粪便污染的表面。

【制剂】溶液：70%~75%、95%（V/V）、92.3%（W/W）。

【用法】75%（按体积计）、70%（按重量计）：外用手术野或注射部位消毒、其他部位皮肤或黏膜消毒；金属医疗器械消毒须浸泡 0.5~2 小时，浸泡前擦净。40%~50%：用于防褥疮。20%~30%：擦浴，降低高热病人体温。

配制 75%（V/V）乙醇：将 95%（V/V）乙醇 75ml 加蒸馏水至 95ml 即可。

配制 70%（W/W）乙醇：将 92.3%（W/W）乙醇 70g 加蒸馏水至 92.3g 即可。

过氧乙酸　Peracetic Acid（过醋酸）

【用途】皮肤、黏膜、物体表面、餐具、蔬菜、水果、空气的消毒。

【不良反应】1. 长期接触致皮肤粗糙、干裂、脱皮。2. 高浓度（＞1%）溶液对皮肤黏膜有强烈刺激作用。

【用药护理注意】1. 对金属有腐蚀性，溶液应装于塑料容器中。2. 分 A、B 液的，应将其等量混合后放置 24 小时再进行稀释，否则药效下降。3. 室温下用蒸馏水稀释应 48 小时内用完，用自来水稀释应 12 小时内用完，4℃时可保存 10 天，过期不用。4. 配制时应戴手套，手不要直接接触高浓度（> 1%）药物。5. 防止误服和吸入其蒸气，喷雾消毒时宜戴口罩。6. 加热可发生爆炸。

【制剂】溶液：10%（500ml）、20%（500ml）。有的产品分 A 液、B 液两种。

【用法】0.02% 溶液：黏膜消毒。0.2% 溶液：皮肤、手、污染表面、蔬菜消毒。0.5% 溶液：对空喷雾消毒空气，30ml/m³；便盆消毒，浸 30 分钟。

碘酊 Iodine Tincture

【用途】皮肤消毒、个别医疗器械或小型物品消毒。

【不良反应】1. 对伤口、皮肤、黏膜有强烈刺激。2. 浓碘可致发泡、脱皮、皮炎。3. 偶见过敏反应。

【用药护理注意】1. 对碘过敏禁用，新生儿慎用。2. 不宜消毒被大量血、脓、粪便污染的表面。3. 仅供外用。4. 不与红汞同时涂用。5. 用后将容器盖紧。

【制剂、用法】溶液：20ml、500ml。外用：2% 用于一般皮肤消毒。3%~5% 用于手术野皮肤消毒。消毒后 1 分钟均须用 70% 乙醇脱碘，以减少局部刺激。

聚维酮碘 Povidone Iodine（碘伏、强力碘、碘附、洁菌王、克伏、Iodophor）

【用途】皮肤消毒、化脓性皮肤炎症及皮肤真菌感染、餐具消毒。

【用药护理注意】1. 对碘过敏禁用。2. 无刺激性。3. 不必用乙醇脱碘。

【制剂、用法】溶液：5%、0.5%。栓剂：0.02g。0.5% 溶液：注射部位皮肤消毒、皮肤感染、术前洗手。0.1% 溶液：冲洗。栓剂：阴道给药，每晚 1 粒。

苯扎溴铵 Benzalkonium Bromide（新洁尔灭）

【用途】手、皮肤、黏膜、伤口、器械等消毒。

【用药护理注意】1. 不与肥皂同用。2. 浸泡金属器械加 0.5% 亚硝酸钠防锈。3. 不用于膀胱镜、眼科器械、橡胶、铝制品消毒。4. 不用于痰液、粪便等消毒。

【制剂、用法】溶液：5%（100ml、500ml）。用前用纯化水或清水稀释。皮肤、黏膜、手术器械或食具消毒用 0.1% 溶液；创面毒用 0.01% 溶液；阴道灌洗用 0.02%~0.05% 溶液；手术前洗手用 0.05%~0.1% 溶液浸泡 5 分钟。

氯己定[乙] Chlorhexidine（洗必泰）

【用途】皮肤、伤口的消毒和清洗，痔疮栓用于内外痔。

【不良反应、用药护理注意】1.偶致皮肤过敏。2.遇肥皂、碱效力减弱，不与碘、高锰酸钾、升汞、硼砂配伍。3.不用于痰液、粪便等消毒。

【制剂】醋酸氯己定溶液：0.02%、0.05%。葡萄糖酸氯己定含漱液：0.008%（120ml）。醋酸氯己定软膏：1%。醋酸氯己定痔疮栓：20mg。

【用法】含漱消炎：0.008% 含漱液漱口。术前洗手：0.02% 溶液浸泡 3~5 分钟。创面冲洗：0.05% 水溶液。术野消毒：0.5% 氯己定醇（70%）溶液。病房、家具消毒：0.5% 水溶液喷雾或揩擦。肛门给药：栓剂每次 1 枚，2 次 / 日。

甲硝唑氯己定 用于细菌、滴虫、真菌引起的阴道炎。洗剂：50ml、300ml、200ml（浓）。阴道冲洗：每次 50ml，2 次 / 日。浓溶液取 10ml 加温开水 50ml 稀释。

过氧化氢[乙] Hydrogen Peroxide（双氧水）对金属有腐蚀性，有漂白、褪色作用，极易分解失效，禁灌肠或注入死腔囊。应避光密闭保存。3% 溶液：清除创口脓液、血液、黏液、耳内脓液。1% 溶液：扁桃体炎、口腔炎、白喉等含漱。

高锰酸钾[乙] Potassium Permanganate（灰锰氧、P.P.）仅供外用，切勿将本品误入眼中。临用前配制。不可与碘化物、有机物接触或并用。外用片：0.1g、0.2g。0.1%~0.5% 溶液：冲洗伤口。0.1% 溶液：处理蛇咬伤。0.02% 溶液：洗胃、坐浴、阴道冲洗。0.025% 溶液（0.1g 加水 400ml）：急性皮炎、湿疹。

甲酚磺酸 Cresol Sulfonic Acid（煤酚磺酸）0.1% 溶液可代替过氧乙酸用于环境消毒。**甲酚磺酸钠溶液**可代替煤酚皂溶液用于洗手，洗涤和消毒器械。**甲酚磺酸烷基磺酸钠皂溶液**可用于公共场所浴池消毒、洗涤毛巾。

甲紫 Methylrosanilinium Chloride（龙胆紫）无刺激性。动物实验有致癌性。伤口禁用、面部慎用。1% 溶液：局部涂抹皮肤黏膜的感染病灶、溃疡、糜烂。

戊二醛 Glutaral 用于器械消毒等。对皮肤黏膜有刺激性，可致皮肤过敏反应。溶液：25%（稀释后用）。2% 碱性戊二醛水溶液（新配消毒液可使用 2 周）：消毒内窥镜等器械，10% 溶液局部外涂，用于寻常疣。2% 酸性强化戊二醛溶液：同 2% 碱性戊二醛水溶液，可保存 18 个月，对金属制品有腐蚀性。

含氯石灰 Chlorinated Lime（漂白粉）须新鲜配制，对金属有腐蚀性，可使棉织物褪色。粉剂：含有效氯 25%。浴室、厕所喷洒或洗刷消毒用 1%~3%；食具、痰盂消毒用 0.5%；饮用水消毒用 0.03%~0.15%（或 8g/m³ 井水）。

二十二、皮肤科用药

曲安奈德益康唑 Triamcinolone Acetonide and Econazole Nitrate（派瑞松、益肤清）用于湿疹，真菌或细菌引起的炎性皮肤病。皮肤结核、梅毒、病毒感染禁用。避免用于细嫩皮肤，长期使用致局部皮肤萎缩、紫纹，疗程不超过 4 周，面部使用不超过 2 周。乳膏：10g、15g、20g。外用：涂患处，每日早晚各 1 次。

复方曲安奈德 （康纳乐）用于过敏性、脂溢性、接触性皮炎，湿疹等。乳膏：5g、15g，含曲安奈德、制霉菌素、新霉素、短杆菌肽。外用：涂患处，2~3 次 / 日。

卢立康唑 Luliconazole（路利特）用于敏感菌所致的手、足、体、股癣等浅表真菌感染，皮肤念珠菌病和花斑癣。局部出现瘙痒、发红、皮疹应停用。不用于高度溃烂皮肤。乳膏：5g、10g（1%）。外用：涂患处，1 次 / 日。用 1~4 周。

环吡酮胺[乙] Ciclopirox Olamine（环吡酮、环利、赛洁、巴特芬）用于手足癣、体癣、甲癣、花斑癣。致局部皮肤发红、瘙痒，停药后症状消失。避免接触眼睛。乳膏：1%（15g）。甲涂剂：8%。外用：涂患处，2次/日，疗程2~4周。

间苯二酚 Resorcinol（雷琐辛）用于脂溢性皮炎、湿疹、花斑癣、寻常疣等。致皮肤发红、脱屑、接触性皮炎、过敏反应等。洗剂：3%。外用：涂患处。

复方间苯二酚 用于脂溢性皮炎、花斑癣等。洗剂、乳膏。涂患处：1~2次/日。

鬼臼毒素[乙] Podophyllotoxin（克疣王、尤脱欣、慷定来）

【用途】男、女外生殖器及肛门周围的尖锐湿疣及其他病毒疣。

【不良反应】轻度烧灼感、刺痛、红斑、糜烂、肿胀等，误服可引起中毒。

【用药护理注意】孕妇、哺乳期妇女、儿童、开放性伤口禁用。仅供外用。

【制剂】酊剂：0.5%（3ml、5ml）。溶液：17.5mg（3.5ml）。软膏：0.5%。

【用法】先用消毒、收敛溶液（如高锰酸钾溶液等）清洗患处并擦干，将药物涂于疣上，尽量不接触周围正常皮肤，涂药后暴露患处使药液挥发，1~2次/日，用3日，停4日为1疗程，不超过3个疗程。

过氧苯甲酰[乙] Benzoyl Peroxide(过氧化苯酰、痤疮平、必麦森、班赛、碧宁)
【用途】寻常痤疮、疖肿、痱子、褥疮溃疡。
【不良反应】轻度瘙痒、灼痛、红斑、脱屑、皮肤干燥、接触性皮炎等。
【用药护理注意】1. 孕妇、哺乳期妇女、儿童慎用。2. 避免接触眼睛、黏膜，不用于毛发部位，因会漂白毛发。3. 本品易燃，受热、撞击时易爆，避光保存。
【制剂】凝胶：2.5%、5%、10%（10g、15g）。必麦森含红霉素3%。
【用法】外用：1~2 次 / 日，病变部位先用温和的香皂和清水洗净，擦干。

阿达帕林[乙] Adapalene（达芙文）用于寻常型痤疮。致红斑、烧灼感等刺激反应。12 岁以下、孕妇不用，哺乳期妇女胸部和有显著渗出的皮肤不用。用药后避免日晒（动物实验日晒后皮肤癌发生率升高）。凝胶：0.1%（15g、30g），25℃以下室温保存。外用：将皮肤清洁干燥后，将本品涂于患处，每晚 1 次。

维胺酯 Viaminate 用于痤疮。有致畸性，女性服药期间和停药半年内严禁怀孕，用药后避免日晒。胶囊：25mg。口服：每次 25~50mg，2~3 次 / 日。**维胺酯维 E 乳膏**：10g、15g（含维胺酯和维生素 E）。外用：涂患处，1 次 / 日，宜夜间用。

二硫化硒[乙] Selenium Sulfide (硫化硒、希尔生) 用于头皮脂溢性皮炎、花斑癣。偶致脱发、头发褪色。用前摇匀，用后洗手。洗剂：2.5% (100ml)。外用：头皮脂溢性皮炎，先用肥皂清洗头发、头皮，取 5~10ml 药液湿发，轻揉出泡沫样，保留 2~3 分钟，再用水充分洗净头发，2 次 / 周。花斑癣，涂患处，2 次 / 周。

维 A 酸[甲] Tretinoin (维甲酸、维生素 A 酸、维生素甲酸、迪维、维特明)
【用途】痤疮、扁平苔藓、白斑、扁平疣等，急性早幼粒细胞白血病。
【不良反应】外用致红斑、肿胀、脱皮；内服致头痛、头晕、口干、恶心等。
【用药护理注意】1. 孕妇、哺乳期妇女禁用。2. 口服给药时同服谷维素、维生素 B_1、B_6 可减轻头痛。3. 用药部位避免日照，宜夜间使用。4. 有致畸作用。
【制剂】片：10mg。霜剂、乳膏：0.025%、0.05%、0.1%。凝胶：10g (5mg)。
【用法】口服：每次 10mg，2~3 次 / 日。外用：霜剂、软膏、凝胶，2 次 / 日。

异维 A 酸[乙] Isotretinoin (保肤灵、罗可坦、泰尔丝) 用于重度痤疮。有致畸作用，育龄妇女或其配偶服药前后 3 个月与服药期间应严格避孕。避免日晒。胶囊、胶丸：10mg。凝胶：10g。口服：每次 10mg，1~2 次 / 日，餐后服。外用：凝胶。

阿维 A 酯 Etretinate（银屑灵）用于严重银屑病。致口干、唇炎、皲裂等，孕妇、哺乳期禁用，停药 3 年内应避孕。胶囊：10mg、25mg。口服：25~30mg/d。

阿维 A[乙] Acitretin（阿维 A 酸、新银屑灵、新体卡松）用于严重银屑病。计划 3 年内怀孕者禁用。与酒精同服会生成阿维 A 酯而延长致畸风险时间，用药和停药 2 个月内禁饮酒。胶囊：10mg。口服：每次 25~30mg，1 次 / 日，进主餐时服。

地蒽酚[乙] Dithranol（蒽林）

【用途】斑块状银屑病、斑秃。

【不良反应】红斑、接触性皮炎，过度吸收致消化道、肝、肾的中毒症状。

【用药护理注意】不接触眼和黏膜，不用于面部、生殖器。涂药时戴手套。

【制剂】软膏：0.05%、0.1%、0.25%、0.5%、0.8%、1%、3%（20g）。

【用法】外用：从低浓度开始，1 次 / 日，晚间上药，次日清晨用肥皂洗去。

司库奇尤单抗[乙] Secukinumab（苏金单抗、可善挺、Cosentyx）

【用途】斑块状银屑病、强直性脊柱炎。

【不良反应】鼻咽炎、腹泻、荨麻疹、炎症性肠病，增加感染的风险等。

【用药护理注意】1. 避免在皮损部位注射。2. 勿摇晃，以免产生泡沫。

【制剂】注射液（预装式注射器）：150mg（1ml）。2~8℃保存。

【用法】皮下注射：每次300mg，在第0、1、2、3、4周，1次/周，接着维持该剂量，1次/4周。每300mg分2次150mg注射。

多磺酸粘多糖[乙] Mucopolysaccharide Polysulfate（类肝素、喜疗妥、Hirudoid）用于静脉曲张、浅表性静脉炎、血肿、挫伤、软化瘢痕。致局部皮炎。含有乙醇，不宜涂于黏膜、眼睛和伤口。乳膏：14g。外用：涂患处并轻轻按摩，1~2次/日。

莫匹罗星[乙] **Mupirocin**（百多邦）各种细菌性皮肤感染。中度以上肾损害、孕妇慎用。仅供皮肤给药，勿用于眼、鼻、口等黏膜，勿用于插管附近皮肤。软膏：2%（5g）。涂患处，3次/日，5天1疗程，可重复1疗程。

鱼石脂[甲] Ichthammol（Ichthyol）用于疖肿、丹毒、淋巴结炎等。不用于皮肤破溃处，忌与酸、碱、碘化物、铁、铅盐配伍。软膏：10%。外用：1~2次/日。

炉甘石[甲] Calamine 用于无渗出的急性、亚急性皮炎，湿疹、荨麻疹、痱子。不用于有渗出液的皮损，用前摇匀。避免接触眼睛和其他黏膜。洗剂：8%~15%。外用：涂患处，2~3 次 / 日。

度普利尤单抗[乙] Dupilumab（达必妥、Dupixent）用于成人中重度特应性皮炎。致过敏、结膜炎、角膜炎、眼瘙痒、干眼、口腔疱疹等。药液达到室温后使用。注射液（预充式注射器）：300mg（2ml）。2~8℃保存。皮下注射：大腿或腹部皮下，初始剂量 600mg（不同部位注射两次 300mg），随后隔周给予 300mg。

诺氟沙星、环丙沙星、那氟沙星（见喹诺酮类，P75、76、82）

酮康唑、克霉唑、咪康唑，特比萘芬，阿莫罗芬（见抗真菌药，P93~94、99、101）

阿昔洛韦、喷昔洛韦（见抗病毒药，P102~103）

双氯芬酸钠（见解热镇痛抗炎及抗痛风药，P277）

氢化可的松，丙酸倍氯米松、曲安奈德、莫米松、氟轻松、丙酸氯倍他索、丁酸氯倍他松（见肾上腺皮质激素及促肾上腺皮质激素类药，P583，588~592）

二十三、诊断用药

泛影葡胺[甲] Meglumine Diatrizoate（安其格纳芬、乌洛格兰芬、Cardiografin）

【用途】尿路造影，肾盂、心血管、脑血管、四肢及骨盆主动脉等造影。

【不良反应】恶心、呕吐、流涎、荨麻疹、眩晕等，偶见严重过敏反应。

【用药护理注意】1. 用前做碘过敏试验。2. 严重肝、肾功能障碍，活动性结核、甲亢、对碘过敏禁用。3. 准备肾上腺素等抢救药品。4. 造影前禁食 1 餐。

【制剂】注射液：60%、65%、76%（20ml）。

【用法】可静注、动脉注射，胆道、膀胱、输尿管、肾盂内注射。尿路造影：60% 或 76% 溶液，每次 20ml，肘前静脉注入。脑血管造影：60% 溶液 20ml。

胆影葡胺 Meglumine Adipiodone（必利格兰芬、己乌洛康、Cholografin）

【用途】胆管和胆囊造影。

【不良反应】恶心、呕吐、心悸、荨麻疹、血管痉挛，偶见过敏性休克。

【用药护理注意】同泛影葡胺。用前做碘过敏试验，造影当日早晨禁食。

【制剂】注射液：30%、50%（20ml）。30%（1ml）皮试用。

【用法】静注：30%（肥胖者用 50%）溶液，每次 20ml，慢注 10 分钟以上。

甲泛葡胺 Metrizamide（室椎影、阿米派克、甲泛影酰胺）

【用途】神经根鞘、椎管、脑室等造影，电子计算机X线体层摄影。

【不良反应】头痛、恶心、呕吐、颈椎强直、发热、皮肤潮红等。

【用药护理注意】对碘过敏者禁用，忌与其他药物配伍。药液现配现用。

【制剂】注射剂：3.75g（冷冻干结晶），附0.005%碳酸氢钠稀释液20ml。

【用法】用36%（含碘17%）10ml，60%（含碘28%）5~6ml。须由有经验的医生使用，用途不同给药途径不同。

碘化油[甲] Iodinated Oil（碘油、利博多）

【用途】支气管、子宫、输卵管造影，介入性治疗栓塞剂，地方性甲状腺肿。

【不良反应】咳嗽、厌食、头痛、微热、恶心等，偶见碘过敏反应。

【用药护理注意】1. 用前询问碘过敏史，做过敏试验。2. 急性支气管炎、甲亢、发热、心、肝、肺疾患禁用。3. 碘遇光、热易游离析出，应避光密闭保存。4. 溶液颜色变深不宜用。5. 注射时须用玻璃注射器。注射液黏稠，宜选用粗针头。

【制剂、用法】油注射液：40%（10ml）。胶丸：0.1g、0.2g。导管直接注入：支气管造影。口服：地方性甲状腺肿，每次0.4~0.6g，1次/2~3年。

碘海醇[甲] Iohexol（三碘三酰苯、欧乃派克、碘六醇、欧苏）用于心血管、尿路、椎管、关节腔造影，CT增强扫描等。致头痛、眩晕、呕吐、过敏等。用前做碘过敏试验，准备过敏反应抢救药物。注射液：300mgI/ml（10ml、20ml、50ml、75ml、100ml），350mgI/ml（20ml、50ml）。可静注或动脉注射，用量视情况定。

硫酸钡[甲、乙] Barium Sulfate（丝路塔）

【用途】胃肠X线造影、食管造影。

【用药护理注意】1. 消化道穿孔、肠梗阻、急性胃肠出血禁用。2. 检查前6~12小时内禁食，前1日禁用泻药、阿托品、铋剂、钙剂。3. 检查后多饮水。

【制剂】粉剂：100g/袋。干混悬剂：500g/袋。混悬剂：120%（300ml）。

【用法】口服、灌肠：每次100~250g，用水调成糊状（常加阿拉伯胶及糖浆制成混悬剂供用）。

钆喷酸葡胺[乙] Dimeglumine Gadopentetate（钆喷葡胺、马根维显）用于脑等脏器磁共振成像。致恶心、头痛、低血压、过敏等。备好急救药品，药液打开后须在4h内使用。注射液：469mg/ml（10ml、15ml、20ml）。静注：每次0.2ml/kg。

钆贝葡胺[乙] Gadobenate Dimeglumine（莫迪司）用于肝脏、中枢神经系统和血管的诊断性磁共振成像的顺磁性对比剂。致头痛、恶心、心动过速、过敏等，有发生肾源性系统性纤维化的风险。应备好急救设施和药品。应在受过培训的医生指导下使用。注射液：5.29g（10ml）、7.935g（15ml）、10.58g（20ml）。

二十四、解毒药

二巯丙醇[甲] Dimercaprol（巴尔、双硫代甘油、二巯基丙醇、BAL）

【用途】砷、汞、金急性中毒，无机、有机砷慢性中毒，砷引起的皮炎。

【不良反应】1. 恶心、呕吐、头痛、腹痛、流涎、肢体麻木、血压升高、心跳加快，暂时性 ALT、AST 升高，大剂量致血压下降。2. 肝、肾损害。

【用药护理注意】1. 严重高血压、心力衰竭、肾衰竭禁用。2. 碱化尿液可减轻肾损害。3. 必须早期、足量、反复用药。4. 肌注可致局部疼痛甚至无菌性坏死，注射部位应交替，并注意局部消毒。5. 用药前后应测量血压、心率。

【制剂】注射液：0.1g（1ml）、0.2g（2ml）。油膏：10%。

【用法】深部肌注：每次 2~3mg/kg，第 1~2 日，1 次 /4 小时，第 3 日，1 次 /6 小时，每 4 日起，1 次 /12 小时，疗程 10 日。外用：油膏，用于砷引起的皮炎。

二巯丙磺钠[甲] Sodium Dimercaptopropane Sulfonate（二巯基丙磺酸钠、Na-DMPS）用于汞、砷中毒首选药，也可用于锑、铋、铬、铅、铜中毒。偶见头晕、心悸、心跳加快、过敏等。注射液：0.125g（2ml）、0.25g（5ml）。肌注：急性中毒，每次 5mg/kg，3~4 次 / 日，第 2 日 2~3 次，以后 1~2 次 / 日，共 7 日。

二巯丁二钠[甲] Sodium Dimercaptosuccinate（二巯琥钠、二巯基丁二钠、DMS）
【用途】治疗锑、铅、汞、砷中毒，预防镉、钴、镍中毒，肝豆状核变性。
【不良反应】头痛、头晕、口臭、恶心、全身乏力、皮疹等。
【用药护理注意】1. 水溶液极不稳定，故不能静脉滴注，且应新鲜配制，正常为无色或微红色，变色或混浊不用。2. 肌注加 2% 普鲁卡因 2ml 可减轻疼痛。
【制剂】粉针：0.5g、1g。
【用法】肌注：每次 0.5g，2 次 / 日。缓慢静注（不能静滴）：急性中毒，首剂 2g，用生理盐水或 5% 葡萄糖液 20ml 稀释，以后每次 1g，1 次 /1 小时，共 4~5 次。

依地酸钙钠[甲、乙] Calcium Disodium Edetate（依地钙、解铅乐、EDTA Ca-Na$_2$）
【用途】主要用于铅中毒，也可用于钴、铜、铬、镉、锰、镍、镭中毒。

【不良反应】头晕、恶心、关节痛、腹痛、乏力、发热、静脉炎、肾损害。

【用药护理注意】1. 用药期间常查尿常规，发现异常应停药。2. 为避免引起栓塞性静脉炎，静滴浓度不超过 0.5%，速度不超过 15mg/min。3. 低钙饮食。

【制剂】片：0.5g。注射液：0.2g（2ml）、1g（5ml）。

【用法】深部肌注：每次 0.5g，1 次 / 日，加 1% 普鲁卡因 2ml 可减轻疼痛。静滴：每日 1g，用 5% 葡萄糖液或生理盐水 250~500ml 稀释，滴注 4~8 小时，连用 3 天，停 4 天。口服：每次 1g，2~4 次 / 日，用 5 天。正在接触铅者不宜口服。

青霉胺[甲] Penicillamine（D- 盐酸青霉胺）

【用途】铜、铅、汞中毒，肝豆状核变性病，类风湿性关节炎。

【不良反应】过敏反应、胃肠道反应、肾脏损害、骨髓抑制、视神经炎等。

【用药护理注意】1. 孕妇、肾功能不全、再障、粒细胞缺乏禁用。2. 用前须做青霉素皮试。3. 食物影响吸收，宜餐后 1.5 小时服。4. 监测血常规、尿常规。

【制剂】片：0.1g、0.125g、0.25g。

【用法】口服：铅、汞中毒，每次 0.25g，4 次 / 日，用 5~7 日为 1 疗程。肝豆状核变性病，20mg/(kg·d)，分 3 次服，症状改善后间歇给药。

去铁铵 Deferoxamine（甲磺酸去铁胺、去铁灵、得斯芬）用于急性铁中毒、地中海性贫血等，诊断铁或铝过载。致头痛、过敏反应、胃肠道反应、注射局部疼痛。肾功能不全禁用。铁复合物排出可使尿液呈红色。片：0.5g。粉针：0.5g。肌注：首剂 0.5~1g，以后 0.5g/4h，总量不超过 6g/24h。静滴：每次 0.5g，加入生理盐水或 5% 葡萄糖液 250~500ml 中。滴速不超 15mg/(kg·h)。

碘解磷定[甲] Pralidoxime Iodide（解磷定、碘磷定、派姆、PAM-I）

【用途】急性有机磷酸酯类杀虫剂中毒。

【不良反应】恶心、呕吐、视物模糊、心动过缓、血压升高、呼吸抑制等。

【用药护理注意】1. 碘过敏禁用。2. 粉剂较难溶，可加温（40~50℃）或振摇使其溶解。3. 禁与碱性药物配伍，药液变色不用。4. 防止药液漏入皮下。

【制剂】粉针：0.4g。注射液：0.4g（10ml）、0.5g（20ml）。

【用法】静注：轻度中毒，首剂 0.4g，用 5%、10% 葡萄糖液或生理盐水 20~40ml 稀释后慢注，必要时 2~4 小时重复 1 次。中度中毒，首剂 0.8~1g，以后每 2 小时 0.4~0.8g。重度中毒，首剂 1~1.2g，半小时后可再给 0.8~1.2g，以后每小时 0.4g。至肌颤缓解和胆碱酯酶活性恢复至正常的 60% 以上后减量或停药。

氯解磷定[甲] Pralidoxime Chloride（氯磷定、氯化派姆、PAM-CL）同碘解磷定，毒性较低。可供静注或肌注。注射液：0.25g、0.5g（2ml）。轻度中毒：肌注，每次 0.5~0.75g，必要时 1 小时后重复 1 次。中度中毒：肌注或静注，首次 0.75~1.5g，以后每 1 小时重复 0.5~1g。重度中毒：静注，首次 1.5~2g，以后每 0.5~1 小时重复 1~1.5g。静注用生理盐水 20~40ml 稀释后慢注。

解磷注射液　用于急性有机磷农药中毒。致面红、口干、心率加快等，不用葡萄糖液作稀释剂。注射液：0.25g（2ml），含氯解磷定、阿托品、贝那替秦。肌注：轻度中毒，每次 0.125~0.25g，必要时 2~3 小时重复 1 次。

亚甲蓝[甲] Methylthioninium Chloride（美蓝、次甲蓝）
【用途】氰化物中毒（大剂量）、高铁血红蛋白血症（小剂量）。
【不良反应】剂量过大致恶心、腹痛、头痛、心前区痛、出汗、神志不清。
【用药护理注意】1. 肺水肿、G-6-PD 缺乏、严重贫血禁用。2. 用药后尿呈蓝色，排尿时尿道口有刺痛。3. 禁止肌注、皮下注射，因可引起局部组织坏死。
【制剂】注射液：20mg（2ml）。

【用法】静注：治氰化物中毒，每次 5~10mg/kg，用 25% 葡萄糖液 20~40ml 稀释后缓慢注射，与硫代硫酸钠交替使用。治亚硝酸盐中毒，1% 溶液每次 5~10ml（1~2mg/kg），用 25% 葡萄糖液 20~40ml 稀释。

硫代硫酸钠[甲] Sodium Thiosulfate（次亚硫酸钠、大苏打、海波）
【用途】氰化物中毒，砷、汞中毒，皮肤瘙痒、皮肤疖疮、慢性荨麻疹等。
【不良反应】恶心、呕吐、头痛、头晕、乏力等，静注过快致血压下降。
【用药护理注意】不宜与亚硝酸钠混合注射，以免导致血压过度下降。
【制剂】注射液：0.5g（10ml）、1g、5g（20ml）。粉针：0.32g。溶液：20%。
【用法】缓慢静注：抢救氰化物中毒，须先用亚甲蓝或亚硝酸钠，再用本药 12.5~25g（25%~50% 的溶液 50ml）静注。砷、汞、铅等中毒，每次 0.5~1g。外用：皮肤疖疮等，用 20% 溶液。

亚硝酸钠[甲] Sodium Nitrite 用于氰化物及硫化氢中毒。致血压下降、头痛、耳鸣，本品与硫代硫酸钠均可引起血压下降，应密切注意血压变化。注射液：0.3g（10ml）。缓慢静注：3% 溶液每次 10~20ml（6~12mg/kg），每分钟注射 2~3ml。

乙酰胺[甲] Acetamide（解氟灵）用于氟乙酰胺等有机氟化合物中毒。大剂量可引起血尿。本品 2.5~5g 与 2% 普鲁卡因或 4% 利多卡因 1~2ml 混合肌注可减轻疼痛。注射液：2.5g（5ml）。肌注：每次 2.5~5g，2~4 次 / 日，疗程 5~7 日。

氟马西尼[甲] Flumazenil（安易行、莱意）用于苯二氮䓬类药物中毒的解救和诊断，可治乙醇中毒。致面色潮红、恶心、呕吐，快速注射可致焦虑、心悸、恐惧。注射液：0.2mg（2ml）、0.5mg（5ml）。静注：苯二氮䓬类中毒，初始剂量 0.3mg，可重复给药，总量不超过 2mg，用生理盐水或 5% 葡萄糖液稀释。

纳洛酮[甲] Naloxone（盐酸纳洛酮、金尔伦、苏诺、健天能、纳乐枢）
【用途】麻醉性镇痛药（吗啡、哌替啶、海洛因等）和乙醇急性中毒等。
【不良反应】头晕、恶心、呕吐、困倦，偶见血压升高、心律失常等。
【用药护理注意】1. 对本品过敏禁用，高血压、心功能不全慎用。2. 对阿片类药物成瘾者会诱发戒断症状。3. 密切观察生命体征。4. 在医生指导下使用。
【制剂】注射液、粉针：0.4mg、1mg（1ml）、2mg（2ml）。舌下片：0.4mg。
【用法】静注：每次 0.4~0.8mg，用生理盐水或葡萄糖液稀释后静注，必

要时可重复给药。可肌注给药。静滴：每次 2mg，加入生理盐水或葡萄糖液
500ml 中，深度为 0.004mg/ml。舌下含服：舌下片，每次 0.4~0.8mg。

硫酸阿托品（见抗胆碱药，P323），**美沙酮**（见镇痛药，P256）

二十五、生物制品

麻疹减毒活疫苗 Measles Vaccine，Live（麻疹活疫苗、冻干麻疹活疫苗）

【用途】预防麻疹。接种对象为 8 个月龄以上的麻疹易感者。

【不良反应】注射部位疼痛，低热、皮疹，一般不超过 2 天可自行缓解。

【用药护理注意】1. 发热、患严重疾病、有鸡蛋过敏史禁用。2. 注射过免
疫球蛋白者，应隔 1 个月以上再接种本疫苗。3. 开安瓿和注射过程，勿使消毒
剂接触疫苗。4. 疫苗复溶后，应放置在 2~8℃ 并于 1 小时内用完。5. 药液混浊
或变橘红色不用。6. 注射后现场观察 30 分钟。6.2~8℃ 避光保存和运输。

【制剂】注射液（有效期 1.5 年）：1 瓶冻干疫苗附 1 支稀释液。

【用法】皮下注射（上臂外侧三角肌下缘附着处）：按标示量（0.5ml 或
1ml）加所附稀释液溶解并摇匀，每次 0.5ml，8 个月初种，7 岁复种。

流感病毒裂解疫苗（流行性感冒病毒裂解疫苗、凡尔灵）用于预防流感。罕见过敏反应，发热、急性病禁用。用前摇匀，备肾上腺素急救用，严禁静注。注射液：0.25ml、0.5ml，2~8℃保存。上臂外侧三角肌肌注、皮下注射：36 个月以上儿童和成人接种 1 次 0.5ml；6~35 个月接种 2 次，每次 0.25ml，间隔 4 周。

甲型 H1N1 流感病毒裂解疫苗（盼尔来福）用于甲型 H1N1 流行性感冒的免疫预防。用于 3 岁及 3 岁以上易感人群。致发热、头痛、注射部位疼痛等。用前摇匀，备肾上腺素急救用，注射后留观 30 分钟。严禁静注。注射液：15μg（0.5ml），2~8℃保存。上臂外侧三角肌肌注：每次 0.5ml（15μg）。

乙型脑炎减毒活疫苗 Japanese Encephalitis Vaccine，Live（杰益维）

【用途】预防流行性乙型脑炎。

【不良反应】一过性发热，一般不超过 2 天，局部红肿，偶见散在皮疹。

【用药护理注意】1. 发热、患急性传染病、中耳炎、活动性结核或心脏、肾及肝等疾病，体质虚弱、孕妇、有过敏史或癫痫史禁用。2. 按标示量（0.5ml）加入乙脑稀释液，待完全复溶后立即使用。3. 疫苗复溶前变红、复溶后有摇不散的块状物、疫苗瓶有裂纹或瓶塞松动均不能使用。4.注射疫苗过程中，切勿使消毒剂接触疫苗。5.用药后现场观察30分钟。

【制剂】粉针：复溶后每瓶0.5ml、1.5ml、2.5ml，2~8℃避光保存。

【用法】皮下注射（上臂外侧三角肌下缘附着处）：8月龄儿童首次0.5ml；于2岁再注射1次0.5ml，以后不再免疫。

脊髓灰质炎减毒活疫苗糖丸（人二倍体细胞）

【用途】预防脊髓灰质炎。

【不良反应】一般无副反应，个别人有发热、恶心、呕吐、腹泻和皮疹。

【用药护理注意】1.发热、急性传染病、免疫缺陷症、接受免疫抑制剂治疗、孕妇禁用。2.仅供口服，禁止注射！3.全年均适宜服用，可咬碎，用37℃以下的温开水送服，或溶解后滴在饼干上服用，禁用热开水或加在热食物内服。

【制剂】糖丸：1g，白色固体。-20℃以下避光保存，冷藏运输。

【用法】含服：首次免疫从2月龄开始，每次1粒，连服3次，每次间隔4~6周，4岁时加强免疫再服1丸。其他年龄组需要时也可服用。

口服脊髓灰质炎减毒活疫苗 同脊髓灰质炎减毒活疫苗糖丸。口服：从 2 月龄开始，每次 2 滴（0.1ml），连服 3 次，每次间隔 4~6 周，4 岁再加强免疫 1 次。

卡介苗 Bacillus Vaccine Calmette-Guerin（结核活菌苗、BCG）

【用途】预防结核病，也可用于肿瘤辅助治疗。

【不良反应】一过性发热，注射局部红肿浸润、化脓、形成小溃疡。

【用药护理注意】1. 结核病、急性传染病、肾炎、心脏病、免疫缺陷症、湿疹等禁用。2. 供皮内注射，严禁皮下或肌内注射！3. 接种对象须登记姓名、性别、年龄、住址、菌苗批号及亚批号、制造单位和生产日期。4. 使用前核对制剂品种和规格。5. 注射器要专用。6. 用所附的稀释液溶解并摇动混匀，半小时内用完。7. 使用时应避光。8. 应备有肾上腺素等急救药物。9. 2~8℃避光保存。

【制剂】皮内注射用：5 人份／支、10 人份／支。划痕菌苗：0.5ml、1ml。

【用法】皮内注射（上臂外侧三角肌中部略下处）：每次 0.1ml。皮上划痕（上臂外侧三角肌附着处）：乙醇消毒并待干后，滴划痕菌苗 1~2 滴，通过菌苗划长 1~1.5cm 的"井"字，以划破表皮略有出血为度，划后用针涂抹数次，使菌苗渗入划痕。

重组乙型肝炎疫苗（CHO 细胞）

【用途】预防乙型肝炎病毒感染（用于乙型肝炎易感者）。

【不良反应】中、低度发热，注射局部红肿、疼痛，偶见过敏反应。

【用药护理注意】1. 用前充分摇匀，有摇不散块状物不用。2. 疫苗瓶开启后立即使用。2. 注射器必须专用。3. 备肾上腺素急救用。4. 用药后观察 30 分钟。

【制剂】注射液：10μg（0.5ml）、20μg（1ml），2~8℃避光保存，防冻结。

【用法】上臂三角肌内注射：基础免疫程序为 3 针，分别在 0、1、6 月接种，新生儿出生 24 小时内注射。一般易感者每剂 10μg。母婴阻断每剂 20μg。

重组乙型肝炎疫苗（酿酒酵母） 同重组乙型肝炎疫苗（CHO 细胞）。注射液：10μg（0.5ml）、20μg（1ml），2~8℃避光保存。上臂三角肌内注射：全程共 3 针，分别在 0、1、6 月各注射 1 针，新生儿出生 24 小时内注射第 1 针。16 岁以下每次剂量 0.5ml，16 岁或以上每次剂量 1ml。

甲型肝炎灭活疫苗　（贺福立适、维赛瑞安、孩尔来福、巴维信）

【用途】预防甲型肝炎。

【不良反应】局部疼痛、红肿、硬结，轻度发热、头痛、恶心等。

【用药护理注意】1. 发热和急性感染应推迟接种。2. 开安瓿和注射时切勿使消毒剂接触疫苗。3. 用前充分摇匀。4. 禁止静注。5. 接种后应观察 30 分钟。

【制剂、用法】注射液：1ml（成人型）、0.5ml（儿童型）。2~8℃保存。上臂三角肌内注射：1~15 岁每次 0.5ml，16 岁以上每次 1ml，6~12 个月内加强 1 针。

甲型乙型肝炎联合疫苗 （倍尔来福）同甲肝灭活疫苗和重组乙型肝炎疫苗（酿酒酵母）。注射液：0.5ml、1ml。上臂三角肌内注射：基础免疫共 3 剂，在 0、1、6 月各接种 1 剂。1~15 岁每次 0.5ml，16 岁以上每次 1ml。

乙型肝炎人免疫球蛋白 Human Hepatitis B Immunoglobulin （上生甘迪）

【用途】预防乙型肝炎。

【不良反应、用药护理注意】1. 致一过性头痛、心慌、恶心等。2. 仅供肌注，不能静脉给药。3. 久存可有微量沉淀，但摇动后消散，有摇不散沉淀不用。

【制剂】注射液、粉针：100IU、200IU、400IU。2~8℃避光保存。

【用法】肌注：预防乙肝，单次 200U，儿童 100U，必要时隔 3~4 周再注 1 次。

静注乙型肝炎人免疫球蛋白 （pH4）与拉米夫定联合用于预防乙型肝炎病毒（HBV）相关疾病肝移植患者术后 HBV 再感染。注射液：500IU（10ml）、2000IU（40ml）。2~8℃保存。不得与其他药品混合使用。静滴：开始滴注速度 1ml/min（约 20 滴 / 分钟）持续 15 分钟后无不良反应，可逐渐加快，滴速不超 3ml/min。

双价人乳头瘤病毒吸附疫苗 （希瑞适）

【用途】预防因高危型人乳头瘤病毒（HPV）16、18 型所致的宫颈癌等。

【不良反应】疲乏、头痛、肌痛、发热、胃肠道症状、关节痛、皮疹等。

【用药护理注意】1. 推荐用于 9~45 岁女性。2. 用前充分摇匀后呈混悬液。

【制剂、用法】预充注射器：0.5ml。2~8℃保存。上臂三角肌内注射：在 0、1、6 月各接种 1 剂，每剂 0.5ml。用第 2 剂可在第 1 剂后 1~2.5 个月之间。

双价人乳头瘤病毒疫苗（大肠杆菌） （馨可宁）预防因高危型人乳头瘤病毒（HPV）16、18 型所致的宫颈癌等。适用于 9~45 岁女性。同双价人乳头瘤病毒吸附疫苗。注射液：0.5ml。2~8℃保存。上臂三角肌内注射：在 0、1、6 月各接种 1 剂，每剂 0.5ml。9~14 岁女性可采用在 0、6 月各接种 1 剂，每剂 0.5ml。

四价人乳头瘤病毒疫苗（酿酒酵母）（佳达修）用于 20~45 岁女性，预防因高危型人乳头瘤病毒（HPV）16、18 型所致的宫颈癌等，国内尚未证实对低危 HPV6/11 型相关疾病的保护效果。参阅双价人乳头瘤病毒吸附疫苗。注射液：0.5ml。2~8℃保存。上臂三角肌内注射：在 0、2、6 月各接种 1 剂，每剂 0.5ml。

九价人乳头瘤病毒疫苗（酿酒酵母）（佳达修 9）用于 16~26 岁女性，预防因人乳头瘤病毒（HPV）6、11、16、18、31、33、45、52、58 型所致的宫颈癌等。参阅双价人乳头瘤病毒吸附疫苗。注射液：0.5ml。2~8℃保存。上臂三角肌内注射：在 0、2、6 月各接种 1 剂，每剂 0.5ml。第 2 剂与首剂间隔至少 1 个月。

人用狂犬病疫苗（Vero 细胞）[乙]

【用途】预防狂犬病（被狂犬或其他疯动物咬伤、抓伤后）。

【不良反应】局部疼痛、硬结，轻度发热、头痛等，个别发生过敏反应。

【用药护理注意】1. 备过敏急救药。2. 禁止臀部注射。3. 忌饮酒、浓茶等。

【制剂】冻干疫苗：复溶后 0.5ml。注射液：1ml。2~8℃避光保存。

【用法】上臂三角肌内注射（幼儿可在大腿前外侧肌内注射）：于被咬伤后

第 0、3、7、14、28 天各注射 1 剂，共 5 针。儿童用量同成人。

抗狂犬病血清[甲] Rabies Antiserum 用于预防狂犬病。偶致过敏性休克，于被咬伤 48 小时内应用，用前须皮试，注射后观察 30 分钟。注射液：400U（2ml）、1000U（5ml）。冻干粉针：1000U。2~8℃保存。先在受伤部位浸润注射，剩余血清肌注：40U/kg，于 1~2 天内分数次注射，注完后（或同时）注射狂犬病疫苗。

狂犬病人免疫球蛋白 用于被狂犬或其他疯动物咬伤、抓伤者的被动免疫。注射液：100U、200U、500U。2~8℃避光保存。肌注：每次 20U/kg，总剂量的 1/2 于受伤部位皮下浸润注射，余下 1/2 肌注。如总剂量大于 10ml，可在 1~2 日内分次注射。注射完毕后使用狂犬病疫苗，两药的注射部位和用具应严格分开。

吸附无细胞百白破联合疫苗（百白破疫苗）
【用途】3 个月至 6 周岁小儿预防百日咳、白喉、破伤风。
【不良反应】局部红肿、疼痛、硬结、发痒、低热、头痛等，偶见休克。
【用药护理注意】1. 有癫痫、神经系统疾病、惊厥史禁用。2. 每次更换注射部位。3. 用前充分摇匀。4. 备肾上腺素急救用。5. 同臂 4 周内不能接种卡介苗。

【制剂】注射液：0.5ml，2~8℃避光保存，不得冻结。

【用法】臀部外上或上臂外侧三角肌注射：自 3 个月龄至 12 月龄完成 3 针免疫，每针间隔 4~6 周，18~24 月龄注射第 4 针 0.5ml。

破伤风抗毒素[甲] Tetanus Antitoxin（TAT）

【用途】预防和治疗破伤风。

【不良反应】过敏性休克，注射部位瘙痒、荨麻疹、局部水肿、发热等。

【用药护理注意】1. 用前须做皮试，取本品 0.1ml，用生理盐水稀释至 1ml，在前臂掌侧皮内注射 0.05~0.1ml，阳性者可进行脱敏。2. 皮下或肌注无异常反应方可静注。3. 制品有混浊、摇不散的沉淀不能用。4. 门诊病人至少需观察 30 分钟方可离开。5. 备肾上腺素供抢救过敏性休克用。6. 每次注射须保存详细记录。

【制剂】注射液：1500IU（0.75ml），1 万 IU。粉针：1500IU。2~8℃保存。

【用法】预防：皮下注射（上臂三角肌附着处）、肌注（上臂三角肌中部或臀大肌外上部），每次 1500~3000IU，儿童与成人用量相同。治疗：肌注、静注，第 1 次 5 万 ~20 万 IU，儿童与成人用量相同，以后视病情而定。

吸附破伤风疫苗 Tetanus Vaccine，Adsorbed 用于预防破伤风。致低热、疲倦、头痛，局部红肿、疼痛、发痒等，用前充分摇匀，备肾上腺素等急救药物。注射液：0.5ml、1ml、2ml、5ml，2~8℃避光保存。上臂三角肌肌内注射：每次 0.5ml。无破伤风类毒素免疫史者应进行全程免疫。

破伤风人免疫球蛋白[乙] （蓉生逸普）用于预防和治疗破伤风。仅供臀部肌注，禁止静脉给药，有摇不散沉淀不用。与吸附破伤风疫苗的注射部位和用具应分开。注射液：250U（2.5ml）、500U。粉针：250U。2~8℃避光保存。肌注：预防，儿童、成人每次 250U；治疗每次 3000U~6000U，尽快用完，可多点注射。

旧结核菌素[甲] Old Tuberculin（O.T.）

【用途】测定人体是否感染过结核菌。

【不良反应】注射局部疼痛、瘙痒，偶有高反应者出现水疱、溃疡和坏死。

【用药护理注意】1. 急性传染病，急性中耳炎、眼结合膜炎、广泛性皮肤病暂不使用。2. 注射器及针头须专用。3. 注射部位皮肤忌用碘酊消毒，以免出现假阳性。4. 有沉淀、混浊、标签不清者不用。

【制剂】注射液（有效期5年）：10万单位（1ml）。2~8℃暗处保存。

【用法】用无菌生理盐水稀释成每毫升10单位（稀释1万倍）、100单位、1000单位3种稀释液。从10单位稀释液开始注射，如呈阴性，用100单位稀释液，仍为阴性，再用1000单位稀释液，阴性者可判为阴性。于前臂掌侧皮内注射0.1ml，72小时后检查，局部有红肿硬块直径5mm以上为阳性。

结核菌素纯蛋白衍生物[甲] Purified Protein Derivative of Tuberculin (TB-PPD)

【用途】检查结核杆菌感染，选择卡介苗接种对象及卡介苗接种后质量监测。

【不良反应】发热，注射局部起泡、腋下淋巴结炎，偶见过敏反应等。

【用药护理注意】1. 急性传染病、急性中耳炎、眼结合膜炎、广泛性皮肤病禁用。2. 注射器及针头须专用。3. 配制时不应触及皮肤或吸入，以免引起毒性反应。4. 安瓿有裂纹、制品有异物时不能使用。5. 个别儿童可能出现头晕、心慌、脸色苍白等，应立即起针，让其躺下，头部放低，松解领扣及腰带，保持安静。

【制剂】注射液（已稀释制品）：50IU（1ml）。2~8℃暗处保存。

【用法】前臂掌侧皮内注射：每次0.1ml（5IU），48~72小时后检查，局部有红肿硬块直径5mm以上为阳性，凡有水泡、坏死、淋巴管炎均属强阳性。

附录一 处方常用拉丁文缩写词及其意义

分类	缩写词	意 义	分类	缩写词	意 义
给药次数	q. d.	每日 1 次	给药时间	h. s.	睡前
	b. i. d.	每日 2 次		a. c.	饭前
	t. i. d.	每日 3 次		p. c.	饭后
	q. i. d.	每日 4 次		a. m.	上午
	q. 2d.	每 2 日 1 次		p. m.	下午
	q. o. d.	隔日 1 次		p. r. n.	必要时（长期医嘱）
	q. h.	每小时 1 次		s. o. s.	必要时（临时医嘱）
	q. 4h.	每 4 小时 1 次		st！或 stat！	立即！
	q. 6h.	每 6 小时 1 次		Cito！	急！
	q. 8h.	每 8 小时 1 次	给药途径	p. o.	口服
	q. n.	每晚 1 次		p. r. （E）	灌肠
	q. m.	每晨 1 次		i. d.	皮内注射（皮内）
				i. h. （H）	皮下注射（皮下）

分类	缩写词	意　义	分类	缩写词	意　义
给药途径	i. m.	肌肉注射（肌注）	剂型	Caps.	胶囊剂
	i. v.	静脉注射（静注）		Inj.	注射剂
	i. v. gtt	静脉滴注（静滴）		Liq. 或 Sol.	溶液剂
	（i. v. drip）			Lot.	洗剂
剂量单位	kg	千克		Mist.	合剂
	g	克		Ocul.	眼膏剂
	mg	毫克		Pil.	丸剂
	μg	微克		Syr.	糖浆剂
	ng	纳克		Tab.	片剂
	L	升		Ung.	软膏剂
	dl	分升	其他	A. S. T.	皮试
	ml	毫升		d	日，天
	μl	微升		h	（小）时
	IU（iu）	国际单位		mins	分
	U（u）	单位		s	秒

附录二　皮试药物一览表

药　名	皮试液的浓度及配制方法	皮试方法及结果判断	注意事项
青霉素钠（钾）	1. 取青霉素钠 80 万 U，注入 4ml 生理盐水，成 20 万 U/1ml。 2. 取上液 0.1ml 加生理盐水至 1ml，成 2 万 U/1ml。 3. 取（2）液 0.1ml 加生理盐水至 1ml，成 2000U/1ml。 4. 取（3）液 0.25ml 加生理盐水至 1ml，即成 1ml 含 500U 的皮试液。 每次配制时均须将溶液混匀。	皮内注射 0.05~0.1ml（50U），小儿 0.02~0.03ml，20 分钟后观察结果。 阳性：局部皮丘隆起，出现红晕硬块，直径大于 1cm，或红晕周围有伪足、痒感。	1. 皮试前备抢救药物和必需的器材。 2. 每次配制时均须将溶液混匀，皮试液密封，在 4℃以下保存可用 1 周，室温下当日使用。
苯唑西林钠	500μg/ml。	皮内注射 0.05~0.1ml，20 分钟后观察结果。	一般用青霉素钠皮试，也可用本品。
头孢替安、头孢曲松钠、头孢噻肟钠、头孢唑肟、头孢甲肟、头孢替唑钠等头孢菌素类	300μg/ml 或 500μg/ml，用生理盐水配制。	皮内注射 0.05~0.1ml。	

药　名	皮试液的浓度及配制方法	皮试方法及结果判断	注意事项
普鲁卡因	0.25%溶液。	皮内注射0.1ml，20分钟后观察结果。	
链霉素	1. 取链霉素1g（100万U）加生理盐水3.5ml，溶解后为4ml，每1ml含0.25g（25万U）。 2. 取上液0.1ml，加生理盐水至1ml成2.5万U/ml。 3. 取（2）液0.1ml，加生理盐水至1ml即成2500U/ml皮试液。	皮内注射0.1ml（250U），20分钟后观察结果。结果判断同青霉素钠。	1. 皮试阳性率较低，与发生过敏反应的符合率不高。 2. 皮试阴性病人也可发生过敏反应，应做好抢救准备。
细胞色素C	取细胞色素C（每支2ml含15mg）0.1ml，加生理盐水至1ml即成0.75mg/ml皮试液。	1. 皮内注射0.1ml（含0.075mg），20分钟后观察结果。 2. 划痕法：滴细胞色素C原液（7.5mg/ml）1滴于皮肤上，用针头划痕，20分钟后观察结果。	注射中止后再用药应做皮试。

药　名	皮试液的浓度及配制方法	皮试方法及结果判断	注意事项
有机碘造影剂	30% 有机碘溶液。	1. 皮内注射 0.1ml，20 分钟后观察结果。局部有红肿、硬块，直径大于 1cm 为阳性。 2. 静脉注射法：静脉注射 30% 有机碘溶液 1ml，密切观察 10 分钟，有血压、脉搏、呼吸和面色等改变者为阳性。	过敏试验阴性者，在碘造影过程中仍可出现过敏反应。
旧结核菌素	用生理盐水稀释成 10 单位（稀释 1 万倍）、100 单位、1000 单位 3 种稀释液。	皮内注射 0.1ml，48~72 小时后检查，局部有红肿硬块直径 5mm 以上为阳性。从 10 单位稀释液开始注射，如呈阴性，用 100 单位稀释液注射，如仍为阴性，再用 1000 单位稀释液注射，阴性者可判为阴性。	
结核菌素纯蛋白衍生物（TB-PPD）	50 单位 /1ml	皮内注射 0.1ml（5 单位），48~72 小时后检查，局部有红肿硬块直径 5mm 以上为阳性。	

药　名	皮试液的浓度及配制方法	皮试方法及结果判断	注意事项
门冬酰胺酶	1. 取药物1万U加入生理盐水5ml溶解。 2. 取上液0.1ml加生理盐水至10ml即成20U/ml的皮试液。	皮内注射0.1ml（2U），至少观察1小时。	不同药厂、不同批号的产品其纯度和过敏反应均有差异。
蝮蛇抗栓酶	0.0025U/ml，用生理盐水稀释。	皮内注射0.1ml。	
降纤酶	取0.1ml用生理盐水稀释至1ml。	皮内注射0.1ml，15分钟后观察结果。	
破伤风抗毒素（TAT）	取0.1ml（1500IU/1ml）加生理盐水至1ml即成。	皮内注射0.05~0.1ml（15IU），30分钟后观察结果。	1. 阳性者可采用脱敏注射法。 2. 做好抢救过敏性休克的准备。
抗狂犬病血清	取0.1ml加生理盐水0.9ml。	皮内注射0.05~0.1ml，30分钟后观察结果。	阳性者可采用脱敏注射法。
抗人T细胞免疫球蛋白	用1:1000（兔）或1:100（猪）的ALG	皮内注射0.1ml	准备急救用品以防治过敏性休克。

附录三 用药剂量计算法

一、按年龄剂量折算表

年　龄	剂　量	年　龄	剂　量
初生至 1 个月	成人剂量的 1/18~1/14	6 岁至 9 岁	成人剂量的 2/5~1/2
1 个月至 6 个月	成人剂量的 1/14~1/7	9 岁至 14 岁	成人剂量的 1/2~2/3
6 个月至 1 岁	成人剂量的 1/7~1/5	14 岁至 18 岁	成人剂量的 2/3~ 全量
1 岁至 2 岁	成人剂量的 1/5~1/4	18 岁至 60 岁	全量 ~ 成人剂量的 3/4
2 岁至 4 岁	成人剂量的 1/4~1/3	60 岁以上	成人剂量的 3/4
4 岁至 6 岁	成人剂量的 1/3~2/5		

注：本表仅供参考，使用时可根据患者体质、病情及药物性质等多方面因素酌情决定。

二、小儿用药剂量计算法

（一）按体重计算

小儿剂量 = 成人剂量 × 小儿体重 ÷ 60kg

1~6 个月体重（kg）= 月龄 ×0.6+3

7~12 个月体重（kg）= 月龄 ×0.5+3

1 周岁以上体重（kg）= 实足年龄 × 2+7~8

（二）按体表面积计算

小儿剂量 = 成人剂量 × 小儿体表面积（m²）÷1.7（m²）

体表面积（m²）= 体重（kg）×0.035（m²/kg）+ 0.1（m²）

体表面积公式仅限于体重 30kg 以下者。体重 >30kg 者，按体重每增加 5kg，体表面积增加 0.1m² 计算。但 60kg 则为 1.6m²，70kg 为 1.7m²。

附录四   输液滴注速度计算法

一、计算每小时输液量

每小时输入毫升数 (ml/h) = 输液总量 (ml) ÷ 输液时间 (h)

二、已知每小时输液量，计算每分钟滴数

每毫升溶液的滴数称为该输液器的滴系数，常用输液器的滴系数有 15、20、25 等。

$$每分钟滴数 = \frac{每小时输入量（ml/h）滴系数（15 或 20、25）}{60（min）}$$

例：某病人每小时需输液 200ml，计算每分钟输入液体的滴数，滴系数为 15。

$$每分钟滴数 = \frac{200（ml/h）15 滴}{60（min）} 50（滴 / 分）$$

三、已知每分钟滴数，计算每小时输入量

$$每小时输入量（ml）= \frac{每分钟滴数 60（min）}{滴系数}$$

四、输液一般滴速

一般成人滴速 40~60 滴 / 分，儿童 20~40 滴 / 分。

附录五 常用计量单位换算

一、重量

1 千克（kg，公斤）= 10^3 克 = 1000 克（g）

1g = 10^0 克 = 1000 毫克（mg）

1mg = 10^{-3} 克 = 1000 微克（μg）

1μg = 10^{-6} 克 = 1000 纳克（ng）。旧称毫微克（mμg）

1ng = 10^9 克 = 1000 皮克（pg）。旧称微微克

二、容量

1 升（L）= 1000 毫升（ml）

1ml = 10^{-3} 升 = 1000 微升（μl）

1μl = 10^{-6} 升 = 1000 纳升（nl）

1 nl = 10^9 升 = 1000 皮升（pl）

三、长度单位

1 米（m）= 100 厘米（cm）= 1000 毫米（mm）

1mm = 10^{-3} 米 = 1000 微米（μm）

1μm = 10^{-6} 米 = 1000 纳米（nm）。纳米旧称毫微米（mμ）

中文药名索引（以汉语拼音为序）

呋苄青霉素 /12
呋布西林钠 /12
呋氟尿嘧啶 /149
呋喹替尼 /193
呋喃苯胺酸 /495
呋喃氟尿嘧啶 /149
呋喃坦啶 /83
呋喃妥因 /83
呋喃硝胺 /441
呋喃唑酮 /83
呋塞米 /495
肤轻松 /591
麸氨酸 /474
弗皆亭 /73
弗来格 /131
弗莱莫星 /8
弗隆 /179
弗米特 /145
弗赛得 /243
弗威 /9

伏格列波糖 /636
伏立康唑 /96
伏硫西汀 /308
扶适灵 /105
扶斯克 /234
扶他捷 /278
扶他林 /277
芙必町 /565
芙格清 /632
芙璐星 /77
芙瑞 /179
芙仕得 /183
芙斯达 /97
孚贝 /150
孚康 /98
孚来迪 /632
孚来和 /631
孚来美 /639
孚岚素 /296
孚麦欣 /45

孚宁 /98
孚琪 /98
服净 /132
氟安定 /241
氟胞嘧啶 /98
氟苯达唑 /140
氟苯咪唑 /140
氟苯氧丙胺 /307
氟比洛芬 /281
氟布洛芬 /281
氟达拉滨 /149
氟啶酸 /80
氟伐他汀 /401
氟伐他汀钠 /401
氟非拉嗪 /292
氟奋乃静 /292
氟奋乃静癸酸酯 /292
氟伏草胺 /307
氟伏沙明 /307
氟桂利嗪 /361

氟降之 /401
氟卡胺 /392
氟卡律 /392
氟卡尼 /392
氟康唑 /95
氟利乐 /149
氟罗沙星 /77
氟氯青毒素 /6
氟氯西林 /6
氟氯西林钠 /6
氟马西尼 /725
氟吗宁 /36
氟美松 /587
氟莫头孢 /36
氟尿嘧啶 /145
氟哌醇 /293
氟哌丁苯 /293
氟哌啶 /294
氟哌啶醇 /293
氟哌啶醇癸酸酯 /293

苏之 /400
素比伏 /114
素得 /446
速碧林 /535
速降压灵 /336
速可眠 /237
速克喘 /427
速克痛 /266
速乐涓 /526
速力菲 /515
速力敏 /564
速尿 /495
速尿灵 /495
速维普 /109
速效肠虫净片 /139
速秀霖 /624
速迅 /348
酸卡那霉素 /51
绥美凯 /120
羧苯磺胺 /288

羧苄西林 /8
羧苄西林钠 /8
羧甲半胱氨酸 /420
羧甲司坦 /420
羧噻吩青霉素 /11
羧噻吩青霉素钠 - 棒酸 /44
缩宫素 /647
索布氨 /427
索非布韦 /108
索非布韦维帕他韦 /108
索华迪 /108
索拉非尼 /199
索里昂 /298
索利那新 /506
索磷布韦 /108
索磷布韦维帕他韦 /108
索磷布韦维帕他韦伏西瑞韦 /109
索马林 /583

索马鲁肽 /640
索氏合剂 /419
索他洛尔
索坦 /193
索投善 /488

T

他巴唑 /645
他达拉非 /511
他格适 /67
他克罗姆 /688
他克莫司 /688
他莫昔芬 /179
他扎司特 /577
他唑巴坦 /43
他唑西林 /48
它赛瓦 /186
太捷信 /82
太罗 /634
太司能 /522
太之奥 /107

泰吡信 /24
泰必乐 /297
泰必利 /297
泰毕安 /561
泰毕全 /537
泰道 /216
泰得欣 /25
泰德 /439
泰尔登 /294
泰尔定 /166
泰尔丝 /712
泰阁 /57
泰加宁 /537
泰嘉 /551
泰拉万星 /69
泰乐 /365
泰勒宁 /261
泰meet特 /62
泰立沙 /197
泰利必妥 /77

头孢吡普 /32
头孢吡肟 /31
头孢丙肟酯 /28
头孢丙烯 /19
头孢泊肟 /28
头孢泊肟普塞酯 /28
头孢泊肟酯 /28
头孢布坦 /27
头孢布烯 /27
头孢布宗 /37
头孢地尼 /28
头孢地秦 /28
头孢地秦钠 /28
头孢呋肟 /18
头孢呋肟酯 /18
头孢呋辛 /18
头孢呋辛钠 /18
头孢呋辛酯 /18
头孢磺啶 /25
头孢磺啶钠 /25

头孢甲肟 /27
头孢卡品酯 /30
头孢克定 /32
头孢克罗 /19
头孢克洛 /19
头孢克肟 /26
头孢拉定 /15
头孢拉宗 /37
头孢拉宗钠 /37
头孢雷定 /15
头孢雷特 /21
头孢雷特赖氨酸盐 /21
头孢力新 /13
头孢立定 /32
头孢硫脒 /16
头孢罗齐 /19
头孢洛林 /32
头孢洛林酯 /32
头孢氯氨苄 /19
头孢美唑 /33

头孢美唑钠 /33
头孢孟多 /17
头孢孟多酯钠 /17
头孢咪唑 /35
头孢咪唑钠 /35
头孢米诺 /34
头孢米诺钠 /34
头孢尼西 /21
头孢尼西钠 /21
头孢哌酮 /23
头孢哌酮钠 /23
头孢哌酮钠舒巴坦钠 /47
头孢哌酮钠他唑巴坦钠 /48
头孢哌酮 - 舒巴坦 /47
头孢匹胺 /24
头孢匹胺钠 /24
头孢匹罗 /31
头孢羟氨苄 /16

头孢羟氨苄甲氧苄啶 /16
头孢羟唑 /17
头孢曲松 /22
头孢曲松钠 /22
头孢曲松钠舒巴坦钠 /48
头孢噻甲羧肟 /25
头孢噻利 /32
头孢噻腾 /27
头孢噻肟 /21
头孢噻肟钠 /21
头孢噻肟钠舒巴坦钠 /48
头孢噻肟唑 /27
头孢噻乙酰唑 /20
头孢三嗪 /22
头孢他啶 /25
头孢他美酯 /29
头孢特仑新戊酯 /29

英文药名索引 (以字母为序)

843

849